Premiere Pro CS6 视频编辑应用教程

耿飞 李阿红 ◎ 主编　　闫海龙 葛君 焦建 ◎ 副主编

人 民 邮 电 出 版 社

北 京

图书在版编目（CIP）数据

Premiere Pro CS6视频编辑应用教程 : 微课版 / 耿飞, 李阿红主编. -- 2版. -- 北京 : 人民邮电出版社, 2020.7（2022.12重印）
职业教育“十三五”数字媒体应用人才培养规划教材
ISBN 978-7-115-53508-5

Ⅰ. ①P… Ⅱ. ①耿… ②李… Ⅲ. ①视频编辑软件－职业教育－教材 Ⅳ. ①TN94

中国版本图书馆CIP数据核字(2020)第037940号

内 容 提 要

Premiere Pro 是影视编辑领域非常流行的软件之一。本书对 Premiere Pro CS6 的基本操作方法、影视编辑技巧及该软件在各类影视编辑中的应用进行了全面的讲解。

本书分为上、下两篇。上篇基础技能篇介绍有关 Premiere Pro CS6 的基础知识、影视剪辑技术、视频转场效果、视频特效应用、调色与抠像、字幕与字幕特效、加入音频效果、文件输出；下篇案例实训篇介绍 Premiere Pro CS6 在影视编辑中的应用，包括制作电视节目包装、制作电子相册、制作电视纪录片、制作电视广告、制作电视节目和制作音乐短片。

本书适合作为职业院校影视编辑类课程的教材，也可供相关人员自学参考。

◆ 主　　编　耿　飞　李阿红
副 主 编　闫海龙　葛　君　焦　建
责任编辑　桑　珊
责任印制　马振武

◆ 人民邮电出版社出版发行　　北京市丰台区成寿寺路 11 号
邮编　100164　　电子邮件　315@ptpress.com.cn
网址　https://www.ptpress.com.cn
山东百润本色印刷有限公司印刷

◆ 开本：787×1092　1/16
印张：18.25　　2020 年 7 月第 2 版
字数：464 千字　　2022 年 12 月山东第 6 次印刷

定价：59.80 元

读者服务热线：(010)81055256　印装质量热线：(010)81055316
反盗版热线：(010)81055315
广告经营许可证：京东市监广登字 20170147 号

第2版前言 FOREWORD

Premiere 是由 Adobe 公司开发的影视编辑软件，它功能强大、易学易用，深受广大影视制作爱好者和影视后期编辑人员的喜爱，已经成为影视编辑领域非常流行的软件之一。目前，我国很多职业院校和培训机构的影视编辑专业，都将 Premiere 影视编辑作为一门重要的课程。为了帮助职业院校的教师全面、系统地讲授这门课程，使学生能够熟练地使用 Premiere 来进行影视编辑，几位长期在高职院校从事 Premiere 影视编辑教学的教师与专业影视制作公司中经验丰富的设计师合作，共同编写了本书。

本书具有完善的知识结构体系。在基础技能篇中，本书按照“软件功能解析－课堂案例－课堂练习－课后习题”这一思路进行编排，力求通过软件功能解析，使学生深入学习软件功能和制作特色。本书通过课堂案例演练，使学生快速熟悉软件功能和影视编辑的设计思路；通过课堂练习和课后习题，拓展学生的实际应用能力。在案例实训篇中，本书根据 Premiere 在影视编辑中的应用，精心安排了来自专业设计公司的 16 个精彩实例，通过对这些案例进行全面的分析和详细的讲解，使学生更加开阔创意思维地提升实际设计水平。在内容编写方面，本书力求细致全面、重点突出；在文字叙述方面，本书言简意赅、通俗易懂；在案例选取方面，本书强调案例的针对性和实用性。

为方便教师教学，本书配套了案例的素材及效果文件、详尽的课堂练习及课后习题操作步骤、PPT 课件、教学大纲等丰富的教学资源，任课教师可登录人邮教育社区（www.ryjiaoyu.com）免费下载使用。本书的参考学时为 40 学时，其中实践环节为 16 学时，各章的参考学时参见下面的学时分配表。

第2版前言

章	课 程 内 容	学 时 分 配	
		讲授（学时）	实训（学时）
第 1 章	初识 Premiere Pro CS6	1	
第 2 章	影视剪辑技术	2	1
第 3 章	视频转场效果	2	1
第 4 章	视频特效应用	3	1
第 5 章	调色与抠像	1	1
第 6 章	字幕与字幕特效	1	1
第 7 章	加入音频效果	1	1
第 8 章	文件输出	1	
第 9 章	制作电视节目包装	2	1
第 10 章	制作电子相册	2	1
第 11 章	制作电视纪录片	3	2
第 12 章	制作电视广告	3	2
第 13 章	制作电视节目	1	2
第 14 章	制作音乐短片	1	2
学 时 总 计		24	16

由于编者水平有限，书中难免存在不妥之处，敬请广大读者批评指正。

编 者

2020 年 2 月

Premiere Pro CS6 教学辅助资源及配套教辅

<table>
<tr><th>素材类型</th><th>名称或数量</th><th>素材类型</th><th>名称或数量</th></tr>
<tr><td>教学大纲</td><td>1 套</td><td>课堂案例</td><td>24 个</td></tr>
<tr><td>电子教案</td><td>14 单元</td><td>课后案例</td><td>24 个</td></tr>
<tr><td>PPT 课件</td><td>14 个</td><td>课后答案</td><td>24 个</td></tr>
<tr><td rowspan="4">第 2 章
影视剪辑技术</td><td>镜头的快慢处理</td><td>第 9 章
制作电视节目包装</td><td>制作足球节目片头</td></tr>
<tr><td>海洋世界</td><td rowspan="5">第 10 章
制作电子相册</td><td>制作儿童相册</td></tr>
<tr><td>立体相框</td><td>制作婚礼相册</td></tr>
<tr><td>倒计时</td><td>制作旅游相册</td></tr>
<tr><td rowspan="3">第 3 章
视频转场效果</td><td>绝色美食</td><td>制作情侣相册</td></tr>
<tr><td>时尚女孩</td><td>制作儿童天地</td></tr>
<tr><td>田园风光</td><td rowspan="5">第 11 章
制作电视纪录片</td><td>制作日出日落纪录片</td></tr>
<tr><td rowspan="4">第 4 章
视频特效应用</td><td>石林镜像</td><td>制作趣味玩具城纪录片</td></tr>
<tr><td>彩色浮雕效果</td><td>制作科技时代纪录片</td></tr>
<tr><td>转动风车</td><td>制作自行车手纪录片</td></tr>
<tr><td>变形画面</td><td>制作车展纪录片</td></tr>
<tr><td rowspan="3">第 5 章
调色与抠像</td><td>水墨画</td><td rowspan="5">第 12 章
制作电视广告</td><td>制作牛奶广告</td></tr>
<tr><td>怀旧老电影</td><td>制作汉堡广告</td></tr>
<tr><td>抠像效果</td><td>制作摄像机广告</td></tr>
<tr><td rowspan="3">第 6 章
字幕与字幕特效</td><td>果果在线科技</td><td>制作汽车广告</td></tr>
<tr><td>美食广告</td><td>制作环保广告</td></tr>
<tr><td>化妆品广告</td><td rowspan="4">第 13 章
制作电视节目</td><td>制作花卉赏析节目</td></tr>
<tr><td rowspan="3">第 7 章
加入音频效果</td><td>海上运动</td><td>制作烹饪节目</td></tr>
<tr><td>音频的调节</td><td>制作环球博览节目</td></tr>
<tr><td>音频的剪辑</td><td>制作节目片尾</td></tr>
<tr><td rowspan="4">第 9 章
制作电视节目
包装</td><td>制作节目片头</td><td rowspan="4">第 14 章
制作音乐短片</td><td>制作儿歌 MV</td></tr>
<tr><td>制作体育赛事集锦</td><td>制作秋高气爽 MV</td></tr>
<tr><td>制作动物栏目片头</td><td>制作新年 MV</td></tr>
<tr><td>制作百变强音栏目包装</td><td>制作卡拉 OK</td></tr>
</table>

目录 CONTENTS

CONTENTS

目录

CONTENTS

上篇　基础技能篇

01 第1章 初识 Premiere Pro CS6

本章介绍

本章对 Premiere Pro CS6 的操作界面和面板、基本操作进行详细讲解。读者通过对本章的学习，可以快速了解并掌握 Premiere Pro CS6 的入门知识，为后续章节的学习打下坚实的基础。

课堂学习目标

- 掌握常用面板的应用
- 熟练掌握项目文件的基本操作
- 了解其他功能面板
- 了解对素材的基本操作

1.1 Premiere Pro CS6 概述

初学 Premiere Pro CS6 的读者在启动 Premiere Pro CS6 软件后，可能会对操作界面或面板感到束手无策。本节将对 Premiere Pro CS6 的操作界面、“项目”面板、“时间线”面板、“监视器”面板和其他面板进行详细讲解。

1.1.1 认识操作界面

Premiere Pro CS6 的操作界面如图 1-1 所示。

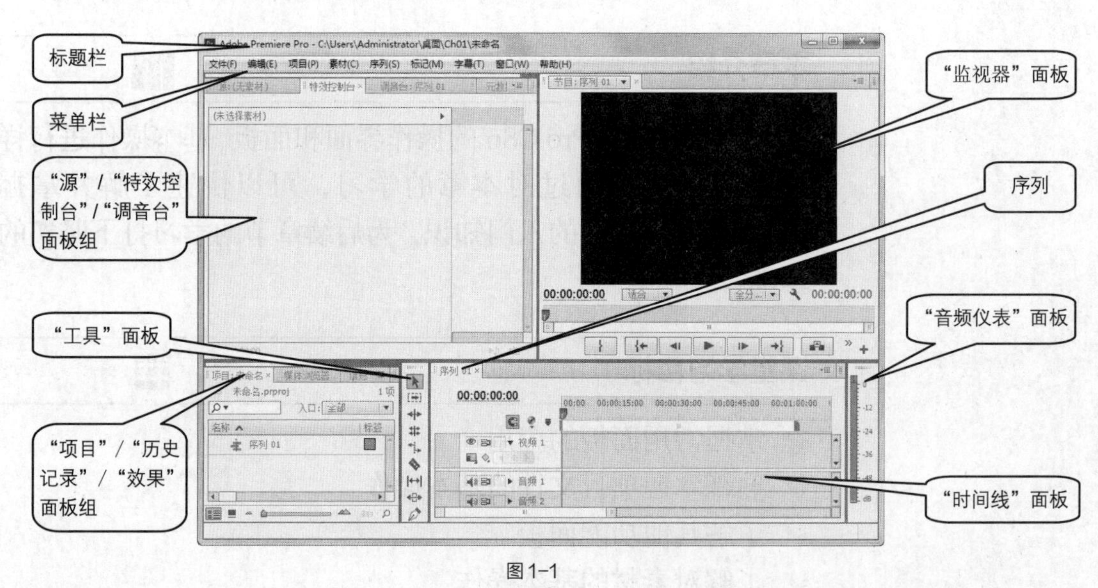

图 1-1

从图 1-1 中可以看出，Premiere Pro CS6 的操作界面由标题栏、菜单栏、“源”/“特效控制台”/“调音台”面板组、“工具”面板、“项目”/“历史记录”/“效果”面板组、“监视器”面板、“音频仪表”面板、“序列”、“时间线”面板等组成。

1.1.2 熟悉“项目”面板

“项目”面板主要用于输入、组织和存放供“时间线”面板编辑合成的原始素材，如图 1-2 所示。按<Ctrl+PageUp>组合键，“项目”面板可以从图标显示的状态切换到列表显示的状态，如图 1-3 所示。单击“项目”面板右上方的按钮，在弹出的列表框中可以选择面板及相关功能的显示方式，如图 1-4 所示。

“项目”面板在图标状态时，将鼠标指针置于视频图标上左右移动，可以查看不同时间点的视频内容。

在“项目”面板下方的工具栏中共有 9 个功能按钮，从左至右分别为“列表视图”按钮、“图标视图”按钮、“缩小”按钮、“放大”按钮、“自动匹配序列”按钮、“查找”按钮、“新建文件夹”按钮、“新建分项”按钮和“清除”按钮。各按钮的含义如下。

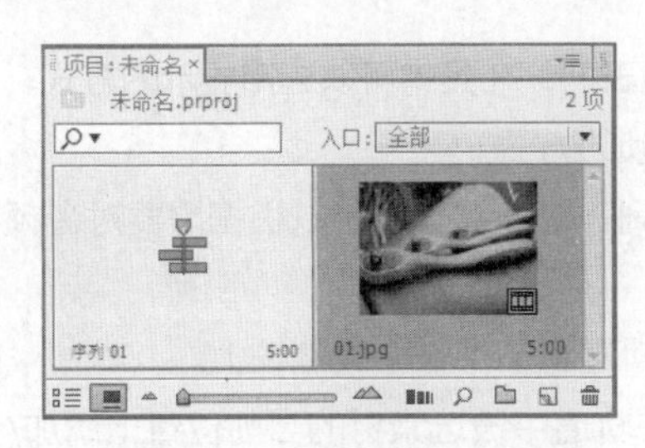

图1-2

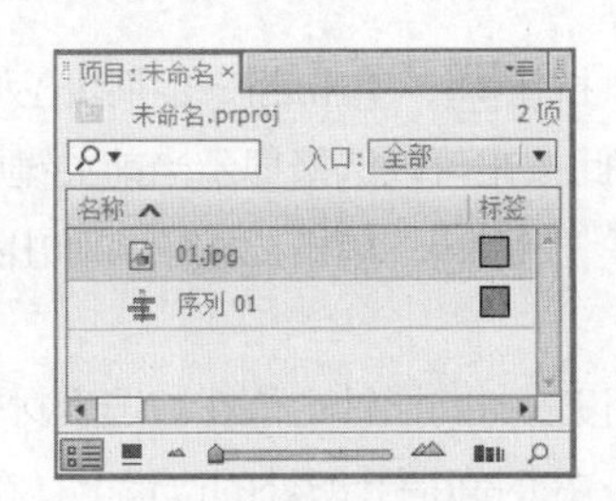

图1-3

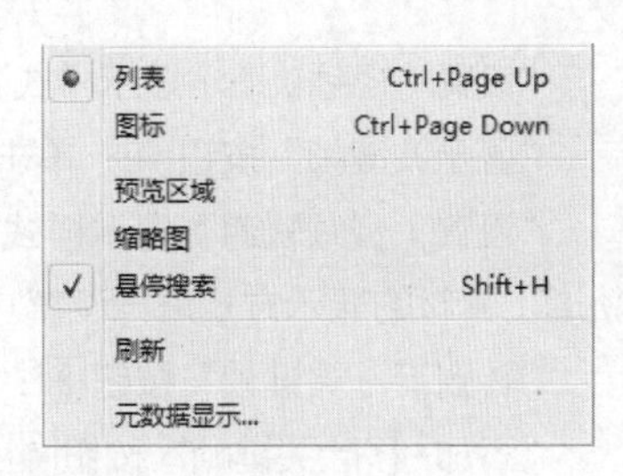

图1-4

“列表视图”按钮：单击此按钮可以将“项目”面板中的素材以列表形式显示。

“图标视图”按钮：单击此按钮可以将“项目”面板中的素材以图标形式显示。

“缩小”按钮/“放大”按钮：单击此按钮可以将素材窗中的素材缩小/放大显示。

“自动匹配序列”按钮：单击此按钮可以将素材自动调整到时间线。

“查找”按钮：单击此按钮可以按提示快速查找素材。

“新建文件夹”按钮：单击此按钮可以新建文件夹以便管理素材。

“新建分项”按钮：当类别文件中包含多项不同素材的文件时，单击此按钮可以为素材添加分类，以便更有序地进行管理。

“清除”按钮：选中不需要的文件，单击此按钮，即可将其删除。

1.1.3 认识“时间线”面板

“时间线”面板是 Premiere Pro CS6 的核心部分，在编辑素材的过程中，大部分工作都是在“时间线”面板中完成的。用户通过“时间线”面板，可以实现剪辑、插入、复制、粘贴、修整等操作，如图 1-5 所示。

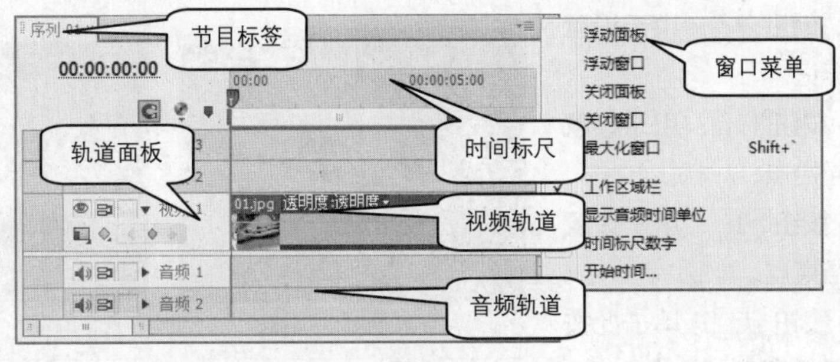

图1-5

“吸附”按钮：单击此按钮可以启动吸附功能，这时在“时间线”面板中拖动素材，素材将自动黏合到邻近素材的边缘。

“设置 Encore 章节标记”按钮：用于设定 Encore 主菜单标记。

“切换（视频）轨道输出”按钮：单击此按钮设置是否在“监视器”面板显示影片。

“切换（音频）轨道输出”按钮：激活此按钮，可以播放声音，反之则是静音。

“同步锁定开关”按钮：激活该按钮，可以同步锁定多个轨道中的剪辑。

“轨道锁定开关”按钮：单击此按钮，当按钮变成时，当前轨道被锁定，处于不能编辑状态；当按钮变成时，可以编辑操作该轨道。

“折叠-展开轨道”：单击此按钮，可以隐藏/展开视频轨道工具栏或音频轨道工具栏。

"设置（视频轨道）显示样式"按钮：单击此按钮将弹出列表框，在其中可以选择显示的方式。

"显示关键帧"按钮：单击此按钮可以选择显示当前关键帧的方式。

"设置（音频轨道）显示样式"按钮：单击此按钮将弹出列表框，在其中可以根据需要对音频轨道上素材的显示方式进行设置。

"转到下一关键帧"按钮：设置时间指针定位在被选素材轨道上的下一个关键帧上。

"添加-移除关键帧"按钮：在时间指针所处的位置上，在轨道中被选素材的当前位置上添加/移除关键帧。

"转到前一关键帧"按钮：设置时间指针定位在被选素材轨道上的上一个关键帧上。

滑块：放大/缩小"时间线"面板中素材的显示大小。

"添加标记"按钮：单击此按钮，在当前帧的位置上设置标记。

时间码 00:00:00:00：显示播放影片的进度。

节目标签：单击相应的标签可以在不同的节目间切换。

轨道面板：对轨道的退缩、锁定等参数进行设置。

时间标尺：对剪辑的组进行时间定位。

窗口菜单：对时间单位及剪辑参数进行设置。

视频轨道：为影片进行视频剪辑的轨道。

音频轨道：为影片进行音频剪辑的轨道。

1.1.4 认识"监视器"面板

"监视器"面板分为"源"监视器面板和"节目"监视器面板，分别如图 1-6 和图 1-7 所示，所有编辑或未编辑的影片片段都在此显示效果。

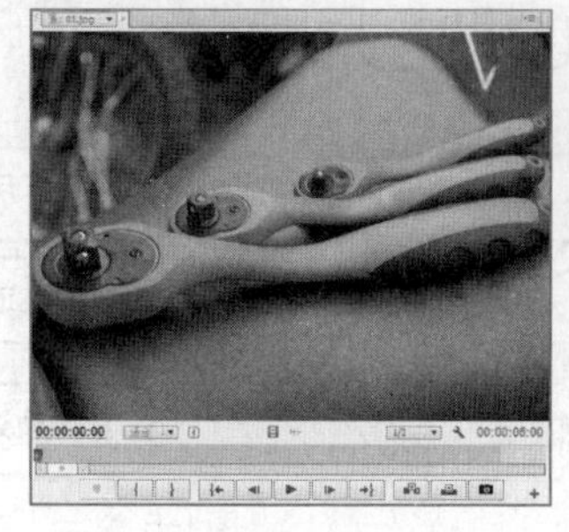

图 1-6

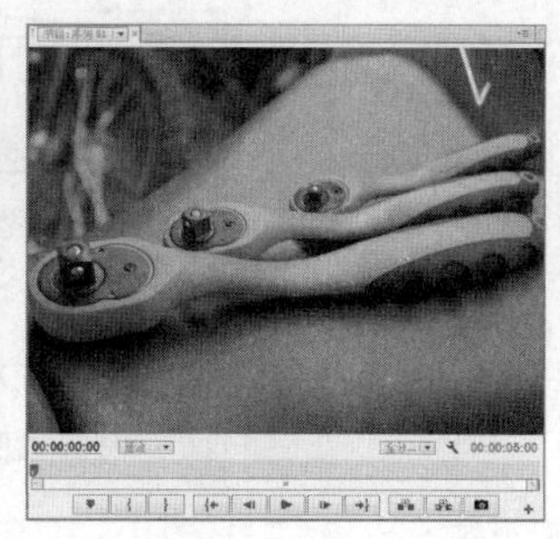

图 1-7

"添加标记"按钮：用于设置影片片段未编号标记。

"标记入点"按钮：用于设置当前影片位置的起始点。

"标记出点"按钮：用于设置当前影片位置的结束点。

"跳转入点"按钮：单击此按钮，可将时间标记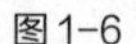移到起始点位置。

"逐帧退"按钮：此按钮是对素材进行逐帧倒播的控制按钮，每单击一次该按钮，播放就会后退 1 帧，按住<Shift>键的同时单击此按钮，每次后退 5 帧。

"播放-停止切换"按钮 / ：控制"监视器"面板中素材的播放，单击此按钮会从"监视器"面板中时间标记的当前位置开始播放；在"节目"监视器面板中，在播放时按<J>键可以进行倒播。

"逐帧进"按钮：此按钮是对素材进行逐帧播放的控制按钮，每单击一次该按钮，播放就会前进 1 帧，按住<Shift>键的同时单击此按钮，每次前进 5 帧。

"跳转出点"按钮：单击此按钮，可将时间标记移到结束点位置。

"插入"按钮：单击此按钮，当插入一段影片时，重叠的片段将后移。

“覆盖”按钮：单击此按钮，当插入一段影片时，重叠的片段将被覆盖。

“提升”按钮：用于将轨道上入点与出点之间的内容删除，删除之后仍然留有空间。

“提取”按钮：用于将轨道上入点与出点之间的内容删除，删除之后不留空间，后面的素材会自动连接前面的素材。

“导出单帧”按钮：可导出1帧影视画面。

分别单击“监视器”面板右下方的“按钮编辑器”按钮，弹出图1-8与图1-9所示的“按钮编辑器”面板，面板中包含一些已显示和未显示的按钮。

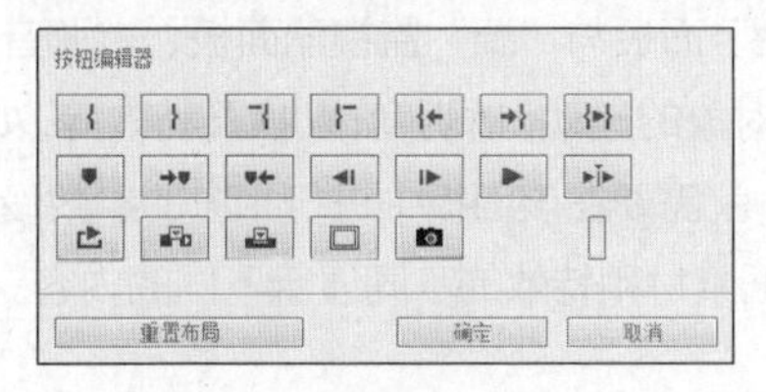

图1-8

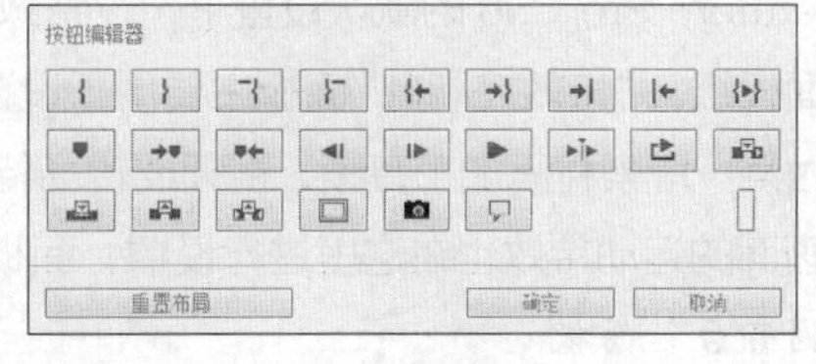

图1-9

“清除入点”按钮：用于清除设置的标记入点。

“清除出点”按钮：用于清除设置的标记出点。

“播放入点到出点”按钮：单击此按钮，在播放素材时，只播放在定义的入点与出点之间的素材。

“转到下一标记”按钮：调整时差滑块移动到当前位置的下一个标记处。

“转到前一标记”按钮：调整时差滑块移动到当前位置的前一个标记处。

“播放临近区域”按钮：单击此按钮，将播放时间标记的当前位置前后2秒的内容。

“循环”按钮：用于控制循环播放的按钮。单击此按钮，“监视器”面板就会不断循环播放素材，直至按下停止按钮。

“安全框”按钮：单击该按钮为影片设置安全边界线，以防影片画面太大播放不完整，再次单击该按钮可隐藏安全边界线。

“跳转到下一编辑点”按钮：表示跳转到同一轨道上当前编辑点的下一个编辑点。

“跳转到前一个编辑点”按钮：表示跳转到同一轨道上当前编辑点的上一个编辑点。

“隐藏式字幕”按钮：用于为听力有障碍或在无音条件下观看节目的观众所准备的对白、现时场景的声音和配乐等信息。

用户可以直接将“按钮编辑器”面板中需要的按钮拖曳到下面的显示框中，如图1-10所示，松开鼠标，按钮被添加到显示框中，如图1-11所示。单击“确定”按钮，所选按钮显示在“监视器”面板中，如图1-12所示。可以用相同的方法添加多个按钮，如图1-13所示。

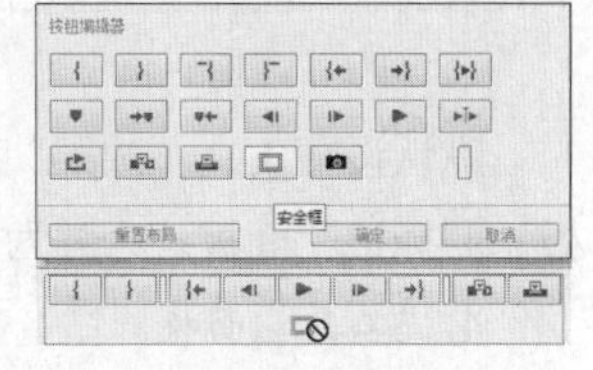

图1-10

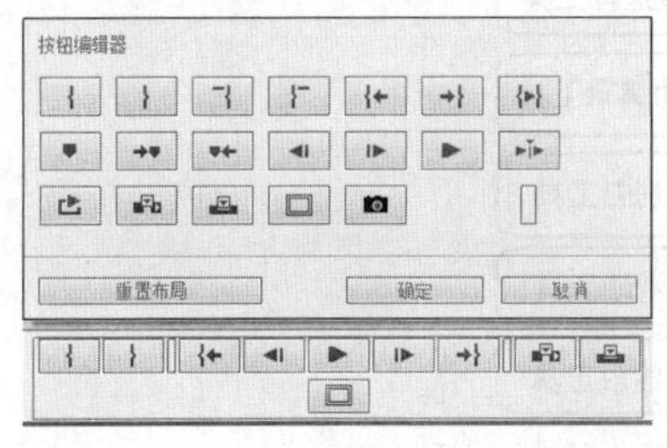

图1-11

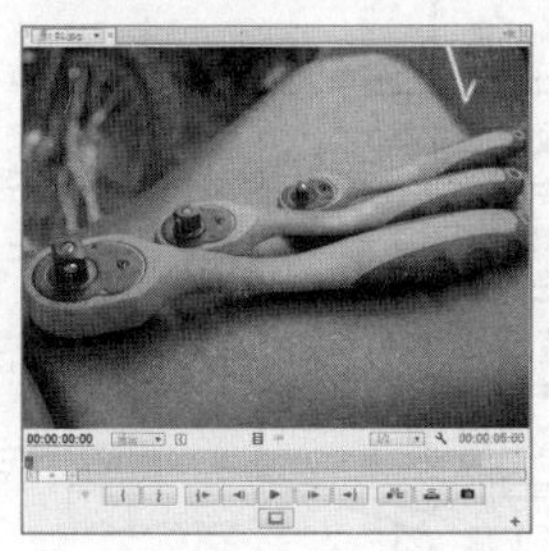

图1-12

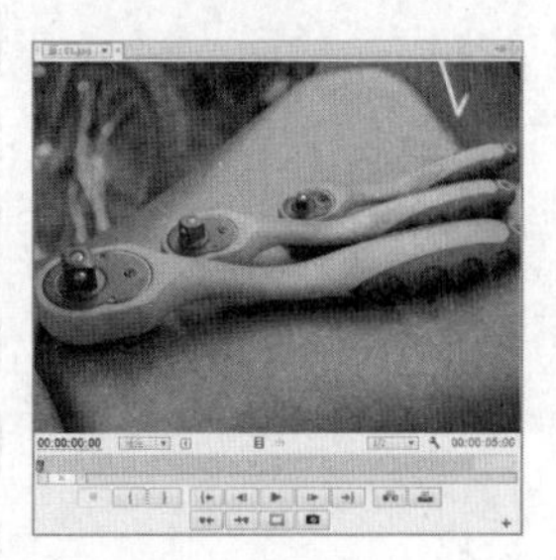

图1-13

若要恢复默认的布局，再次单击面板右下方的“按钮编辑器”按钮➕，在弹出的面板中选择“重置布局”按钮，再单击“确定”按钮，即可恢复。

1.1.5 其他功能面板概述

除了以上介绍的面板，Premiere Pro CS6 中还提供了一些其他方便操作的功能面板，下面逐一进行介绍。

1.“特效控制台”面板

在 Premiere Pro CS6 的默认设置下，“特效控制台”面板与“源”监视器面板、“调音台”面板合为一个面板组。“特效控制台”面板主要用于设置控制对象的运动、透明度、切换及特效等，如图 1-14 所示。当为某一段素材添加了音频、视频或转场特效后，就需要在该面板中进行相应的参数设置和添加关键帧，画面的运动特效也在这里进行设置，面板会根据素材和特效的不同显示不同的内容。

2.“调音台”面板

该面板可以更加有效地调节项目的音频，可以实时混合各轨道的音频对象，如图 1-15 所示。

3.“效果”面板

“效果”面板存放着 Premiere Pro CS6 自带的各种音频、视频特效和预设的特效等。这些特效按照功能分为五大类，包括预设、音频特效、音频过渡、视频特效和视频切换。每一大类又按照效果细分为很多小类，如图 1-16 所示。用户安装的第三方特效插件也将出现在该面板的相应类别中。

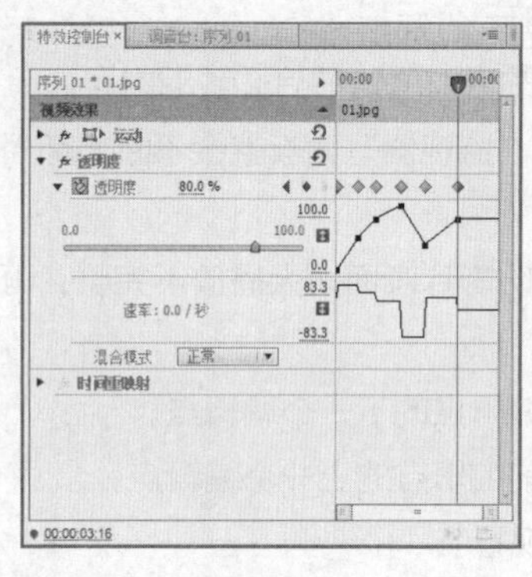

图1-14

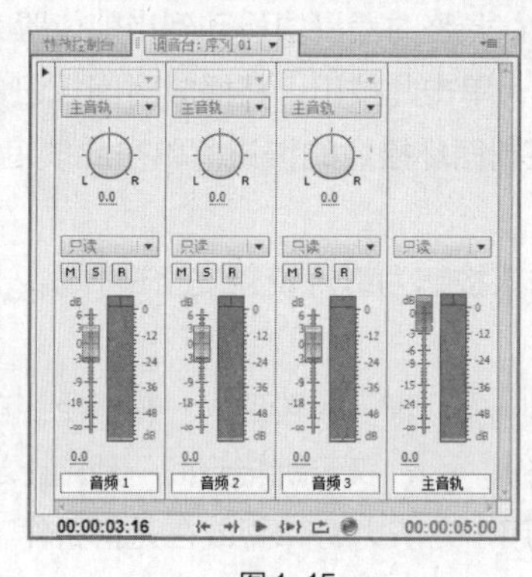

图1-15

图1-16

默认设置下，“效果”面板与“历史”面板、“信息”面板、“项目”面板、“媒体浏览器”面板、“标记”面板；合并为一个面板组，单击“效果”标签，即可切换到“效果”面板。

4.“工具”面板

“工具”面板主要用来对时间线中的音频、视频等内容进行编辑，如图 1-17 所示。

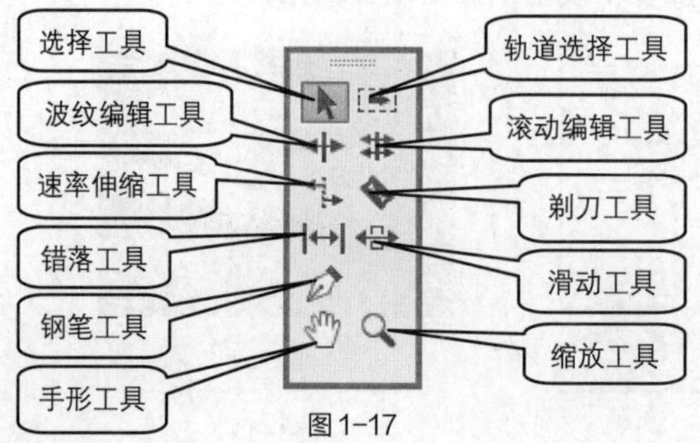

图1-17

1.2 Premiere Pro CS6 基本操作

本节将详细介绍项目文件的处理，如新建项目文件、打开已有项目文件等；对象的操作，如素材的导入等。这些基本操作对于后期的制作至关重要。

1.2.1 项目文件操作

在启动 Premiere Pro CS6 软件开始进行影视制作时，必须先创建新的项目文件或打开已有的项目文件，这是 Premiere Pro CS6 最基本的操作之一。

1. 新建项目文件

新建项目文件分为两种：一种是在启动 Premiere Pro CS6 软件时新建项目文件；另一种是在 Premiere Pro CS6 已经启动的情况下新建项目文件，即利用菜单命令新建项目。

（1）*在启动 Premiere Pro CS6 软件时新建项目文件*。

在启动 Premiere Pro CS6 软件时新建项目文件的具体操作步骤如下。

步骤① 选择“开始 > 所有程序 > Adobe Premiere Pro CS6”菜单命令，或双击桌面上的 Adobe Premiere Pro CS6 快捷方式图标，弹出启动窗口，单击“新建项目”按钮，如图 1-18 所示。

步骤② 弹出“新建项目”对话框，如图 1-19 所示。在“常规”选项卡中设置视频渲染与回放、视频与音频的显示格式、采集格式，单击“浏览”按钮，在弹出的对话框中选择项目文件保存路径，然后在“名称”文本框中设置项目名称。

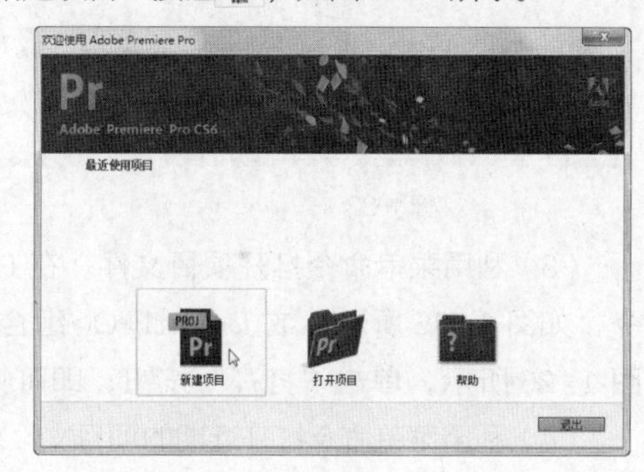

图 1-18

步骤③ 单击“确定”按钮，弹出如图 1-20 所示的对话框。在“有效预设”选项区域中选择项目文件格式，如“DV-PAL”制式下的“标准 48kHz”，此时，“预设描述”选项区域中将列出相应的项目信息。

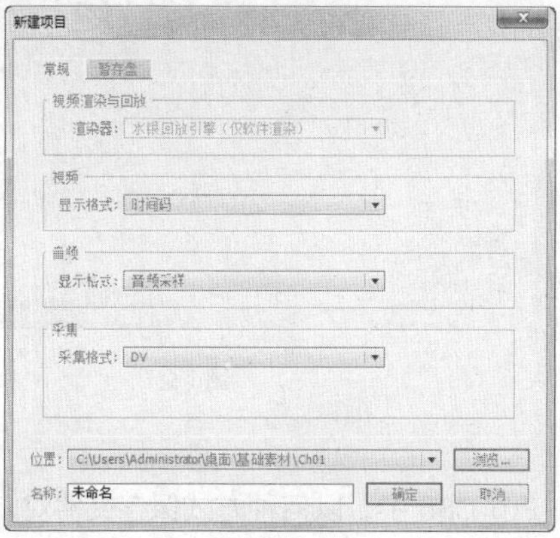

图 1-19

图 1-20

步骤④ 单击“确定”按钮，即可创建一个新的项目文件。

（2）**在 Premiere Pro CS6 已经启动的情况下新建项目文件。**

如果 Premiere Pro CS6 已经启动，此时，可利用菜单命令新建项目文件，具体操作步骤如下。

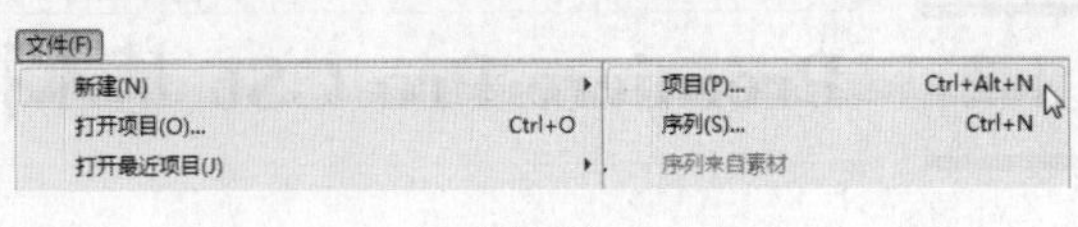

图 1-21

选择“文件 > 新建 > 项目”菜单命令，如图 1-21 所示，或按<Ctrl+Alt+N>组合键，在弹出的“新建项目”对话框中按照上述方法进行相关设置，单击“确定”按钮即可。

2. **打开已有的项目文件**

要打开一个已有的项目文件进行编辑或修改，可以使用以下 4 种方法。

（1）通过启动窗口打开项目文件。启动 Premiere Pro CS6 软件，在弹出的启动窗口中单击“打开项目”按钮，如图 1-22 所示，在弹出的对话框中选择需要打开的项目文件，如图 1-23 所示，单击“打开”按钮，即可打开选择的项目文件。

（2）通过启动窗口打开最近编辑过的项目文件。启动 Premiere Pro CS6 软件，在弹出的启动窗口中的“最近使用项目”中单击需要打开的项目文件，如图 1-24 所示，打开最近保存过的项目文件。

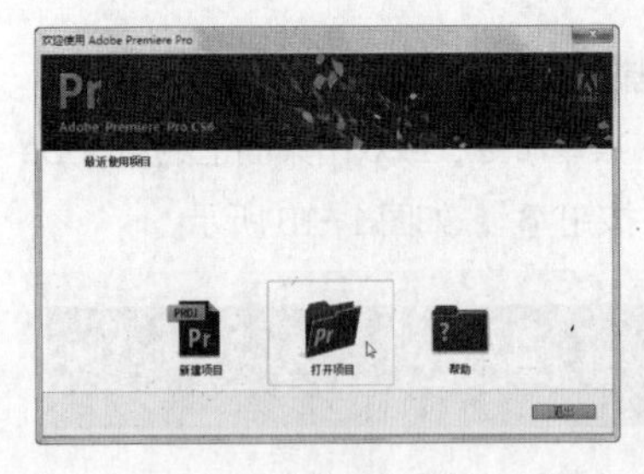

图 1-22

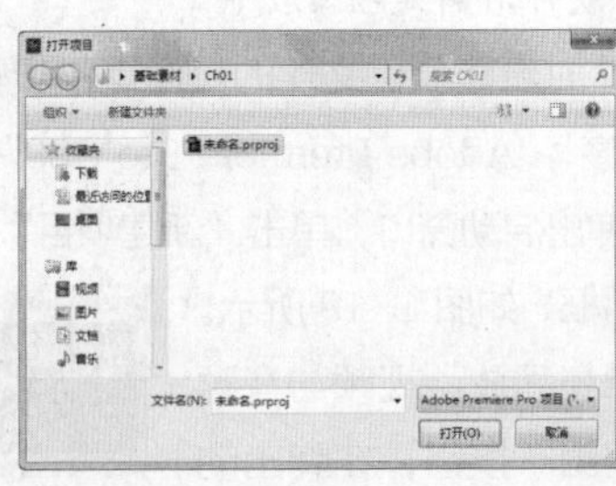

图 1-23

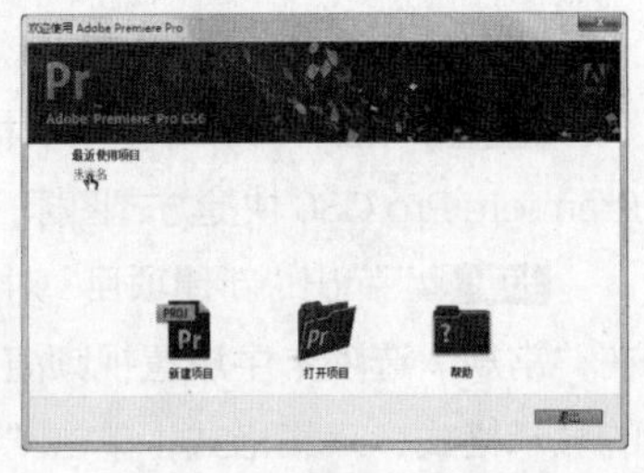

图 1-24

（3）利用菜单命令打开项目文件。在 Premiere Pro CS6 中选择“文件 > 打开项目”菜单命令，如图 1-25 所示，或按<Ctrl+O>组合键，在弹出的对话框中选择需要打开的项目文件，如图 1-26 所示，单击“打开”按钮，即可打开所选的项目文件。

（4）利用菜单命令打开近期的项目文件。Premiere Pro CS6 会将近期打开过的项目文件保存，选择“文件 > 打开最近项目”菜单命令，在其子菜单中选择需要打开的项目文件，如图 1-27 所示，即可打开所选的项目文件。

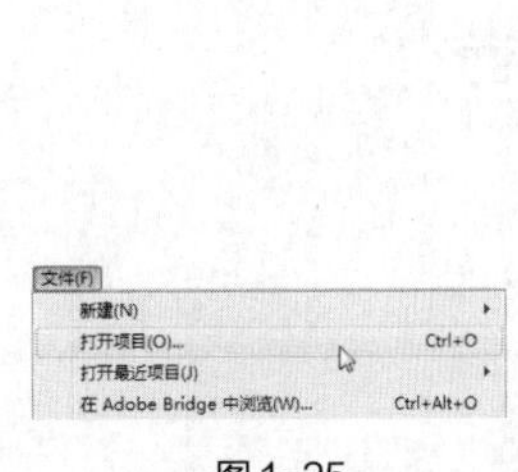

图 1-25

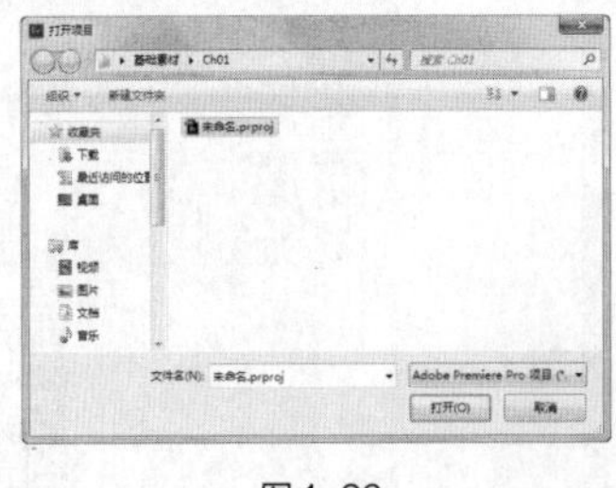

图 1-26

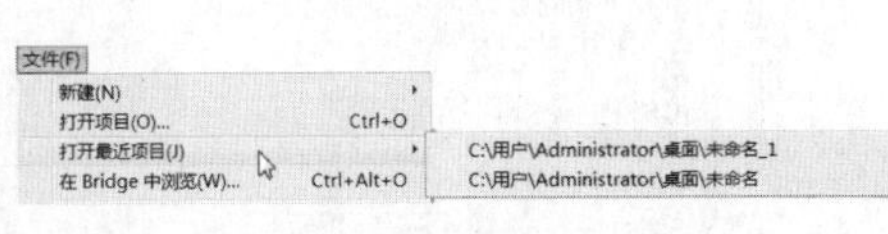

图 1-27

3. **保存项目文件**

文件的保存是文件编辑的重要环节，在 Premiere Pro CS6 中，以何种方式保存文件对以后使用该文件有直接影响。

刚启动 Premiere Pro CS6 时，系统会提示用户先保存一个设置了参数的项目，因此，对于编辑过的项目，直接选择“文件 > 存储”菜单命令或按<Ctrl+S>组合键，即可直接保存。另外，系统还会隔一段时间自动保存正在编辑的项目。

除此方法外，Premiere Pro CS6 还提供了“存储为”和“存储副本”命令。

保存项目文件副本的具体操作步骤如下。

步骤① 选择“文件 > 存储为”菜单命令（或按<Ctrl+Shift+S>组合键），或者选择“文件 > 存储副本”菜单命令（或按<Ctrl+Alt+S>组合键），弹出“存储项目”对话框。

步骤② 在对话框上方选择文件的保存路径。

步骤③ 在“文件名”文本框中输入文件名。

步骤④ 单击“保存”按钮即可保存项目文件。

4. *关闭项目文件*

如果要关闭当前项目文件，选择“文件 > 关闭项目”菜单命令即可。其中，如果对当前项目文件做了修改却尚未保存，系统将会弹出图 1-28 所示的提示对话框，询问是否要保存修改后的项目文件。单击“是”按钮，保存项目文件；单击“否”按钮，则不保存项目文件并直接退出该项目文件。

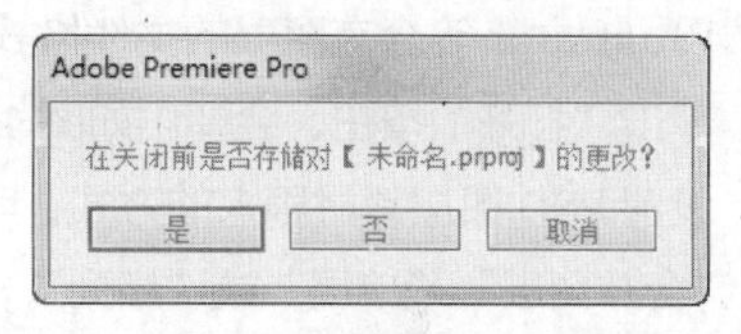

图 1-28

1.2.2 撤销与恢复操作

通常情况下，一个完整的项目需要反复地调整、修改与比较才能完成，因此，Premiere Pro CS6 为用户提供了“撤销”与“重做”命令。

在编辑视频或音频文件时，如果用户的上一步操作是错误的，或对操作得到的效果不满意，选择“编辑 > 撤销”菜单命令即可撤销该操作，如果连续选择此命令，则可连续撤销前面的多步操作。

如果要取消撤销操作，则可选择“编辑 > 重做”菜单命令。例如，删除一个素材，通过“撤销”命令来撤销操作后还想将这个素材删除，选择“编辑 > 重做”菜单命令即可。

1.2.3 自定义设置

Premiere Pro CS6 预置设置为影片剪辑人员提供了常用的 DV-NTSC 和 DV-PAL 等设置。如果需要自定义项目设置，则可在“新建项目”对话框中切换到“常规”选项卡，进行参数设置；如果在运行 Premiere Pro CS6 过程中需要改变项目设置，则需选择“项目 > 项目设置>常规”菜单命令。

在“项目设置”对话框的“常规”选项卡中，可以对影片的视频、音频等基本指标进行设置，如图 1-29 所示。

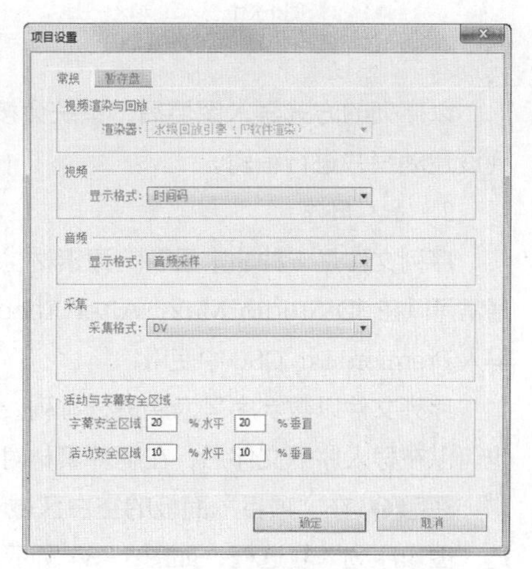

图 1-29

“视频”：用于显示视频素材的格式信息。

“音频”：用于显示音频素材的格式信息。

“采集”：用于设置采集素材的格式信息。

“活动与字幕安全区域”：用于设置字幕和动作影像安全框的显示范围，以“帧大小”设置数值的百分比计算。

1.2.4 导入素材

Premiere Pro CS6 支持大部分主流的视频、音频以及图像文件格式。在 Premiere Pro CS6 中，一般导入素材的方式为选择“文件 > 导入”菜单命令，在“导入”对话框中选择需要的文件格式和文件后单击“打开”按钮即可，如图 1-30 所示。

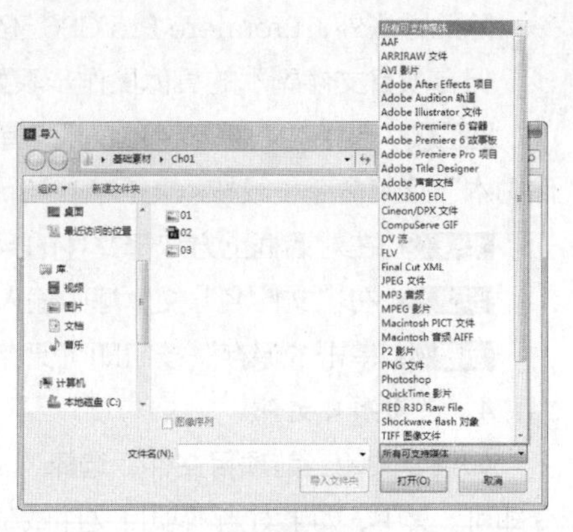

图 1-30

1. 导入图层文件

以素材的方式导入图层的设置方法。选择“文件 > 导入”菜单命令，在“导入”对话框中选择 Photoshop、Illustrator 等含有图层的文件格式，选择需要导入的文件，单击“打开”按钮，会弹出如图 1-31 所示的对话框。若要设置 PSD 图层素材导入的方式，可以选择“合并所有图层”“合并图层”“单层”或“序列”，本例选择“序列”选项，如图 1-32 所示。单击“确定”按钮，在“项目”面板中会自动产生一个文件夹，其中包括序列文件和图层素材，如图 1-33 所示。

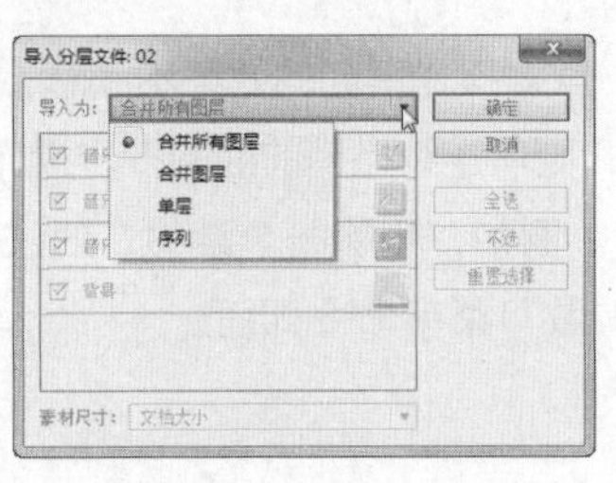

图 1-31

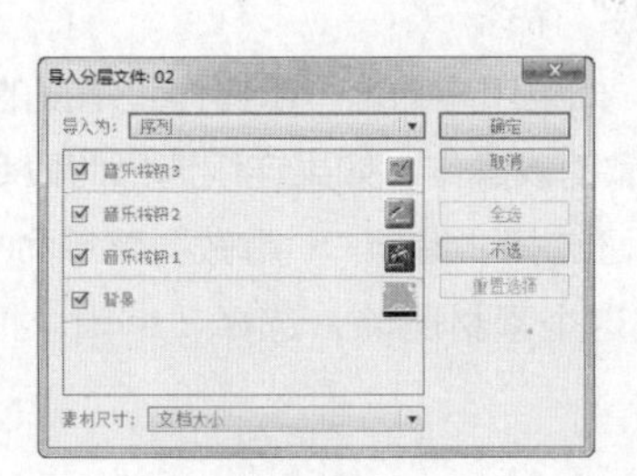

图 1-32

图 1-33

以序列的方式导入图层后，系统会按照图层的排列方式自动产生一个序列，用户可以打开该序列设置动画并进行编辑。

2. 导入图片

序列文件是一种非常重要的源素材，它由若干幅按序排列的图片组成，每幅图片代表 1 帧。用户通常可以在 3D Studio Max、After Effects、Combustion 等软件中产生序列文件，然后再将序列文件导入 Premiere Pro CS6 中使用。

序列文件以数字序号为序进行排列。当导入序列文件时，应在首选项对话框中设置图片的帧速率，也可以在导入序列文件后，在解释素材对话框中改变帧速率。导入序列文件的具体操作步骤如下。

步骤① 在“项目”面板的空白区域双击，弹出“导入”对话框，找到序列文件所在的目录，勾选“图像序列”复选框，如图 1-34 所示。

步骤② 单击“打开”按钮，导入素材。序列文件导入后的状态如图 1-35 所示。

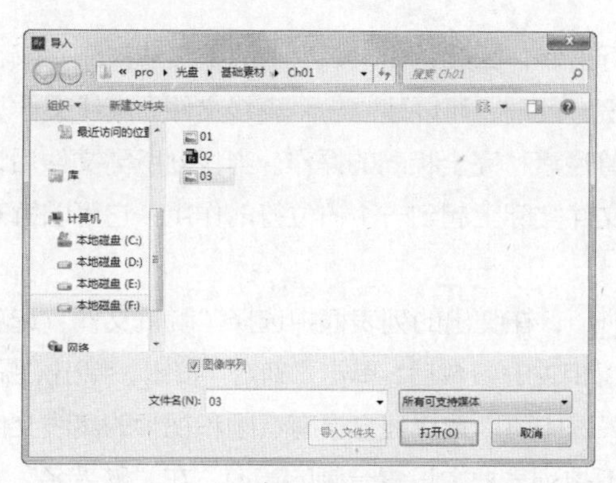

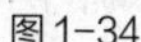

图1-34

图1-35

1.2.5 改变素材名称

在“项目”面板中的素材上单击鼠标右键，在弹出的快捷菜单中选择“重命名”命令，素材名称会处于可编辑状态，如图 1-36 所示，输入新名称即可。

剪辑人员可以给素材重命名，这在一部影片中重复使用一个素材或复制了一个素材并为之设定新的入点和出点时极其有用。给素材重命名有助于区分在“项目”面板和序列中复制的素材。

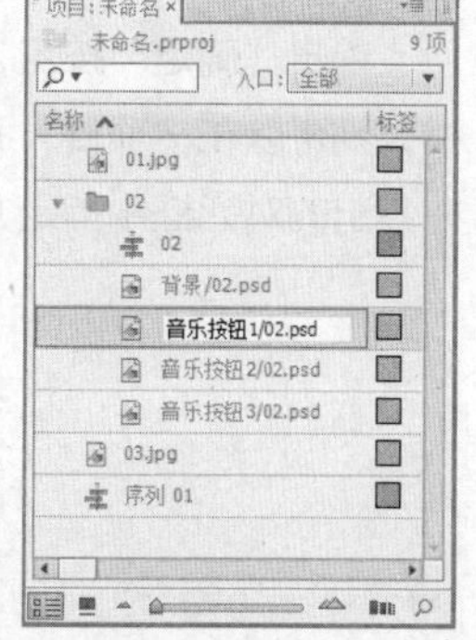

图1-36

1.2.6 利用素材库组织素材

用户可以在“项目”面板建立一个素材库（即素材文件夹）来管理素材。使用素材文件夹，可以将节目中的素材分门别类、有条不紊地组织起来，这在组织包含大量素材的复杂节目时特别有用。

单击“项目”面板下方的“新建文件夹”按钮，系统会自动创建新文件夹，如图 1-37 所示，单击按钮，它可以返回到上一层级素材列表，依此类推。

1.2.7 离线素材

当打开一个项目文件时，系统提示找不到源素材，如图 1-38 所示，这可能是源文件被改名或存在磁盘上的位置发生了变化造成的。此时可以直接在磁盘上找到源素材，然后单击“选择”按钮，也可以单击“跳过”按钮选择略过素材，或单击“脱机”按钮建立离线文件代替源文件。

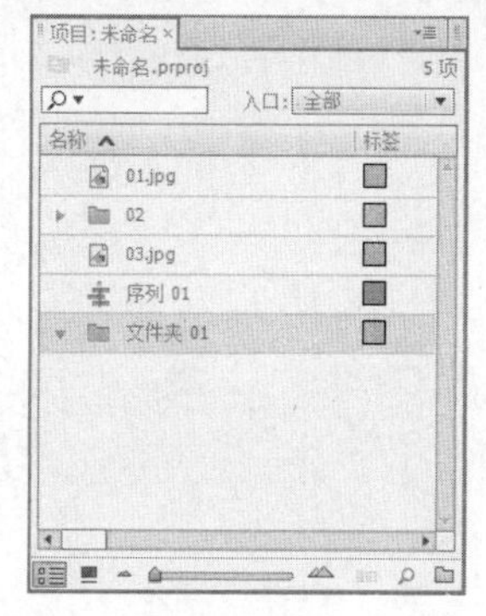

图1-37

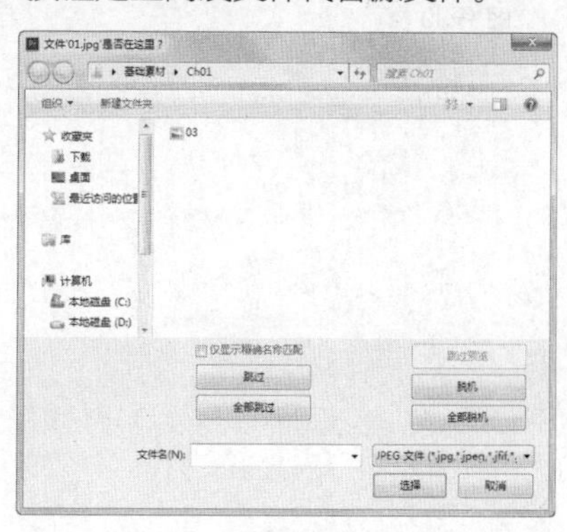

图1-38

由于Premiere Pro CS6使用直接方式进行工作，因此，如果磁盘上的源文件被删除或者移动，就会发生在项目中无法找到其磁盘源文件的情况。此时，可以建立一个离线文件。离线文件具有和其所替换的源文件相同的属性，可以对其进行同普通素材完全相同的操作。当找到所需文件后，可以用该文件替换离线文件，以进行正常编辑。离线文件实际上起到一个占位符的作用，它可以暂时占据丢失文件所处的位置。

在“项目”面板中单击“新建分项”按钮，在弹出的列表框中选择“脱机文件”选项，弹出“新建脱机文件”对话框，如图1-39所示，设置相关的参数后，单击“确定”按钮，弹出“脱机文件”对话框，如图1-40所示。在“包含”下拉列表框中可以选择建立含有音频和视频的离线文件，或者仅含有其中一项的离线文件。在“音频格式”下拉列表框中设置音频的声道。在“磁带名”文本框中输入磁带卷标。在“文件名”文本框中指定离线文件的名称。可以在“描述”文本框中输入一些备注。在“场景”文本框中输入注释离线文件与源文件场景的关联信息。在“拍摄/记录”文本框中说明拍摄信息。在“记录注释”文本框中记录离线文件的日志信息。在“时间码”选项区域中可以指定离线文件的时间信息。

单击“确定”按钮，“项目”窗口中的图标显示如图1-41所示。如果要以实际素材替换离线素材，则可以在“项目”面板中的离线素材上右键单击，在弹出的快捷菜单中选择“链接媒体”命令，在弹出的对话框中指定并替换文件。

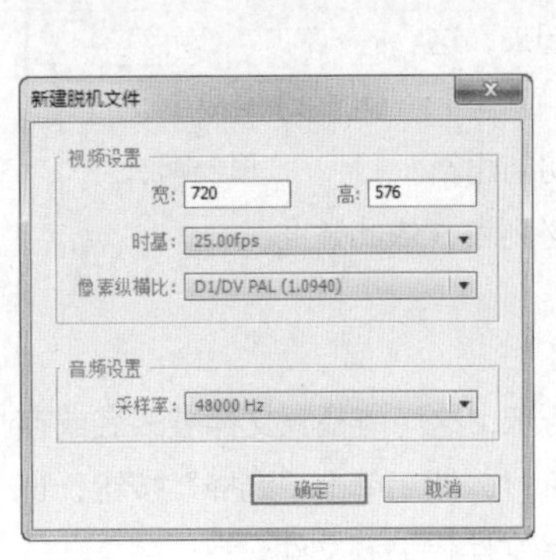

图1-39

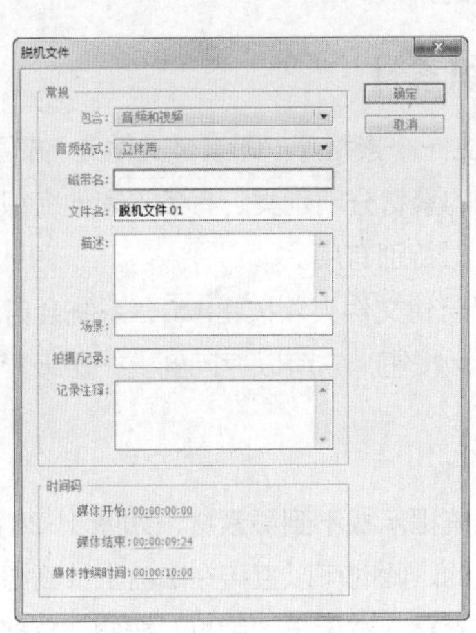

图1-40

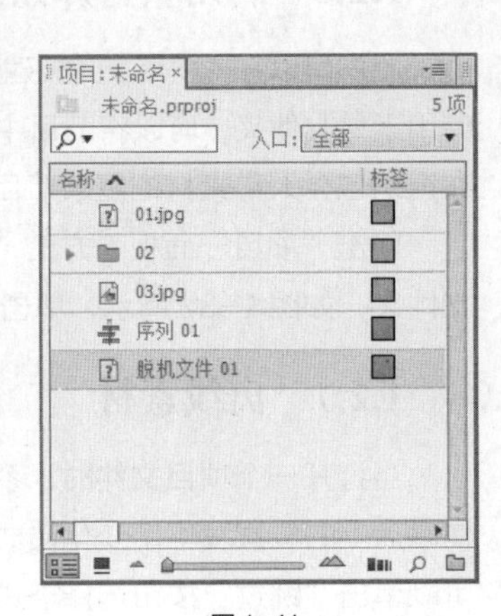

图1-41

02 第2章 影视剪辑技术

本章介绍

本章主要对 Premiere Pro CS6 中剪辑影片的基本技术和操作进行详细介绍，其中包括使用 Premiere Pro CS6 剪辑和分离素材、使用 Premiere Pro CS6 创建新元素。通过对本章的学习，读者可以掌握剪辑技术的使用方法和应用技巧。

课堂学习目标

- 掌握剪辑素材的方法
- 了解新元素的创建方法
- 掌握分离素材的技巧

2.1 剪辑素材

在 Premiere Pro CS6 中的编辑过程是非线性的，可以在任何时候插入、复制、替换、传递和删除素材片段，还可以采取各种各样的顺序和效果进行试验，并在合成最终影片或输出到磁带前进行预演。

用户在 Premiere Pro CS6 中使用“监视器”面板和“时间线”面板编辑素材。“监视器”面板用于观看素材和完成的影片，设置素材的入点、出点等；“时间线”面板用于建立序列、安排素材、分离素材、插入素材、合成素材、混合音频等。使用“监视器”面板和“时间线”面板编辑时，还会使用一些相关的其他窗口和面板。

在一般情况下，Premiere Pro CS6 会从头至尾地播放一个音频素材或视频素材。用户可以使用“时间线”面板或“监视器”面板改变一个素材的开始帧和结束帧或改变静止图像素材的长度。Premiere Pro CS6 中的“监视器”面板可以对原始素材和序列进行剪辑。

2.1.1 “监视器”面板的设置功能

“监视器”面板有两个，即“源”监视器面板与“节目”监视器面板，分别用来显示素材与作品在编辑时的状况。如图 2-1 所示，左图为“源”监视器面板，用于显示和设置节目中的素材；右图为“节目”监视器面板，用于显示和设置序列。

在“源”监视器面板中，单击上方的标题栏或黑色三角按钮，弹出下拉列表框，下拉列表框中显示已经调入“时间线”面板中的素材序列表，利用它可以更加快速方便地浏览素材的基本情况，如图 2-2 所示。

图 2-1

图 2-2

在“监视器”面板中可以设置安全区域。用户可以在“源”监视器面板和“节目”监视器面板中设置安全区域，这对输出设备为电视机播放的影片非常有用。

安全区域的产生是由于电视机在播放视频图像时，屏幕的边缘会切除部分图像，这种现象叫作“溢出扫描”。而不同的电视机溢出的扫描量不同，所以要把图像的重要部分放在安全区域内。在制作影片时，需要将重要的场景元素、演员、图表放在运动安全区域内，将标题、字幕放在标题安全区域内。如图 2-3 所示，位于工作区域外侧的方框为运动安全区域，位于内侧的方框为标题安全区域。

图 2-3

单击“源”监视器面板或“节目”监视器面板下方的“安全框”按钮，可以显示或隐藏“监视器”面板中的安全区域。

2.1.2 剪裁素材

剪辑可以增加或删除帧以改变素材的长度。素材开始帧的位置被称为入点，素材结束帧的位置被称为出点。用户可以在“源/节目”监视器面板和“时间线”面板剪裁素材。

1. 在“源/节目”监视器面板剪裁素材

在“源/节目”监视器面板中改变入点和出点的具体操作步骤如下。

步骤 1 在“项目”面板中双击要设置入点和出点的素材，将其在“源/节目”监视器面板中打开。

步骤 2 在“源/节目”监视器面板中拖动时间标记或按空格键，找到要使用的片段的开始位置。

步骤 3 单击“源/节目”监视器面板下方的“标记入点”按钮或按<I>键，“源/节目”监视器面板中显示当前素材入点画面，面板下方将显示当前素材的入点标记，如图 2-4 所示。

步骤 4 继续播放素材，找到使用片段的结束位置。单击“源/节目”监视器面板下方的“标记出点”按钮或按<O>键，面板下方显示当前素材的出点标记。入点和出点间显示为深色，两点之间的片段即入点与出点间的素材片段，如图 2-5 所示。

图 2-4

图 2-5

步骤 5 单击“转到前一标记”按钮，可以自动跳到当前素材的入点位置；单击“转到下一标记”按钮，可以自动跳到当前素材出点的位置。

当对声音同步要求非常严格时，用户可以为音频素材设置高精度的入点。音频素材的入点可以使用高达 1/600s 的精度来调节。对于音频素材，入点和出点标记出现在波形图相应的点处，如图 2-6 所示。

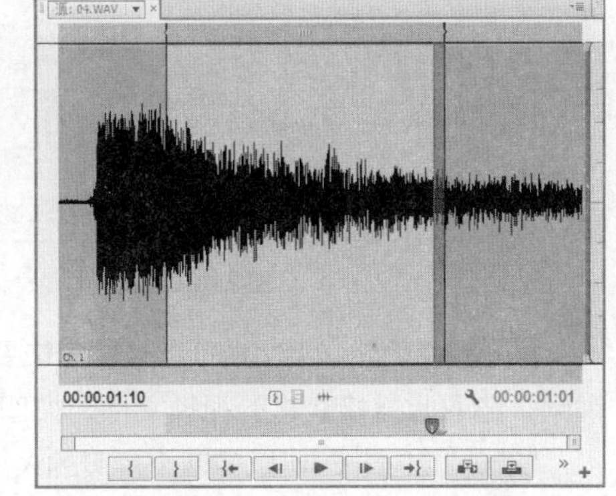
图 2-6

当用户将一个同时含有音频和视频的素材拖曳到“时间线”面板时，该素材的音频和视频部分会被放到相应的轨道中。

用户在为素材设置入点和出点时，所设置的入点和出点对该素材的音频和视频部分同样有效，也可以为素材的音频和视频部分单独设置入点和出点。

为素材的音频或视频部分单独设置入点和出点的具体操作步骤如下。

步骤 1 在“源”监视器面板中打开要设置入点和出点的素材。

步骤 2 播放素材，找到使用视频片段的开始或结束位置。

步骤③ 鼠标右键单击面板中的时间标记，在弹出的快捷菜单中选择“标记拆分”命令，弹出其子菜单，如图 2-7 所示。

步骤④ 在弹出的子菜单中选择“视频入点/视频出点”命令，为两点之间的视频部分设置入点和出点，如图 2-8 所示。继续播放素材，找到使用音频片段的开始或结束位置。选择“音频入点/音频出点”命令，为两点之间的音频部分设置入点和出点，如图 2-9 所示。

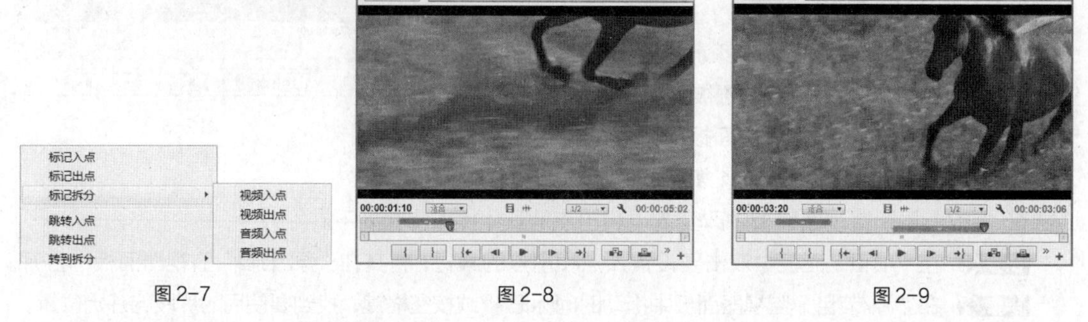

图 2-7　　图 2-8　　图 2-9

2. 在“时间线”面板中剪辑素材

Premiere Pro CS6 提供了多种编辑素材的工具，下面具体介绍几种常用的编辑工具，分别是“轨道选择”工具、“滑动”工具、“错落”工具和“滚动编辑”工具。

利用“轨道选择”工具，可以选择一个或多个轨道上的某素材及其后存在的所有素材，也可以选择链接素材中的单独的视频或音频。具体操作步骤如下。

步骤① 选择“轨道选择”工具，在“时间线”面板中单击要选择的轨道素材，选取此素材及其后的所有素材，如图 2-10 所示。

步骤② 按住<Shift>键的同时，单击要选择的轨道素材，选取此素材及所有轨道上此素材之后的所有素材如图 2-11 所示。

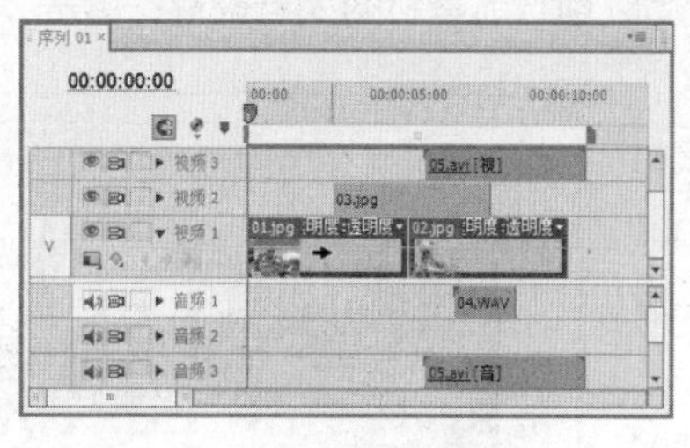

图 2-10

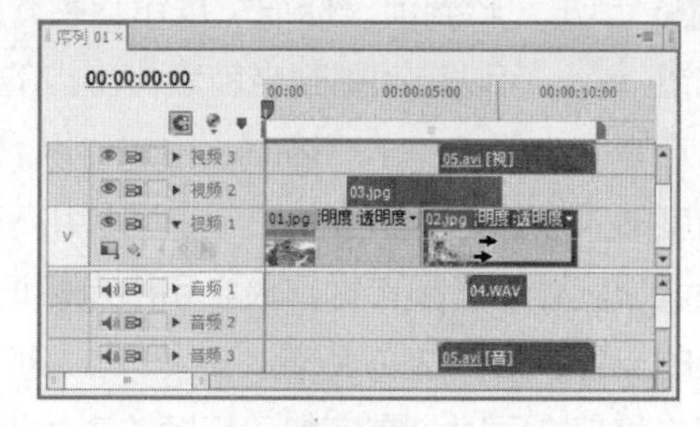

图 2-11

步骤③ 按住<Alt>键的同时，单击要选择的链接素材视频，选取此链接素材的视频文件，如图 2-12 所示。

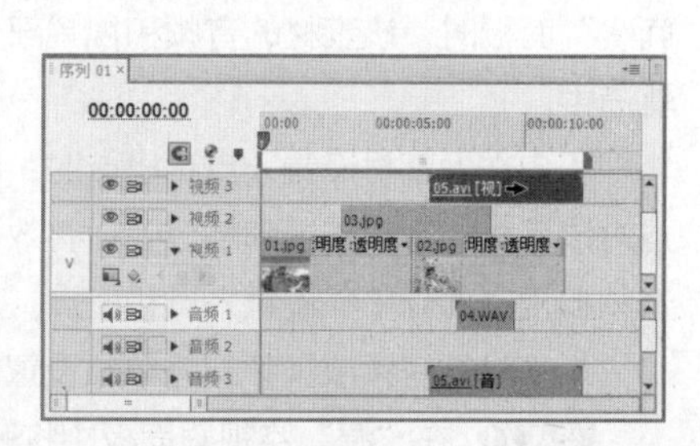

图 2-12

“滑动”工具可以使两个片段的入点与出点发生本质上的位移，这并不影响片段持续时间与影片的整体持续时间，但会影响编辑片段之前或之后的持续时间，迫使前面或后面影片片段的出点与入点发生改变。具体操作步骤如下。

步骤① 选择“滑动”工具，在“时间线”面板中单击需要编辑的某一个片段。

步骤② 将鼠标指针放在该片段与另一片段的结合处，当鼠标指针呈⇹时，左右拖曳鼠标指针对其进行编辑工作，如图 2-13 和图 2-14 所示。

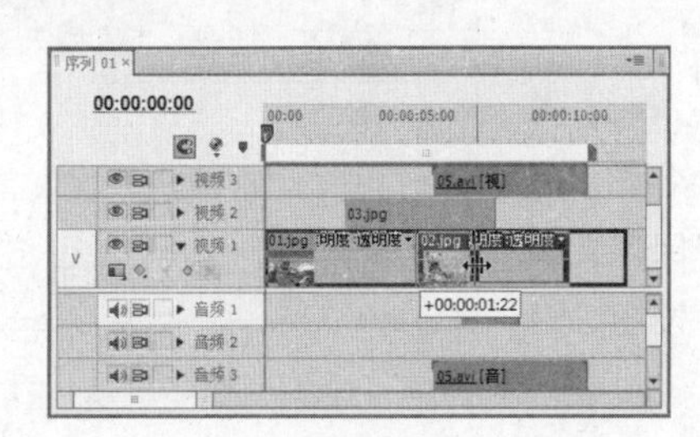

图 2-13

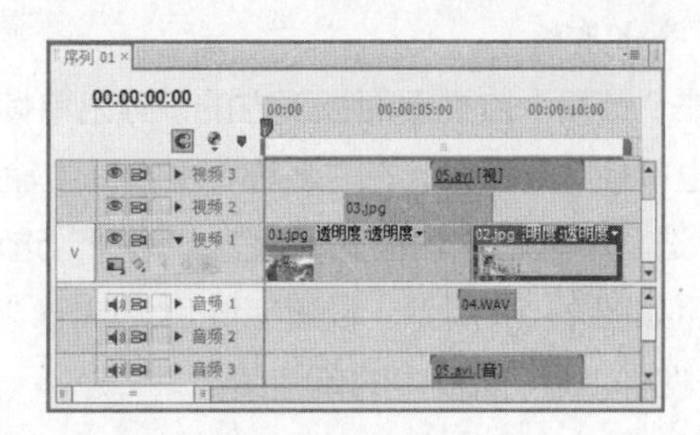

图 2-14

步骤③ 在拖曳过程中，“监视器”面板中将会显示被调整片段的出点与入点以及未被编辑的出点与入点。

在使用“错落”工具[↔]编辑影片片段时，会更改片段的入点与出点，但片段的持续时间不会改变，并不会影响其他片段的入点时间、出点时间，影片总的持续时间也不会发生任何改变。具体操作步骤如下。

步骤① 选择“错落”工具[↔]，在“时间线”面板中单击需要编辑的某一个片段。

步骤② 将鼠标指针放在该片段与另一片段的结合处，当指针呈⊢⊣时，左右拖曳鼠标指针对其进行编辑工作，如图 2-15 所示。

步骤③ 在拖曳指针时，“监视器”面板中将会依次显示上一片段的出点和后一片段的入点，同时显示画面帧数，如图 2-16 所示。

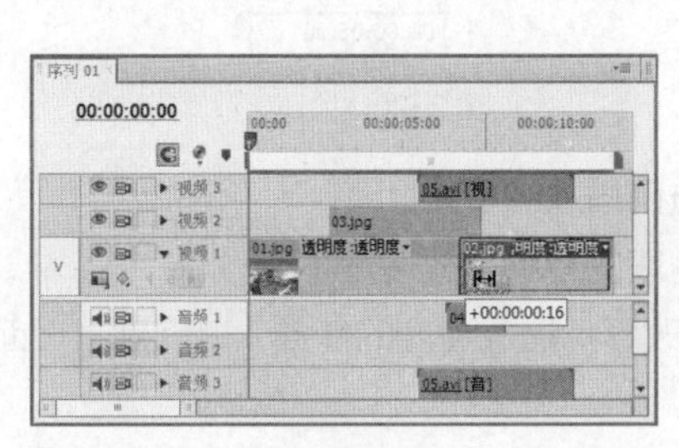

图 2-15

图 2-16

在使用“滚动编辑”工具[#]编辑影片片段时，片段时间增长或缩短了会由其相接片段进行替补。在编辑过程中，整个影片的持续时间不会发生任何改变，该编辑方法同时会影响其轨道上的片段在时间轨中的位置。具体操作步骤如下。

步骤① 选择“滚动编辑”工具[#]，在“时间线”面板中单击需要编辑的某一个片段。

步骤② 将鼠标指针放在该片段与另一个片段的结合处，当鼠标指针呈#时，左右拖曳鼠标指针进行编辑工作，如图 2-17

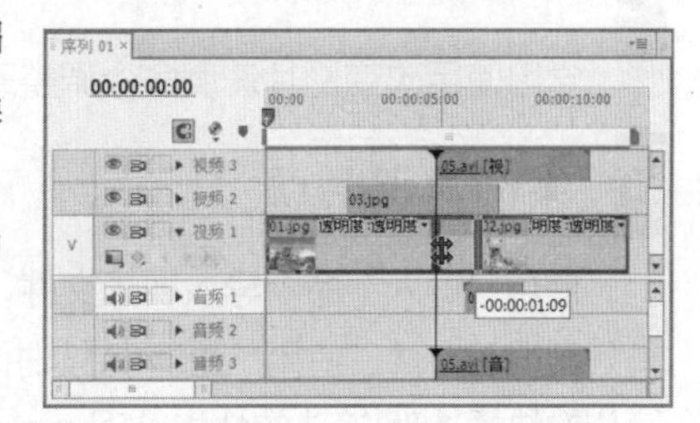

图 2-17

所示。

步骤③ 松开鼠标后，被修整片段的时间增加或减少会引起相邻片段的变化，但整个影片的持续时间不会发生任何改变。

3. 导出单帧

单击“节目”监视器面板下方的“导出单帧”按钮，弹出“导出单帧”对话框，在“名称”文本框中输入文件名称，在“格式”选项中选择文件格式，设置“路径”选项选择保存文件的路径，如图2-18所示。设置完成后，单击“确定”按钮，导出当前“时间线”面板中的单帧图像。

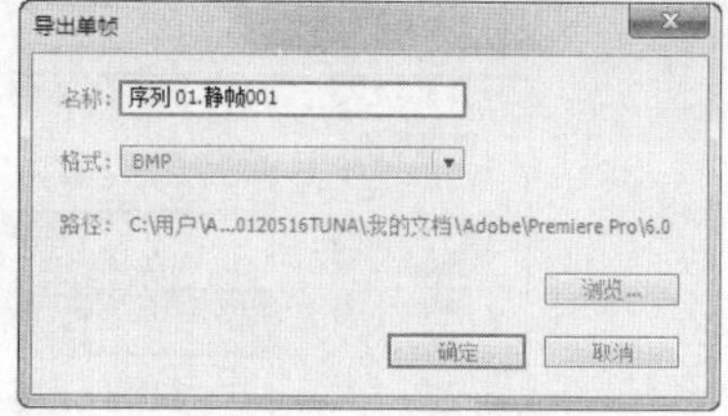

图2-18

4. 改变影片的速度

在Premiere Pro CS6中，用户可以根据需求随意更改影片的播放速度，具体操作步骤如下。

步骤① 在“时间线”面板中的某一个文件上单击鼠标右键，在弹出的快捷菜单中选择“速度/持续时间”命令，弹出图2-19所示的对话框。

“速度”：在此设置播放速度的百分比，以此决定影片的播放速度。

“持续时间”：单击选项右侧的时间码，时间码变为图2-20所示时，在此输入时间值。时间值越长，影片播放的速度越慢；时间值越短，影片播放的速度越快。

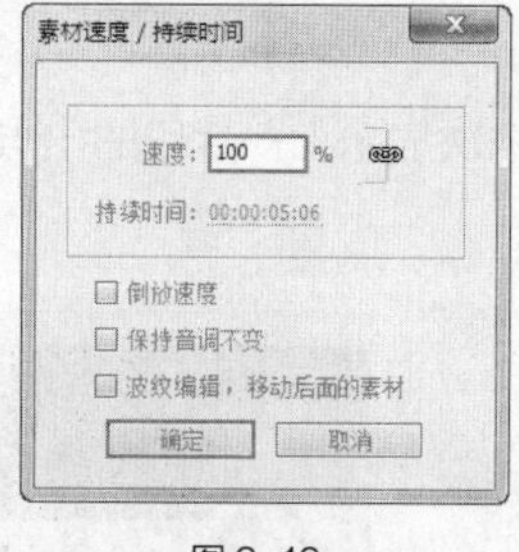

图2-19

图2-20

“倒放速度”：勾选此复选框，影片片段将向反方向播放。

“保持音调不变”：勾选此复选框，将保持影片片段的音频播放速度不变。

步骤② 设置完成后，单击“确定”按钮完成更改影片播放速度的任务，返回到主页面。

2.1.3 课堂案例——镜头的快慢处理

案例学习目标

学习使用改变影片速度命令调整素材的快慢速度。

案例知识要点

使用“导入”命令导入视频文件，使用“缩放比例”选项改变视频文件的大小，使用“剃刀”工具分割视频文件，使用“速度/持续时间”命令改变视频播放的快慢。最终效果参看云盘中的“Ch02\镜头的快慢处理\镜头的快慢处理.prproj”。镜头的快慢处理效果如图2-21所示。

图2-21

效果所在位置

云盘\Ch02\镜头的快慢处理\镜头的快慢处理. prproj。

步骤① 启动 Premiere Pro CS6 软件，弹出“欢迎使用 Adobe Premiere Pro”界面，单击“新建项目”按钮，弹出“新建项目”对话框，设置“位置”选项，选择保存文件路径，在“名称”文本框中输入文件名“镜头的快慢处理”，如图 2-22 所示。单击“确定”按钮，弹出“新建序列”对话框，切换到“设置”选项卡，设置如图 2-23 所示，单击“确定”按钮完成序列的创建。

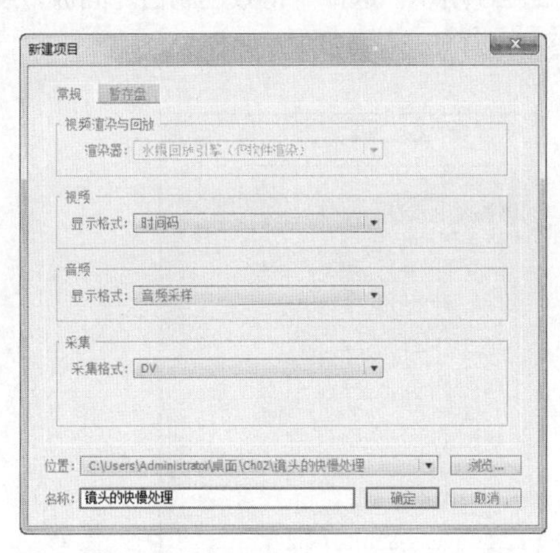

图2-22

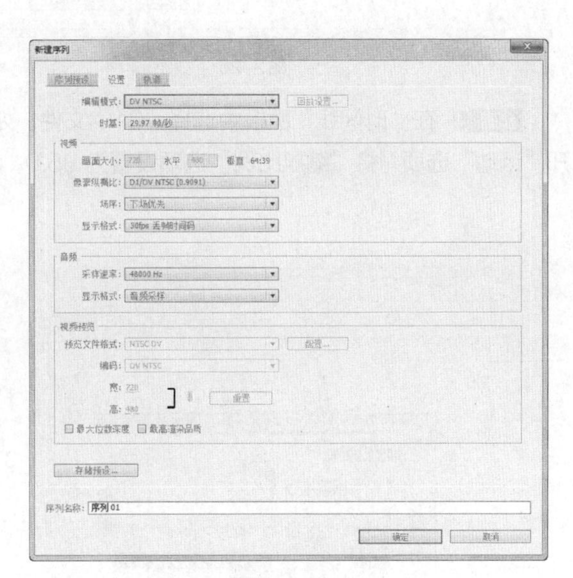

图2-23

步骤② 选择“文件 > 导入”菜单命令，弹出“导入”对话框，选择云盘中的“Ch02\镜头的快慢处理\素材\01”文件，如图 2-24 所示，单击“打开”按钮，将“01”文件导入到“项目”面板中，如图 2-25 所示。

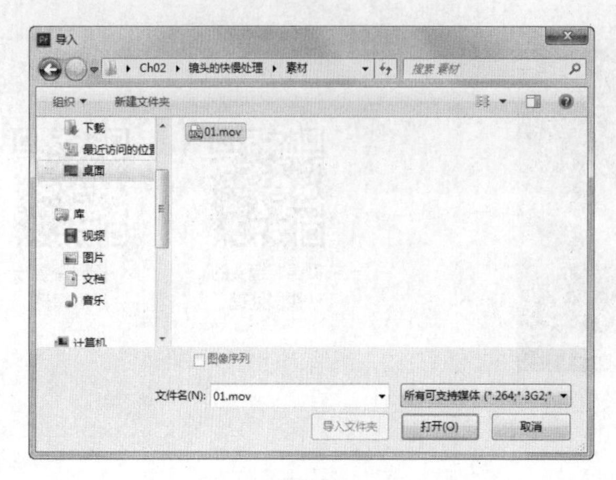

图 2-24

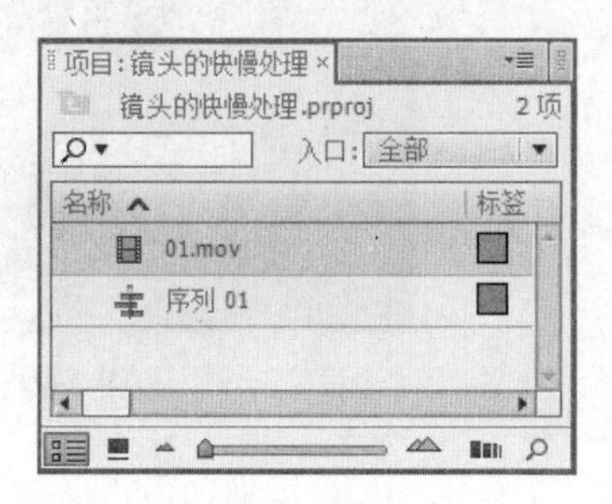

图 2-25

步骤③ 在"项目"面板中选中"01"文件并将其拖曳到"时间线"面板中的"视频 1"轨道中，弹出"素材不匹配警告"对话框，如图 2-26 所示，单击"保持现有设置"按钮，将"01"文件放置在"视频 1"轨道中，如图 2-27 所示。

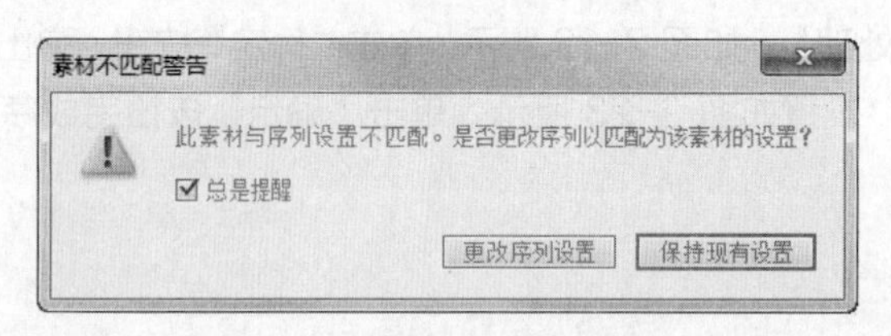

图 2-26

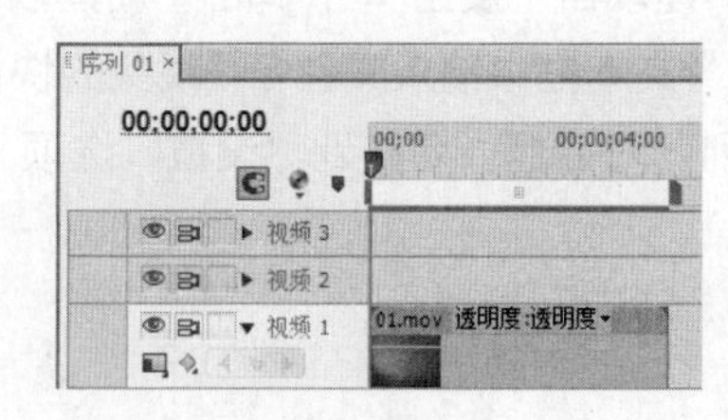

图 2-27

步骤④ 在"时间线"面板中选择"01"文件，如图 2-28 所示。选择"特效控制台"面板，展开"运动"选项，将"缩放比例"选项设置为 85.0，如图 2-29 所示。

图 2-28

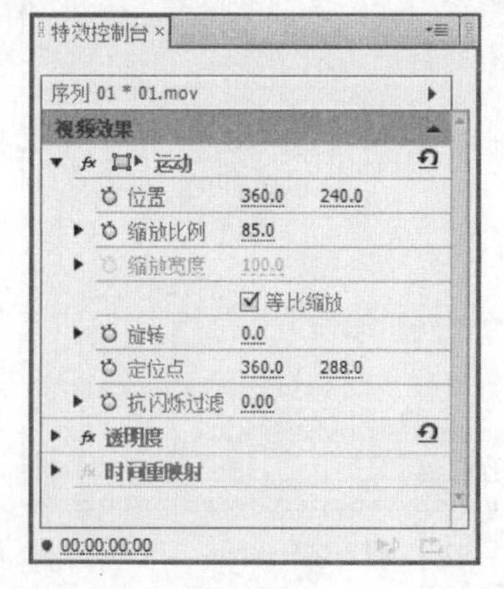

图 2-29

步骤⑤ 将时间标记移动到 00:00:01:06 的位置。选择"剃刀"工具，将鼠标指针放在时间标记对应的视频素材的位置并单击，如图 2-30 所示。将视频素材切割为两段，如图 2-31 所示。

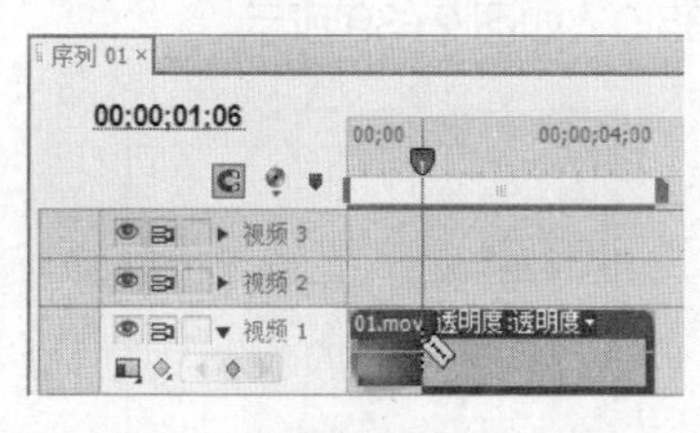

图 2-30

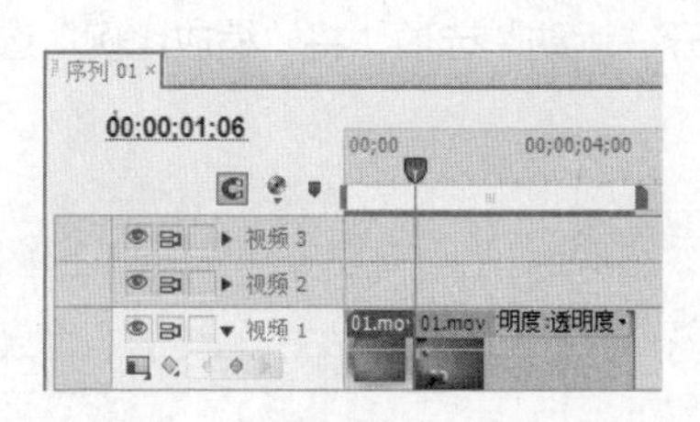

图 2-31

步骤⑥ 选择“选择”工具，并选择右侧的视频素材。按<Ctrl+R>组合键，弹出“素材速度/持续时间”对话框，将“速度”选项设置为50%，如图2-32所示。单击“确定”按钮，在“时间线”面板中的显示如图2-33所示。

图 2-32

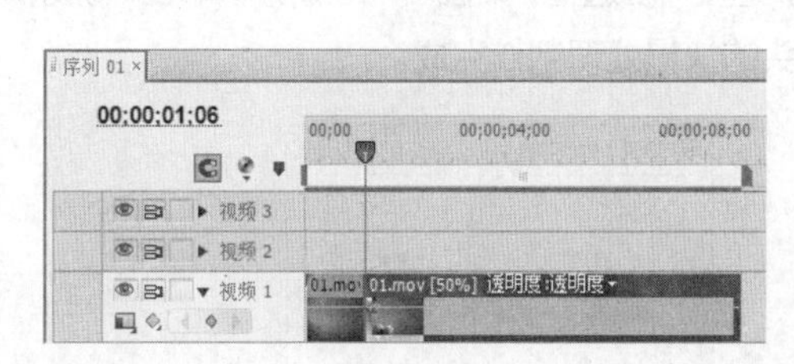

图 2-33

步骤⑦ 将时间标记移动到00:00:02:26的位置。选择“剃刀”工具，将鼠标指针放在时间标记对应的视频素材的位置并单击，将视频素材切割为两段，如图2-34所示。选择“选择”工具，选择需要删除的视频素材；按<Delete>键将其删除，效果如图2-35所示。

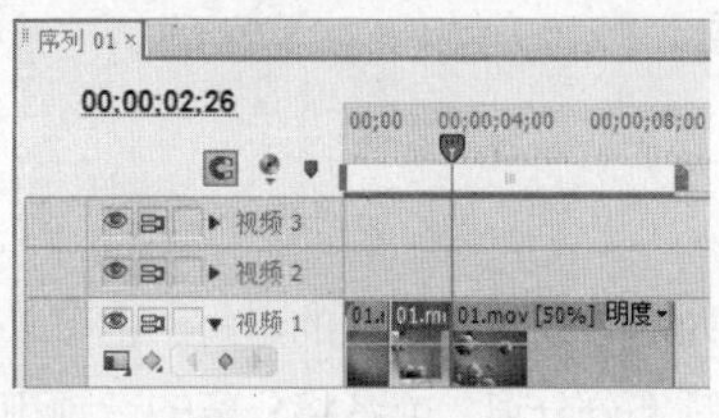

图 2-34

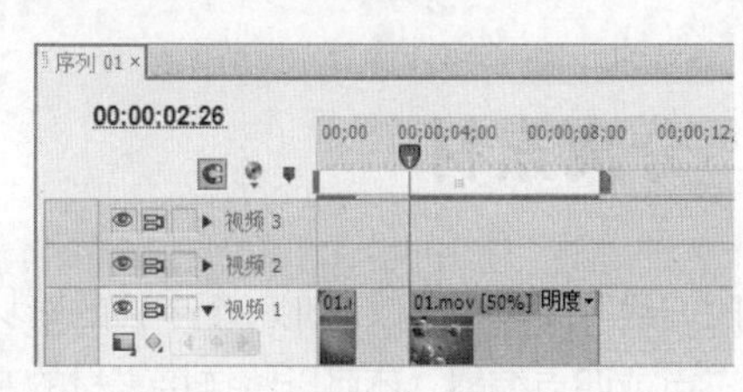

图 2-35

步骤⑧ 选择“选择”工具，选中右侧的视频素材，将其拖曳到适当的位置，如图2-36所示。将时间标记移动到00:00:03:14的位置。将鼠标指针放在“01”文件的结束位置，当鼠标指针呈时，向左拖曳鼠标指针到00:00:03:14的位置，如图2-37所示。

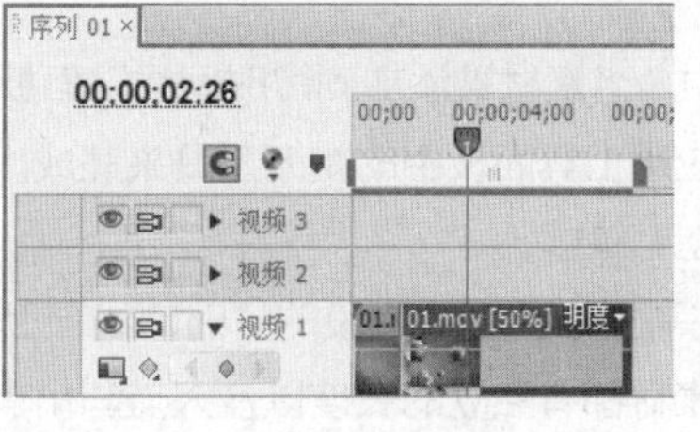

图 2-36

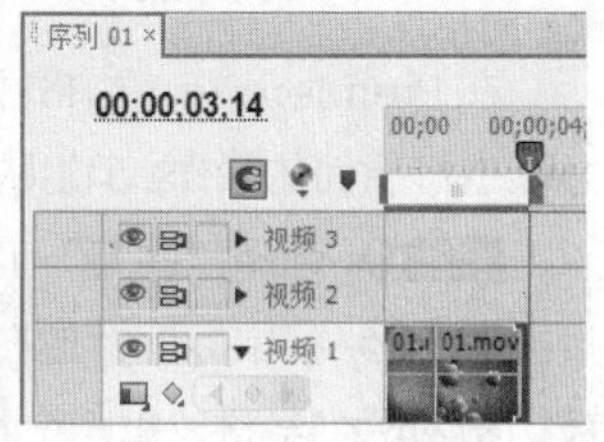

图 2-37

步骤⑨ 在“项目”面板中选中“01”文件并将其拖曳到“时间线”面板中的“视频1”轨道中，如图2-38所示。选择刚拖曳的“01”文件，选择“特效控制台”

面板，展开“运动”选项，将“缩放比例”选项设置为 85.0，如图 2-39 所示。

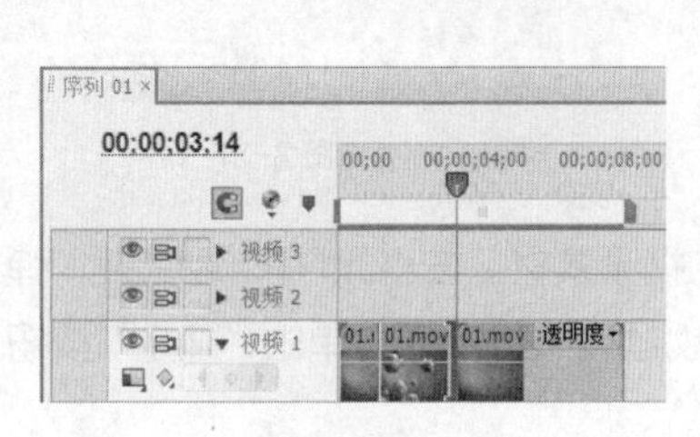

图 2-38

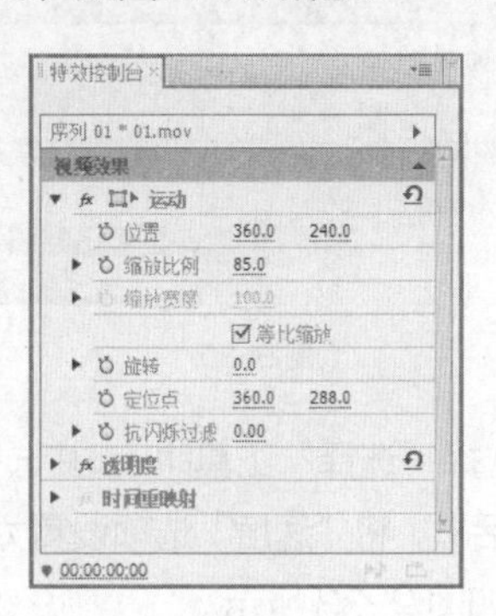

图 2-39

步骤⑩ 按<Ctrl+R>组合键，弹出“素材速度/持续时间”对话框，将“速度”选项设置为 50%，勾选“倒放速度”复选框，如图 2-40 所示，单击“确定”按钮，在“时间线”面板中的显示如图 2-41 所示。镜头的快慢处理制作完成。

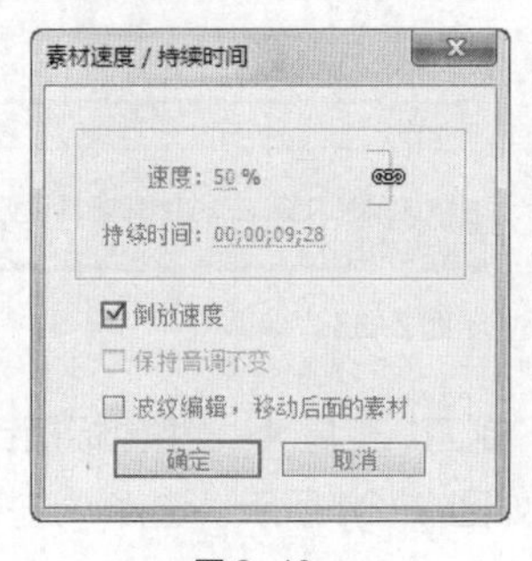

图 2-40

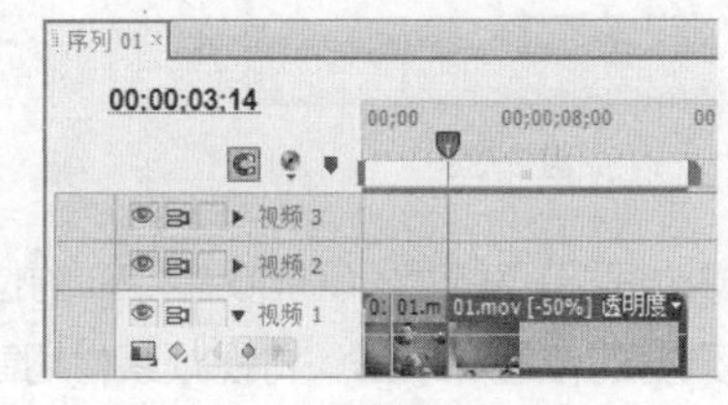

图 2-41

2.2 分离素材

在“时间线”面板中可以切割一个单独的素材使之成为两个或更多单独的素材，也可以使用插入工具进行三点或四点编辑，还可以将链接素材的音频或视频部分分离，或者将分离的音频和视频素材链接起来。

2.2.1 切割素材

在 Premiere Pro CS6 中，当素材被添加到“时间线”面板的轨道中后，必须对此素材进行分割才能进行后面的操作，可以应用工具面板中的剃刀工具来完成。具体操作步骤如下。

步骤① 选择“剃刀”工具。

步骤② 将鼠标指针放在需要切割影片片段的“时间线”面板中的某一素材上并单击，该素材即被切割为两个素材，每一个素材都有独立的长度以及入点与出点，如图 2-42 所示。

步骤③ 如果要将多个轨道上的素材在同一点分割，则同时按住<Shift>键，会显示多重刀片，轨道上所未锁定的素材都在该位置被分割为两段，如图 2-43 所示。

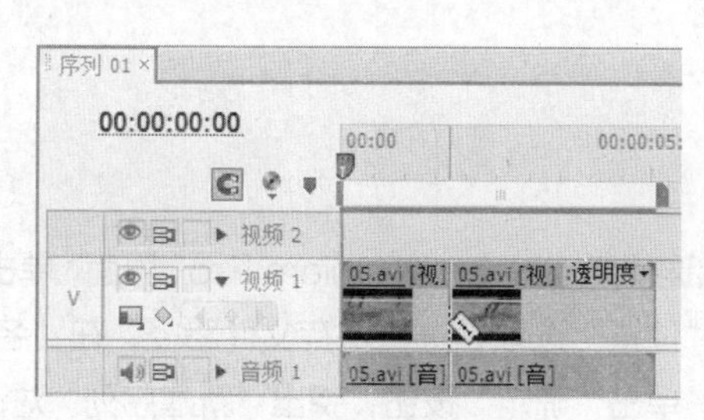

图 2-42

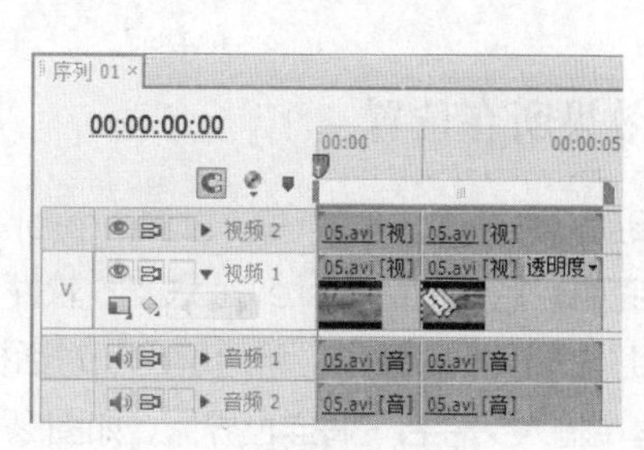

图 2-43

2.2.2　分离和链接素材

使用素材建立链接的具体操作步骤如下。

步骤① 在“时间线”面板中框选要进行链接的视频和音频片段，单击鼠标右键。

步骤② 在弹出的快捷菜单中选择“链接视频和音频”命令，片段就会被链接在一起。

分离素材的具体操作步骤如下。

步骤① 在“时间线”面板中选择视频链接素材。

步骤② 单击鼠标右键，在弹出的快捷菜单中选择“解除视音频链接”命令，即可分离素材的音频和视频部分。

链接在一起的素材被断开后，分别移动音频和视频部分使其错位，然后再链接在一起，系统会在片段上标记警告并标识错位的时间，如图 2-44 所示，负值表示向前偏移，正值表示向后偏移。

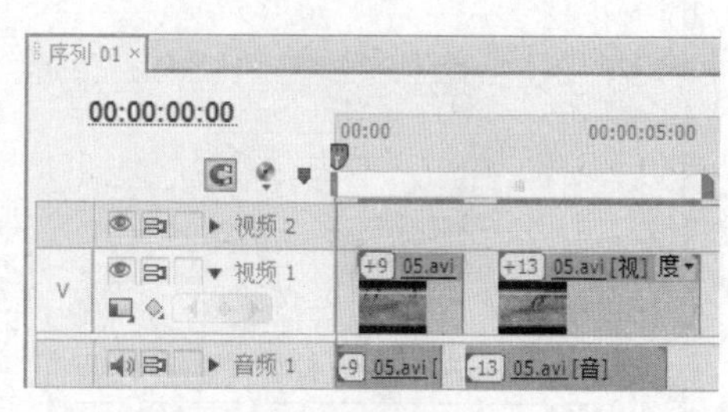

图 2-44

2.2.3　课堂案例——海洋世界

案例学习目标

学习使用分离素材的工具和命令制作海洋世界。

案例知识要点

使用“导入”命令导入视频文件，使用“剃刀”工具切割视频素材，使用“解除视音频链接”命令解除视频与音频的链接并删除音频，使用“交叉叠化”特效制作视频之间的转场效果。最终效果参看云盘中的“Ch02\海洋世界\海洋世界.prproj”。海洋世界效果如图 2-45 所示。

图 2-45

微课：海洋世界

扫码查看扩展案例

效果所在位置

云盘\Ch02\海洋世界\海洋世界.prproj。

步骤① 启动 Premiere Pro CS6 软件，弹出“欢迎使用 Adobe Premiere Pro”界面，单击“新建项目”按钮，弹出“新建项目”对话框，设置“位置”选项，选择保存文件路径，在“名称”文本框中输入文件名“海洋世界”，如图 2-46 所示。单击“确定”按钮，弹出“新建序列”对话框，切换到“设置”选项卡，设置如图 2-47 所示，单击“确定”按钮完成序列的创建。

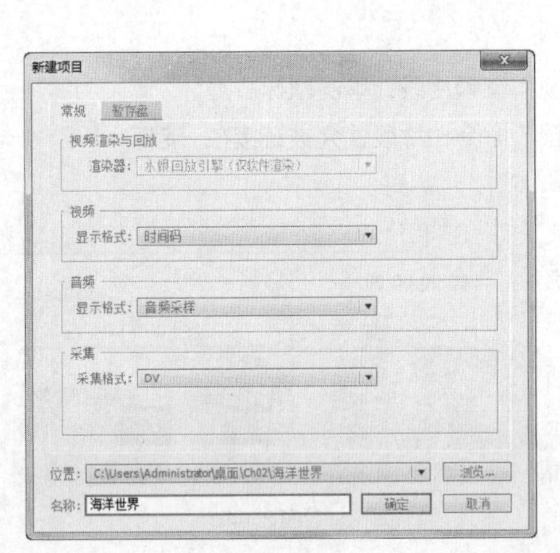

图 2-46

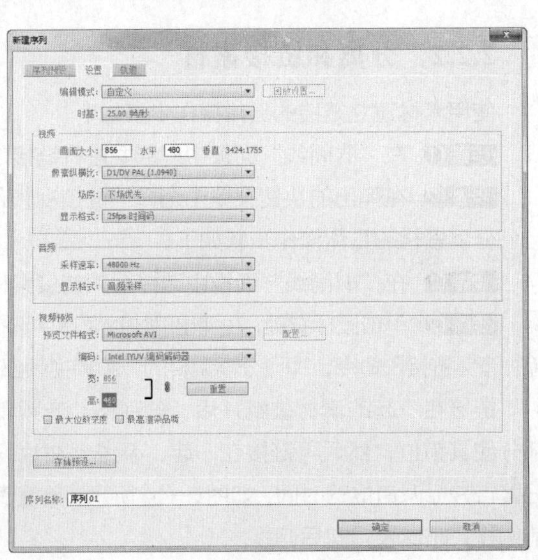

图 2-47

步骤② 选择“文件 > 导入”菜单命令，弹出“导入”对话框，选择云盘中的“Ch02\海洋世界\素材\01”文件，如图 2-48 所示，单击“打开”按钮，将“01”文件导入到“项目”面板中，如图 2-49 所示。

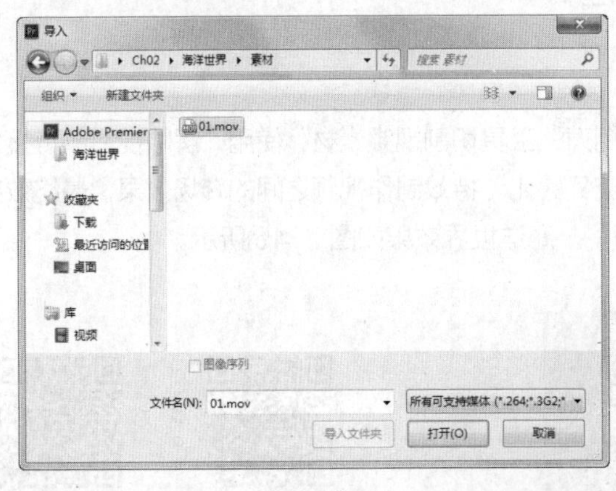

图 2-48

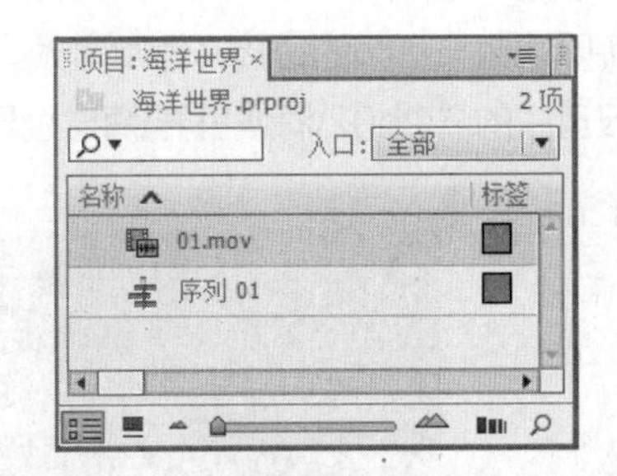

图 2-49

步骤③ 在“项目”面板中选中“01”文件并将其拖曳到“时间线”面板中的“视频 1”轨道中，弹出“素材不匹配警告”对话框，如图 2-50 所示。单击“更改序列设置”按钮，将“01”文件放置在“视频 1”轨道中，如图 2-51 所示。

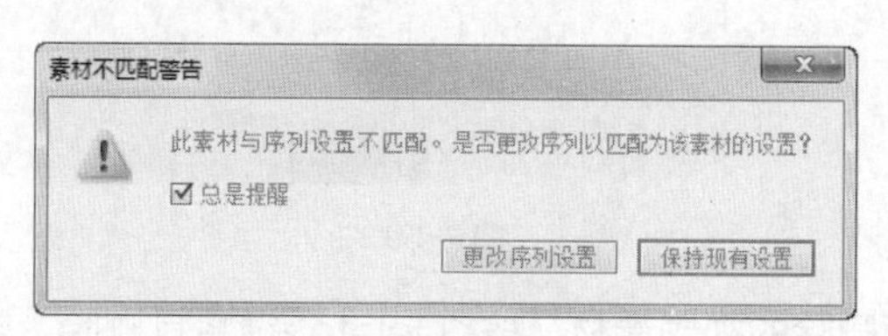

图 2-50

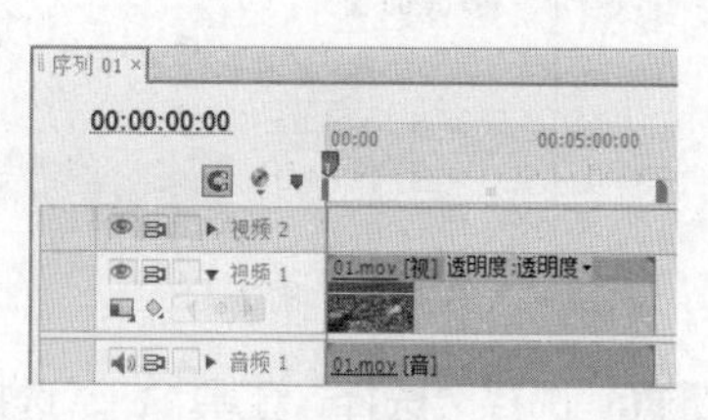

图 2-51

步骤④ 在“时间线”面板中选择“01”文件，如图 2-52 所示。选择“素材 > 解除视音频链接”菜单命令，解除视频和音频的链接。选择下方的音频，按<Delete>键删除音频，如图 2-53 所示。

图 2-52

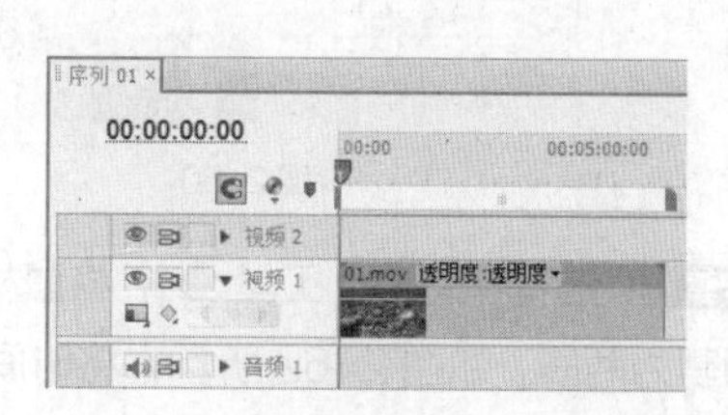

图 2-53

步骤⑤ 将时间标记移动到 00:00:30:00 的位置。选择“剃刀”工具，将鼠标指针放在时间标记对应的视频素材的位置并单击，将视频素材切割为两段，如图 2-54 所示。将时间标记移动到 00:01:00:00 的位置。将鼠标指针放在时间标记对应的视频素材的位置并单击，将视频素材切割为两段，如图 2-55 所示。

图 2-54

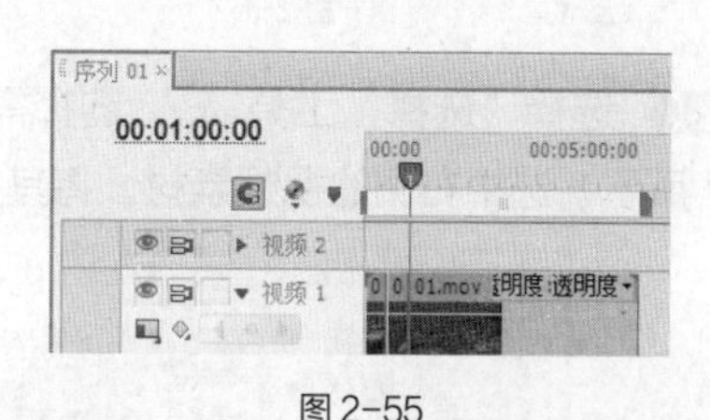

图 2-55

步骤⑥ 选择“选择”工具，选择需要删除的视频素材。按<Delete>键将其删除，效果如图 2-56 所示。选中右侧的视频素材，将其拖曳到适当的位置，效果如图 2-57 所示。

图 2-56

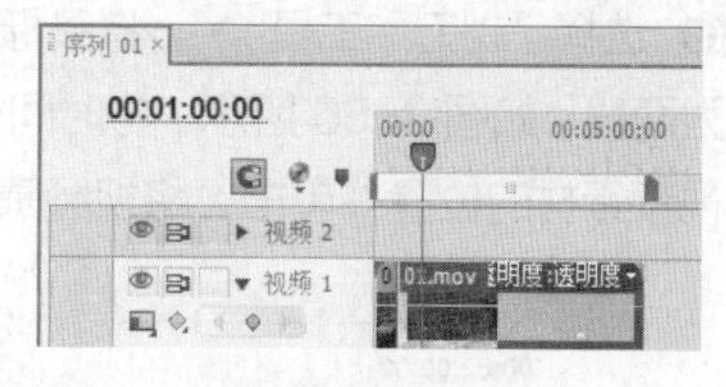

图 2-57

步骤⑦ 选择“剃刀”工具，将鼠标指针放在时间标记对应的视频素材的位置并单击，将视频素材切割为两段，如图 2-58 所示。将时间标记移动到 00:01:30:00 的位置。将鼠标指针放在时间标记的位置并单击，将视频素材切割为两段，如图 2-59 所示。

图 2-58

图 2-59

步骤 ⑧ 选择“选择”工具，选择需要删除的视频素材。按<Delete>键将其删除，效果如图 2-60 所示。选中右侧的视频素材，将其拖曳到适当的位置，效果如图 2-61 所示。

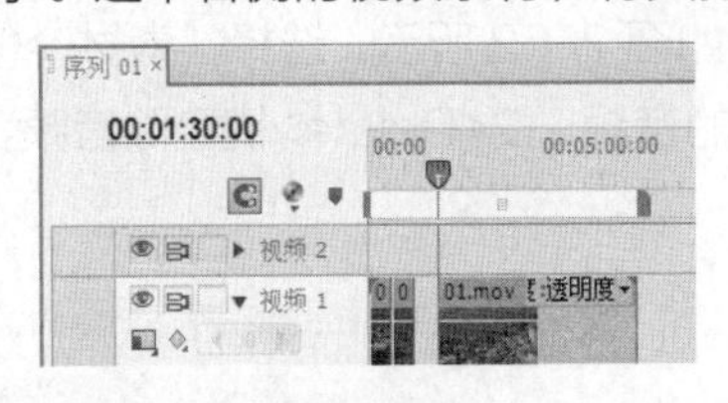

图 2-60

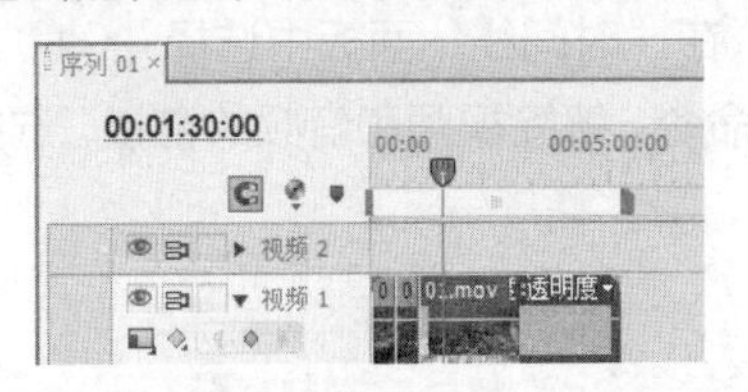

图 2-61

步骤 ⑨ 选择“剃刀”工具，将鼠标指针放在时间标记对应的视频素材的位置并单击，将视频素材切割为两段，如图 2-62 所示。将时间标记移动到 00:02:00:00 的位置。将鼠标指针放在时间标记的位置并单击，将视频素材切割为两段，如图 2-63 所示。

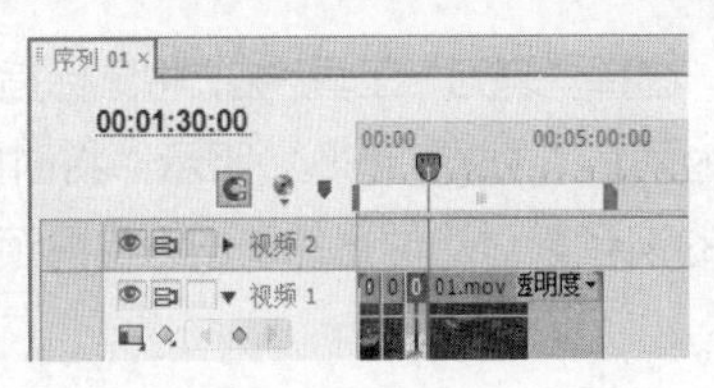

图 2-62

图 2-63

步骤 ⑩ 选择“选择”工具，选择需要删除的视频素材。按<Delete>键将其删除，效果如图 2-64 所示。选中右侧的视频素材，将其拖曳到适当的位置，效果如图 2-65 所示。

图 2-64

图 2-65

步骤 ⑪ 选择“剃刀”工具，将鼠标指针放在时间标记对应的视频素材的位置并单击，将视频素材切割为两段，如图 2-66 所示。将时间标记移动到 00:02:30:00 的位置。将鼠标指针放在时间标记对应的视频素材的位置并单击，将视频素材切割为两段，如图 2-67 所示。

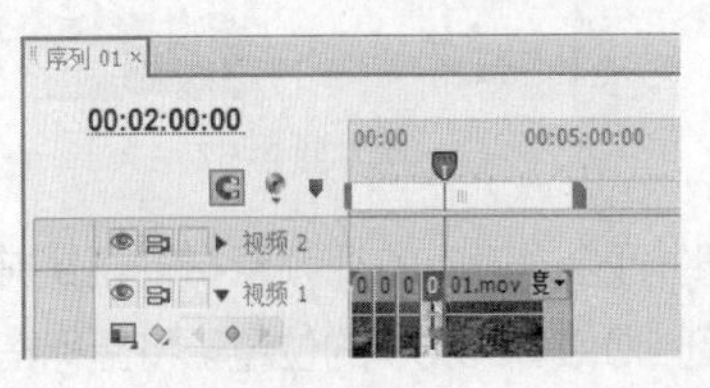

图 2-66

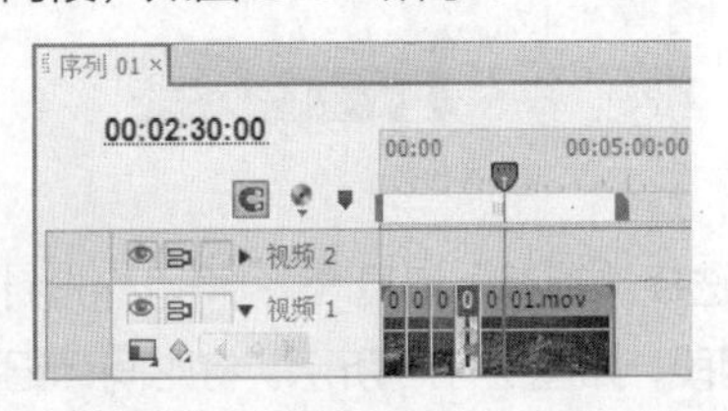

图 2-67

步骤⑫ 选择“选择”工具，选择需要删除的视频素材。按<Delete>键将其删除，效果如图 2-68 所示。选中右侧的视频素材，将其拖曳到适当的位置，效果如图 2-69 所示。

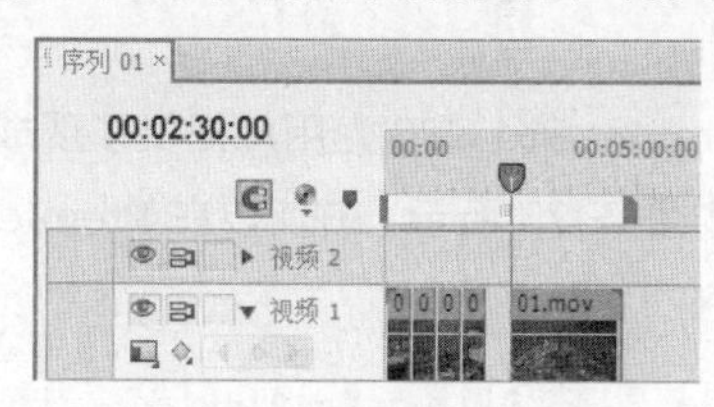

图 2-68

图 2-69

步骤⑬ 选择“剃刀”工具，将鼠标指针放置在时间标记对应的视频素材的位置并单击，将视频素材切割为两段，如图 2-70 所示。选择“选择”工具，选择需要删除的视频素材。按<Delete>键将其删除，效果如图 2-71 所示。

图 2-70

图 2-71

步骤⑭ 选择“窗口 > 效果”菜单命令，弹出“效果”面板，展开“视频切换”选项，单击“叠化”文件夹前面的三角形按钮将其展开，选中“交叉叠化（标准）”特效，如图 2-72 所示。将“交叉叠化（标准）”特效拖曳到“时间线”面板“视频 1”轨道中的第 1 个“01”文件的结尾位置和第 2 个“01”文件的开始位置之间，如图 2-73 所示。

图 2-72

图 2-73

步骤⑮ 用相同的方法为其他视频文件添加“交叉叠化”特效，效果如图 2-74 所示。海洋世界制作完成。

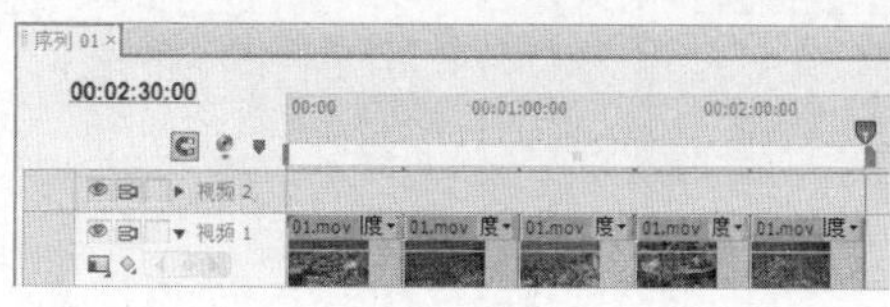

图 2-74

2.3 创建新元素

用户在 Premiere Pro CS6 中除了可以使用导入的素材，还可以创建一些新素材元素，在本节中将详细介绍。

2.3.1 通用倒计时片头

通用倒计时通常用于影片开始前的倒计时准备。Premiere Pro CS6 为用户提供了现成的通用倒计时，用户可以非常简便地创建一个标准的倒计时素材，如图 2-75 所示，并可以在 Premiere Pro CS6 中随时对其进行修改。

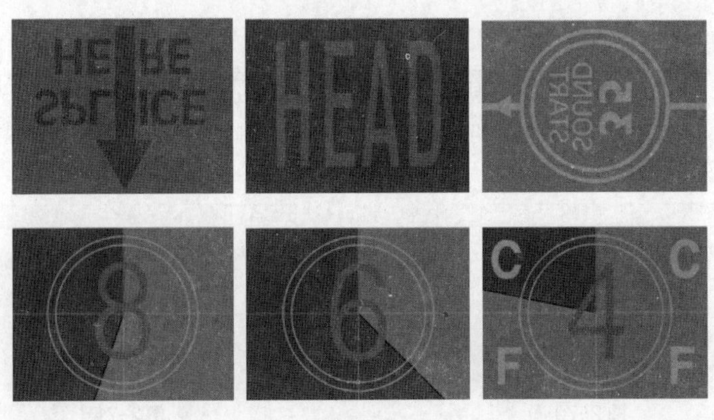

图 2-75

创建倒计时素材的具体操作步骤如下。

步骤 1 单击“项目”面板下方的“新建分项”按钮，在弹出的列表框中选择“通用倒计时片头”选项，弹出“新建通用倒计时片头”对话框，如图 2-76 所示。设置完成后，单击“确定”按钮，弹出“通用倒计时设置”对话框，如图 2-77 所示。

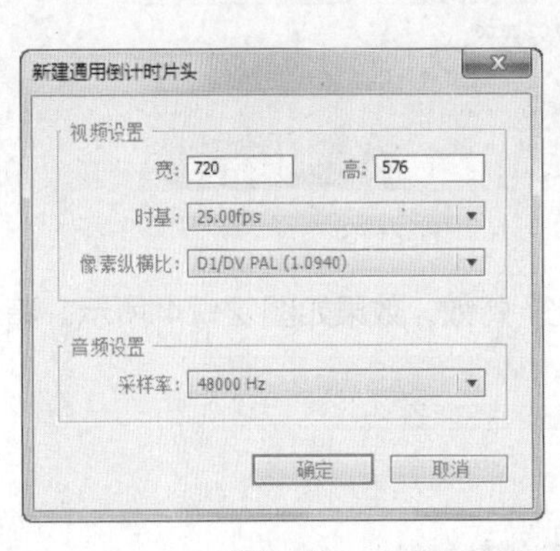

图 2-76

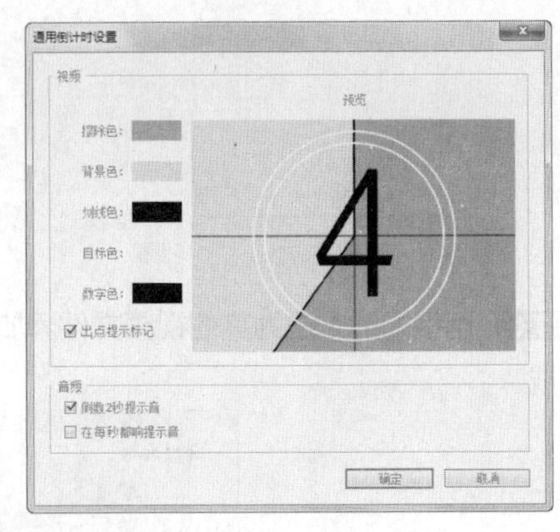

图 2-77

“擦除色”：擦除颜色。播放倒计时影片的时候，指示线会不停地围绕圆心转动，指示线转动过的区域的颜色为擦除色。

“背景色”：背景颜色。指示线转动之前的颜色为背景色。

“划线色”：指示线颜色。固定十字及转动的指示线的颜色。

“目标色”：准星颜色。指定圆形准星的颜色。

"数字色"：数字颜色。指定倒计时影片中8、7、6、5、4等数字的颜色。

"出点提示标记"：倒计时结束提示标志。勾选该复选框，在倒计时结束时显示标志图形。

"倒数2秒提示音"倒计时：倒数2秒处有提示音标志。勾选该复选框，在倒计时显示"2"的时候发声。

"在每秒都响提示音"：每秒提示音标志。勾选该复选框，在倒计时每秒开始的时候发声。

步骤❷ 设置完成后，单击"确定"按钮，Premiere Pro CS6自动将该段倒计时影片加入"项目"面板。

用户可在"项目"面板或"时间线"面板中双击倒计时素材，随时打开"通用倒计时设置"对话框进行修改。

2.3.2 彩条和黑场

1. 彩条

使用Premiere Pro CS6可以在影片开始前加入一段彩条，如图2-78所示。

图2-78

在"项目"面板下方单击"新建分项"按钮，在弹出的列表框中选择"彩条"选项，即可创建彩条。

2. 黑场

使用Premiere Pro CS6可以在影片中创建一段黑场。在"项目"面板下方单击"新建分项"按钮，在弹出的列表框中选择"黑场"选项，即可创建黑场。

2.3.3 彩色蒙版

使用Premiere Pro CS6还可以为影片创建一个彩色蒙版（软件中为蒙板）。用户可以将彩色蒙版当作背景，也可利用"透明度"命令来设定与它相关的色彩的透明性。具体操作步骤如下。

步骤❶ 在"项目"面板下方单击"新建分项"按钮，在弹出的列表框中选择"彩色蒙板"选项，弹出"新建彩色蒙板"对话框，如图2-79所示。进行参数设置后，单击"确定"按钮，弹出"颜色拾取"对话框，如图2-80所示。

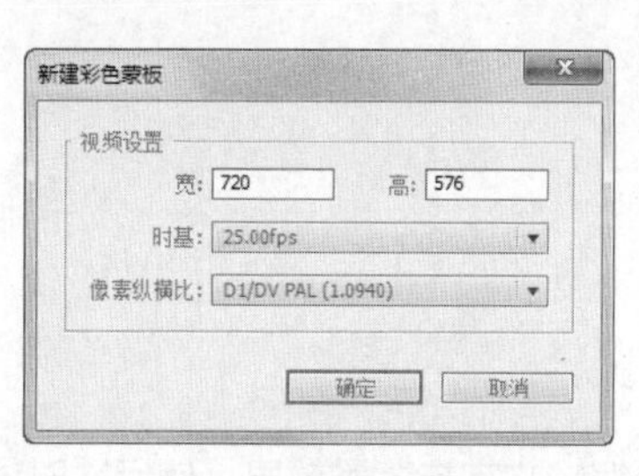

图2-79

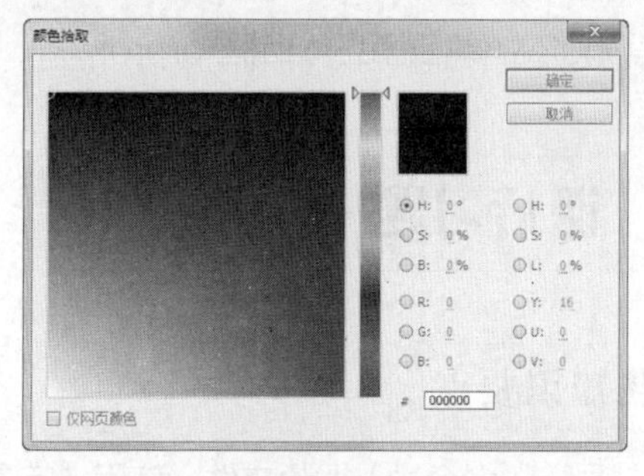

图2-80

步骤❷ 在"颜色拾取"对话框中选取蒙版所要使用的颜色，单击"确定"按钮。用户可在"项目"面板或"时间线"面板中双击彩色蒙版，随时打开"颜色拾取"对话框进行修改。

2.3.4 透明视频

在 Premiere Pro CS6 中，用户可以创建一个透明的视频层，它能够应用特效到一系列的影片剪辑中而无须重复地复制和粘贴。只要应用一个特效到透明视频轨道上，特效结果将自动出现在下面的所有视频轨道中。

2.4 课堂练习——立体相框

练习知识要点

使用“导入”命令将图像导入到“项目”面板中，使用“运动”选项编辑图像的位置、比例和旋转等多个属性，使用“裁剪”特效剪裁图像边框，使用“斜边角”特效制作图像的立体效果，使用“杂波 HLS”“棋盘”和“四色渐变”特效编辑背影特效，使用“色阶”特效调整图像的亮度。最终效果参看云盘中的“Ch02\立体相框\立体相框.prproj”。立体相框效果如图 2-81 所示。

图 2-81

效果所在位置

云盘\Ch02\立体相框\立体相框. prproj。

2.5 课后习题——倒计时

习题知识要点

使用“导入”命令导入视频文件，使用“字幕”命令编辑文字与背景效果，使用“时钟式划变”命令制作倒计时效果。最终效果参看云盘中的“Ch02\倒计时\倒计时.prproj”。倒计时效果如图 2-82 所示。

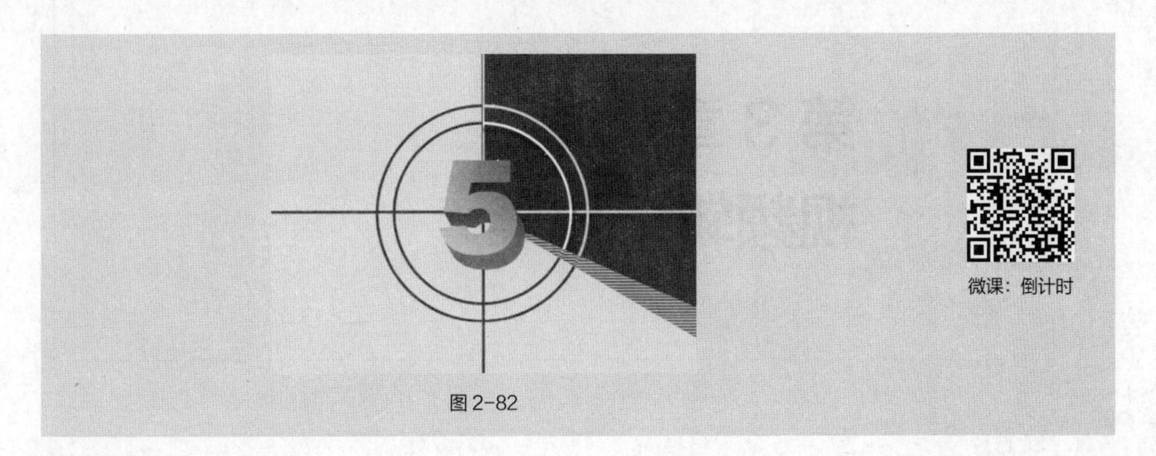

图 2-82

效果所在位置

云盘\Ch02\倒计时\倒计时. prproj。

03 第3章 视频转场效果

本章介绍

本章主要介绍如何在 Premiere Pro CS6 中为影片素材或静止图像素材之间建立丰富多彩的切换特效，每一个图像切换的方式有很多种。本章内容对影视剪辑中的镜头切换非常实用，它可以使剪辑画面更加富于变化，更加生动多彩。

课堂学习目标

- 掌握切换区域的调整方法
- 掌握高级转场特效
- 熟练掌握切换的设置技巧

3.1 转场特效设置

转场包括使用镜头切换、调整切换区域、切换设置和设置默认切换等多种基本操作。下面对转场特效设置进行讲解。

3.1.1 使用镜头切换

一般情况下，切换在同一轨道的两个相邻素材之间使用。当然，也可以单独为一个素材施加切换，这时候素材与其下方的轨道进行切换，但是下方的轨道只是作为背景使用，并不能被切换控制，如图 3-1 所示。

为素材添加切换后，可以改变切换的时间长度。最简单的方法是在序列中选中切换交叉叠化（标准），拖曳切换的边缘即可。还可双击切换打开“特效控制台”面板，在该面板中进一步调整切换，如图 3-2 所示。

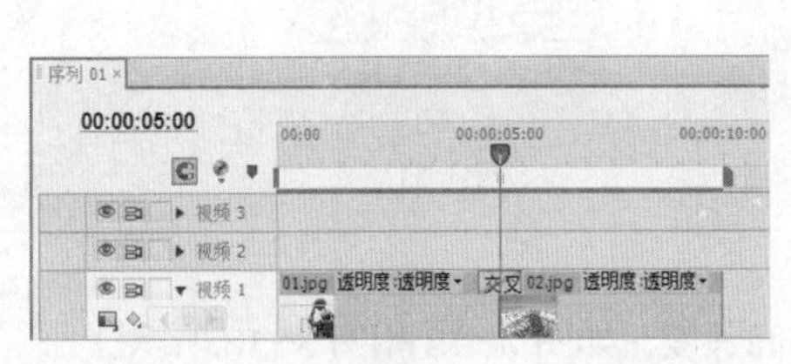

图 3-1

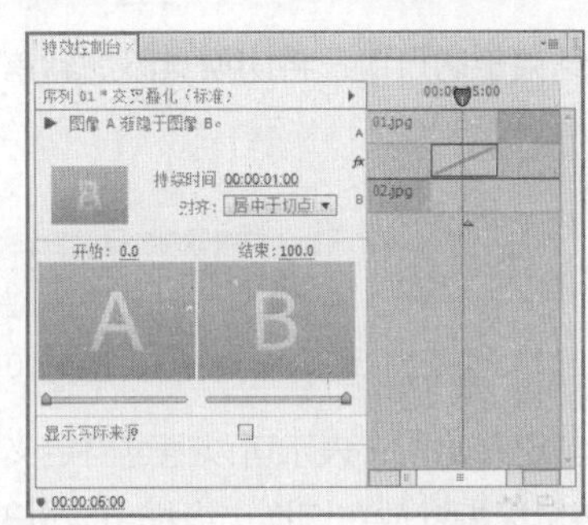

图 3-2

3.1.2 调整切换区域

在右侧的时间线区域里可以设置切换的时间长度和位置。如图 3-3 所示，将两段影片加入切换后，时间线上会有一个重叠区域，这个重叠区域就是发生切换的范围。与在“时间线”面板中只显示入点和出点间的影片不同，“特效控制台”面板的时间线中会显示影片的完整长度，这样设置的优点是可以随时修改影片参与切换的位置。

将鼠标指针放在影片上，按住鼠标左键拖曳，即可移动影片的位置，改变切换的影响区域。

将鼠标指针放在切换的中线上并拖曳，可以改变切换的位置，如图 3-4 所示。还可以将鼠标指针放在切换上，拖曳改变切换的位置，如图 3-5 所示。

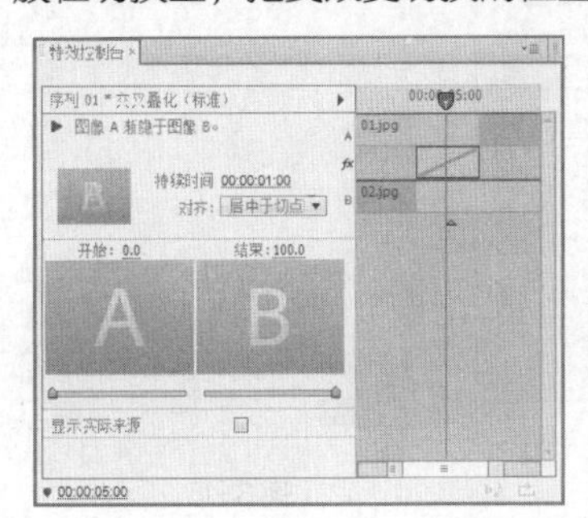

图 3-3

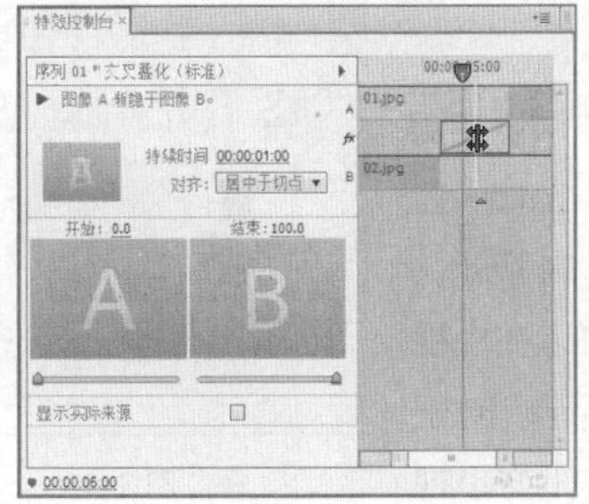

图 3-4

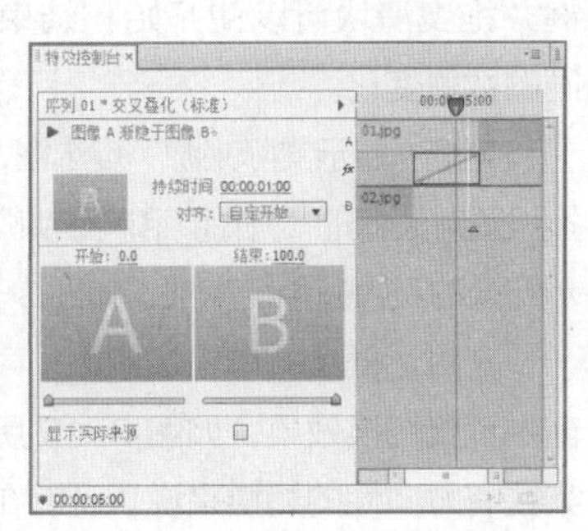

图 3-5

在左边的“对齐”下拉列表框中提供了以下几种切换对齐方式。

“居中于切点”：将切换添加到两个影片的中间位置，如图 3-6 和图 3-7 所示。

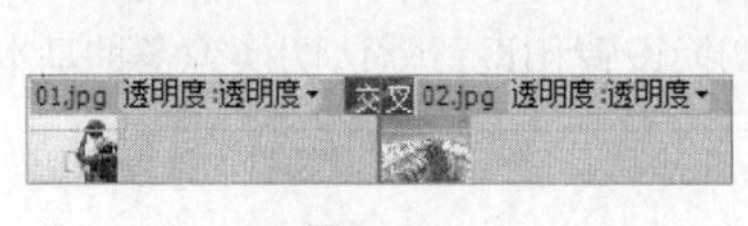

图 3-6

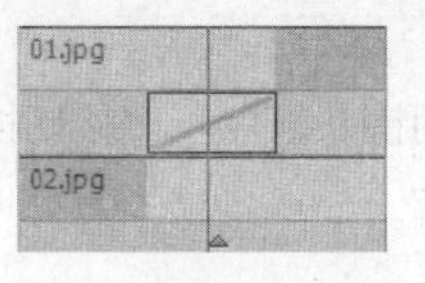

图 3-7

“开始于切点”：以第 2 个影片的入点位置为准建立切换，如图 3-8 和图 3-9 所示。

图 3-8

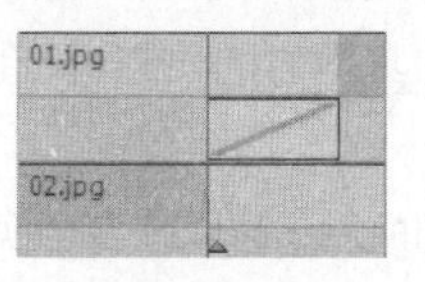

图 3-9

“结束于切点”：将切换点添加到第 1 个影片的结尾处，如图 3-10 和图 3-11 所示。

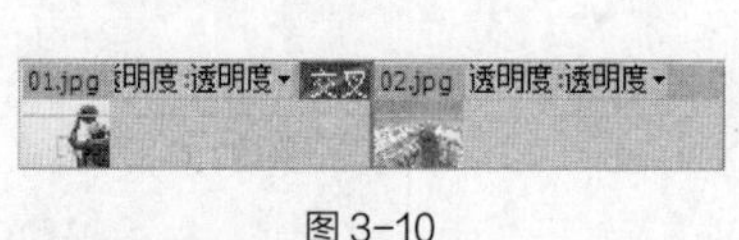

图 3-10

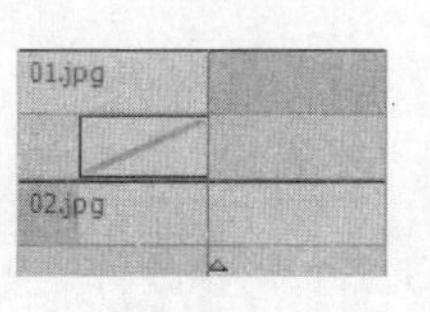

图 3-11

“自定开始”：表示可以通过自定义添加设置。

将鼠标指针放在切换边缘拖曳可以改变切换的时间长度，如图 3-12 和图 3-13 所示。

图 3-12

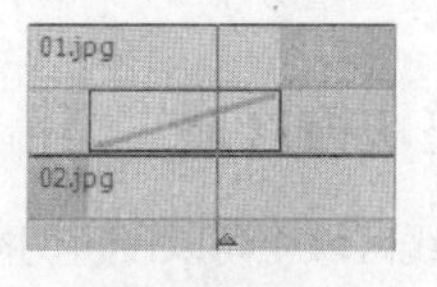

图 3-13

3.1.3 切换设置

在图 3-14 左边的切换设置中，可以对切换进行进一步的设置。

默认情况下，切换都是从图像 A 到图像 B 完成的，如果要改变切换开始和结束的状态，则可以拖曳“开始”和“结束”滑块。按住<Shift>键并拖曳滑块可以使开始和结束滑块以相同的数值变化。

勾选“显示实际来源”复选框，可以在切换设置对话框的“开始”和“结束”窗口中显示切换的开始帧和结束帧，如图 3-14 所示。

在对话框上方单击按钮▶，可以在小视窗中预览切换效果，如图 3-15 所示。对于某些有方向性的切换来说，可以在上方小视

图 3-14

图 3-15

窗中单击该按钮改变切换的方向。

某些切换具有位置的性质，如出入屏的时候画面从屏幕的哪个位置开始，这时可以在切换的开始和结束窗口中调整位置。

可以在对话框上方的“持续时间”中输入切换的持续时间，这与拖曳切换边缘改变切换的时间长度是相同的。

3.2 高级转场特效

Premiere Pro CS6 将各种切换特效根据类型的不同分别放在“效果”面板中的“视频特效”文件夹下的子文件夹中，方便用户查找想使用的切换类型。

3.2.1 3D 运动

“3D 运动”文件夹中包含 10 种三维运动效果的视频切换特效。

1. **向上折叠**

“向上折叠”特效可以使影片 A 以向上折叠的方式显示影片 B，效果如图 3-16 和图 3-17 所示。

图 3-16

图 3-17

2. **帘式**

“帘式”特效可以使影片 A 如同窗帘一样被拉起，再显示影片 B，效果如图 3-18 和图 3-19 所示。

图 3-18

图 3-19

3. **摆入**

“摆入”特效可以使影片 B 过渡到影片 A 产生关门效果，效果如图 3-20 和图 3-21 所示。

图 3-20

图 3-21

4. 摆出

“摆出”特效可以使影片 B 过渡到影片 A 产生开门效果，效果如图 3-22 和图 3-23 所示。

图 3-22

图 3-23

5. 旋转

“旋转”特效可以使影片 B 从影片 A 中心展开，效果如图 3-24 和图 3-25 所示。

图 3-24

图 3-25

6. 旋转离开

“旋转离开”特效可以使影片 B 从影片 A 中心旋转出现，效果如图 3-26 和图 3-27 所示。

图 3-26

图 3-27

7. 立方体旋转

“立方体旋转”特效可以使影片 A 和影片 B 如同立方体的两个面一样过渡转换，效果如图 3-28 和图 3-29 所示。

图3-28

图3-29

8. 筋斗过渡

“筋斗过渡”特效可以使影片A旋转翻入影片B，效果如图3-30和图3-31所示。

图3-30

图3-31

9. 翻转

“翻转”特效可以使影片A翻转到影片B。双击切换，在“特效控制台”面板中单击“自定义”按钮，弹出“翻转设置”对话框，如图3-32所示。

“带”：输入翻转的影像数量。“带”的最大数值为8。

“填充颜色”：用于设置空白区域的颜色。

“翻转”特效切换效果如图3-33和图3-34所示。

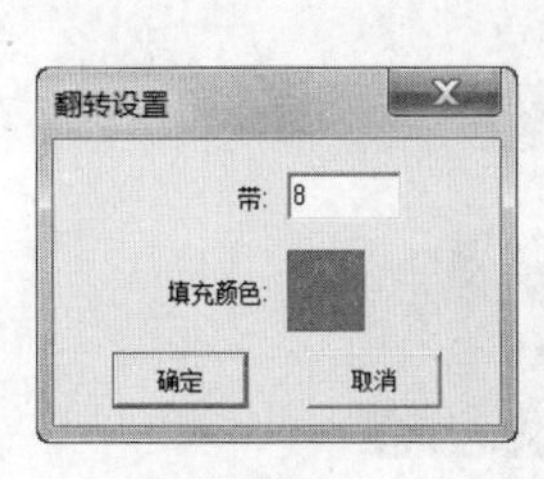

图3-32

图3-33

图3-34

10. 门

“门”特效可以使影片B如同双门关门一样覆盖影片A，效果如图3-35和图3-36所示。

图3-35

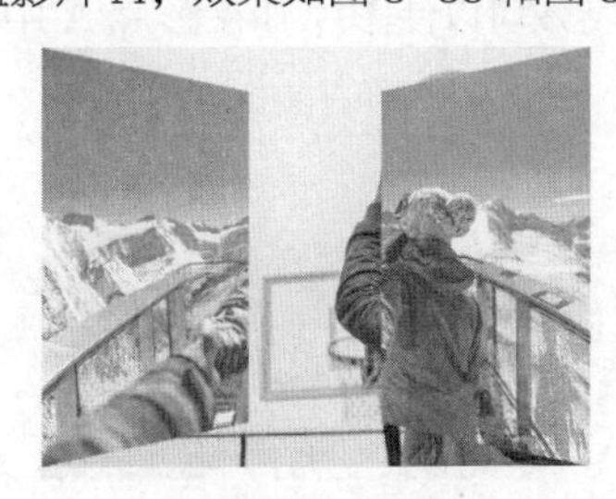
图3-36

3.2.2 伸展

“伸展”文件夹中包含4种视频切换特效。

1. 交叉伸展

“交叉伸展”特效可以使影片A逐渐被影片B平行挤压替代，效果如图3-37和图3-38所示。

图3-37

图3-38

2. 伸展

“伸展”特效可以使影片B从一边伸展开覆盖影片A，效果如图3-39和图3-40所示。

图3-39

图3-40

3. 伸展覆盖

“伸展覆盖”特效可以使影片B拉伸出现，逐渐代替影片A，效果如图3-41和图3-42所示。

图3-41

图3-42

4. 伸展进入

“伸展进入”特效可以使影片B在影片A中心横向伸展，效果如图3-43和图3-44所示。

图3-43

图3-44

3.2.3 划像

“划像”文件夹中包含 7 种视频切换特效。

1. 划像交叉

“划像交叉”特效可以使影片 B 呈十字形从影片 A 中心展开，效果如图 3-45 和图 3-46 所示。

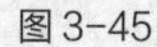

图 3-45　　图 3-46

2. 划像形状

“划像形状”特效可以使影片 B 产生多个规则形状从影片 A 中心展开。双击切换，在“特效控制台”面板中单击“自定义”按钮，弹出“划像形状设置”对话框，如图 3-47 所示。

“形状数量”：拖曳滑块可以调整水平和垂直方向规则形状的数量。

“形状类型”：用于选择形状，如矩形、椭圆形和菱形。

“划像形状”特效切换效果如图 3-48 和图 3-49 所示。

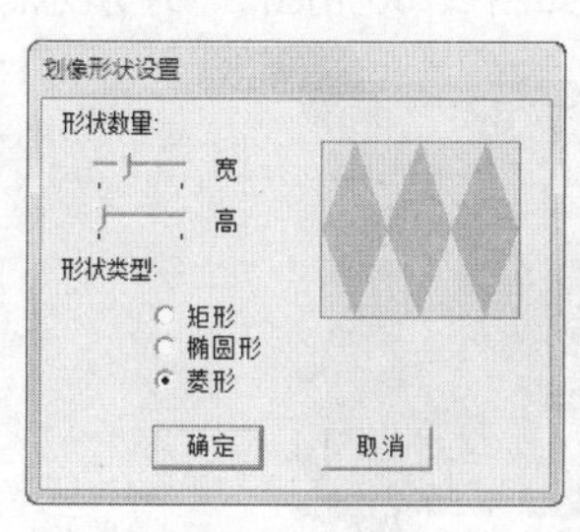

图 3-47　　图 3-48　　图 3-49

3. 圆划像

“圆划像”特效可以使影片 B 呈圆形从影片 A 中心展开，效果如图 3-50 和图 3-51 所示。

图 3-50　　图 3-51

4. 星形划像

“星形划像”特效可以使影片 B 呈星形从影片 A 正中心展开，效果如图 3-52 和图 3-53 所示。

图 3-52

图 3-53

5. 点划像

“点划像”特效可以使影片 B 呈斜角十字形把影片 A 覆盖，效果如图 3-54 和图 3-55 所示。

图 3-54

图 3-55

6. 盒形划像

“盒形划像”特效可以使影片 B 呈矩形从影片 A 中心展开，效果如图 3-56 和图 3-57 所示。

图 3-56

图 3-57

7. 菱形划像

“菱形划像”特效可以使影片 B 呈菱形从影片 A 中心展开，效果如图 3-58 和图 3-59 所示。

图 3-58

图 3-59

3.2.4 卷页

“卷页”文件夹中有 5 种视频切换特效。

1. 中心剥落

“中心剥落”特效可以使影片 A 在正中心分为 4 块分别向四角卷起，露出影片 B，效果如图 3-60 和图 3-61 所示。

图 3-60

图 3-61

2. 剥开背面

“剥开背面”特效可以使影片 A 由中心点向四周分别被卷起，露出影片 B，效果如图 3-62 和图 3-63 所示。

图 3-62

图 3-63

3. 卷走

“卷走”特效可以使影片 A 产生卷轴卷起效果，露出影片 B，效果如图 3-64 和图 3-65 所示。

图 3-64

图 3-65

4. 翻页

“翻页”特效可以使影片 A 从左上角向右下角卷动，露出影片 B，效果如图 3-66 和图 3-67 所示。

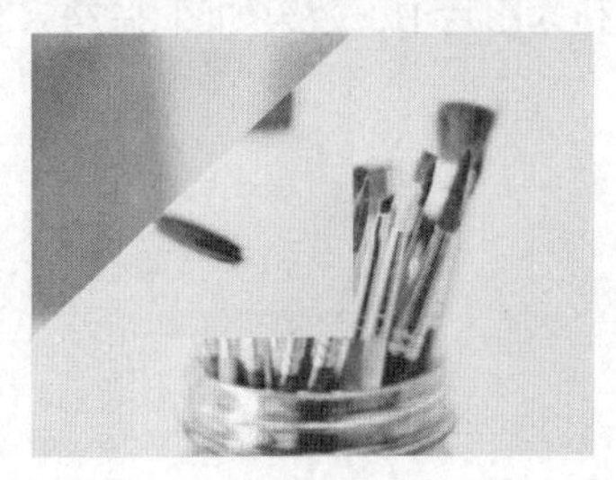

图 3-66

图 3-67

5. 页面剥落

“页面剥落”特效可以使影片 A 像纸一样被翻面卷起，露出影片 B，如图 3-68 和图 3-69 所示。

图 3-68

图 3-69

3.2.5 叠化

“叠化”文件夹中包含 8 种视频切换特效。

1. 交叉叠化

“交叉叠化”特效可以使影片 A 淡化为影片 B，效果如图 3-70 和图 3-71 所示。该切换为标准的淡入淡出切换。在支持 Premiere Pro CS6 的双通道视频卡上，该切换可以实现实时播放。

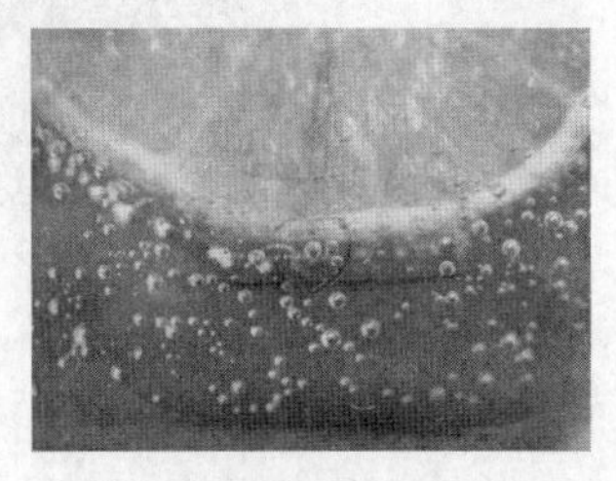

图 3-70

图 3-71

2. 抖动溶解

“抖动溶解”特效可以使影片 B 以点的方式出现，取代影片 A，效果如图 3-72 和图 3-73 所示。

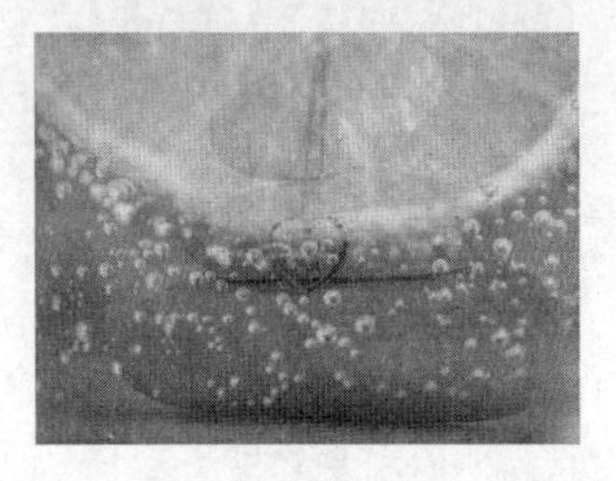

图 3-72

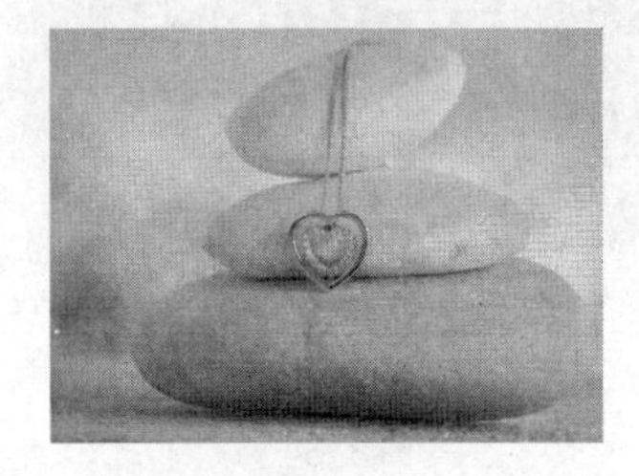

图 3-73

3. 白场过渡

“白场过渡”特效可以使影片 A 以变亮的模式淡化为影片 B，效果如图 3-74 和图 3-75 所示。

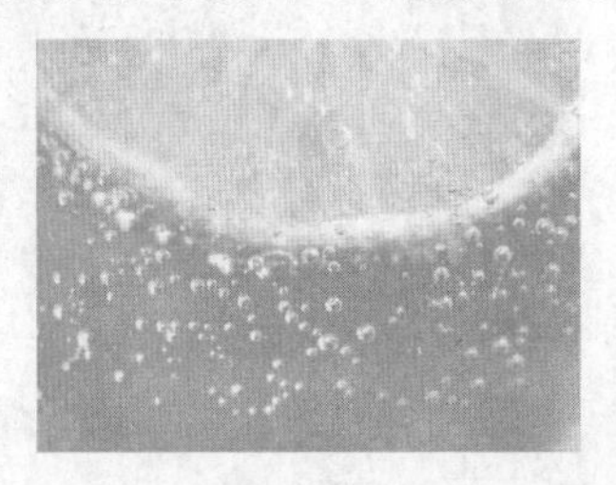

图 3-74

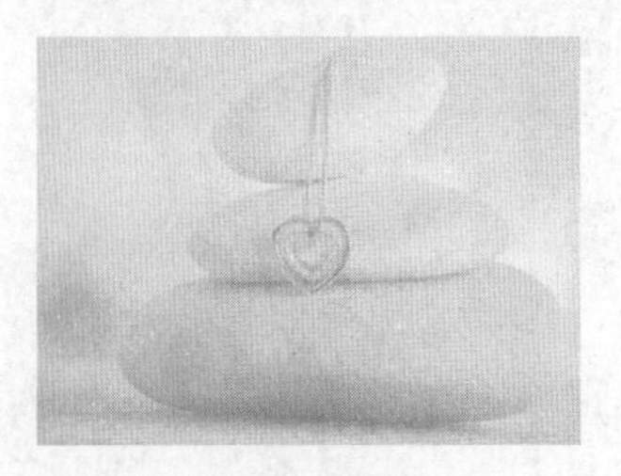

图 3-75

4. 胶片溶解

“胶片溶解”特效可以使影片B以胶片的方式溶解，取代影片A，效果如图3-76和图3-77所示。

图3-76

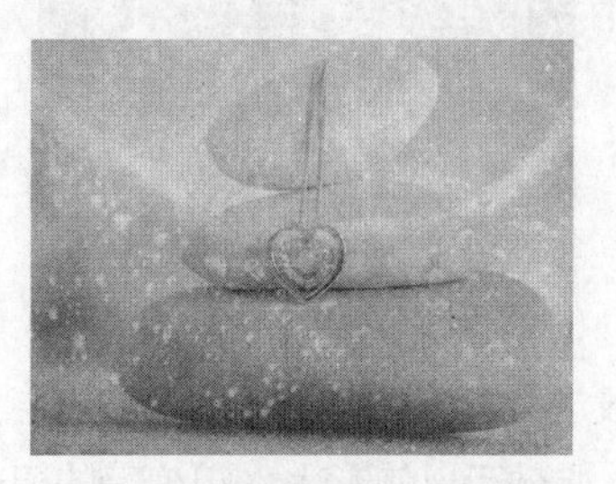

图3-77

5. 附加叠化

“附加叠化”特效可以使影片A以加亮模式淡化为影片B，效果如图3-78和图3-79所示。

图3-78

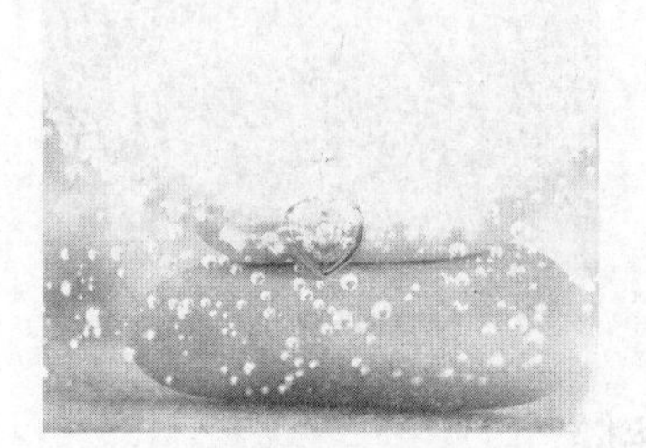

图3-79

6. 随机反相

“随机反相”特效可以以随意块方式使影片A过渡到影片B，并在随意块中显示反色效果。双击切换，在“特效控制台”面板中单击“自定义”按钮，弹出“随机反相设置”对话框，如图3-80所示。

“宽”：用于设置图像水平方向随意块的数量。

“高”：用于设置图像垂直方向随意块的数量。

“反相源”：用于设置显示影片A的反色效果。

“反相目标”：用于设置显示影片B的反色效果。

“随机反相”特效切换效果如图3-81和图3-82所示。

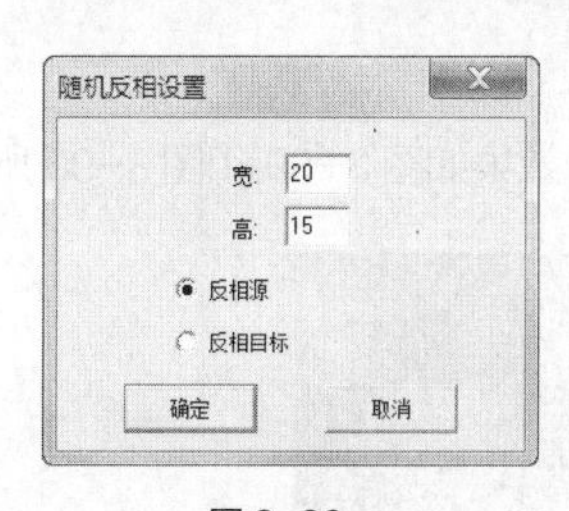

图3-80

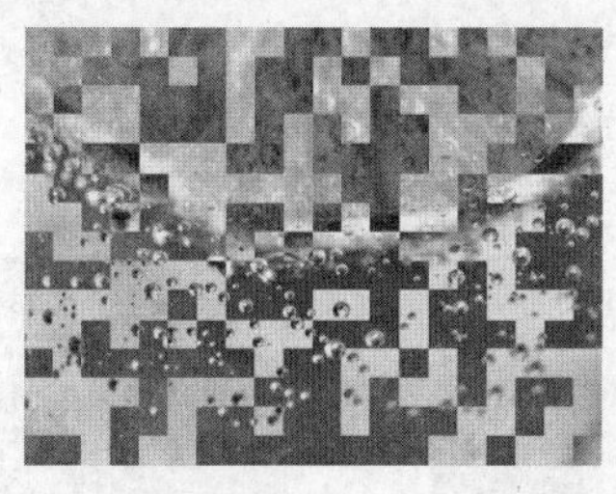

图3-81

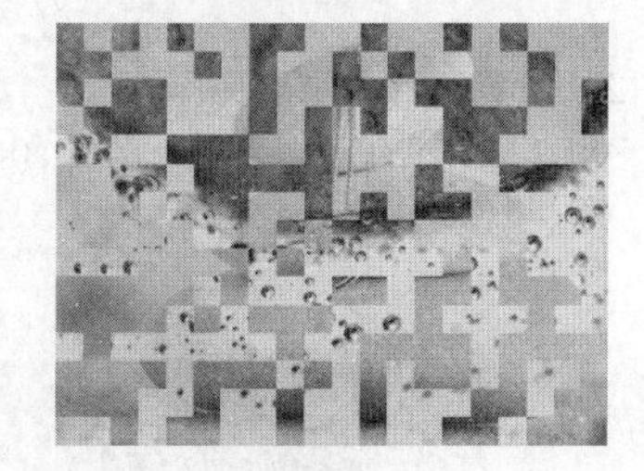

图3-82

7. 非附加叠化

“非附加叠化”特效可以使影片A与影片B的亮度叠加消融，效果如图3-83和图3-84所示。

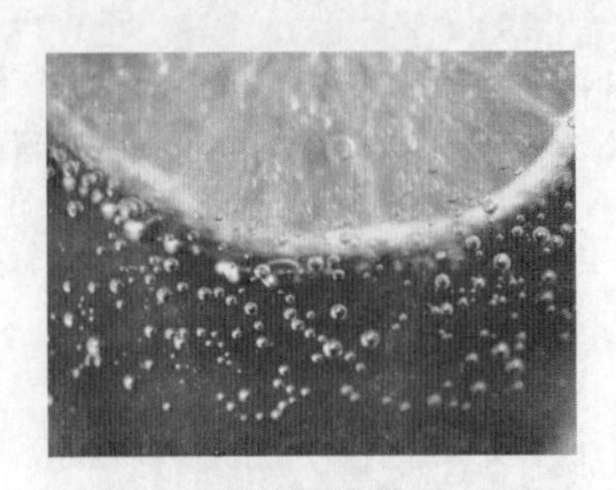

图 3-83

图 3-84

8. 黑场过渡

“黑场过渡”特效可以使影片 A 以变暗的模式淡化为影片 B，效果如图 3-85 和图 3-86 所示。

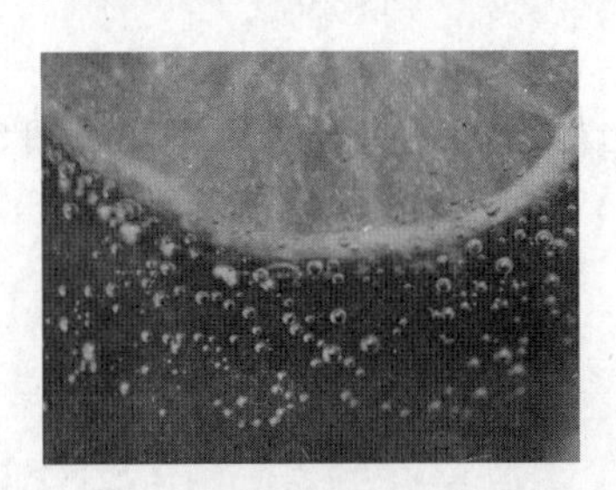

图 3-85

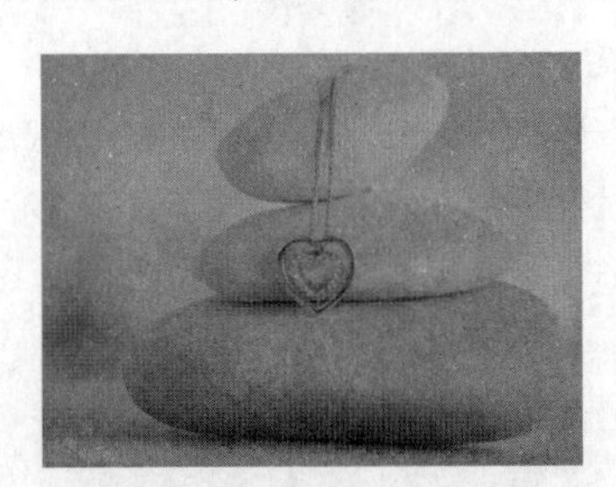

图 3-86

3.2.6 擦除

“擦除”文件夹中包含 17 种视频切换特效。

1. 双侧平推门

“双侧平推门”特效可以使影片 A 以展开和开门的方式过渡到影片 B，效果如图 3-87 和图 3-88 所示。

图 3-87

图 3-88

2. 带状擦除

“带状擦除”特效可以使影片 B 从水平方向以条状进入并覆盖影片 A，效果如图 3-89 和图 3-90 所示。

图 3-89

图 3-90

3. 径向划变

“径向划变”特效可以使影片 B 从影片 A 的一角扫入画面，效果如图 3-91 和图 3-92 所示。

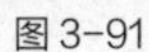
图 3-91

图 3-92

4. 插入

“插入”特效可以使影片 B 从影片 A 的左上角斜插进入画面，效果如图 3-93 和图 3-94 所示。

图 3-93

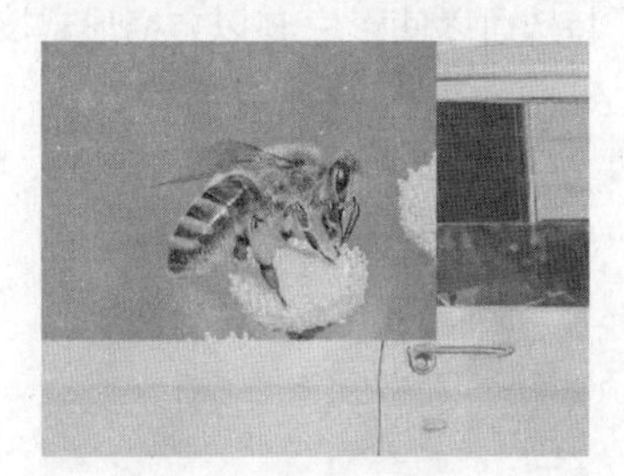
图 3-94

5. 擦除

“擦除”特效可以使影片 B 逐渐扫过影片 A，效果如图 3-95 和图 3-96 所示。

图 3-95

图 3-96

6. 时钟式划变

“时钟式划变”特效可以使影片 A 以顺时针的方式过渡到影片 B，效果如图 3-97 和图 3-98 所示。

图 3-97

图 3-98

7. 棋盘

“棋盘”特效可以使影片 A 以棋盘消失的方式过渡到影片 B，效果如图 3-99 和图 3-100 所示。

图 3-99

图 3-100

8. 棋盘划变

“棋盘划变”特效可以使影片 B 以方格形式按行出现并覆盖影片 A，效果如图 3-101 和图 3-102 所示。

图 3-101

图 3-102

9. 楔形划变

“楔形划变”特效可以使影片 B 呈扇形打开并覆盖影片 A，效果如图 3-103 和图 3-104 所示。

图 3-103

图 3-104

10. 水波块

“水波块”特效可以使影片 B 沿“Z”字形交错扫过并覆盖影片 A。双击切换，在“特效控制台”面板中单击“自定义”按钮，弹出“水波块设置”对话框，如图 3-105 所示。

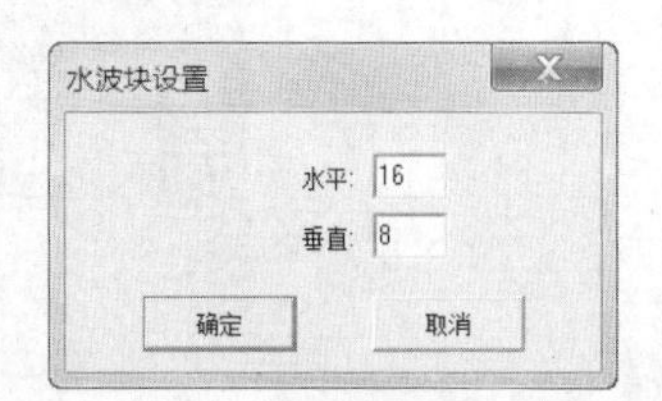

图 3-105

“水平”：用于设置水平方向的方格数量。

“垂直”：用于设置垂直方向的方格数量。

“水波块”特效切换效果如图 3-106 和图 3-107 所示。

图 3-106

图 3-107

11. 油漆飞溅

“油漆飞溅”特效可以使影片 B 以墨点状覆盖影片 A，效果如图 3-108 和图 3-109 所示。

图 3-108

图 3-109

12. 渐变擦除

“渐变擦除”特效使影片 A 以渐变擦除的方式划出，显示出影片 B。将“渐变擦除”特效拖曳到“时间线”面板中的对象上时，会自动弹出“渐变擦除设置”对话框，如图 3-110 所示。双击切换，在“特效控制台”面板中单击“自定义”按钮也可以弹出该对话框并进行重新设置。

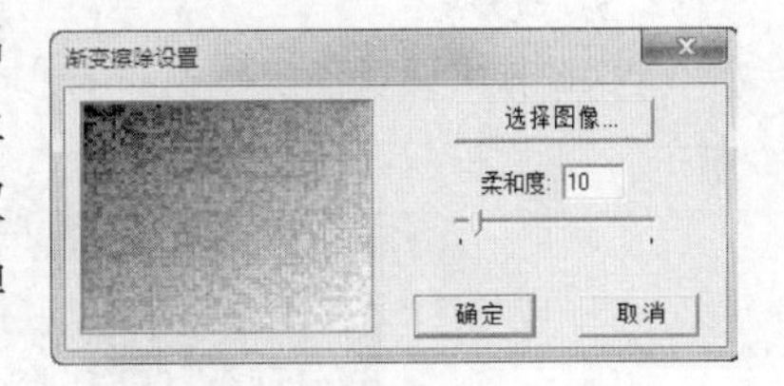

图 3-110

“选择图像”：单击此按钮，可以选择作为灰度图的图像。

“柔和度”：用于设置过渡边缘的羽化程度。

“渐变擦除”特效切换效果如图 3-111 和图 3-112 所示。

图 3-111

图 3-112

13. 百叶窗

“百叶窗”特效可以使影片 B 以逐渐加粗的线条逐渐显示，类似于百叶窗效果，效果如图 3-113 和图 3-114 所示。

图3-113

图3-114

14. 螺旋框

“螺旋框”特效可以使影片B以螺纹块状旋转出现。在“特效控制台”面板中单击“自定义”按钮，弹出“螺旋框设置”对话框，如图3-115所示。

“水平”/“垂直”：用于设置水平/垂直方向的螺纹块数量。

“螺旋框”特效切换效果如图3-116和图3-117所示。

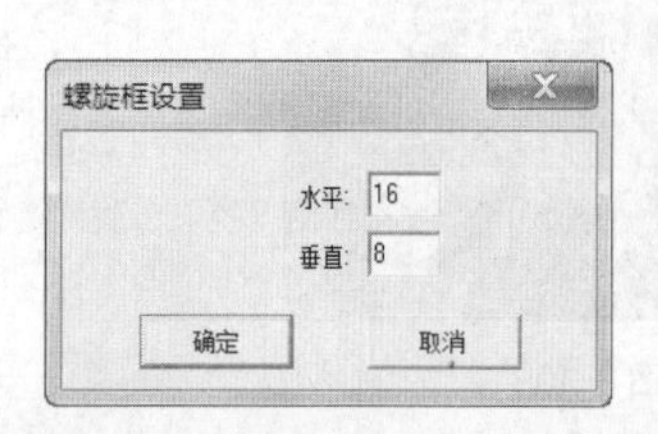

图3-115

图3-116

图3-117

15. 随机块

“随机块”特效可以使影片B以方块形式随意出现并覆盖影片A，效果如图3-118和图3-119所示。

图3-118

图3-119

16. 随机擦除

“随机擦除”特效可以使影片B产生随意方块，并以由上向下擦除的形式覆盖影片A，效果如图3-120和图3-121所示。

图3-120

图3-121

17. 风车

“风车”特效可以使影片 B 以风车轮状旋转的形式覆盖影片 A，效果如图 3-122 和图 3-123 所示。

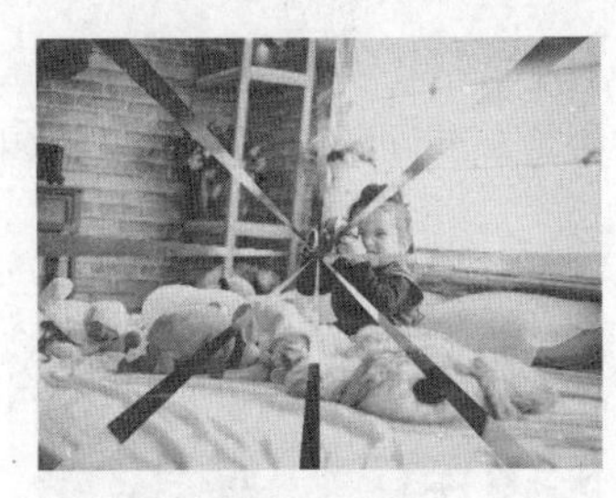
图 3-122

图 3-123

3.2.7 映射

“映射”文件夹中提供了两种使用影像通道作为影片进行切换的视频转场特效。

1. 明亮度映射

“明亮度映射”特效将影片 A 的亮度映射到影片 B，如图 3-124、图 3-125 和图 3-126 所示。

图 3-124

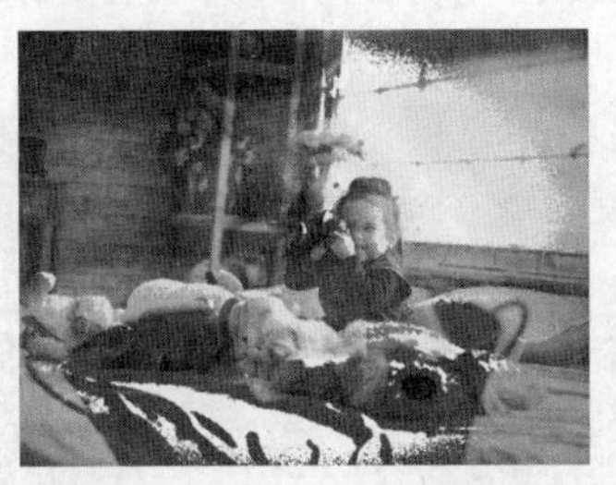
图 3-125

图 3-126

2. 通道映射

“通道映射”特效以从影片 A 或影片 B 中选择通道并映射导出的形式来实现。

将“通道映射”特效拖曳到“时间线”面板中的对象上时，会自动弹出“通道映射设置”对话框，如图 3-127 所示，在“映射”的下拉列表框中可以选择要输出的目标通道和素材通道。双击切换，在“特效控制台”面板中单击“自定义”按钮也可以弹出该对话框并进行设置。

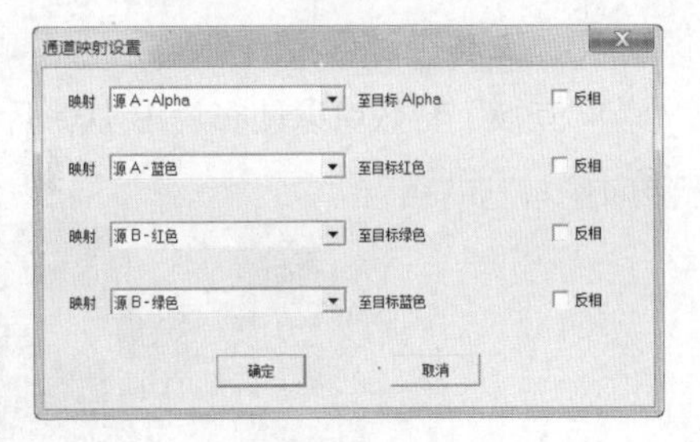

图 3-127

“通道映射”特效切换效果如图 3-128、图 3-129 和图 3-130 所示。

图 3-128

图 3-129

图 3-130

3.2.8 滑动

“滑动”文件夹中包含 12 种视频切换特效。

1. 中心合并

“中心合并”特效可以使影片 A 分裂成 4 块向中心合并并逐渐露出影片 B，效果如图 3-131 和图 3-132 所示。

图 3-131

图 3-132

2. 中心拆分

“中心拆分”特效可以使影片 A 从中心分裂为 4 块，向四角滑出露出影片 B，效果如图 3-133 和图 3-134 所示。

图 3-133

图 3-134

3. 互换

“互换”特效可以使影片 B 从影片 A 的后方向前方覆盖影片 A，效果如图 3-135 和图 3-136 所示。

图 3-135

图 3-136

4. 多旋转

“多旋转”特效可以使影片 B 被分割成若干个小方格旋转铺入并覆盖影片 A。双击切换，在“特效控制台”面板中单击“自定义”按钮，弹出“多旋转设置”对话框，如图 3-137 所示。

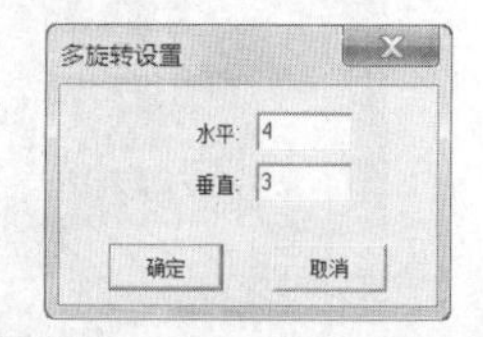

图 3-137

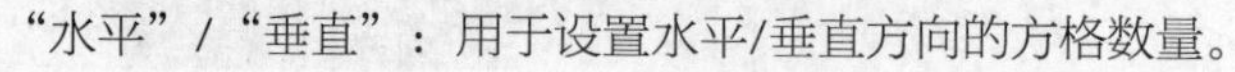

“水平”/“垂直”：用于设置水平/垂直方向的方格数量。

“多旋转”特效切换效果如图 3-138 和图 3-139 所示。

图 3-138

图 3-139

5. 带状滑动

“带状滑动”特效可以使影片 B 以条状的形式进入并逐渐覆盖影片 A。在“特效控制台”面板中单击“自定义”按钮，弹出“带状滑动设置”对话框，如图 3-140 所示。

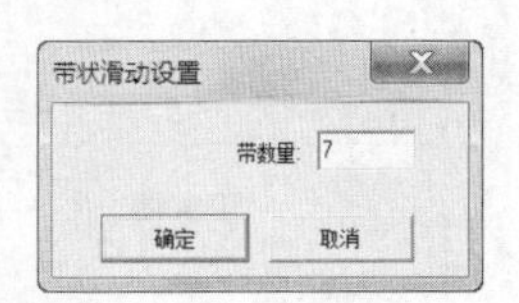

图 3-140

“带数量”：用于设置切换条数目。

“带状滑动”特效切换效果如图 3-141 和图 3-142 所示。

图 3-141

图 3-142

6. 拆分

“拆分”特效可以使影片 A 像自动门一样打开并露出影片 B，效果如图 3-143 和图 3-144 所示。

图 3-143

图 3-144

7. 推

“推”特效可以使影片 B 将影片 A 推出屏幕，从而取代影片 A，效果如图 3-145 和图 3-146 所示。

图 3-145

图 3-146

8. *斜线滑动*

“斜线滑动”特效可以使影片 B 呈自由线条状滑入并覆盖影片 A。双击切换，在“特效控制台”面板中单击“自定义”按钮，弹出“斜线滑动设置”对话框，如图 3-147 所示。

“切片数量”：用于协调转换切片的数目。

“斜线滑动”特效切换效果如图 3-148 和图 3-149 所示。

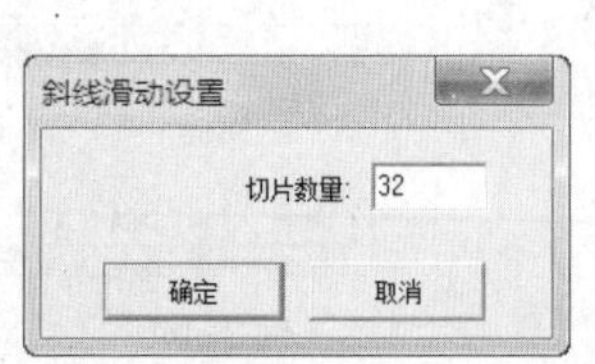

图 3-147　　图 3-148　　图 3-149

9. *滑动*

“滑动”特效可以使影片 B 滑入并覆盖影片 A，效果如图 3-150 和图 3-151 所示。

图 3-150　　图 3-151

10. *滑动带*

“滑动带”特效可以使影片 B 在水平或垂直的线条中逐渐显示，效果如图 3-152 和图 3-153 所示。

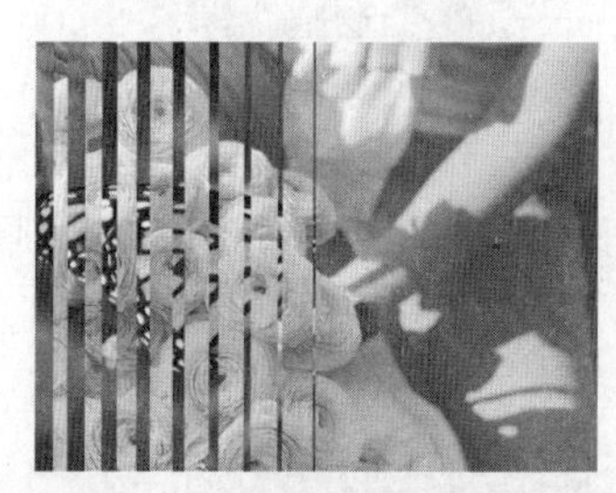

图 3-152　　图 3-153

11. *滑动框*

“滑动框”特效与“滑动带”特效类似，可以使影片 B 的形成像积木的累积，效果如图 3-154 和图 3-155 所示。

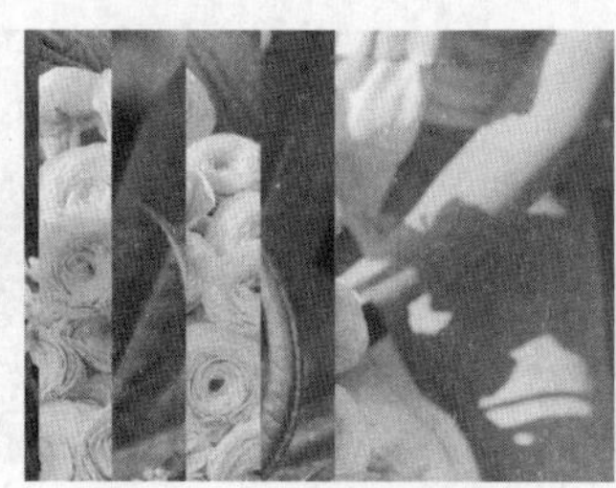

图3-154

图3-155

12. 旋涡

“旋涡”特效可以将影片B打破为若干方块，并从影片A中旋转而出。双击切换，在“特效控制台”面板中单击“自定义”按钮，弹出“旋涡设置”对话框，如图3-156所示。

“水平”：用于设置水平方向的方块数量。

“垂直”：用于设置垂直方向的方块数量。

“速率（%）”：用于设置旋转度。

“旋涡”特效切换效果如图3-157和图3-158所示。

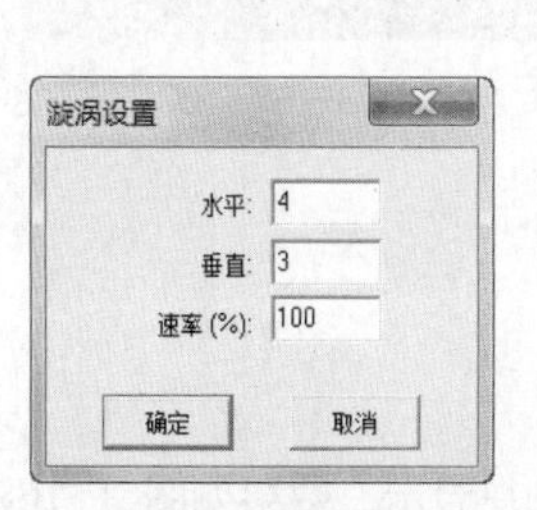

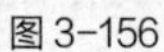
图3-156

图3-157

图3-158

3.2.9 特殊效果

“特殊效果”文件夹中包含3种视频切换特效。

1. 映射红蓝通道

“映射红蓝通道”特效可以将影片A中的红蓝通道映射混合到影片B，效果如图3-159、图3-160和图3-161所示。

图3-159

图3-160

图3-161

2. 纹理

“纹理”特效可以使影片A作为贴图映射给影片B，效果如图3-162、图3-163和图3-164所示。

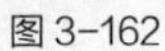
图 3-162

图 3-163

图 3-164

3. 置换

“置换”特效可以将处于时间线前方的影片作为位移图，以其像素颜色值的明暗，分别用水平和垂直的错位来影响与其进行切换的影片，效果如图 3-165、图 3-166 和图 3-167 所示。

图 3-165

图 3-166

图 3-167

3.2.10 缩放

“缩放”文件夹中包含 4 种以缩放方式过渡的视频切换特效。

1. 交叉缩放

“交叉缩放”特效可以使影片 A 放大冲出并消失，影片 B 缩小进入并显示，效果如图 3-168 和图 3-169 所示。

图 3-168

图 3-169

2. 缩放

“缩放”特效可以使影片 B 从影片 A 中放大出现并覆盖影片 A，效果如图 3-170 和图 3-171 所示。

图 3-170

图 3-171

3. 缩放拖尾

“缩放拖尾”特效可以使影片 A 缩小并带有拖尾消失，露出影片 B，效果如图 3-172 和图 3-173 所示。

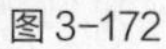
图 3-172

图 3-173

4. 缩放框

“缩放框”特效可以使影片 B 分成多个方块，并从影片 A 中放大出现，覆盖影片 A。双击切换，在“特效控制台”面板中单击“自定义”按钮，弹出“缩放框设置”对话框，如图 3-174 所示。

“形状数量”：拖曳滑块，可以设置水平和垂直方向的方块数量。

“缩放框”特效切换效果如图 3-175 和图 3-176 所示。

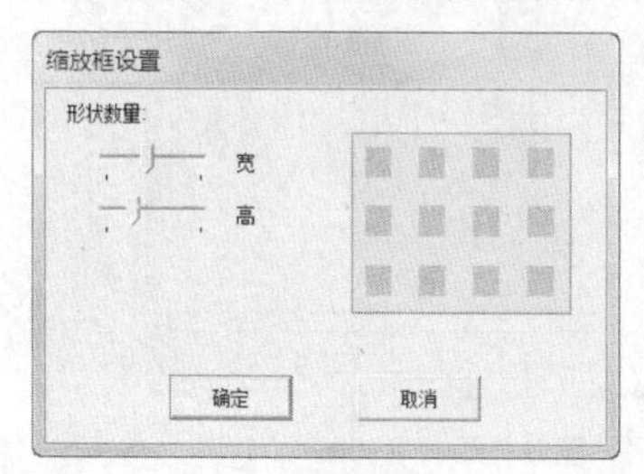

图 3-174

图 3-175

图 3-176

3.2.11 课堂案例——绝色美食

案例学习目标

学习使用多种视频切换特效制作图像转场。

案例知识要点

使用“导入”命令导入素材文件，使用“胶片溶解”特效、“径向划变”特效和“滑动框”特效制作图像之间的切换效果。最终效果参看云盘中的“Ch03\绝色美食\绝色美食.prproj”。绝色美食效果如图 3-177 所示。

图 3-177

微课：绝色美食

扫码查看扩展案例

效果所在位置

云盘\Ch03\绝色美食\绝色美食.prproj。

步骤① 启动 Premiere Pro CS6 软件，弹出“欢迎使用 Adobe Premiere Pro”界面，单击“新建项目”按钮，弹出“新建项目”对话框，设置“位置”选项，选择保存文件路径，在“名称”文本框中输入文件名“绝色美食”，如图 3-178 所示。单击“确定”按钮，弹出“新建序列”对话框，在左侧的列表中展开“DV-PAL”选项，选择“标准 48kHz”模式，如图 3-179 所示，单击“确定”按钮完成序列的创建。

图 3-178

图 3-179

步骤② 选择“文件 > 导入”菜单命令，弹出“导入”对话框，选择云盘中的“Ch03\绝色美食\素材\ 01、02、03 和 04”文件，如图 3-180 所示，单击“打开”按钮，将素材文件导入到“项目”面板中，如图 3-181 所示。

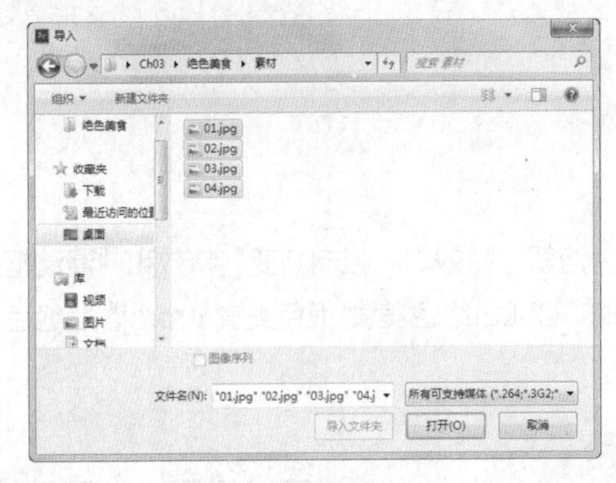

图 3-180

图 3-181

步骤③ 按住<Ctrl>键的同时，在“项目”面板中选中“01”“02” “03”和“04”文件并将其拖曳到“时间线”面板中的“视频 1”轨道中，如图 3-182 所示。

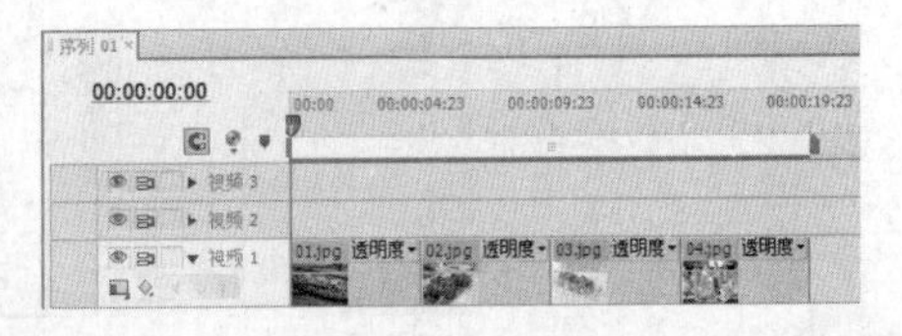

图 3-182

步骤④ 选择“窗口 > 效果”菜单命令，弹出“效果”面板，展开“视频切换”选项，单击“叠化”文件夹前面的三角形按钮▶将其展开，选中“胶片溶解”特效，如图3-183所示。将“胶片溶解”特效拖曳到“时间线”面板中的“01”文件的结束位置与“02”文件的开始位置之间，如图3-184所示。

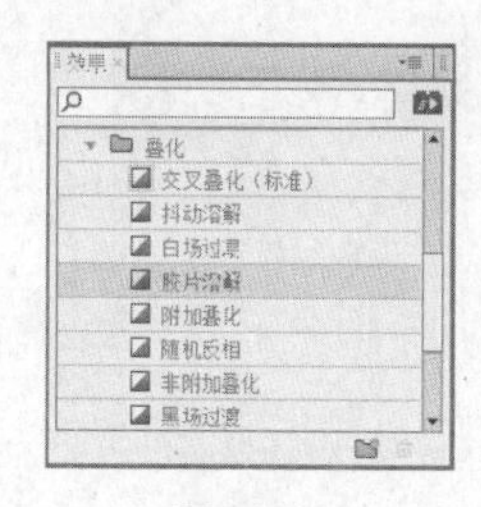

图3-183

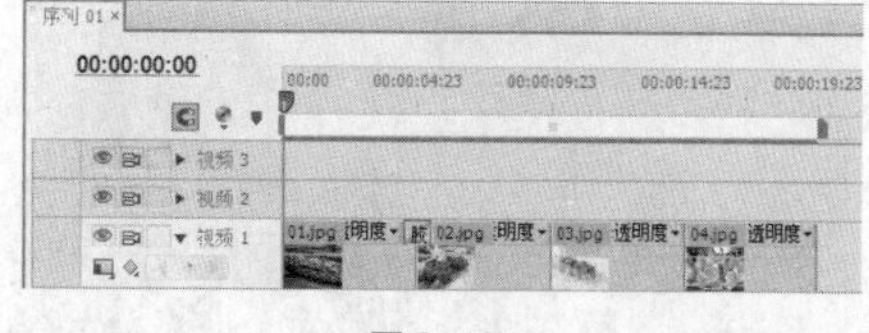

图3-184

步骤⑤ 在“效果”面板中展开“视频切换”选项，单击“擦除”文件夹前面的三角形按钮▶将其展开，选中“径向划变”特效，如图3-185所示。将“径向划变”特效拖曳到“时间线”面板中的“02”文件的结束位置与“03”文件的开始位置之间，如图3-186所示。

图3-185

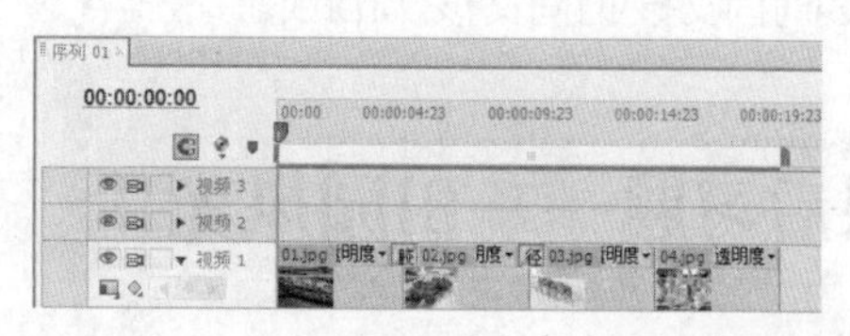

图3-186

步骤⑥ 在“效果”面板中展开“视频切换”选项，单击“滑动”文件夹前面的三角形按钮▶将其展开，选中“滑动框”特效，如图3-187所示。将“滑动框”特效拖曳到“时间线”面板中的“03”文件的结束位置与“04”文件的开始位置之间，如图3-188所示。绝色美食制作完成。

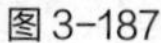

图3-187

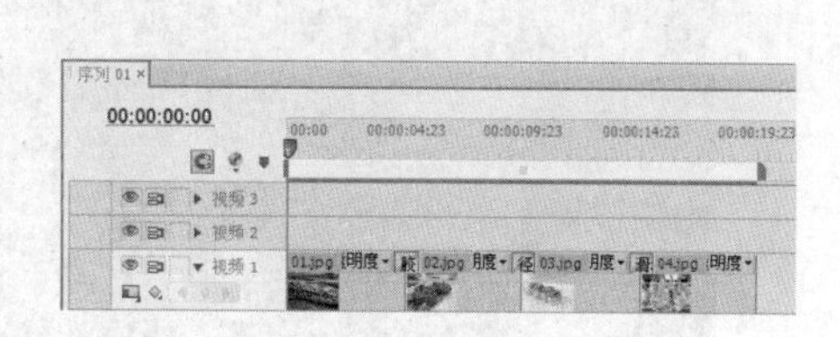

图3-188

3.3 课堂练习——时尚女孩

练习知识要点

使用“导入”命令导入素材文件，使用“旋转”特效、“交叉叠化”特效和“中心剥落”特效制作图像之间的转场效果。最终效果参看云盘中的“Ch03\时尚女孩\时尚女孩. prproj”。时尚女孩效果如图 3-189 所示。

图 3-189

效果所在位置

云盘\Ch03\时尚女孩\时尚女孩. prproj。

3.4 课后习题——田园风光

习题知识要点

使用“导入”命令导入素材文件，使用“交叉叠化”特效制作图像之间的转场效果。最终效果参看云盘中的“Ch03\田园风光\田园风光. prproj”。田园风光效果如图 3-190 所示。

图 3-190

效果所在位置

云盘\Ch03\田园风光\田园风光. prproj。

04 第 4 章 视频特效应用

本章介绍

本章主要介绍 Premiere Pro CS6 中的视频特效。这些特效可以应用在视频、图像和文字上。通过对本章的学习，读者可以快速了解并掌握视频特效制作的精髓，创作出丰富多彩的视觉效果。

课堂学习目标

- 了解应用视频特效
- 掌握视频特效的设置
- 了解视频特效的基本使用方法

4.1 应用视频特效

为素材添加一个效果很简单，只需从“效果”面板中拖曳一个特效到“时间线”面板中的素材片段上即可。如果素材片段处于被选中状态，也可以拖曳特效到该片段的“特效控制台”面板中。

4.2 视频特效与特效操作

在了解了视频特效的基本使用方法之后，下面将对 Premiere Pro CS6 中主要的视频特效进行详细的介绍。

4.2.1 “模糊与锐化”视频特效

“模糊与锐化”视频特效主要对镜头画面进行锐化或模糊处理，共包含 10 种特效。

1. **快速模糊**

该特效可以指定画面模糊程度，同时可以指定水平、垂直或两个方向的模糊程度，该特效在模糊图像时比使用“高斯模糊”特效处理速度更快。应用该特效后，“特效控制台”面板如图 4-1 所示。

“模糊量”（上）：用于调节控制图像的模糊程度。

“模糊量”（下）：用于控制图像的模糊方式，包括水平与垂直、水平、垂直 3 种方式。

应用“快速模糊”特效前、后的效果分别如图 4-2 和图 4-3 所示。

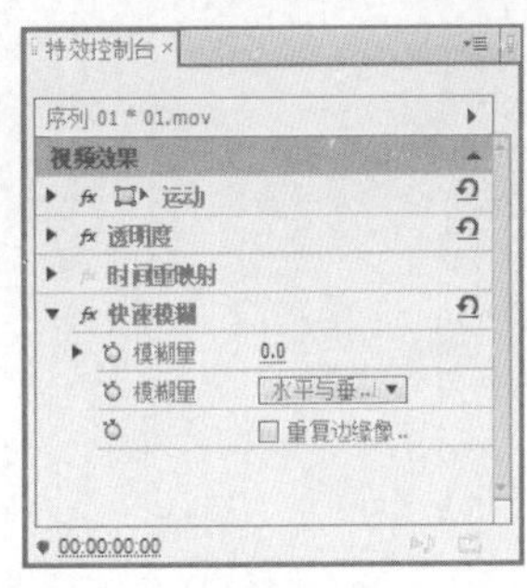

图 4-1

图 4-2

图 4-3

2. **摄像机模糊**

该特效可以使图像离开摄像机焦点范围时产生“虚焦”效果。应用该特效后，“特效控制台”面板如图 4-4 所示。用户可以调整该面板中的参数对该特效效果进行设置，直到满意为止。

在“特效控制台”面板中单击“设置”按钮，弹出“摄像机模糊设置”对话框，对图像进行设置，如图 4-5 所示，设置完成后，单击“确定”按钮。

应用“摄像机模糊”特效前、后的效果分别如图 4-6 和图 4-7 所示。

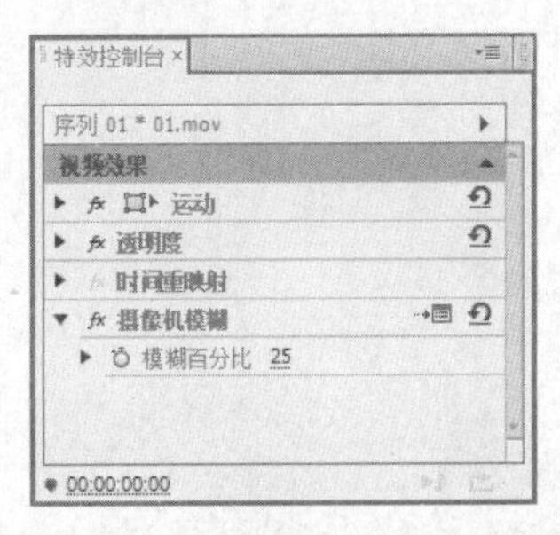

图 4-4

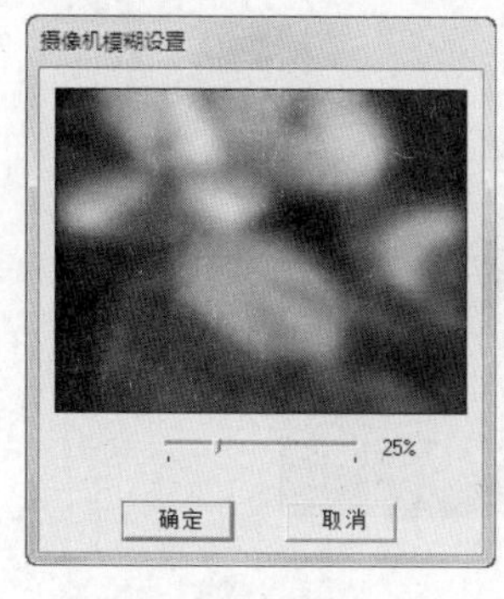

图 4-5

图 4-6

图 4-7

3. ***方向模糊***

该特效可以在图像中产生一个方向性的模糊效果，使图像产生一种幻觉运动效果。应用该特效后，“特效控制台”面板如图 4-8 所示。

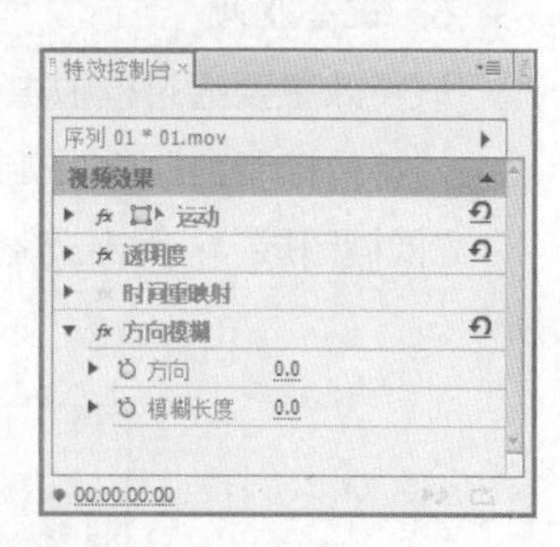

图 4-8

“方向”：用于设置模糊方向。

“模糊长度”：用于设置图像虚化的程度，拖曳滑块可以调整数值，其数值范围在 0 ~ 20。当需要用到高于 20 的数值时，可以单击选项右侧带下画线的数值，将参数文本框激活，然后输入需要的数值。

应用“方向模糊”特效前、后的效果分别如图 4-9 和图 4-10 所示。

图 4-9

图 4-10

4. ***残像***

该特效可以使影片中运动物体后面跟着一串阴影并一起移动。应用“残像”特效前后的效果分别如图 4-11 和图 4-12 所示。

图 4-11

图 4-12

5. ***消除锯齿***

该特效通过使图像对比度区域的颜色值平均化来平均整个图像，使图像的高亮区和低亮区渐变柔和。应用该特效后，“特效控制台”面板不会产生任何参数设置，只对图像进行默认柔化。应用“消除锯齿”特效前、后的效果分别如图 4-13 和图 4-14 所示。

图 4-13

图 4-14

6. 混合模糊

该特效主要通过模拟摄像机快速变焦和旋转镜头来产生具有视觉冲击力的模糊效果。应用该特效后，“特效控制台”面板如图 4-15 所示。

“模糊图层”：单击按钮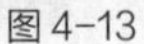，在弹出的下拉列表框中选择要模糊的视频轨道，如图 4-16 所示。

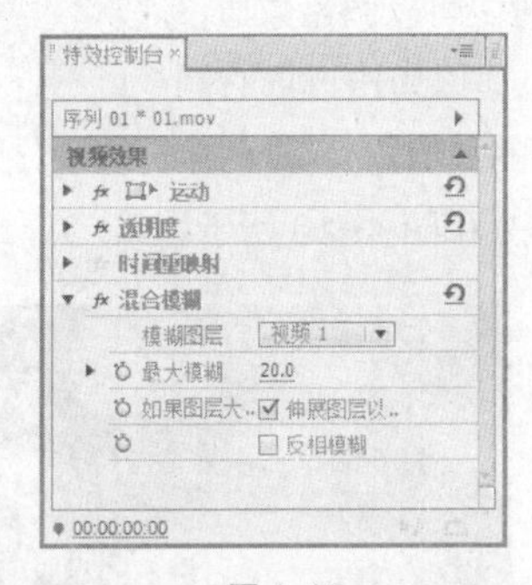

图 4-15

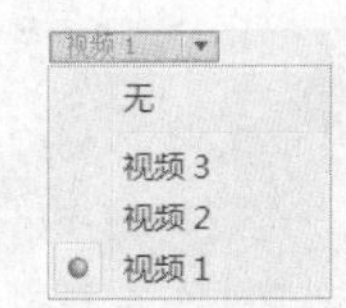

图 4-16

“最大模糊”：对模糊的数值进行调节。

“伸展图层以适配”：勾选此复选框可以对使用模糊效果的影片画面进行拉伸处理。

“反相模糊”：用于对当前设置的效果反转，即模糊反转。

应用“混合模糊”特效前、后的效果分别如图 4-17 和图 4-18 所示。

图 4-17

图 4-18

7. 通道模糊

该特效可以对图像的红、绿、蓝和 Alpha 通道分别进行模糊，还可以指定模糊的方向。使用这个特效可以创建辉光效果，或使一个图层的边缘附近变得不透明。

在“特效控制台”面板中可以设置特效的参数，如图 4-19 所示。

“红色模糊度”：用于设置红色通道的模糊程度。

“绿色模糊度”：用于设置绿色通道的模糊程度。

“蓝色模糊度”：用于设置蓝色通道的模糊程度。

“Alpha 模糊度”：用于设置 Alpha 通道的模糊程度。

“边缘特性”：勾选“重复边缘像素”复选框，可以使图像的边缘更加透明化。

“模糊方向”：用于控制图像的模糊方向，包括水平和垂直、水平、垂直 3 种方式。

应用“通道模糊”特效前、后的效果分别如图 4-20 和图 4-21 所示。

图 4-19

图 4-20

图 4-21

8. 锐化

该特效通过增加相邻像素间的对比度使图像清晰化。应用该特效后，“特效控制台”面板如图 4-22 所示。

“锐化数量”：用于调整图像的锐化程度。

应用“锐化”特效前、后的图像效果分别如图 4-23 和图 4-24 所示。

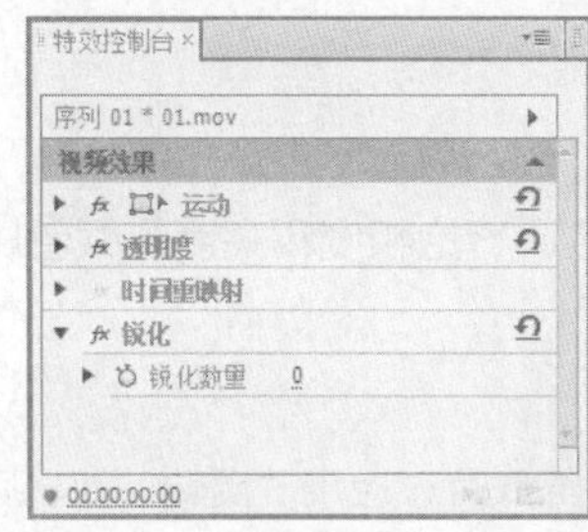

图 4-22

图 4-23

图 4-24

9. 非锐化遮罩

该特效可以调整图像的色彩锐化程度。应用该特效后，“特效控制台”面板如图 4-25 所示。

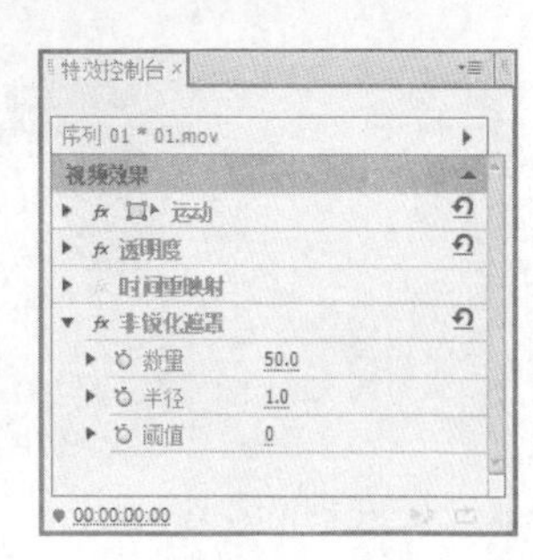

图 4-25

“数量”：用于设置颜色边缘差别值大小。

“半径”：用于设置颜色边缘产生差别的范围。

“阈值”：用于设置颜色边缘之间允许的差别范围，值越小效果越明显。

应用“非锐化遮罩”特效前、后的效果分别如图 4-26 和图 4-27 所示。

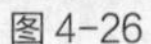
图 4-26

图 4-27

10. 高斯模糊

该特效可以大幅度地模糊图像，使其产生虚化的效果。应用该特效后，“特效控制台”面板如图 4-28 所示。

“模糊度”：用于调节控制图像的模糊程度。

“模糊方向”：用于控制图像的模糊方向，包括水平和垂直、水平、垂直 3 种方式。

应用“高斯模糊”特效前、后的效果分别如图 4-29 和图 4-30 所示。

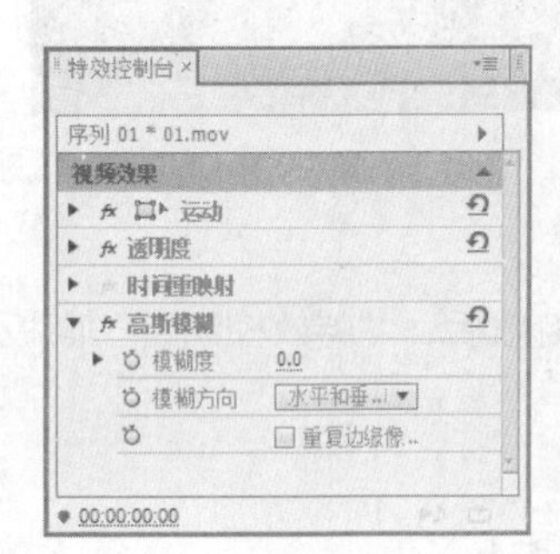

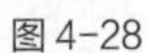
图 4-28

图 4-29

图 4-30

4.2.2 “通道”视频特效

“通道”视频特效可以对素材的通道进行处理，实现图像颜色、色调、饱和度和亮度等颜色属性的改变，共包含 7 种特效。

1. 反转

该特效将图像的颜色进行反色显示，使处理后的图像看起来像照片的底片，应用“反转”前、后的效果分别如图 4-31 和图 4-32 所示。

图 4-31

图 4-32

2. 固态合成

该特效可以将一种颜色填充合成图像，放置在原图像的后面。应用该特效后，“特效控制台”面板如图 4-33 所示。

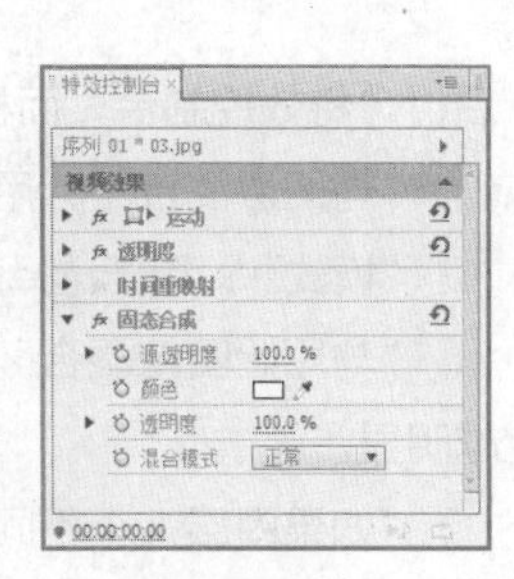

图 4-33

"源透明度"：用于指定原图像的不透明度。

"颜色"：用于设置填充图像的颜色。

"透明度"：用于控制填充图像的不透明度。

"混合模式"：用于设置原图像和填充图像以何种方式混合。

应用"固态合成"特效前、后的效果如图 4-34、图 4-35 和图 4-36 所示。

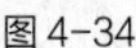
图 4-34

图 4-35

图 4-36

3. 复合算法

该特效与"混合"特效类似，都是将两个重叠素材的颜色相互组合在一起。应用该特效后，"特效控制台"面板如图 4-37 所示。

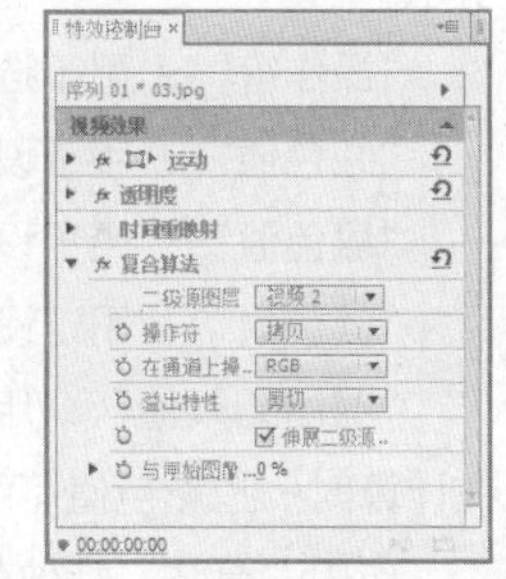

图 4-37

"二级源图层"：用于在当前操作中指定原始的图层。

"操作符"：用于选择两个素材混合模式。

"在通道上操作"：用于选择混合素材进行操作的通道。

"溢出特性"：用于选择两个素材混合后颜色允许的范围。

"伸展二级源以适配"：当素材与混合素材大小相同时，不勾选该复选框，混合素材与原素材将无法对齐重合。

"与原始图像混合"：用于设置混合素材的透明值。

应用"复合算法"特效前、后的效果如图 4-38、图 4-39 和图 4-40 所示。

图 4-38

图 4-39

图 4-40

4. 混合

该特效是将两个通道中的图像按指定方式进行混合，从而达到改变图像色彩的效果。应用该特效后，“特效控制台”面板如图 4-41 所示。

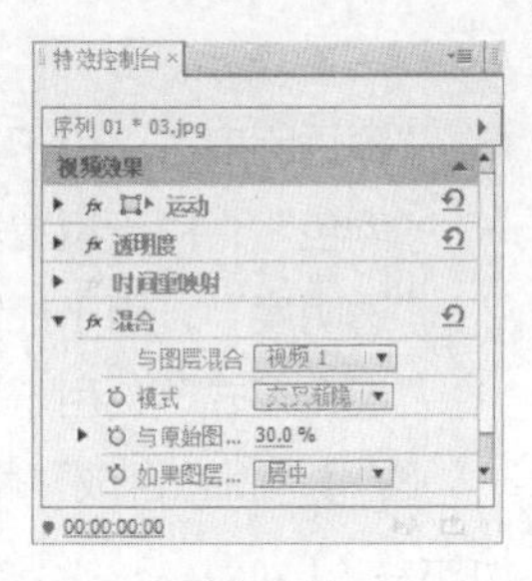

图 4-41

“与图层混合”：用于选择重叠图像所在的视频轨道。

“模式”：用于选择两个图像混合的部分。

“与原始图像混合”：用于设置所选图像与原图像混合值，值越小效果越明显。

“如果图层大小不同”：当图层的尺寸不同时，可以利用该选项对图层的对齐方式进行设置。

应用“混合”特效前、后的效果如图 4-42、图 4-43 和图 4-44 所示。

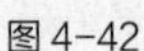
图 4-42

图 4-43

图 4-44

5. 算法

该特效提供了各种用于图像通道的简单数学运算。应用该特效后，“特效控制台”面板如图 4-45 所示。

“操作符”：用于选择一种计算机进行计算的方式。

“红色值”：用于设置图像要进行计算的红色值。

“绿色值”：用于设置图像要进行计算的绿色值。

“蓝色值”：用于设置图像要进行计算的蓝色值。

“剪切结果值”：用于裁剪计算得出的数值，创造有效彩色数值的范围。如果不勾选该复选框，在计算时一些彩色值可能会超出彩色数值的有效范围。

应用“算法”特效前、后的效果分别如图 4-46 和图 4-47 所示。

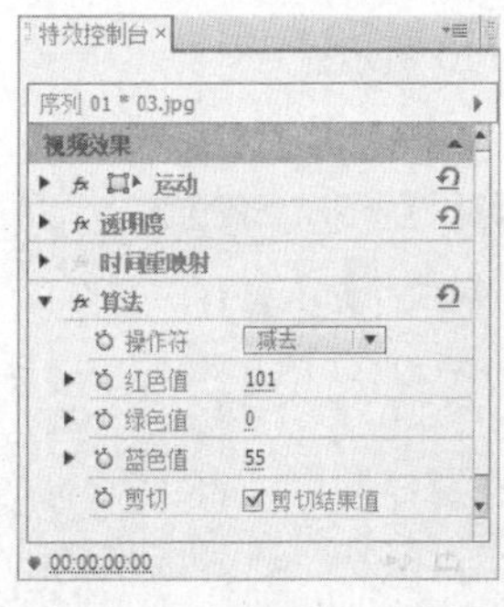

图 4-45

图 4-46

图 4-47

6. 设置遮罩

该特效以当前层的 Alpha 通道取代指定层的 Alpha 通道，使之产生运动屏蔽的效果。应用该特效后，“特效控制台”面板如图 4-48 所示。

“从图层获取遮罩”：用于指定作为蒙版的图层。

“用于遮罩”：将指定的蒙版层用于效果处理的通道。

“反相遮罩”：用于反转蒙版层的透明度。

“伸展遮罩以适配”：用于放大或缩小蒙版层的尺寸，使之与当前层适配。

“将遮罩与原始图像合成”：使当前层合成新的蒙版，而不是替换原始图层。

“预先进行遮罩图层正片叠底”：勾选该复选框，软化蒙版层素材的边缘。

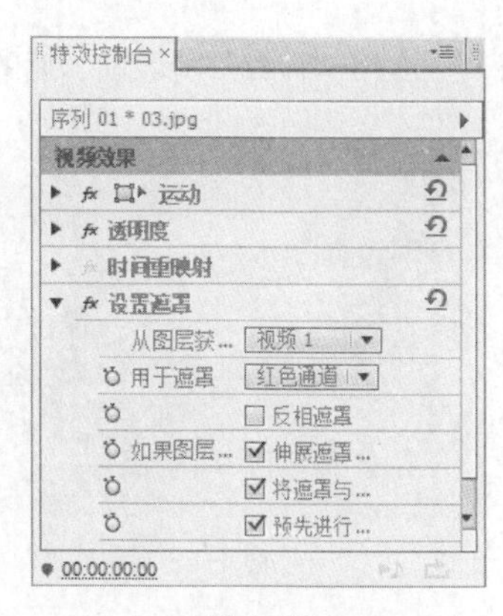

图 4-48

应用“设置遮罩”特效前、后的效果如图 4-49、图 4-50 和图 4-51 所示。

图 4-49

图 4-50

图 4-51

7. **计算**

该特效通过通道混合进行颜色调整。应用该特效后，“特效控制台”面板如图 4-52 所示。

“输入”：用于设置原素材显示。

“输入通道”：用于选择需要显示的通道，其中各选项如下。

①“RGBA”：正常输入所有通道。

②“灰色”：呈灰色显示原来的 RGBA 图像的亮度。

③“红色”“绿色”“蓝色”“Alpha”：选择对应的通道，显示对应通道。

“反相输入”：将“输入通道”中选择的通道反向显示。

“二级源”：用于设置与原素材混合的素材。

“二级图层”：用于选择与原素材混合的素材所在的视频轨道。

“二级图层通道”：用于选择与原素材混合显示的通道。其下方选项的作用与“输入通道”中的相同。

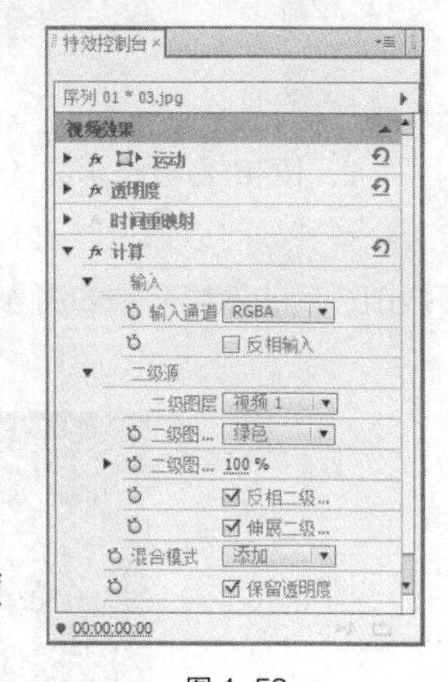

图 4-52

“二级图层透明度”：用于设置与原素材混合的素材透明度值。

“反相二级图层”：与“反相输入”作用相同，但这里指的是与原素材混合的素材。

“伸展二级图层以适配”：当混合素材小于原素材时，勾选该复选框将在显示最终效果时放大混合素材。

“混合模式”：用于设置原素材与混合素材的多种混合模式。

“保留透明度”：用于确保素材的透明度不被修改。

应用“计算”特效前、后的效果如图 4-53、图 4-54 和图 4-55 所示。

图 4-53

图 4-54

图 4-55

4.2.3 “色彩校正”视频特效

“色彩校正”视频特效主要用于对视频素材进行颜色校正，该特效包括了 17 种类型。

1. RGB 曲线

该特效通过 RGB 曲线调整红色、绿色和蓝色通道的数值，达到改变图像色彩的目的，应用“RGB 曲线”特效前、后的效果分别如图 4-56 和图 4-57 所示。

图 4-56

图 4-57

2. RGB 色彩校正

该特效可以通过修改 RGB 3 个通道中的参数，实现图像色彩的改变。应用“RGB 色彩校正”特效前、后的效果分别如图 4-58 和图 4-59 所示。

图 4-58

图 4-59

3. 三路色彩校正

该特效通过旋转 3 个色盘来调整颜色的平衡。应用“三路色彩校正”特效前、后的效果分别如图 4-60 和图 4-61 所示。

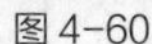

图 4-60　　图 4-61

4. 亮度与对比度

该特效用于调整素材的亮度和对比度，并同时调节所有素材的亮部、暗部和中间色。应用该特效后，“特效控制台”面板如图 4-62 所示。

“亮度”：用于调整素材画面的亮度。

“对比度”：用于调整素材画面的对比度。

应用“亮度与对比度”特效前、后的效果分别如图 4-63 和图 4-64 所示。

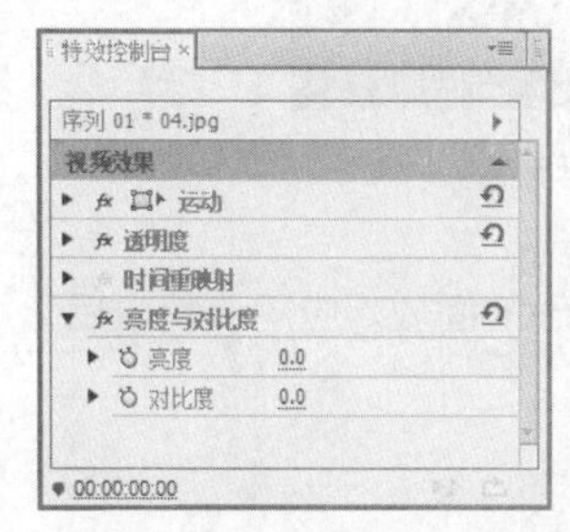

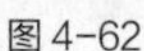

图 4-62　　图 4-63　　图 4-64

5. 亮度曲线

该特效通过亮度曲线图实现对图像亮度的调整。应用“亮度曲线”特效前、后的效果分别如图 4-65 和图 4-66 所示。

图 4-65　　图 4-66

6. 亮度校正

该特效通过调整图像亮度校正颜色。应用该特效后，“特效控制台”面板如图 4-67 所示。

“输出”：用于设置输出的选项，包括“复合”“Luma”“蒙版”和“色调范围”，如果勾选“显示拆分视图”复选框，可以对图像进行分屏预览。

“版面”：用于设置分屏预览的布局，分为“水平”和“垂直”两个选项。

“拆分视图百分比”：用于对分屏比例进行设置。

“色调范围定义”：用于选择调整的区域，在“色调范围”的下拉列表框中包含了“主”“高光”“中间调”和“阴影”4 个选项。

“亮度”：用于设置图像的亮度。

“对比度”：用于改变图像的对比度。

“对比度等级”：用于设置对比度的级别。

“辅助色彩校正”：用于设置二级色彩修正。

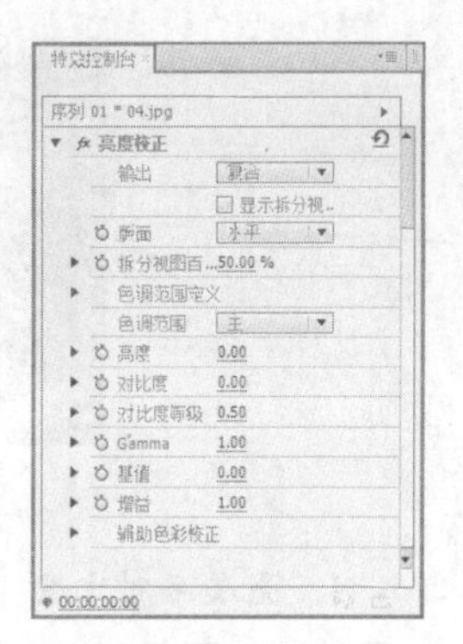

图 4-67

应用“亮度校正”特效前、后的效果分别如图 4-68 和图 4-69 所示。

图 4-68

图 4-69

7. *广播级颜色*

该特效可以校正广播级的颜色和亮度，使影视作品在电视机中精确地播放。应用该特效后，“特效控制台”面板如图 4-70 所示。

“广播区域”：用于设置 PAL 和 NTSC 两种电视制式。

“如何确保颜色安全”：用于设置实现安全色的方法。

“最大信号波幅（IRE）”：用于限制信号幅度。

应用“广播级颜色”特效前、后的效果分别如图 4-71 和图 4-72 所示。

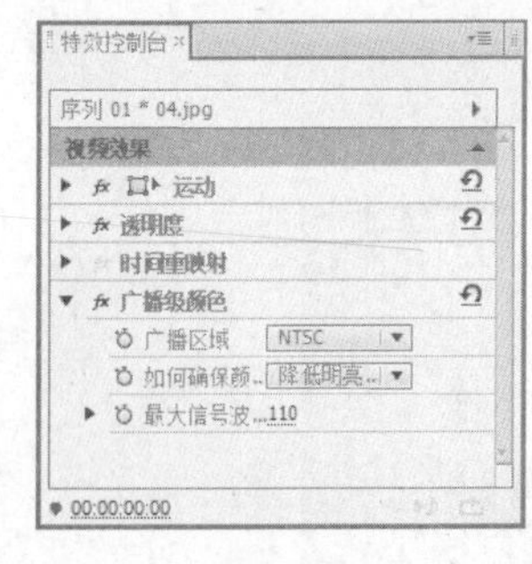

图 4-70

图 4-71

图 4-72

8. *快速色彩校正*

该特效能够快速地进行图像颜色修正。应用该特效后，“特效控制台”面板如图 4-73 所示。

“输出”：用于设置输出的选项，包括“复合”“Luam”和“蒙版”，如果勾选“显示拆分视图”复选框，可以对图像进行分屏预览。

“版面”：用于设置分屏预览的布局，包括“水平”和“垂直”两个选项。

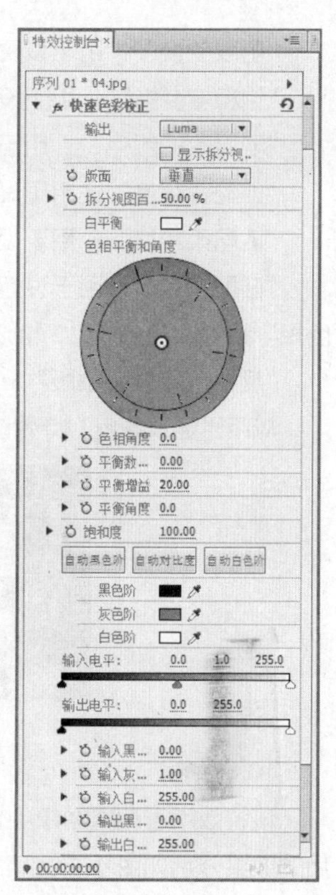

图 4-73

“拆分视图百分比”：用于对分屏比例进行设置。

“白平衡”：用于设置白色平衡，数值越大，画面中白色越多。

“色相平衡和角度”：用于调整色调平衡和角度，可以直接使用色盘改变画面中的色相。

“平衡数量级”：用于设置平衡的数量。

“平衡增益”：用于增加白色平衡。

“平衡角度”：用于设置白色平衡的角度。

“饱和度”：用于设置画面颜色的饱和度。

自动黑色阶：单击该按钮，将自动进行黑色级别调整。

自动对比度：单击该按钮，将自动进行对比度调整。

自动白色阶：单击该按钮，将自动进行白色级别调整。

“黑色阶”：用于设置黑色级别的颜色。

“灰色阶”：用于设置灰色级别的颜色。

“白色阶”：用于设置白色级别的颜色。

“输入电平”：对输入的颜色进行级别调整，拖曳该选项颜色条下的 3 个滑块，将对“输入黑色阶”“输入灰色阶”和“输入白色阶”3 个参数产生影响。

“输出电平”：对输出的颜色进行级别调整，拖曳该选项颜色条下的两个滑块，将对“输出黑色阶”和“输出白色阶”两个参数产生影响。

“输入黑色阶”：用于调节黑色输入时的级别。

“输入灰色阶”：用于调节灰色输入时的级别。

“输入白色阶”：用于调节白色输入时的级别。

“输出黑色阶”：用于调节黑色输出时的级别。

“输出白色阶”：用于调节白色输出时的级别。

应用“快速色彩校正”特效前、后的效果分别如图 4-74 和图 4-75 所示。

图 4-74

图 4-75

9. 更改颜色

该特效用于改变图像中某种颜色区域的色调。应用该特效后，“特效控制台”面板如图 4-76 所示。

“视图”：用于设置在合成图像中观看到的效果，包含了两个选项，分别为“校正的图层”和“色彩校正蒙版”。

“色相变换”：用于调整色相，以“度”为单位改变所选区域的颜色。

“明度变换”：用于设置所选颜色的明暗度。

“饱和度变换”：用于设置所选颜色的饱和度。

“要更改的颜色”：用于设置图像中要改变颜色的区域。

“匹配宽容度”：用于设置颜色匹配的相似程度。

“匹配柔和度”：用于设置颜色的柔和度。

“匹配颜色”：用于设置颜色空间，该选项包括“使用 RGB”“使用色相”和“使用色度”3 个选项。

“反相色彩校正蒙版”：勾选此复选框，可以将颜色进行反向校正。

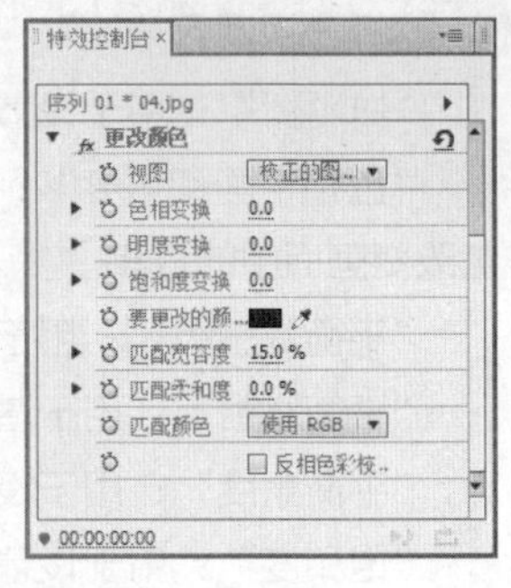

图 4-76

应用“更改颜色”特效前、后的效果分别如图 4-77 和图 4-78 所示。

图 4-77

图 4-78

10. 染色

该特效用于调整图像中包含的颜色信息，确定最亮和最暗之间的融合度。应用“染色”特效前、后的效果分别如图 4-79 和图 4-80 所示。

图 4-79

图 4-80

11. 色彩均化

该特效可以修改图像的像素值并将其颜色值进行平均化处理。应用该特效后，“特效控制台”面板如图 4-81 所示。

“色调均化”：用于设置平均化的方式，包括“RGB”“亮度”和“Photoshop 样式”3 个选项。

“色调均化量”：用于设置重新分布亮度值的程度。

应用“色彩均化”特效前、后的效果分别如图 4-82 和图 4-83 所示。

图 4-81

图 4-82

图 4-83

12. 色彩平衡

该特效可以按照 RGB 颜色调节图像的颜色，以达到校色的目的。应用“色彩平衡”特效前、后的效果分别如图 4-84 和图 4-85 所示。

图 4-84

图 4-85

13. 色彩平衡（HLS）

该特效通过对图像色相、亮度和饱和度的精确调整，实现图像颜色的改变。应用该特效后，“特效控制台”面板如图 4-86 所示。

“色相”：可以改变图像的色相。

“明度”：用于设置图像的亮度。

“饱和度”：用于设置图像的饱和度。

应用“色彩平衡（HLS）”特效前、后的效果分别如图 4-87 和图 4-88 所示。

图 4-86

图 4-87

图 4-88

14. 视频限幅器

该特效利用视频限制器对图像的颜色进行调整。应用“视频限幅器”特效前、后的效果分别如图 4-89 和图 4-90 所示。

图 4-89

图 4-90

15. 转换颜色

该特效可以在图像中选择一种颜色将其转换为另一种色相、明度和饱和度。应用该特效后，“特效控制台”面板如图 4-91 所示。

“从”：用于设置当前图像中需要转换的颜色，可以利用其右侧的“吸管”工具在“节目”预览窗口中提取颜色。

“到”：用于设置转换后的颜色。

“更改”：用于设置在 HLS 颜色模式下产生影响的通道。

“更改依据”：用于设置颜色转换方式，包括“颜色设置”和“颜色变换”两个选项。

“宽容度”：用于设置色相、明度和饱和度的值。

“柔和度”：通过百分比控制柔和度。

“查看校正杂边”：通过遮罩控制发生改变的部分。

应用“转换颜色”特效前、后的效果分别如图 4-92 和图 4-93 所示。

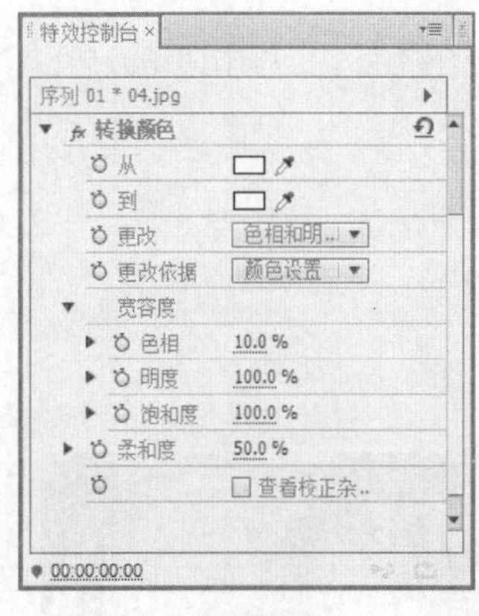

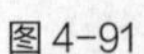

图 4-91

图 4-92

图 4-93

16. 通道混合

该特效用于调整通道之间的颜色值，实现图像颜色的调整。通过选择每一个颜色通道的百分比组成，既可以创建高质量的灰度图像，又可以创建高质量的棕色或其他色调的图像，而且还可以对通道进行交换和复制。应用“通道混合”特效前、后的效果分别如图 4-94 和图 4-95 所示。

图 4-94

图 4-95

17. 分色

该特效可以准确指定或删除图层中的颜色。应用该特效后，“特效控制台”面板如图 4-96 所示。

“脱色量”：用于设置指定层中需要删除的颜色数量。

“要保留的颜色”：用于设置图层中需分离的颜色。

“宽容度”：用于设置颜色的容差度。

“边缘柔和度”：用于设置颜色分界线的柔化程度。

“匹配颜色”：用于设置颜色的对应模式。

应用“分色”特效前、后的效果分别如图 4-97 和图 4-98 所示。

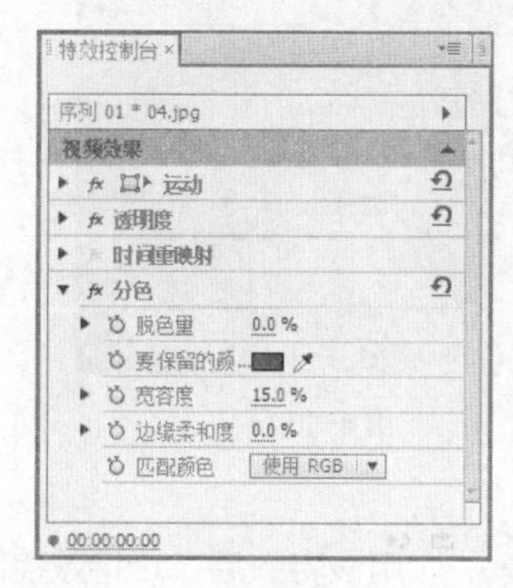

图 4-96

图 4-97

图 4-98

4.2.4 “扭曲”视频特效

“扭曲”视频特效主要通过对素材进行几何扭曲变形来制作出各种画面变形效果，共包含 13 种特效。

1. 偏移

该特效可以根据设置的偏移量对图像进行位移。应用该特效后，“特效控制台”面板如图 4-99 所示。

“将中心转换为”：用于设置偏移的中心点坐标值。

“与原始图像混合”：用于设置偏移的程度，数值越大效果越明显。

应用“位移”特效前、后的效果分别如图 4-100 和图 4-101 所示。

图 4-99

图 4-100

图 4-101

2. 变形稳定器

该特效用于将摇晃的手持素材转变为稳定、流畅的拍摄内容。应用该特效后，“特效控制台”面板如图 4-102 所示。

“分析”：用于自动分析素材。

“取消”：用于取消对素材的分析。

“稳定化”：用于调整素材的稳定化过程。

“边界”：用于调整素材边界的处理方式。

“高级”：用于详细分析素材。

应用“变形稳定器”特效前、后的效果分别如图 4-103 和图 4-104 所示。

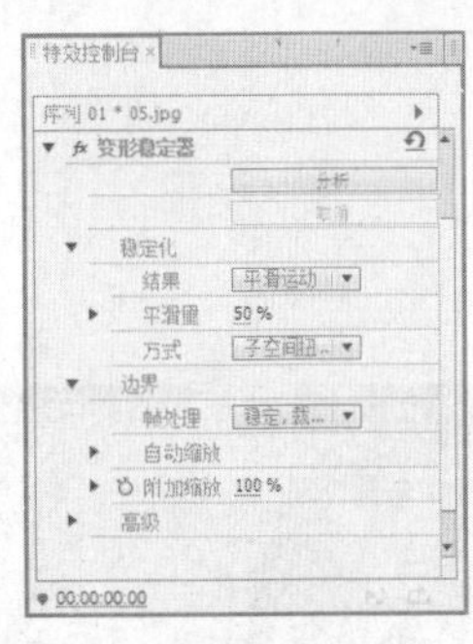

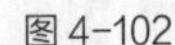
图 4-102

图 4-103

图 4-104

3．变换

该特效用于对素材的位置、尺寸、透明度及倾斜度等进行综合设置。应用该特效后，“特效控制台”面板如图 4-105 所示。

“定位点”：用于设置定位点的坐标位置。

“位置”：用于设置素材在屏幕中的位置。

“统一缩放”：勾选此复选框，“缩放宽度”将变为不可用，“缩放高度”则变为“缩放”，设置“缩放”参数后将只能成比例地缩放素材。

“缩放高度”/“缩放宽度”：用于设置素材的缩放高度/缩放宽度。

“倾斜”：用于设置素材的倾斜度。

“倾斜轴”：用于设置素材倾斜的主轴。

“旋转”：用于设置素材放置的角度。

“透明度”：用于设置素材的透明度。

“快门角度”：用于设置素材的遮挡角度。

应用“变换”特效前、后的效果分别如图 4-106 和图 4-107 所示。

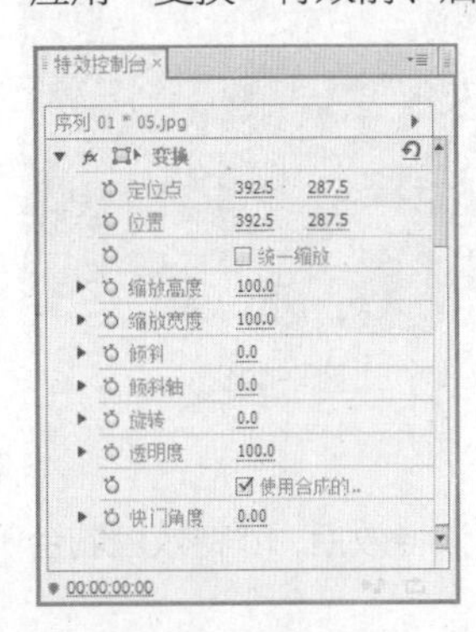

图 4-105

图 4-106

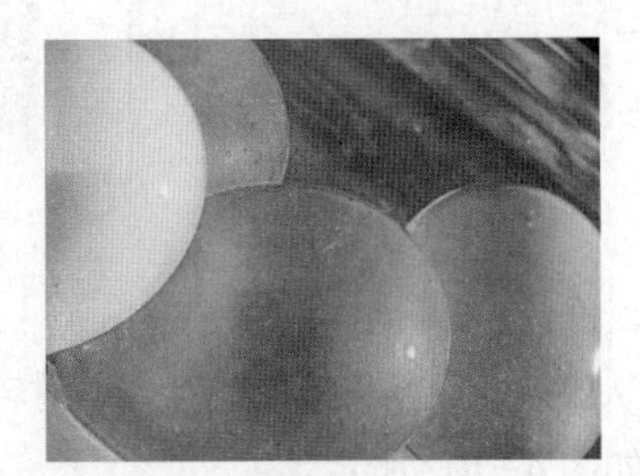
图 4-107

4．弯曲

应用该特效可以制作出类似水面的波纹效果。应用该特效后，“特效控制台”面板如图 4-108 所示。

“水平强度”：用于调整水平方向素材弯曲的程度。

“水平速率”：用于调整水平方向素材弯曲的比例。

“水平宽度”：用于调整水平方向素材弯曲的宽度。

“垂直强度”：用于调整垂直方向素材弯曲的程度。

“垂直速率”：用于调整垂直方向素材弯曲的比例。

“垂直宽度”：用于调整垂直方向素材弯曲的宽度。

应用“弯曲”特效前、后的效果分别如图 4-109 和图 4-110 所示。

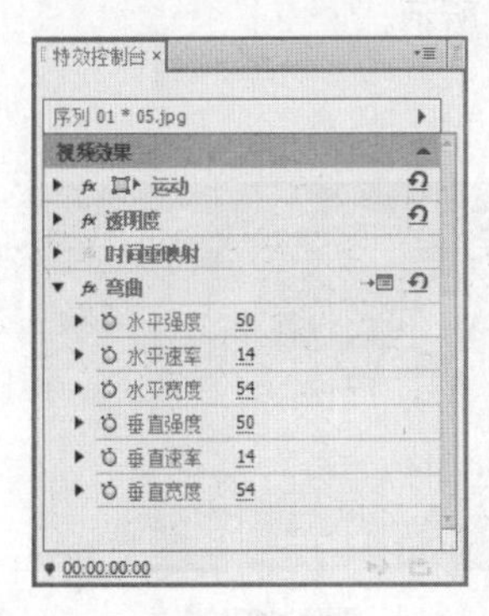

图 4-108

图 4-109

图 4-110

5. 放大

该特效可以将素材的某一部分放大，并可以调整放大区域的透明度，羽化放大区域边缘。应用该特效后，“特效控制台”面板如图 4-111 所示。

“形状”：用于设置放大区域的形状。

“居中”：用于设置放大区域的中心点坐标值。

“放大率”：用于设置放大区域的放大倍数。

“链接”：用于选择放大区域的模式。

“大小”：用于设置放大区域的尺寸。

“羽化”：用于设置放大区域的羽化值。

“透明度”：用于设置放大区域的透明度。

“缩放”：用于设置缩放的方式。

“混合模式”：用于设置放大区域与原图颜色混合模式。

“调整图层大小”：只有在“链接”选项中选择了“无”选项，才能勾选该复选框。

应用“放大”特效前、后的效果分别如图 4-112 和图 4-113 所示。

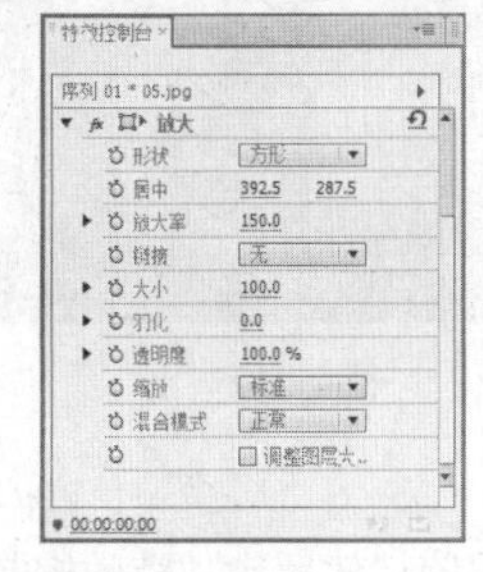

图 4-111

图 4-112

图 4-113

6. 旋转扭曲

该特效可以使图像产生沿中心轴旋转的效果。应用该特效后，“特效控制台”面板如图 4-114 所示。

“角度”：用于设置旋转角度。

“旋转扭曲半径”：用于设置产生旋转的半径。

“旋转扭曲中心”：用于设置产生旋转的中心点位置。

应用“旋转扭曲”特效前、后的效果分别如图 4-115 和图 4-116 所示。

图 4-114

图 4-115

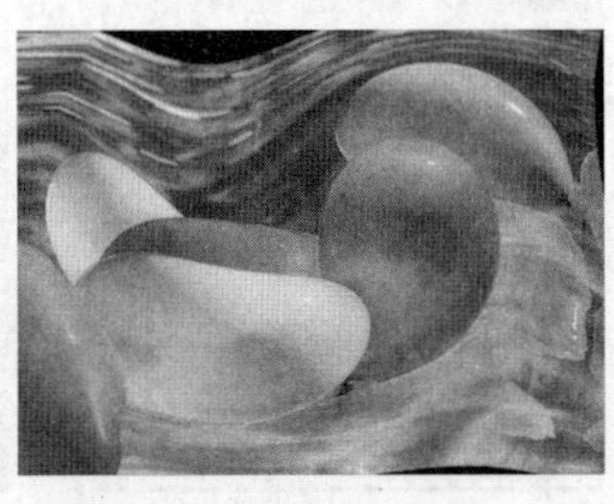

图 4-116

7. 波形弯曲

该特效类似于波形效果，可以对波形的形状、方向及宽度等进行设置。应用该特效后，“特效控制台”面板如图 4-117 所示。

“波形类型”：用于选择波形的类型。

“波形高度”/“波形宽度”：用于设置波形的高度（即振幅）/宽度（即波长）。

“方向”：用于设置波形弯曲的角度。

“波形速度”：用于设置波形的运动速度。

“固定”：用于设置波形面积模式。

“相位”：用于设置波形的角度。

“消除锯齿（最佳品质）”：用于选择波形特效的质量。

应用“波形弯曲”特效前、后的效果分别如图 4-118 和图 4-119 所示。

图 4-117

图 4-118

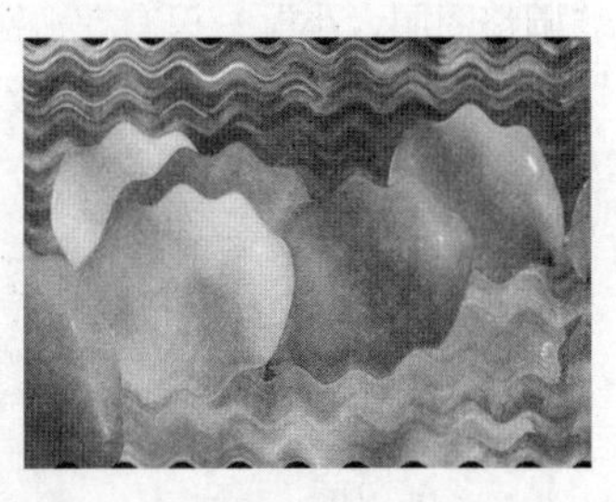

图 4-119

8. 滚动快门修复

该特效可以修复摄像机或拍摄素材移动产生的延迟形成的扭曲。应用该特效后，“特效控制台”

面板如图 4-120 所示。

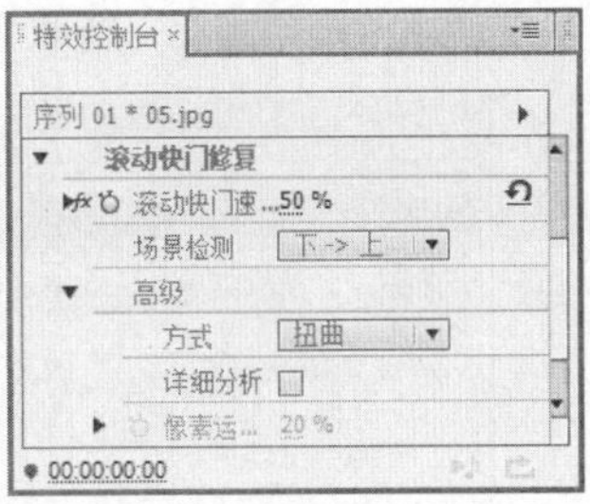

“滚动快门速率”：用于指定帧速率（扫描时间）的百分比。

“场景检测”：用于指定发生果冻效应扫描的方向。

“方式”：指示是否使用光流分析和像素运动重定时来生成变形的帧（像素运动），或是否应该使用稀疏点跟踪以及扭曲方法（扭曲）。

“详细分析”：在变形中执行更为详细的分析。

图 4-120

9. 球面化

应用该特效可以在素材中制作出球形画面效果。应用该特效后，“特效控制台”面板如图 4-121 所示。

“半径”：用于设置球形的半径值。

“球面中心”：用于设置产生球面效果的中心点位置。

应用“球面化”特效前、后的效果分别如图 4-122 和图 4-123 所示。

图 4-121

图 4-122

图 4-123

10. 紊乱置换

该特效可以使素材产生类似于流水、旗帜飘动和哈哈镜的扭曲效果。应用“紊乱置换”特效前、后的效果分别如图 4-124 和图 4-125 所示。

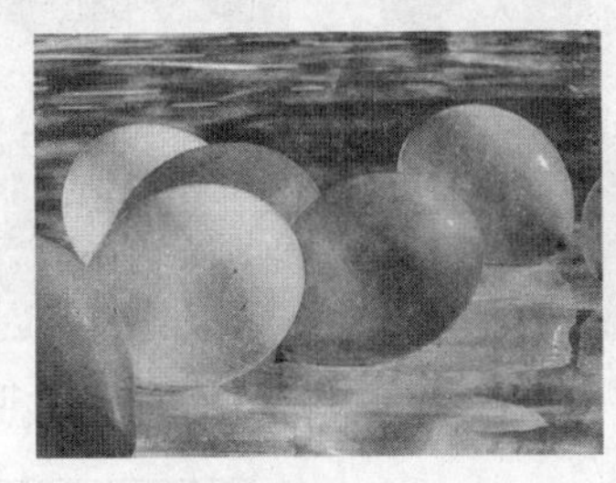

图 4-124

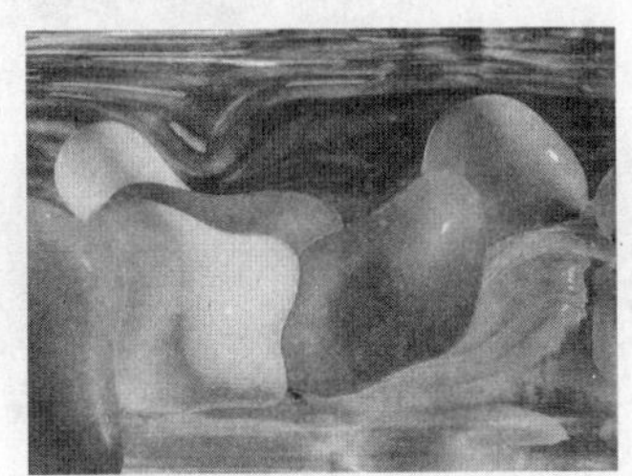

图 4-125

11. 边角固定

应用该特效可以使素材的 4 个顶点发生变化，达到变形效果。应用该特效后，“特效控制台”面板如图 4-126 所示。

“左上”：用于调整素材左上角的位置。

“右上”：用于调整素材右上角的位置。

“左下”：用于调整素材左下角的位置。

“右下”：用于调整素材右下角的位置。

应用“边角固定”特效前、后的效果分别如图 4-127 和图 4-128 所示。

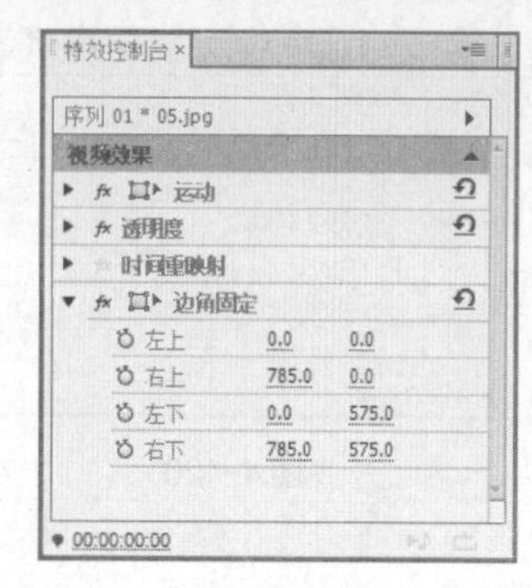

图 4-126

图 4-127

图 4-128

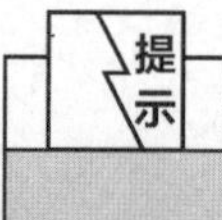

除了在“特效控制台”面板中调整参数值，还有一种比较直观、方便的操作方法：单击“边角固定”按钮，这时在“节目”监视器面板中，素材的 4 个角上将出现 4 个控制柄，调整控制柄的位置就可以改变素材的形状。

12. 镜像

应用该特效可以将图像沿一条直线分割为两部分，制作出镜像效果。应用该特效后，“特效控制台”面板如图 4-129 所示。

“反射中心”：用于设置镜像效果的中心点坐标值。

“反射角度”：用于设置镜像效果的角度。

应用“镜像”特效前、后的效果分别如图 4-130 和图 4-131 所示。

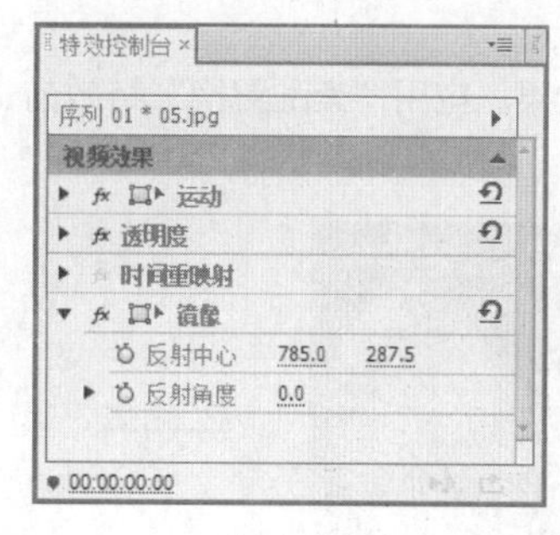

图 4-129

图 4-130

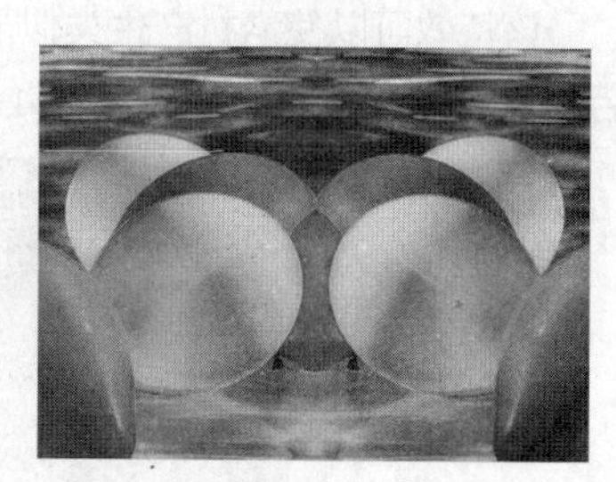

图 4-131

13. 镜头扭曲

该特效是模拟一种从变形透镜观看素材的效果。应用该特效后，“特效控制台”面板如图 4-132 所示。

图 4-132

“弯度”：用于设置素材弯曲程度。数值为 0 以上时将缩小素材，数值为 0 以下时将放大素材。

“垂直偏移”：用于设置弯曲中心点在垂直方向上的位置。

“水平偏移”：用于设置弯曲中心点在水平方向上的位置。

“垂直棱镜效果”：用于设置素材上、下两边棱角的弧度。

“水平棱镜效果”：用于设置素材左、右两边棱角的弧度。

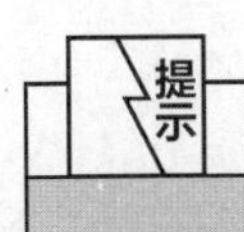

单击“设置”按钮，弹出“镜头扭曲设置”对话框。在此对话框中可以更直观地设置效果，如图 4-133 所示。

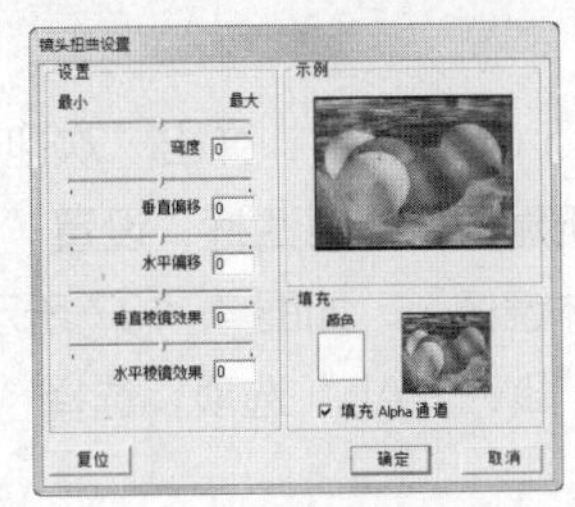

图 4-133

应用“镜头扭曲”特效前、后的效果分别如图 4-134 和图 4-135 所示。

图 4-134

图 4-135

4.2.5　课堂案例——石林镜像

案例学习目标

学习使用多种视频特效制作镜像效果。

案例知识要点

使用“缩放比例”选项改变图像的大小，使用“镜像”特效制作图像镜像，使用“裁剪”特效剪切部分图像，使用“透明度”选项改变图像的不透明度，使用“照明效果”特效改变图像的灯光亮度。最终效果参看云盘中的“Ch04\石林镜像\石林镜像.prproj”。石林镜像效果如图 4-136 所示。

图 4-136

效果所在位置

云盘\Ch04\石林镜像\石林镜像. prproj。

1. 制作图像镜像

步骤 ① 启动 Premiere Pro CS6 软件，弹出“欢迎使用 Adobe Premiere Pro”界面，单击“新建项目”按钮，弹出“新建项目”对话框，设置“位置”选项，选择保存文件路径，在“名称”文本框中输入文件名“石林镜像”，如图 4-137 所示。单击“确定”按钮，弹出“新建序列”对话框，在左侧的列表中展开“DV-PAL”选项，选择“标准 48kHz”模式，如图 4-138 所示，单击“确定”按钮。

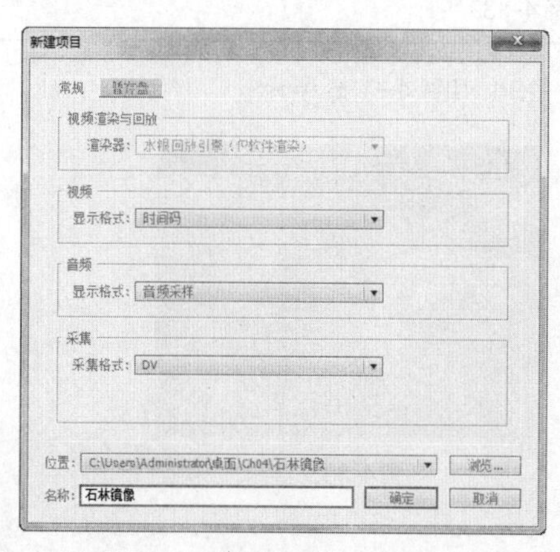

图 4-137

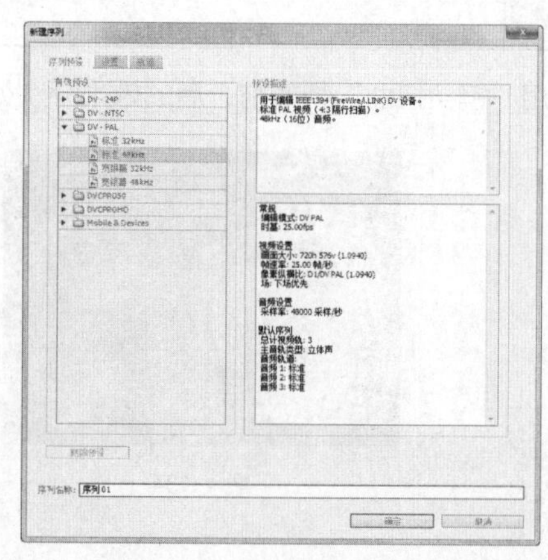

图 4-138

步骤 ② 选择“文件 > 导入”菜单命令，弹出“导入”对话框，选择云盘中的“Ch04\石林镜像\素材\01 和 02”文件，单击“打开”按钮，导入文件，如图 4-139 所示。导入后的文件排列在“项目”面板中，如图 4-140 所示。

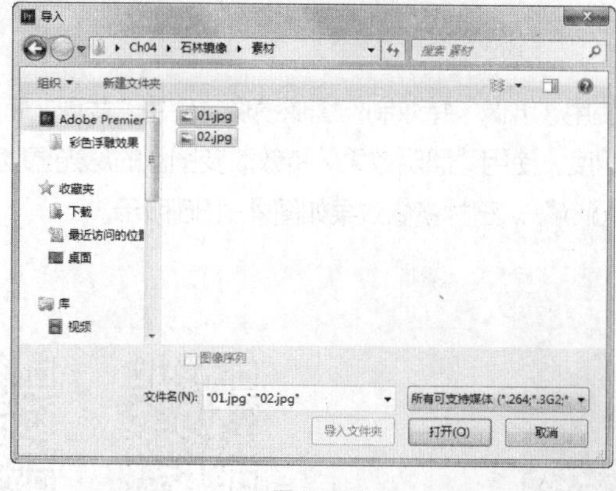

图 4-139

图 4-140

步骤 ③ 在“项目”面板中选中“01”文件，并将其拖曳到“时间线”面板中的“视频 1”轨道中，如图 4-141 所示。在“时间线”面板中选中“视频 1”轨道中的“01”文件，选择“特效控制台”面板，展开“运动”选项，将“缩放比例”选项设置为 140.0，如图 4-142 所示。

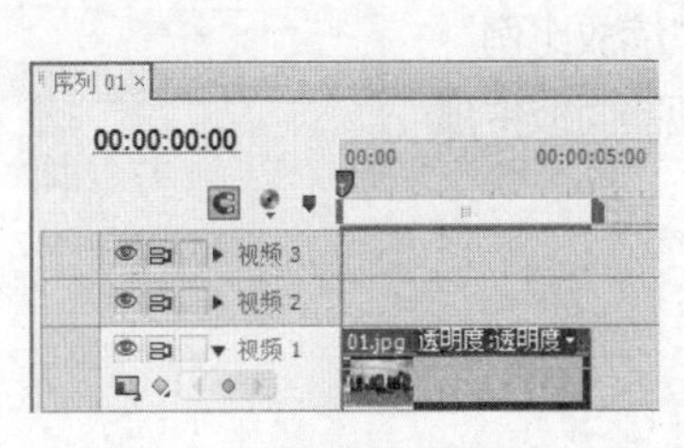

图 4-141

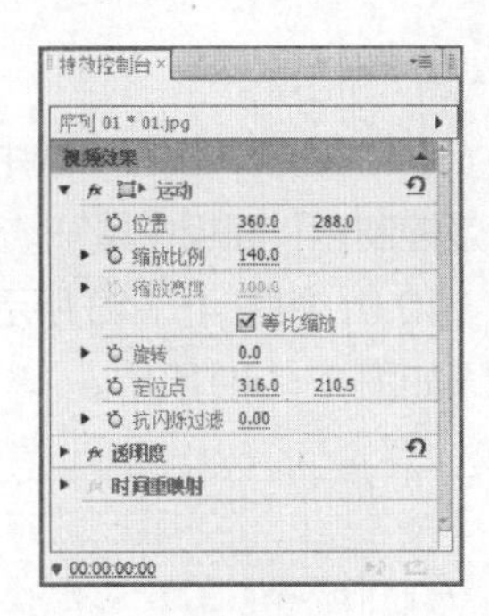

图 4-142

步骤④ 选择"窗口 > 效果"菜单命令，弹出"效果"面板，展开"视频特效"选项，单击"扭曲"文件夹前面的三角形按钮将其展开，选中"镜像"特效，如图 4-143 所示。将"镜像"特效拖曳到"时间线"面板中的"01"文件上，如图 4-144 所示。

图 4-143

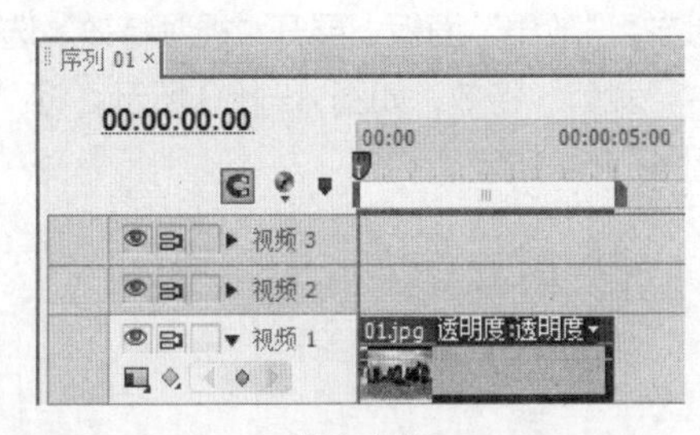

图 4-144

步骤⑤ 在"特效控制台"面板中展开"镜像"特效，将"反射中心"选项设置为 250.0 和 250.0，"反射角度"选项设置为 90°，如图 4-145 所示。在"节目"监视器面板中预览效果，效果如图 4-146 所示。

图 4-145

图 4-146

2. 编辑图像透明度

步骤① 选择"项目"面板，选中"02"文件并将其拖曳到"时间线"面板中的"视频 2"轨道

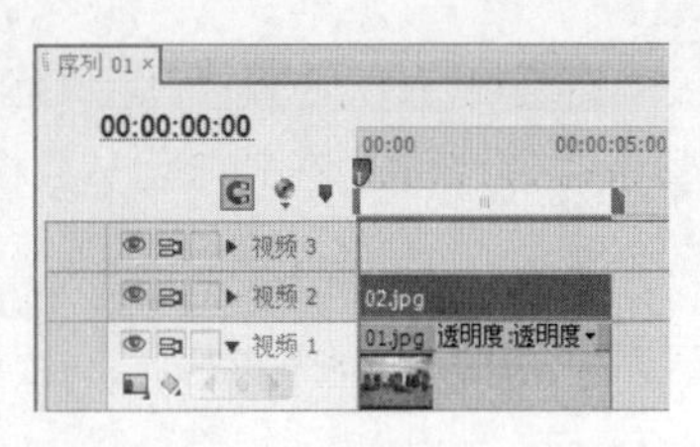

图 4-147

中，如图 4-147 所示。

步骤② 在“时间线”面板中选中“视频 2”轨道中的“02”文件。在“特效控制台”面板中展开“运动”选项，将“缩放比例”选项设置为 140.0，如图 4-148 所示。在“节目”监视器面板中预览效果，效果如图 4-149 所示。

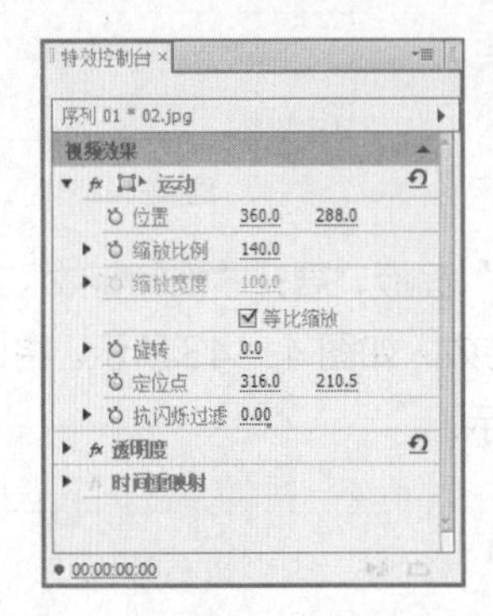

图 4-148

图 4-149

步骤③ 选择“效果”面板，展开“视频特效”选项，单击“变换”文件夹前面的三角形按钮▶将其展开，选中“裁剪”特效，如图 4-150 所示。将“裁剪”特效拖曳到“时间线”面板中的“02”文件上，如图 4-151 所示。

图 4-150

图 4-151

步骤④ 在“特效控制台”面板中展开“裁剪”特效，将“顶部”选项设置为 60%，如图 4-152 所示。在“节目”面板中预览效果，效果如图 4-153 所示。

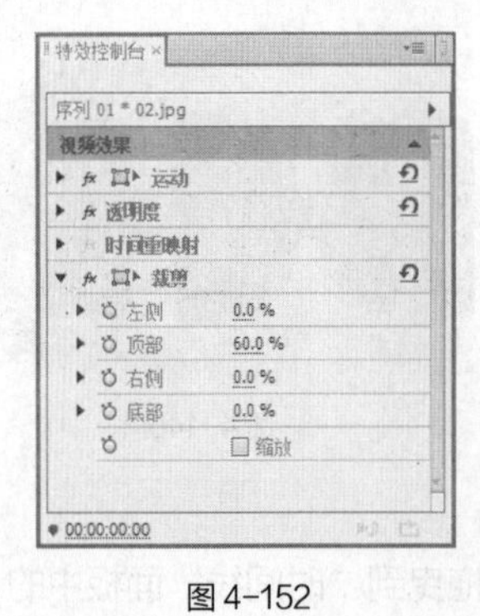

图 4-152

图 4-153

步骤⑤ 在“特效控制台”面板中展开“透明度”选项，将“透明度”选项设置为 70%，如图 4-154 所示。在“节目”监视器面板中预览效果，效果如图 4-155 所示。

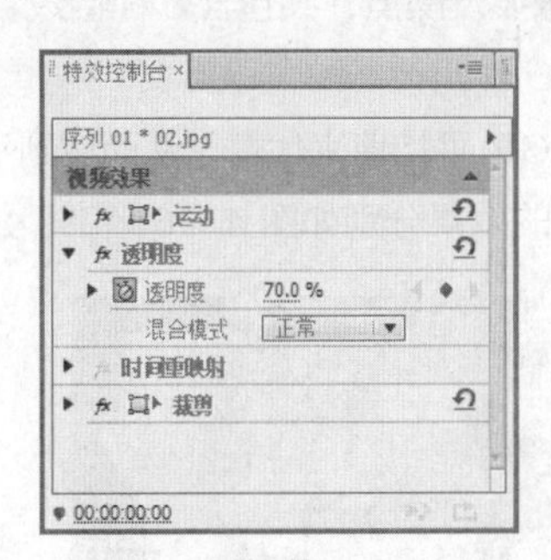

图 4-154

图 4-155

3. *编辑水面亮度*

步骤① 在“效果”面板中展开“视频特效”选项，单击“调整”文件夹前面的三角形按钮将其展开，选中“照明效果”特效，如图 4-156 所示。将“照明效果”特效拖曳到“时间线”面板中的“02”文件上，如图 4-157 所示。

图 4-156

图 4-157

步骤② 在“特效控制台”面板中展开“照明效果”特效，再展开“光照 1”，单击“灯光类型”选项右侧的按钮，在弹出的下拉列表框中选择“点光源”，将“中心”选项设置为 570.0 和 300.0，“主要半径”选项设置为 25.0，“强度”选项设置为 40.0，如图 4-158 所示。在“节目”监视器面板中预览效果，效果如图 4-159 所示。石林镜像制作完成，效果如图 4-160 所示。

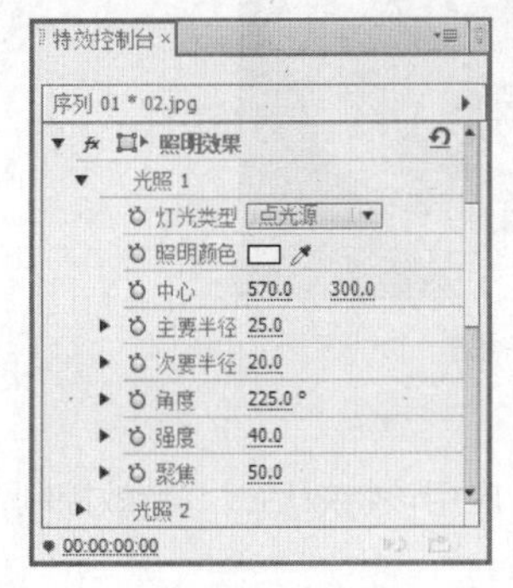

图 4-158

图 4-159

图 4-160

4.2.6 “杂波与颗粒”视频特效

“杂波与颗粒”视频特效主要用于去除素材画面中的擦痕及噪点，共包含 6 种特效。

1. 中值

该特效用于将图像的每一个像素都用它周围像素的 RGB 平均值来代替，从而达到平均整个画面的色值、得到艺术效果的目的。应用“中值”特效前、后的效果分别如图 4-161 和图 4-162 所示。

图 4-161

图 4-162

2. 杂波

该特效将在画面中添加模拟的噪点效果。应用“杂波”特效前、后的效果分别如图 4-163 和图 4-164 所示。

图 4-163

图 4-164

3. 杂波 Alpha

该特效可以在一个素材的通道中添加统一或方形的噪点。应用“杂波 Alpha”特效前、后的效果分别如图 4-165 和图 4-166 所示。

图 4-165

图 4-166

4. 杂波 HLS

该特效可以根据素材的色相、亮度和饱和度添加不规则的噪点。应用该特效后，“特效控制台”面板如图 4-167 所示。

“杂波”：用于设置噪点的类型。

“色相”：用于设置色相通道产生噪点的强度。

“明度”：用于设置亮度通道产生噪点的强度。

“饱和度”：用于设置饱和度通道产生噪点的强度。

“颗粒大小”：用于设置素材中噪点的颗粒大小。

“杂波相位”：用于设置噪点的方向角度。

应用“杂波 HLS”特效前、后的效果分别如图 4-168 和图 4-169 所示。

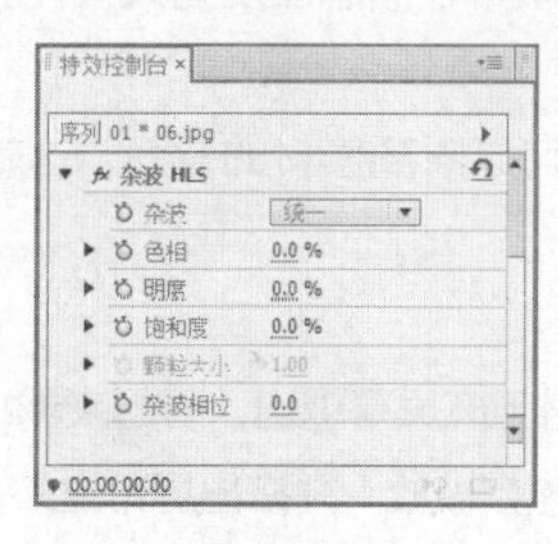

图 4-167

图 4-168

图 4-169

5. 灰尘与划痕

该特效可以减小图像中的杂色，以达到平衡整个图像色彩的效果。应用该特效后，“特效控制台”面板如图 4-170 所示。

“半径”：用于设置产生柔化效果的范围半径。

“阈值”：用于设置柔化的强度。

应用“灰尘与划痕”特效前、后的效果分别如图 4-171 和图 4-172 所示。

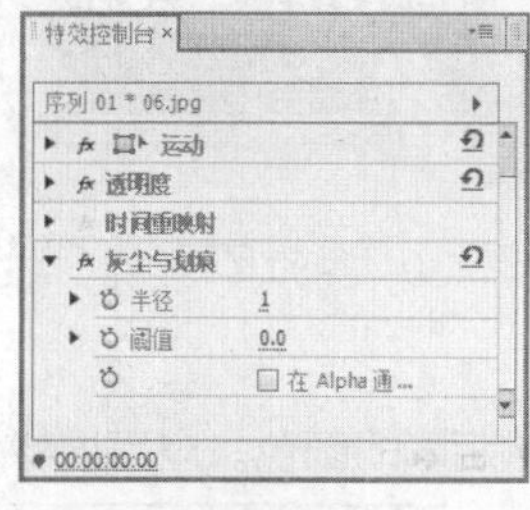

图 4-170

图 4-171

图 4-172

6. 自动杂波 HLS

该特效可以为素材添加杂色，并设置这些杂色的色彩、亮度、颗粒大小、饱和度及杂质的运动速率。应用“自动杂波 HLS”特效前、后的效果分别如图 4-173 和图 4-174 所示。

图 4-173

图 4-174

4.2.7 “透视”视频特效

“透视”视频特效主要用于制作三维透视效果，使素材产生立体感或空间感，该特效共包含 5 种类型。

1. 基本 3D

该特效可以模拟平面素材在三维空间的运动效果，能够使素材绕水平和垂直的轴旋转，或者沿着虚拟的 z 轴移动，以靠近或远离屏幕。此外，使用该特效可以为旋转的素材表面添加反光效果。应用该特效后，“特效控制台”面板如图 4-175 所示。

“旋转”：用于设置素材水平旋转的角度。当旋转角度为 90° 时，可以看到素材的背面，这就成了正面的镜像。

“倾斜”：用于设置素材垂直旋转的角度。

“与图像的距离”：用于设置素材拉近或推远的距离。数值越大，素材距离屏幕越远，看起来越小；数值越小，素材距离屏幕越近，看起来就越大。当数值为负值时，素材可能会被放大并挤出屏幕之外。

“镜面高光”：用于为素材添加反光效果。

“预览”：用于设置素材以线框的形式显示。

应用“基本 3D”特效前、后的效果分别如图 4-176 和图 4-177 所示。

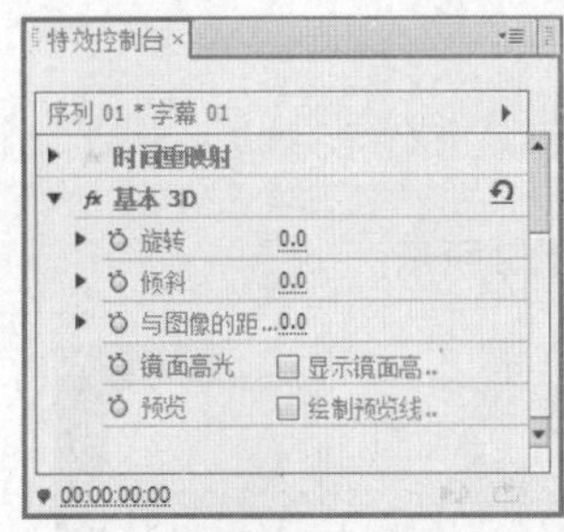

图 4-175

图 4-176　图 4-177

2. 径向阴影

该特效可以为素材添加一个阴影，并可通过原素材的 Alpha 值影响阴影的颜色。应用该特效后，“特效控制台”面板如图 4-178 所示。

“阴影颜色”：用于设置阴影的颜色。

“透明度”：用于设置阴影的透明度。

“光源”：用于调整光源来移动阴影的位置。

“投影距离”：设置该参数可以调整阴影与原素材之间的距离。

“柔和度”：用于设置阴影的边缘柔和度。

“渲染”：用于选择产生阴影的类型。

“颜色影响”：原素材在阴影中彩色值的合计。如果这一个素材没有透明因素，彩色值将不会受到影响，而且阴影彩色数值决定阴影的颜色。

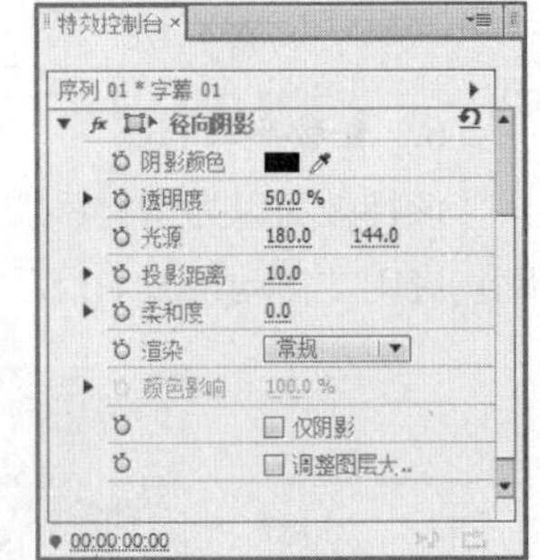

图 4-178

“仅阴影”：勾选此复选框，在“节目”监视器面板中将只显示素材的阴影。

“调整图层大小”：用于设置阴影可以超出原素材的界线。如果不勾选此复选框，阴影将只能在原素材的界线内显示。

应用“径向阴影”特效前、后的效果分别如图 4-179 和图 4-180 所示。

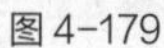
图 4-179　　图 4-180

3. 投影

该特效可用于为素材添加阴影。应用该特效后，“特效控制台”面板如图 4-181 所示。

“阴影颜色”：用于设置阴影的颜色。

“透明度”：用于设置阴影的透明度。

“方向”：用于设置阴影投影的角度。

“距离”：用于设置阴影与原素材之间的距离。

“柔和度”：用于设置阴影的边缘柔和度。

“仅阴影”：勾选此复选框，在“节目”监视器面板中将只显示素材的阴影。

应用“投影”特效前、后的效果分别如图 4-182 和图 4-183 所示。

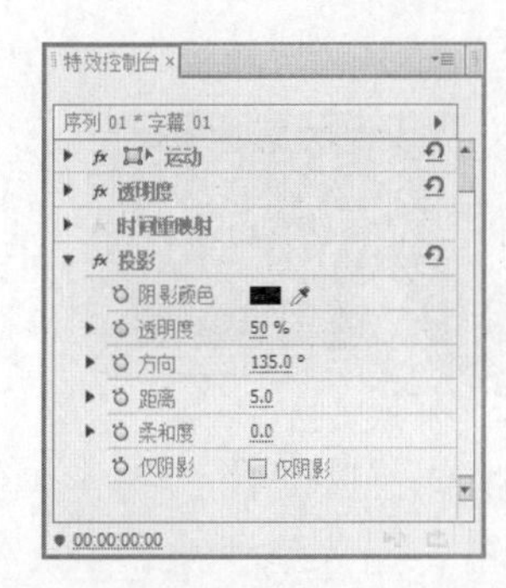

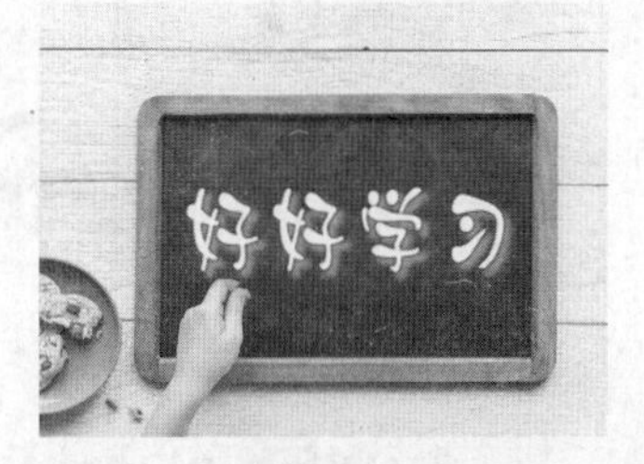

图 4-181　　图 4-182　　图 4-183

4. 斜角边

该特效能够使图像边缘产生一个凿刻的高亮的三维效果。边缘的位置由源图像的 Alpha 通道来确定，与“斜面 Alpha”特效的效果不同，“斜角边”特效的效果中的边缘之间总是成直角的。应用该特效后，“特效控制台”面板如图 4-184 所示。

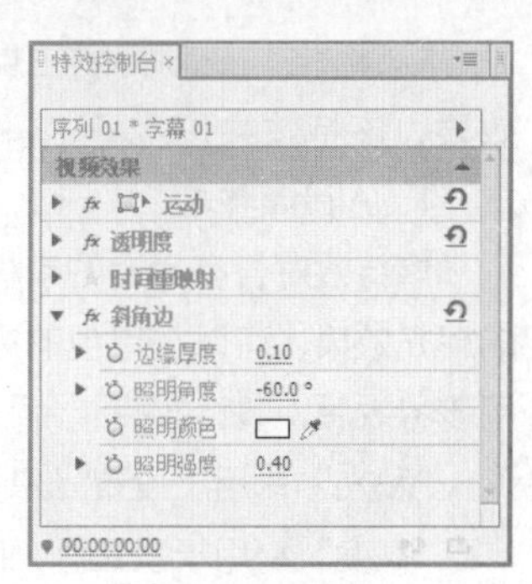

图 4-184

“边缘厚度”：用于设置素材边缘凿刻的高度。

“照明角度”：用于设置光线照射的角度。

“照明颜色”：用于选择光线的颜色。

“照明强度”：用于设置光线照射到素材上的强度。

应用“斜角边”特效前、后的效果分别如图 4-185 和图 4-186 所示。

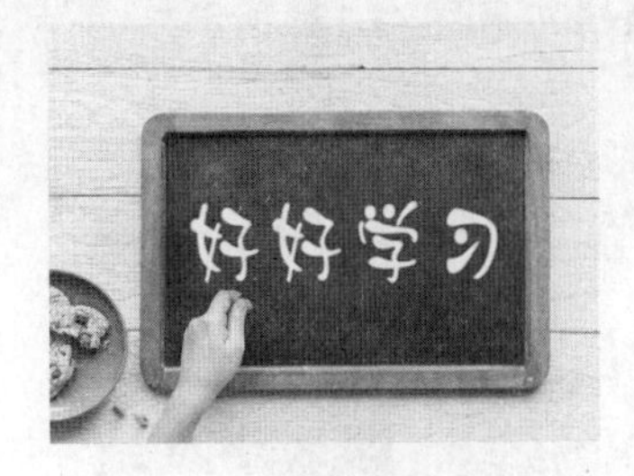

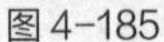
图 4-185

图 4-186

5．斜面 Alpha

该特效能够产生一个倒角的边，而且使图像的 Alpha 通道边界变亮，通常是将一个二维图像赋予三维效果。如果素材没有 Alpha 通道或它的 Alpha 通道完全不透明，那么这个特效就全部应用到素材边缘。应用该特效后，“特效控制台”面板如图 4-187 所示。

“边缘厚度”：用于设置素材边缘的厚度。

“照明角度”：用于设置光线照射的角度。

“照明颜色”：用于选择光线的颜色。

“照明强度”：用于设置光线照射素材上的强度。

应用“斜面 Alpha”特效前、后的效果分别如图 4-188 和图 4-189 所示。

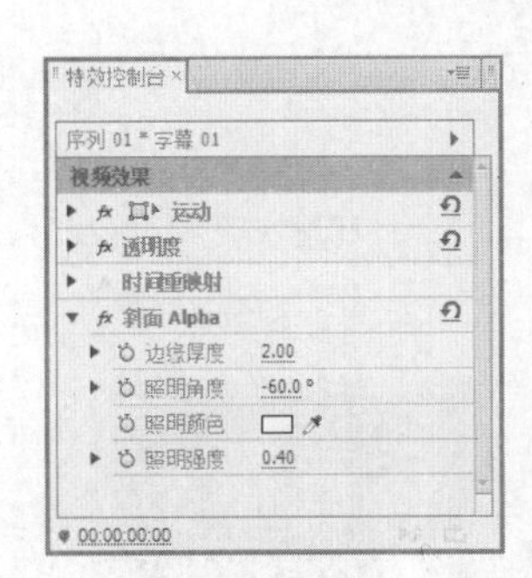

图 4-187

图 4-188

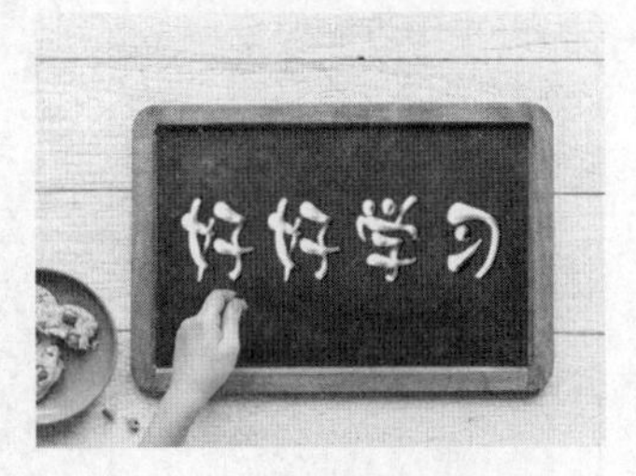

图 4-189

4.2.8 “风格化”视频特效

“风格化”视频特效主要是模拟一些美术风格，实现丰富的画面效果，该特效共包含了 13 种类型。

1．Alpha 辉光

该特效对含有通道的素材起作用，在通道的边缘部分产生一圈渐变的辉光效果，可以在单色的边缘处或者在边缘运动时变成两个颜色。应用该特效后，“特效控制台”面板如图 4-190 所示。

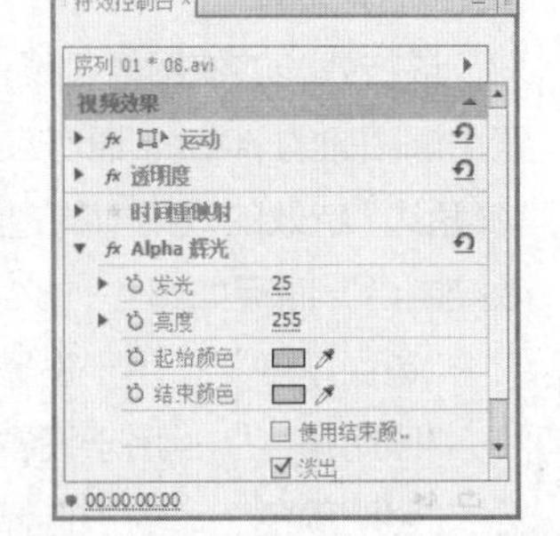

图 4-190

“发光”：用于设置光晕从素材的 Alpha 通道边缘扩散的大小。

“亮度”：用于设置辉光的强度。

“起始颜色”/“结束颜色”：用于设置辉光内部/外部的颜色。

应用“Alpha 辉光”特效前、后的效果分别如图 4-191 和图 4-192 所示。

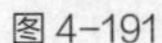

图 4-191

图 4-192

2. 复制

该特效可以将图像复制指定的数量并同时在每一单元中播放出来。在“特效控制台”面板中拖曳“计数”参数选项的滑块，可以设置每行或每列的分块数目。应用“复制”特效前、后的效果分别如图 4-193 和图 4-194 所示。

图 4-193

图 4-194

3. 彩色浮雕

该特效通过锐化素材中物体的轮廓，使素材产生彩色的浮雕效果。应用该特效后，“特效控制台”面板如图 4-195 所示。

“方向”：用于设置浮雕的方向。

“凸显”：用于设置浮雕压制的明显高度，实际上就是设定浮雕边缘最大加亮宽度。

“对比度”：用于设置素材内容的边缘锐利程度。如增加对比度的参数值，加亮区会变得更明显。

“与原始图像混合”：数值越小，上述各设置项的效果越明显。

应用“彩色浮雕”特效前、后的效果分别如图 4-196 和图 4-197 所示。

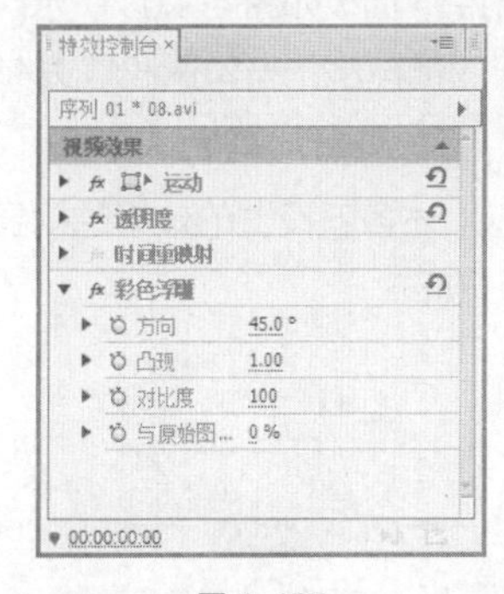

图 4-195

图 4-196

图 4-197

4. 曝光过度

该特效可以沿着画面的正反方向进行混合，从而产生类似于底片在显影时的快速曝光效果。应用“曝光过度”特效前、后的效果分别如图 4-198 和图 4-199 所示。

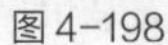

图 4-198

图 4-199

5. **材质**

该特效可以在一个素材上显示另一个素材的纹理。应用该特效后，“特效控制台”面板如图 4-200 所示。

“纹理图层”：用于选择与原素材混合的素材的视频轨道。

“照明方向”：用于设置光照的方向，该选项决定纹理图案的亮部方向。

“纹理对比度”：用于设置纹理的强度。

“纹理位置”：用于指定纹理的应用方式。

应用“材质”特效前、后的效果分别如图 4-201 和图 4-202 所示。

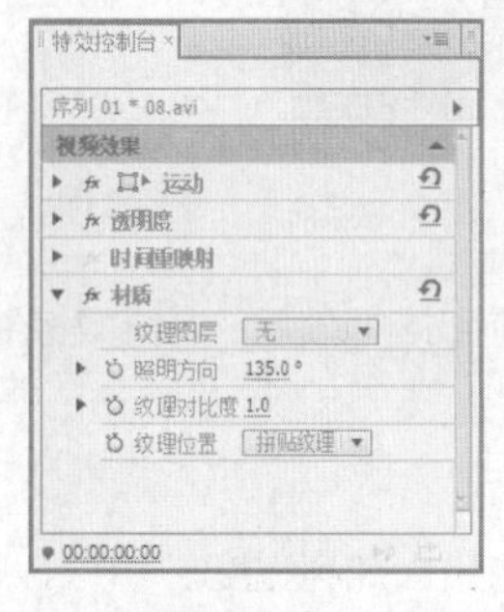

图 4-200

图 4-201

图 4-202

6. **查找边缘**

该特效通过强化素材中物体的边缘，从而使素材产生类似于铅笔素描或底片的效果，而且构图越简单、明暗对比越强烈的素材，描出的线条越清楚。应用该特效后，“特效控制台”面板如图 4-203 所示。

“反相”：当取消勾选此复选框时，素材边缘出现如在白色背景上的黑色线；当勾选此复选框时，素材边缘出现如在黑色背景上的明亮线。

“与原始图像混合”：用于设置与原素材混合的程度，数值越小，上述各项设置的效果越明显。

应用“查找边缘”特效前、后的效果分别如图 4-204 和图 4-205 所示。

图 4-203

图 4-204

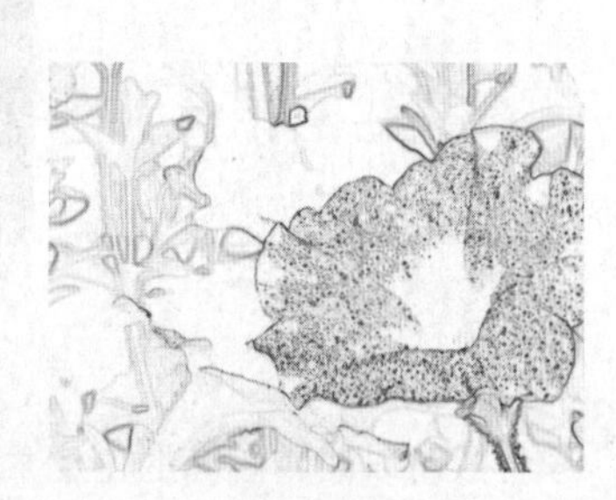

图 4-205

7. 浮雕

该特效与“彩色浮雕”特效的效果相似，只是没有色彩，它们的各项参数选项都相同，即通过锐化素材中物体的轮廓使画面产生浮雕效果。应用“浮雕”特效前、后的效果分别如图 4-206 和图 4-207 所示。

图 4-206

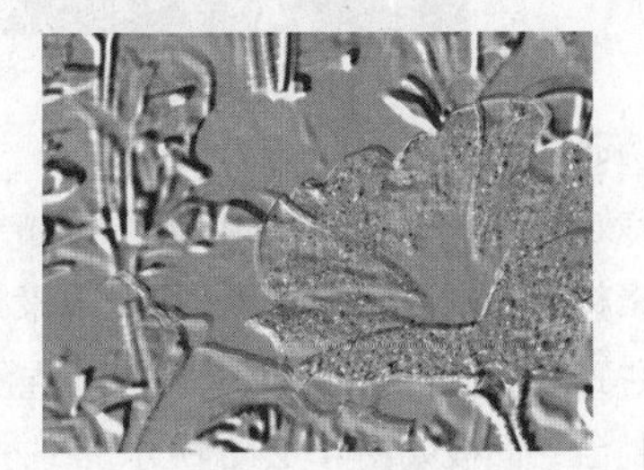
图 4-207

8. 笔触

该特效使素材产生一种使用美术画笔描绘的效果。应用特效后，“特效控制台”面板如图 4-208 所示。

“描绘角度”：用于设置笔划的角度。
“画笔大小”：用于设置笔刷的大小。
“描绘长度”：用于设置笔触的长度。
“描绘浓度”：用于设置笔触的浓度。
“描绘随机性”：用于设置笔触随机描绘的程度。
“表面上色”：用于设置应用笔触效果的区域。
“与原始图像混合”：用于设置与原素材混合的程度。数值越小，上述各设置项的效果越明显。

应用“笔触”特效前、后的效果分别如图 4-209 和图 4-210 所示。

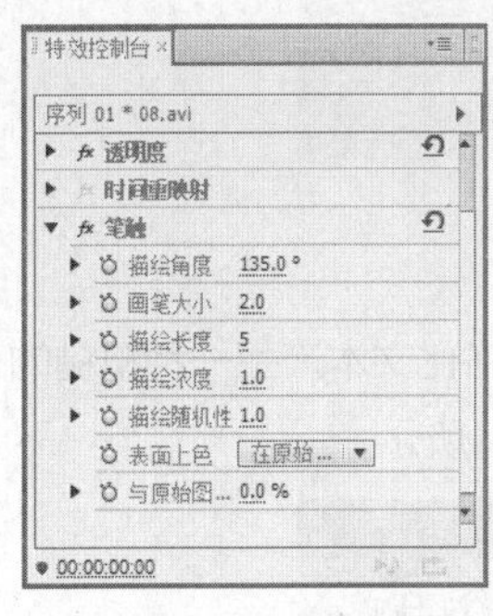

图 4-208

图 4-209

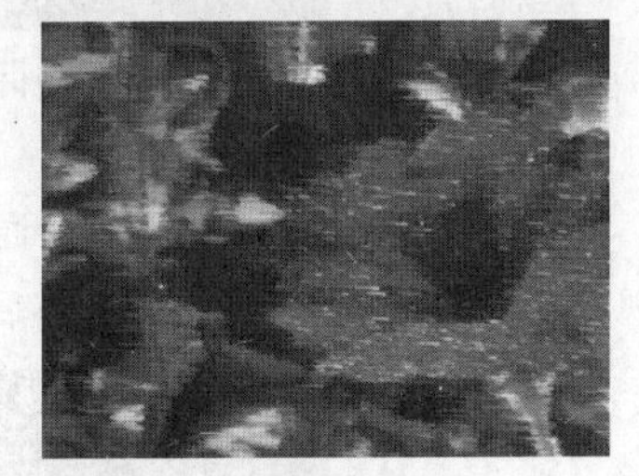
图 4-210

9. 色调分离

该特效可以将图像按照多色调进行显示，为每一个通道指定色调级别的数值，并将像素映射到最接近的级别。应用“色调分离”特效前、后的效果分别如图 4-211 和图 4-212 所示。

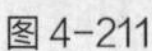

图 4-211

图 4-212

10. 闪光灯

该特效能够以一定的周期或随机地对一个素材进行算术运算，例如，每隔 5s 素材就变成白色并显示 0.1s，或素材颜色以随机的时间间隔进行反转。该特效常用来模拟照相机的瞬间强烈闪光效果。应用该特效后，“特效控制台”面板如图 4-213 所示。

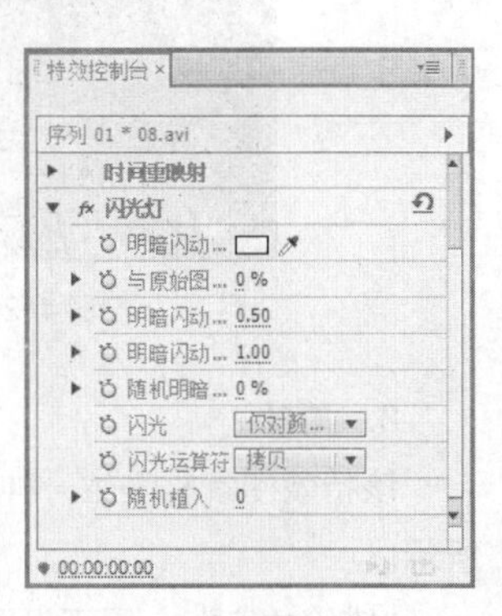

图 4-213

“明暗闪动颜色”：用于设置频闪瞬间屏幕上呈现的颜色。

“与原始图像混合”：用于设置与原素材混合的程度。

“明暗闪动持续时间（秒）”：用于设置频闪持续的时间。

“明暗闪动间隔时间（秒）”：以“s”为单位，设置频闪效果出现的间隔时间。它是从相邻两个频闪效果的开始时间算起的，因此，当该选项的数值大于“明暗闪动持续时间”选项的数值时才会出现频闪效果。

“随机明暗闪动概率”：用于设置素材中每一帧出现频闪效果的概率。

“闪光”：用于设置频闪效果的类型。

“闪光运算符”：用于设置频闪时所使用的运算方法。

应用“闪光灯”特效前、后的效果分别如图 4-214 和图 4-215 所示。

图 4-214

图 4-215

11. 边缘粗糙

该特效可以使素材的 Alpha 通道边缘粗糙化，从而使素材或者栅格化文本产生一种粗糙的自然外观。应用“边缘粗糙”特效前、后的效果分别如图 4-216 和图 4-217 所示。

图 4-216

图 4-217

12. **阈值**

该特效可以将图像变成灰度模式。应用“阈值”特效前、后的效果分别如图 4-218 和图 4-219 所示。

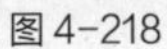
图 4-218

图 4-219

13. **马赛克**

该特效用若干方形色块填充素材，使素材产生马赛克效果。此效果通常用于模拟低分辨率显示或者模糊图像。应用该特效后，“特效控制台”面板如图 4-220 所示。

“水平块”：用于设置水平方向上的分割色块数量。

“垂直块”：用于设置垂直方向上的分割色块数量。

“锐化颜色”：勾选此复选框，可锐化素材。

应用“马赛克”特效前、后的效果分别如图 4-221 和图 4-222 所示。

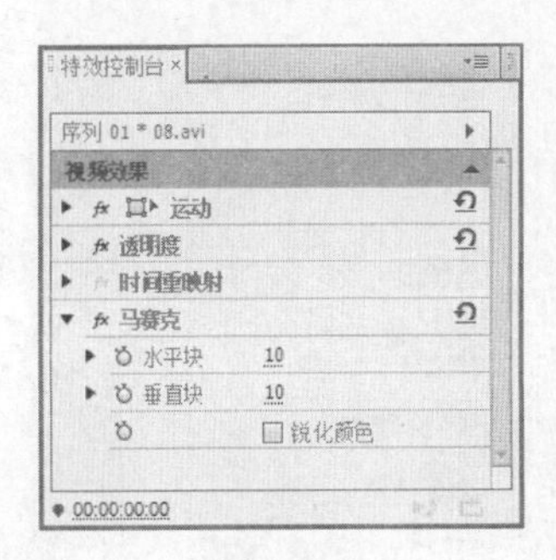

图 4-220

图 4-221

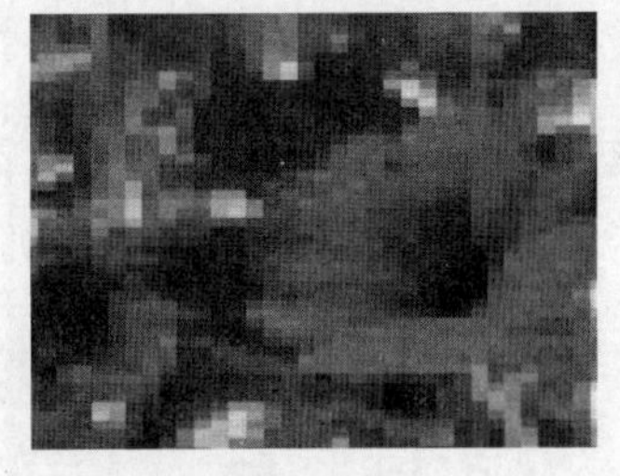

图 4-222

4.2.9 课堂案例——彩色浮雕效果

案例学习目标

学习使用多种视频特效制作彩色浮雕效果。

案例知识要点

使用“缩放比例”选项改变视频的大小，使用“彩色浮雕”特效制作视频的彩色浮雕效果，使用“亮度与对比度”特效调整视频的亮度与对比度。最终效果参看云盘中的“Ch04\彩色浮雕效果\彩色浮雕效果.prproj”。彩色浮雕效果如图 4-223 所示。

图 4-223

效果所在位置

云盘\Ch04\彩色浮雕效果\彩色浮雕效果. prproj。

步骤① 启动 Premiere Pro CS6 软件，弹出“欢迎使用 Adobe Premiere Pro”界面，单击“新建项目”按钮，弹出“新建项目”对话框，设置“位置”选项，选择保存文件路径，在“名称”文本框中输入文件名“彩色浮雕效果”，如图 4-224 所示。单击“确定”按钮，弹出“新建序列”对话框，在左侧的列表中展开“DV-PAL”选项，选择“标准 48kHz”模式，如图 4-225 所示，单击“确定”按钮。

图 4-224

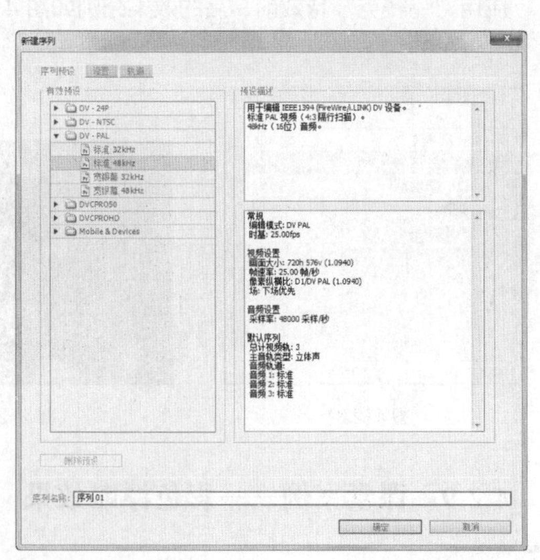
图 4-225

步骤② 选择“文件 > 导入”菜单命令，弹出“导入”对话框，选择云盘中的“Ch04\彩色浮雕效果\素材\01”文件，单击“打开”按钮，导入文件，如图 4-226 所示。导入后的文件将排列在“项目”面板中。

步骤③ 在“项目”面板中选中“01”文件，将其拖曳到“时间线”面板中的“视频 1”轨道中，如图 4-227 所示。选择“窗口 > 特效控制台”菜单命令，弹出“特效控制台”面板，展开“运动”选项，将“缩放比例”选项设置为 53.0，其他设置如图 4-228 所示。

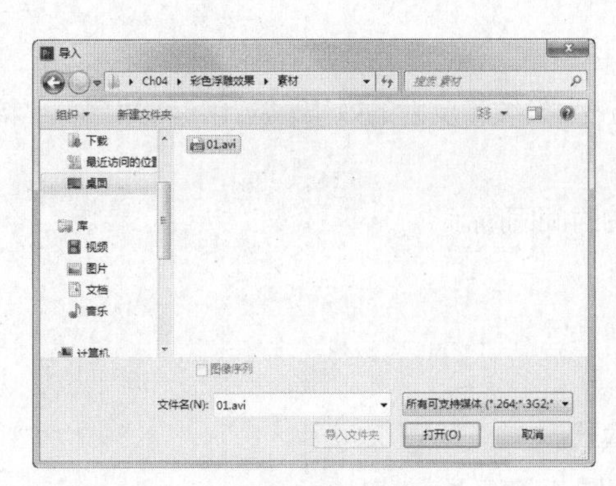
图4-226

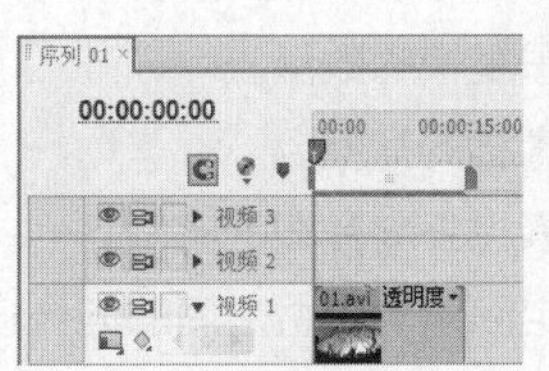

图4-227

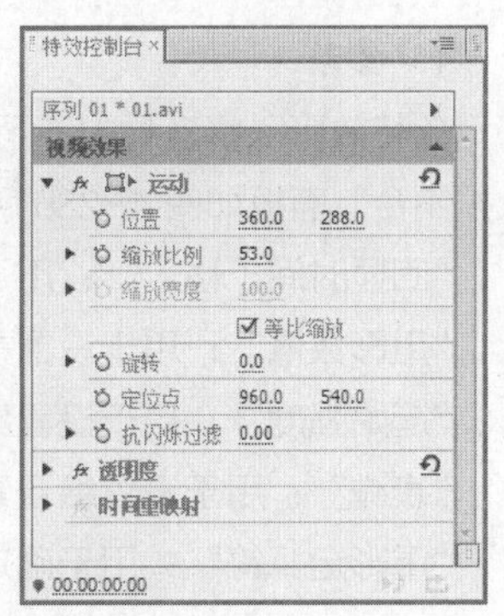

图4-228

步骤④ 选择“窗口 > 效果”菜单命令，弹出“效果”面板，展开“视频特效”选项，单击“风格化”文件夹前面的三角形按钮▸将其展开，选中“彩色浮雕”特效，如图4-229所示。将“彩色浮雕”特效拖曳到“时间线”面板中的“视频 1”轨道“01”文件上，如图4-230所示。在“特效控制台”面板中展开“彩色浮雕”特效，设置如图4-231所示。

图4-229

图4-230

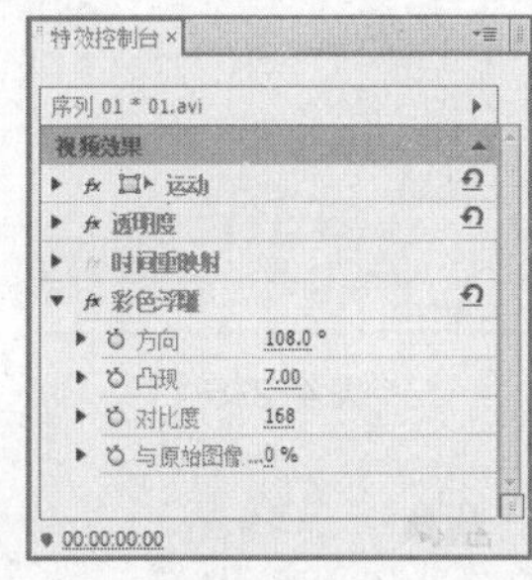

图4-231

步骤⑤ 在“效果”面板中展开“视频特效”选项，单击“色彩校正”文件夹前面的三角形按钮▸将其展开，选中“亮度与对比度”特效，如图4-232所示。将“亮度与对比度”特效拖曳到“时间线”面板中的“视频 1”轨道“01”文件上。在“特效控制台”面板中展开“亮度与对比度”选项，设置如图4-233所示。彩色浮雕制作完成，效果如图4-234所示。

图4-232

图4-233

图4-234

4.2.10 “时间”视频特效

“时间”视频特效用于对素材的时间特性进行控制，该特效包含两种类型。

1. 重影

该特效可以将素材中不同时间的多个帧同时播放，产生条纹和反射的效果。应用该特效后，“特效控制台”面板如图 4-235 所示。

“回显时间（移）”：用于设置两个组合素材之间的时间间隔。

“重影数量”：用于设置重复帧的数量。

“起始强度”：用于设置素材的亮度。

“衰减”：用于设置组合素材强度减弱的比例。

“重影运算符”：用于确定回声与素材之间的混合模式。

应用“重影”特效前、后的效果分别如图 4-236 和图 4-237 所示。

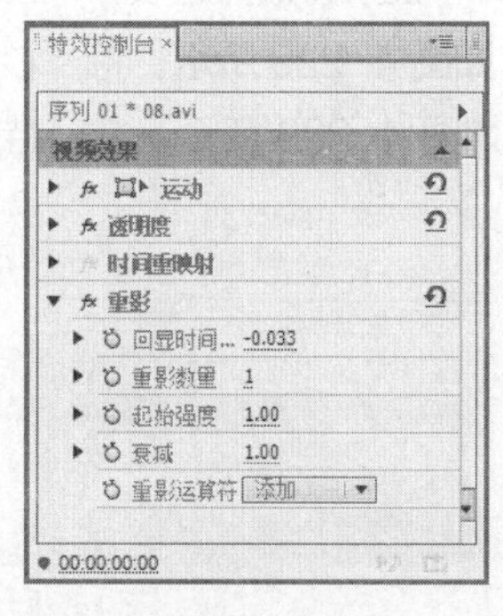

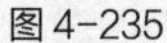
图 4-235

图 4-236

图 4-237

2. 抽帧

该特效可以将素材设定为某一个帧率进行播放，产生跳帧的效果。图 4-238 所示为“抽帧”特效设置。

该特效只有“帧速率”可以设置。在修改素材默认的播放速率后，素材就会按照指定的播放速率进行播放，从而产生跳帧播放的效果。

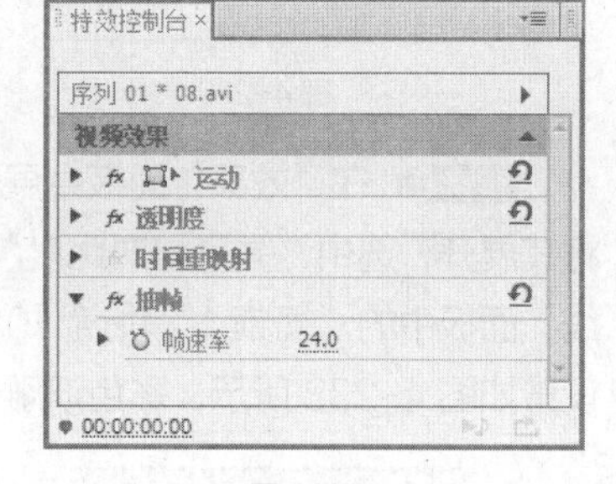

图 4-238

4.2.11 “过渡”视频特效

“过渡”特效主要用于对两个素材之间进行连接的切换，该特效共包含 5 种类型。

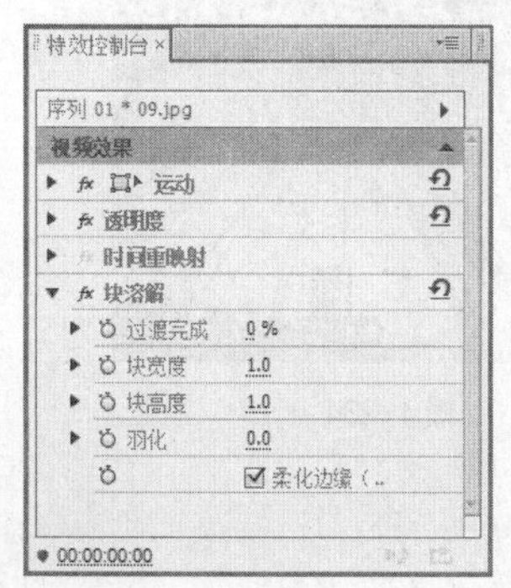

图 4-239

1. 块溶解

该特效通过随机产生的板块对图像进行溶解。应用该特效后，“特效控制台”面板如图 4-239 所示。

“过渡完成”：当前层画面，数值为 100%时完全显示切换层画面。

“块宽度”/“块高度”：用于设置板块的宽度/高度。

“羽化”：用于设置板块边缘的羽化程度。

“柔化边缘”：勾选此复选框，板块边缘将进行柔化处理。

应用“块溶解”特效前、后的效果分别如图 4-240 和图 4-241 所示。

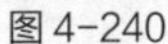
图 4-240

图 4-241

2. **径向擦除**

该特效可以围绕指定点以旋转的方式进行图像的擦除。应用该特效后，“特效控制台”面板如图 4-242 所示。

“过渡完成”：用于设置转换完成的百分比。

“起始角度”：用于设置转换效果的起始角度。

“擦除中心”：用于设置擦除的中心点位置。

“擦除”：用于设置擦除的类型。

“羽化”：用于设置擦除边缘的羽化程度。

应用“径向擦除”特效前、后的效果分别如图 4-243 和图 4-244 所示。

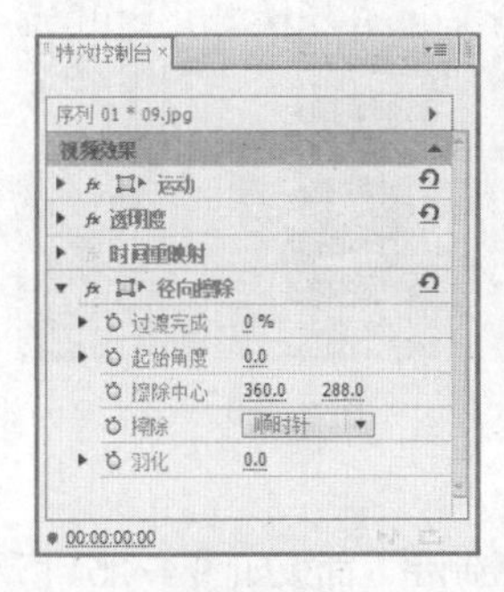

图 4-242

图 4-243

图 4-244

3. **渐变擦除**

该特效可以根据两个层的亮度值建立一个渐变层，在指定层和原图层之间进行渐变转换。应用该特效后，“特效控制台”面板如图 4-245 所示。

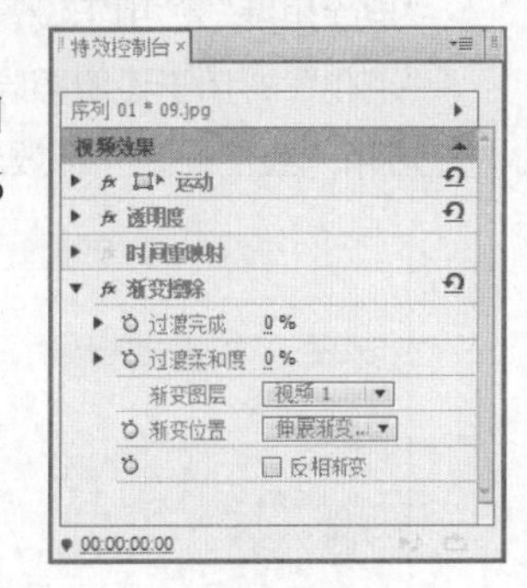

图 4-245

“过渡完成”：用于设置转换完成的百分比。

“过渡柔和度”：用于设置转换边缘的柔化程度。

“渐变图层”：用于选择渐变层所在的视频轨道。

“渐变位置”：用于设置渐变层放置的位置。

“反相渐变”：勾选此复选框，将对渐变层进行反转。

应用“渐变擦除”特效前、后的效果分别如图 4-246 和图 4-247 所示。

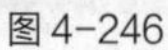
图 4-246

图 4-247

4. 百叶窗

该特效通过对图像进行百叶窗式的分割，形成图层之间的转换。应用该特效后，“特效控制台”面板如图 4-248 所示。

“过渡完成”：用于设置转换完成的百分比。

“方向”：用于设置分割的角度。

“宽度”：用于设置分割的宽度。

“羽化”：用于设置分割边缘的羽化程度。

应用“百叶窗”特效前、后的效果分别如图 4-249 和图 4-250 所示。

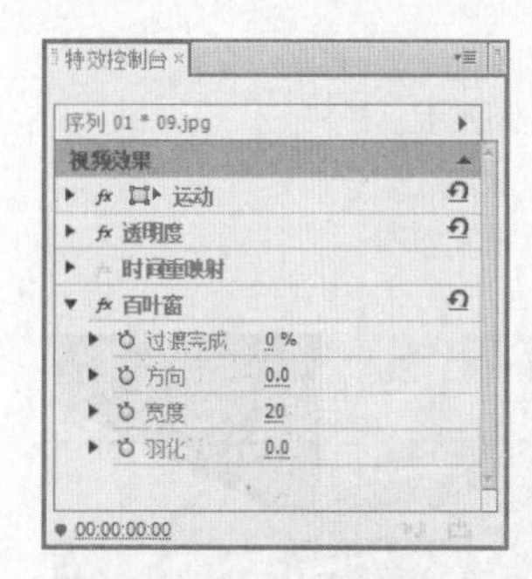

图 4-248

图 4-249

图 4-250

5. 线性擦除

该特效通过线条划过的方式形成擦除效果。应用该特效后，“特效控制台”面板如图 4-251 所示。

“过渡完成”：用于设置转换完成的百分比。

“擦除角度”：用于设置素材被擦除的角度。

“羽化”：用于设置擦除边缘的羽化程度。

应用“线性擦除”特效前、后的效果分别如图 4-252 和图 4-253 所示。

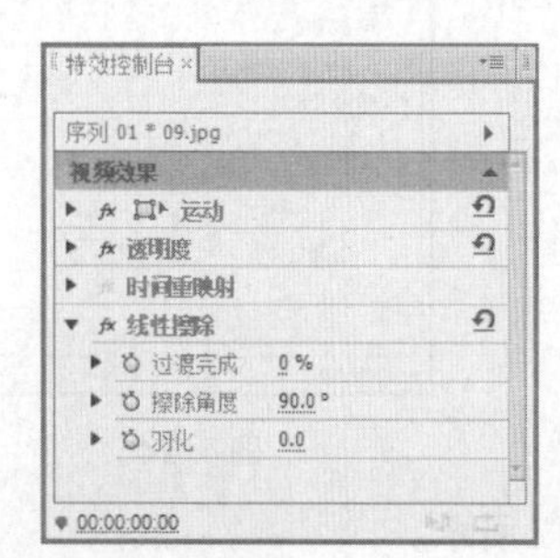

图 4-251

图 4-252

图 4-253

4.2.12 “视频”特效

“视频”特效只包含“时间码”一种特效，该特效主要用于对时间码进行显示。

“时间码”特效可以在影片的画面中插入时间码信息，应用“时间码”特效前、后的效果分别如图 4-254 和图 4-255 所示。

图 4-254

图 4-255

4.3 课堂练习——转动风车

练习知识要点

使用“位置”和“缩放比例”选项编辑图像的位置与大小，使用“旋转”特效和关键帧制作风车的转动效果。最终效果参看云盘中的“Ch04\转动风车\转动风车.prproj”。转动风车效果如图 4-256 所示。

图 4-256

效果所在位置

云盘\Ch04\转动风车\转动风车. prproj。

4.4 课后习题——变形画面

习题知识要点

使用“边角固定”特效控制视频的角度，使用“亮度与对比度”特效调整视频的亮度与对比度。使用“色彩平衡”特效调整视频的色彩平衡。最终效果参看云盘中的“Ch04\变形画面\变形画面.prproj”。变形画面效果如图 4-257 所示。

图 4-257

效果所在位置

云盘\Ch04\变形画面\变形画面. prproj。

05

第5章 调色与抠像

本章介绍

本章主要介绍在 Premiere Pro CS6 中对素材进行调色与抠像的基础方法。调色与抠像属于 Premiere Pro CS6 剪辑中较高级的应用，可以使影片产生完美的画面合成效果。通过本章案例，读者可以加强对相关知识的理解，掌握 Premiere Pro CS6 的调色与抠像技术。

课堂学习目标

- ✔ 掌握调整特效的应用
- ✔ 熟练掌握抠像特效的应用
- ✔ 掌握图像控制特效的应用

5.1 视频调色技术详解

在 Premiere Pro CS6“效果”面板中，包含了一些专门用于改变素材亮度、对比度和颜色的工具，这些颜色增强工具集中于“视频特效”文件夹的 3 个子文件夹中，它们分别为“调整”“图像控制”和“色彩校正”。下面对“调整”和“图像控制”进行详细介绍。

5.1.1 “调整”特效

如果需要调整素材的亮度、对比度、色彩以及通道，修复素材的偏色或者曝光不足等缺陷，提高素材画面的颜色及亮度，制作特殊的色彩效果，最好的选择就是使用“调整”特效。该类特效是使用频繁的一类特效，共包含 9 种视频特效。

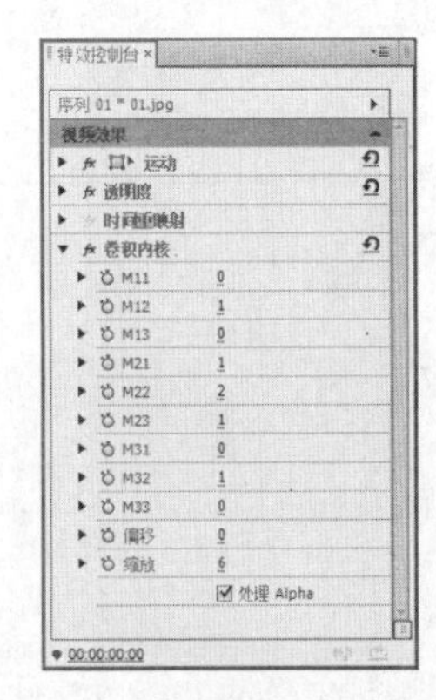

图 5-1

1. 卷积内核

应用该特效后可以根据运算改变素材中每个像素的颜色和亮度来改变素材的质感。应用该特效后，“特效控制台”面板如图 5-1 所示。

“M11”~“M33”：表示像素亮度增效的矩阵，其参数值在-30~30。

“偏移”：用于调整素材的色彩明暗偏移量。

“缩放”：输入一个数值，在操作中包含的像素总和将除以该数值。

应用“卷积内核”特效前、后的效果分别如图 5-2 和图 5-3 所示。

图 5-2

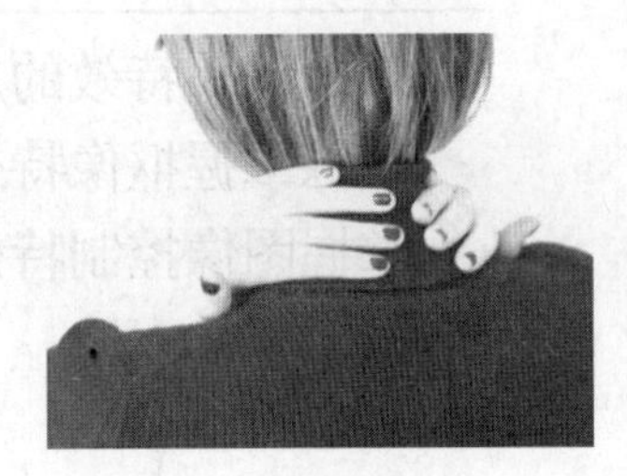
图 5-3

2. 基本信号控制

该特效可以用于调整素材的亮度、对比度和色相，是一个较为常用的视频特效。应用“基本信号控制”特效前、后的效果分别如图 5-4 和图 5-5 所示。

图 5-4

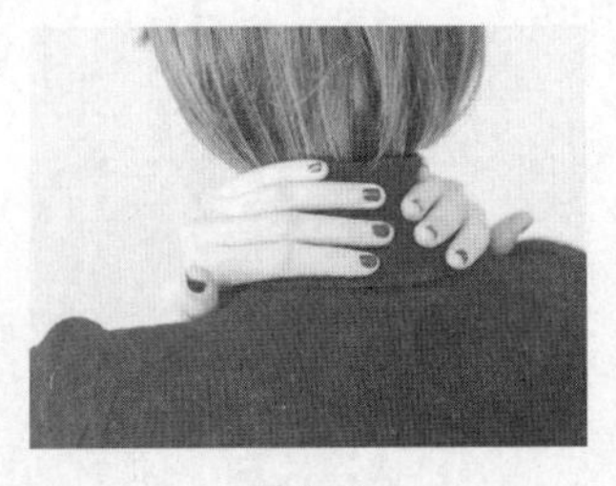
图 5-5

3. **提取**

应用该特效后可以从视频片段中吸取颜色，然后通过设置灰度的范围控制影像的显示。应用该特效后，“特效控制台”面板如图 5-6 所示。

“输入黑色阶”：用于表示画面中黑色的提取情况。

“输入白色阶”：用于表示画面中白色的提取情况。

“柔和度”：用于调整画面的灰度，数值越大，画面的灰度越高。

“反相”：勾选此复选框，将对黑色和白色像素范围进行反转。

应用“提取”特效前、后的效果分别如图 5-7 和图 5-8 所示。

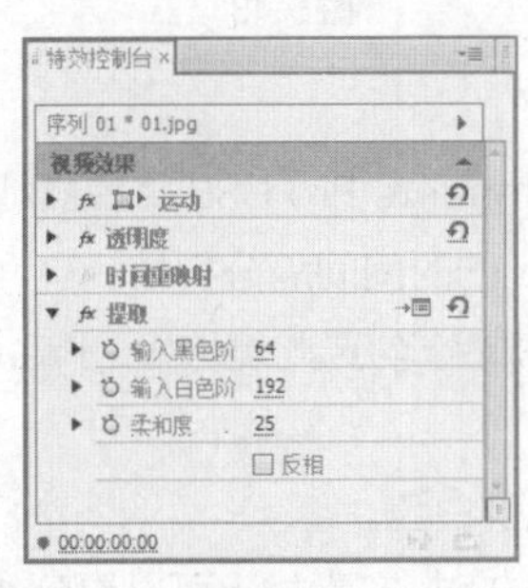

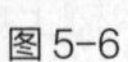

图 5-6

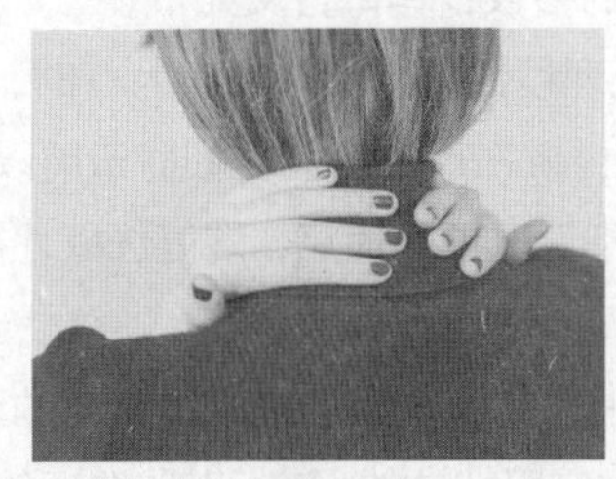

图 5-7

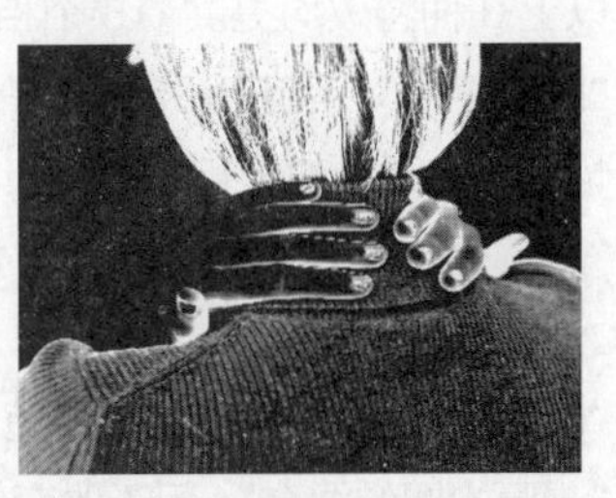

图 5-8

4. **照明效果**

应用该特效后可以为素材添加最多 5 个灯光照明，以模拟舞台追光灯的效果。在该特效对应的“特效控制台”面板中可以设置灯光的类型、方向、强度、颜色和中心点的位置等。应用“照明效果”特效前、后的效果分别如图 5-9 和图 5-10 所示。

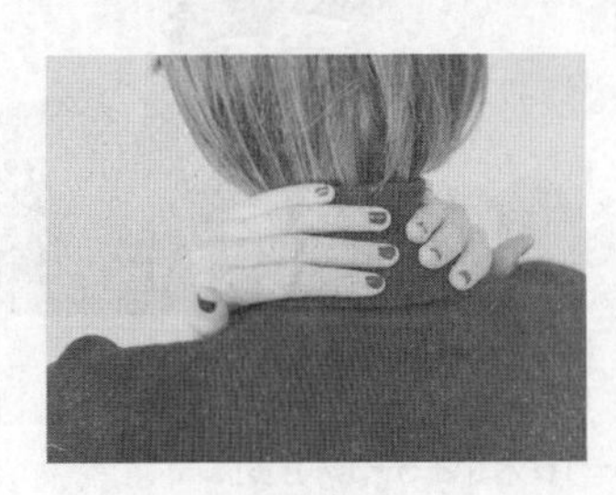

图 5-9

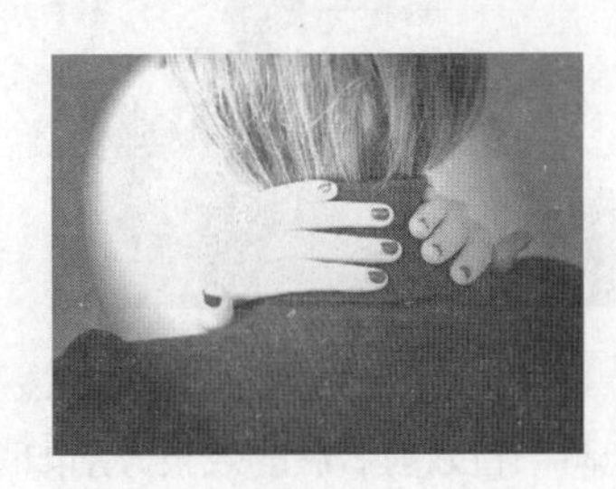

图 5-10

5. **自动对比度、自动色阶、自动颜色**

使用“自动对比度”“自动色阶”和“自动颜色”3 个特效可以快速、全面地修整素材，调整素材的中间色调、暗调和高亮区的颜色。

“自动对比度”特效主要用于调整所有颜色的亮度和对比度。应用该特效后，“特效控制台”面板如图 5-11 所示。

“自动色阶”特效主要用于调整暗部和高亮区。应用该特效后，“特效控制台”面板如图 5-12 所示。

“自动颜色”特效主要用于调整素材的颜色。应用该特效后，“特效控制台”面板如图 5-13 所示。

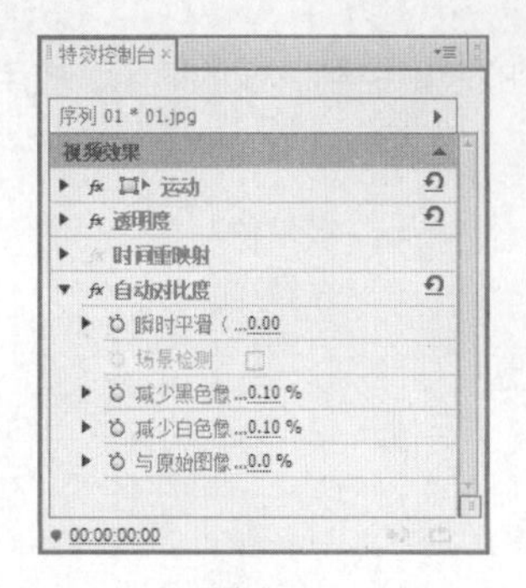

图 5-11

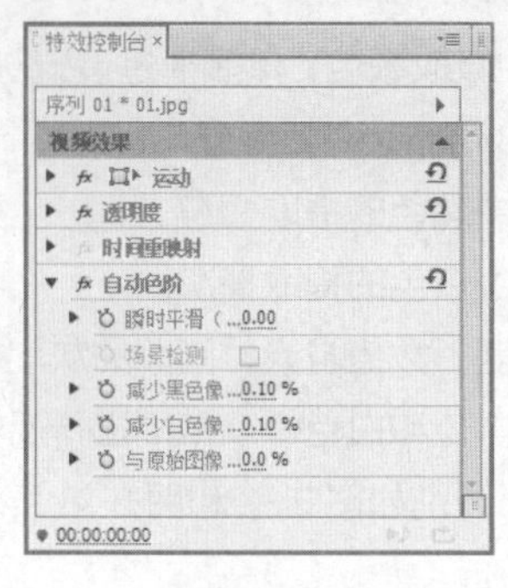

图 5-12

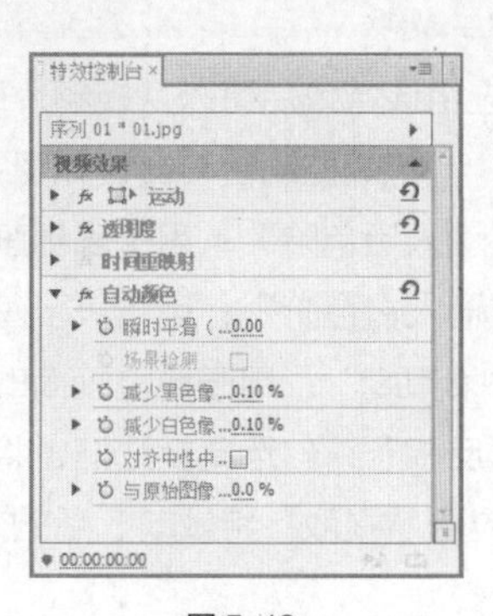

图 5-13

以上 3 种特效均提供了 5 个相同的参数，具体含义如下。

“瞬时平滑”：用于设置平滑的处理秒数。当该选项值为 0 时，Premiere Pro CS6 将独立地分析每一帧；当该选项值大于 1 时，Premiere Pro CS6 会在帧显示前以 1s 的时间间隔分析帧。

“场景检测”：在设置了“瞬时平滑”选项的值后，该复选框才被激活。勾选此复选框，Premiere Pro CS6 将忽略场景变化。

“减少黑色像素”/“减少白色像素”：用于增加或减少素材的黑色/白色。

“与原始图像混合”：用于改变素材应用特效的程度。当该选项值为 0 时，在素材上可以看到 100%的特效效果；当该选项值为 100 时，素材上可以看到 0%的特效效果。

“自动颜色”特效还提供了“对齐中性中间调”参数。勾选此复选框，可以调整颜色的灰阶数值。

应用“自动对比度”特效前、后的效果分别如图 5-14 和图 5-15 所示。

图 5-14

图 5-15

应用“自动色阶”特效前、后的效果分别如图 5-16 和图 5-17 所示。

图 5-16

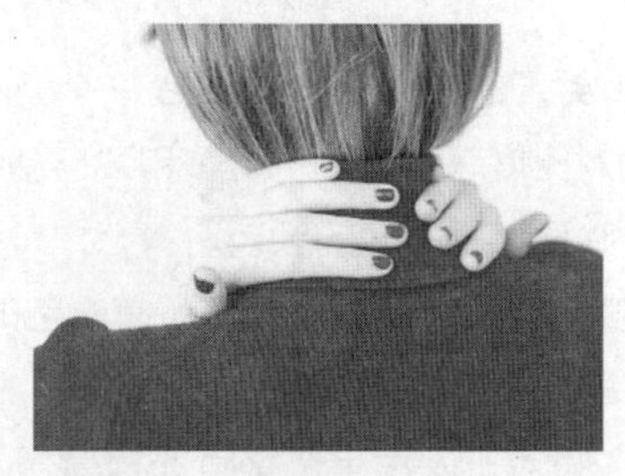
图 5-17

应用“自动颜色”特效前、后的效果分别如图 5-18 和图 5-19 所示。

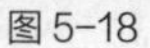

图 5-18

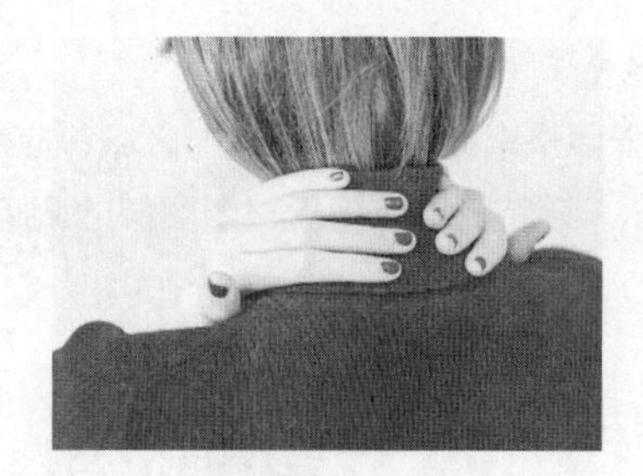

图 5-19

6. 色阶

应用该特效后可以调整素材的亮度和对比度。应用该特效后，“特效控制台”面板如图 5-20 所示。单击右上角的“设置”按钮，弹出“色阶设置”对话框，该对话框左侧显示了当前画面的亮度情况，水平方向代表亮度值，垂直方向代表对应亮度值的像素总数。在该对话框上方的下拉列表框中，可以选择需要调整的颜色通道，如图 5-21 所示。

图 5-20

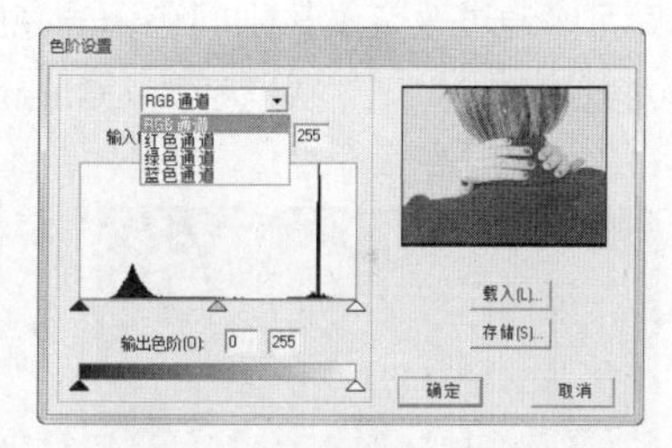

图 5-21

“通道”：在该下拉列表框中可以选择需要调整的颜色通道。

“输入色阶”：用于进行颜色的调整。拖曳下方的三角形滑块，可以改变颜色的对比度。

“输出色阶”：用于调整输出的级别。在该文本框中输入有效数值，可以对素材输出亮度进行修改。

“载入”：单击该按钮可以载入以前存储的效果。

“存储”：单击该按钮可以保存当前的设置。

应用“色阶”特效前、后的效果分别如图 5-22 和图 5-23 所示。

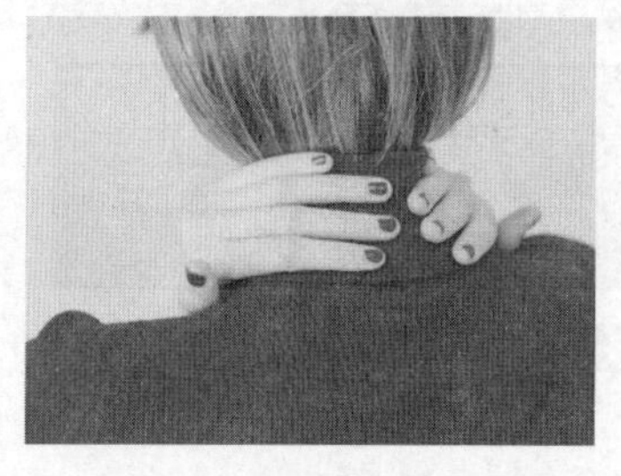

图 5-22

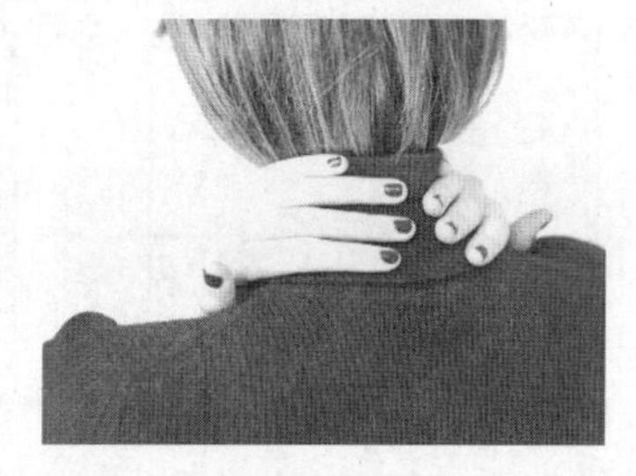

图 5-23

7. 阴影/高光

该特效用于调整素材的阴影和高光区域，应用“阴影/高光”特效前、后的效果分别如图 5-24 和图 5-25 所示。该特效不应用于整个图像的调暗或调亮，但可以基于图像周围的像素单独调整图像高光区域。

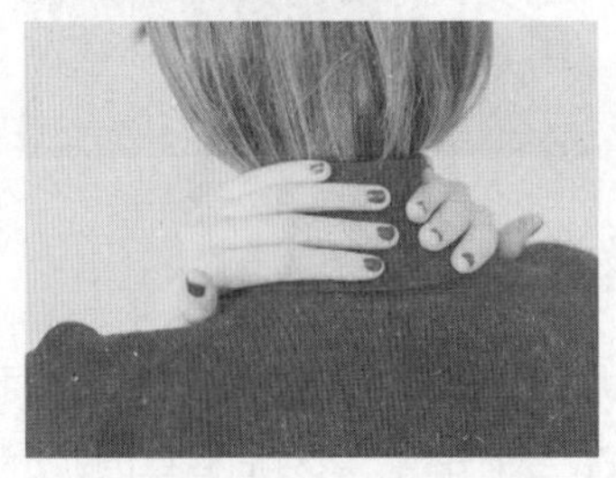
图 5-24

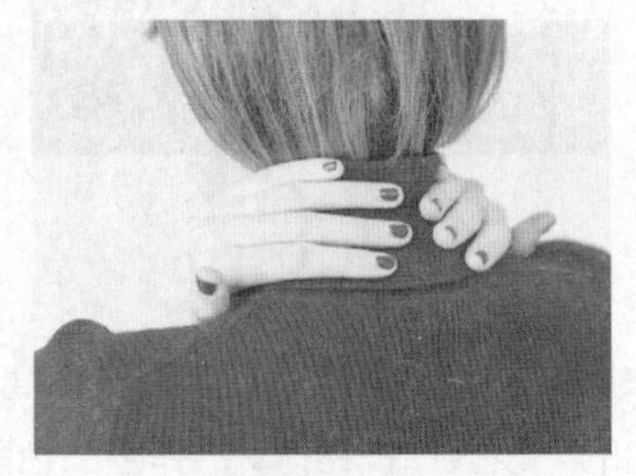
图 5-25

5.1.2 “图像控制”特效

“图像控制”特效主要用于对素材进行色彩的特效处理，广泛运用于视频编辑中。“图像控制”特效多用于处理一些在前期拍摄中遗留下的缺陷，或使素材达到某种预想的效果。这是一类重要的视频特效，共包含 5 种特效。

1. 灰度系数（Gamma）校正

应用该特效后可以通过改变素材中间色调的亮度，实现在不改变素材亮度和阴影的情况下，使素材变得更明亮或更灰暗。应用“灰度系数（Gamma）校正”特效前、后的效果分别如图 5-26 和图 5-27 所示。

图 5-26

图 5-27

2. 色彩传递

应用该特效后可以将素材中指定颜色以外的其他颜色转化成灰度（黑、白），即保留指定的颜色。与该特效对应的“特效控制台”面板如图 5-28 所示，单击“设置”按钮，弹出“色彩传递设置”对话框，如图 5-29 所示。

图 5-28

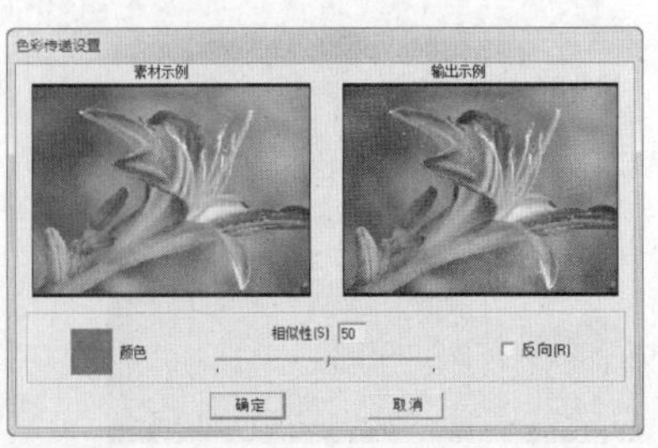

图 5-29

“素材示例”：用于显示素材画面。将鼠标指针移动到此画面中并单击，可以直接在画面中选取颜色。

“输出示例”：用于显示添加了特效后的素材画面。

“颜色”：要保留的颜色。单击该色块，将弹出“颜色拾取”对话框，从中可以设置要保留的颜色。

“相似性”：用于设置相似色彩的容差值，即增加或减少所选颜色的范围。

“反向”：勾选该复选框，将颜色进行反转，即所选的颜色转变成灰度而其他颜色保持不变。

应用“色彩传递”特效前、后的效果分别如图 5-30 和图 5-31 所示。

图 5-30

图 5-31

3. 颜色平衡（RGB）

利用“颜色平衡（RGB）”特效可以通过对素材的红色、绿色和蓝色进行调整来达到改变图像色彩效果的目的。应用该特效后，“特效控制台”面板如图 5-32 所示。

应用“颜色平衡（RGB）”特效前、后的效果分别如图 5-33 和图 5-34 所示。

图 5-32

图 5-33

图 5-34

4. 颜色替换

应用该特效后可以指定某种颜色，然后使用一种新的颜色替换指定的颜色。与该特效对应的“特效控制台”面板如图 5-35 所示，单击“设置”按钮，弹出“颜色替换设置”对话框，如图 5-36 所示。

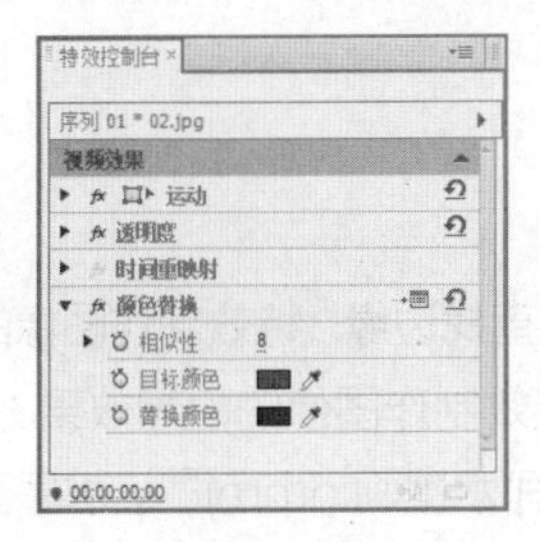

图 5-35

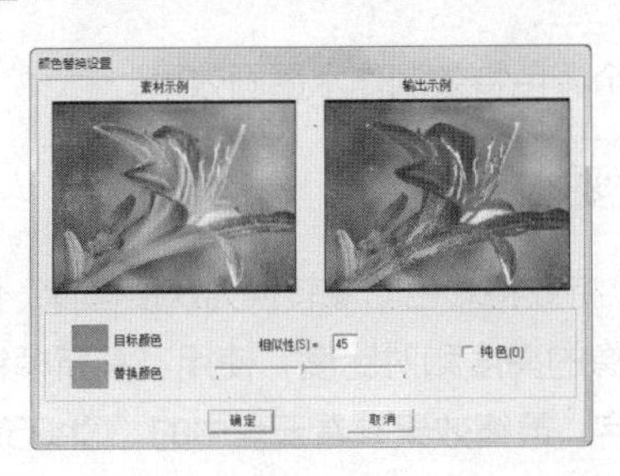

图 5-36

“目标颜色”：用于设置被替换的颜色。选取的方法与“色彩传递设置”对话框中选取颜色的方法相同。

“替换颜色”：用于设置替换的颜色。单击该色块，在弹出的“颜色拾取”对话框中进行设置。

“相似性”：用于设置相似色彩的容差值，即增加或减少所选颜色的范围。

“纯色”：勾选此复选框，该特效将用纯色替换目标色，没有任何过渡。

应用“颜色替换”特效前、后的效果分别如图 5-37 和图 5-38 所示。

图 5-37

图 5-38

5. 黑白

该特效用于将彩色影像直接转换成黑白灰度影像。应用“黑白”特效前、后的效果分别如图 5-39 和图 5-40 所示。该特效没有参数设置。

图 5-39

图 5-40

5.1.3 课堂案例——水墨画

案例学习目标

学习使用多个调色特效制作水墨画效果。

案例知识要点

使用“黑白”特效将彩色图像转换为灰度图像，使用“查找边缘”特效制作图像的边缘，使用“色阶”特效调整图像的亮度和对比度，使用“高斯模糊”特效制作图像的模糊效果，使用“字幕”命令添加与编辑文字。最终效果参看云盘中的“Ch05\水墨画\水墨画.prproj”。水墨画效果如图 5-41 所示。

图 5-41

效果所在位置

云盘\Ch05\水墨画\水墨画. prproj。

1. 制作视频水墨效果

步骤 ① 启动 Premiere Pro CS6 软件，弹出“欢迎使用 Adobe Premiere Pro”界面，单击“新建项目”按钮，弹出“新建项目”对话框，设置“位置”选项，选择保存文件路径，在“名称”文本框中输入文件名“水墨画”，如图 5-42 所示。单击“确定”按钮，弹出“新建序列”对话框，在左侧的列表中展开“DV-PAL”选项，选择“标准 48kHz”模式，如图 5-43 所示，单击“确定”按钮。

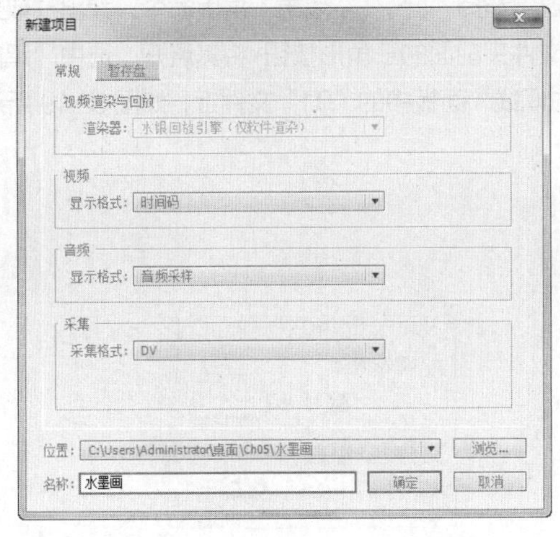

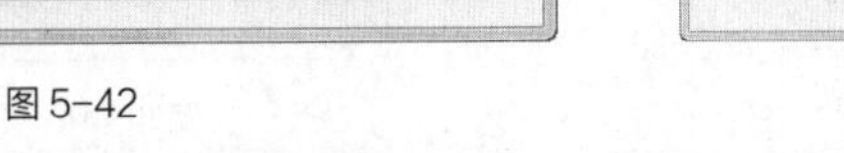

图 5-42

图 5-43

步骤 ② 选择“文件 > 导入”菜单命令，弹出“导入”对话框，选择云盘中的“Ch05\水墨画\素材\01”文件，单击“打开”按钮，导入文件，如图 5-44 所示。导入后的文件排列在“项目”面板中，如图 5-45 所示。

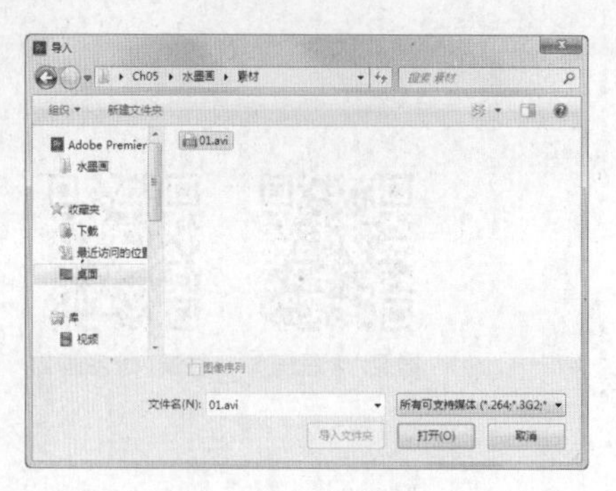

图 5-44

图 5-45

步骤 3 在“项目”面板中选中“01”文件并将其拖曳到“时间线”面板中的“视频 1”轨道中，如图 5-46 所示。将时间标记移动到 00:00:05:00 的位置，将鼠标指针放在“01”文件的结束位置，当鼠标指针呈◀]时，向左拖曳鼠标指针到 00:00:05:00 的位置，如图 5-47 所示。

图 5-46

图 5-47

步骤 4 将时间标记移动到 00:00:00:00 的位置。选择“窗口 > 效果”菜单命令，弹出“效果”面板，展开“视频特效”选项，单击“图像控制”文件夹前面的三角形按钮▸将其展开，选中“黑白”特效，如图 5-48 所示。将“黑白”特效拖曳到“时间线”面板中的“01”文件上，如图 5-49 所示。

图 5-48

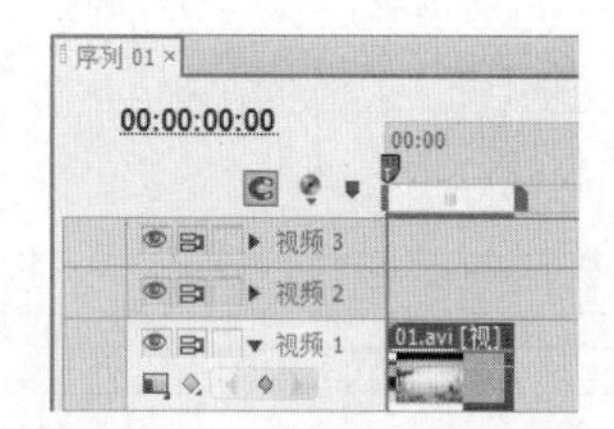

图 5-49

步骤 5 在“效果”面板中展开“视频特效”选项，单击“风格化”文件夹前面的三角形按钮▸将其展开，选中“查找边缘”特效，如图 5-50 所示。将“查找边缘”特效拖曳到“时间线”面板中的“01”文件上，如图 5-51 所示。选择“特效控制台”面板，展开“查找边缘”特效，将“与原始图像混合”选项设置为 12%，如图 5-52 所示。

图5-50

图5-51

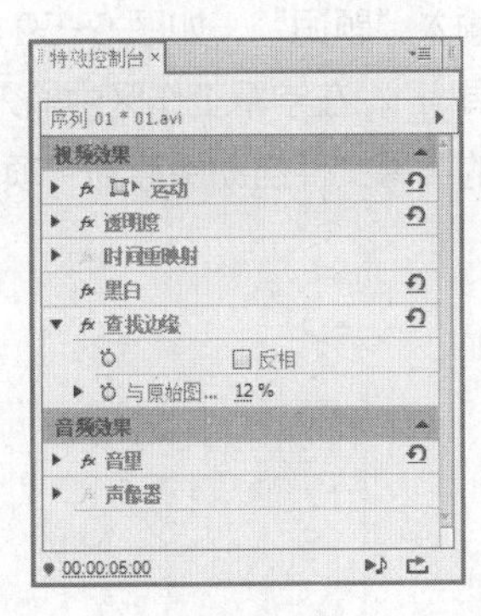

图5-52

步骤⑥ 在“效果”面板中展开“视频特效”选项，单击“调整”文件夹前面的三角形按钮▸将其展开，选中“色阶”特效，如图5-53所示。将“色阶”特效拖曳到“时间线”面板中的“01”文件上，如图5-54所示。在“特效控制台”面板中展开“色阶”特效并进行参数设置，如图5-55所示。

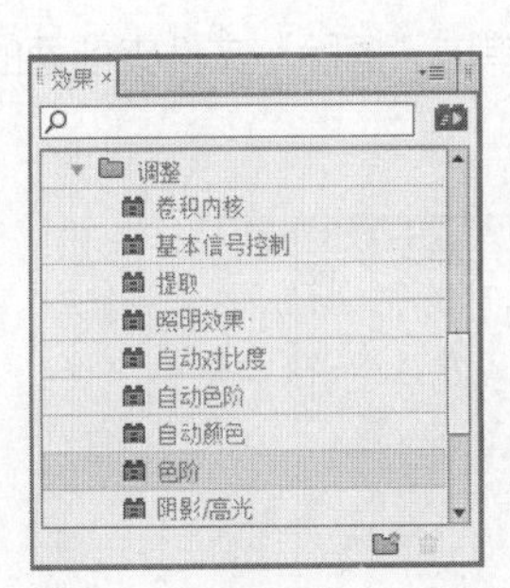

图5-53

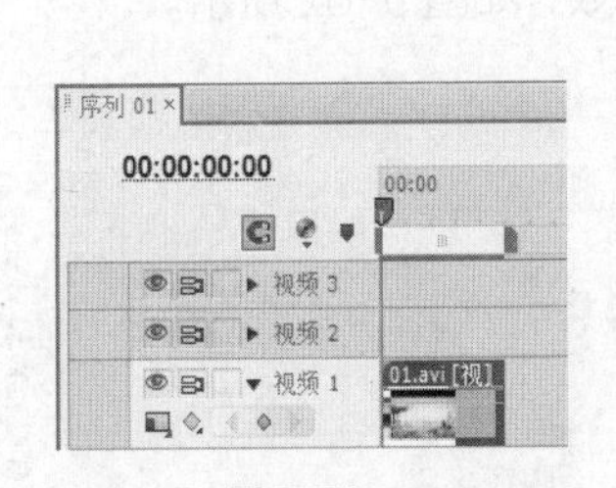

图5-54

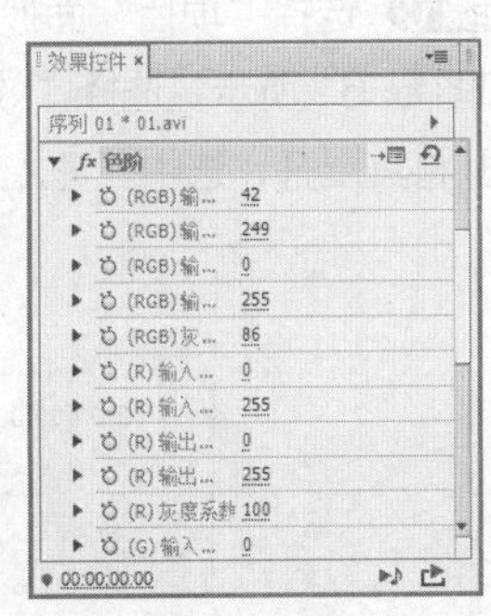

图5-55

步骤⑦ 在“效果”面板中展开“视频特效”选项，单击“模糊与锐化”文件夹前面的三角形按钮▸将其展开，选中“高斯模糊”特效，如图5-56所示。将“高斯模糊”特效拖曳到“时间线”面板中的“01”文件上，如图5-57所示。在“特效控制台”面板中展开“高斯模糊”特效，将“模糊度”选项设置为3.2，如图5-58所示。

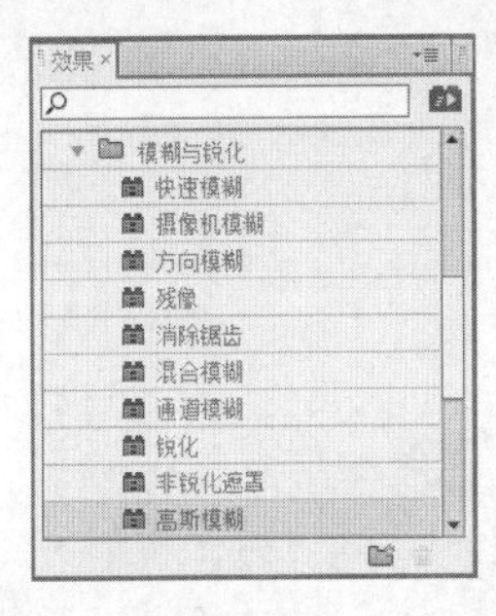

图5-56

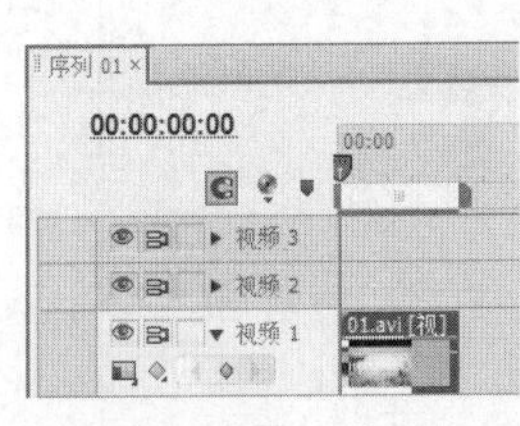

图5-57

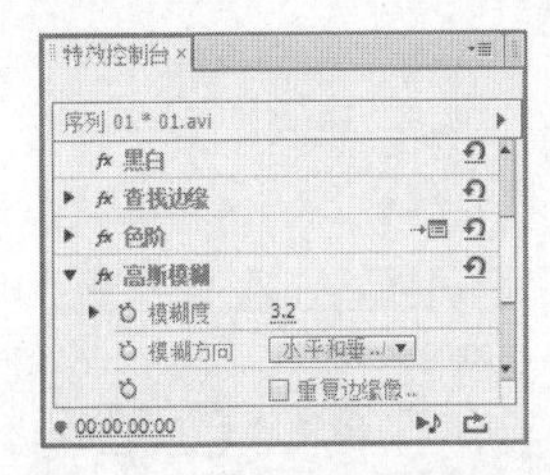

图5-58

2. ***添加文字***

步骤① 选择“文件 > 新建 > 字幕”菜单命令，弹出“新建字幕”对话框，在“名称”文本框中输入“题词”，如图 5-59 所示。单击“确定”按钮，弹出“字幕”编辑面板，选择“垂直文字”工具[IT]，在字幕工作区中输入需要的文字，其他设置如图 5-60 所示。关闭“字幕”编辑面板，新建的字幕文件自动保存到“项目”面板中。

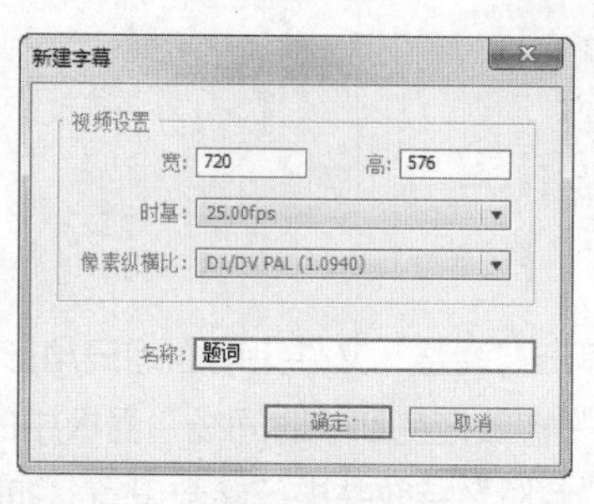

图 5-59

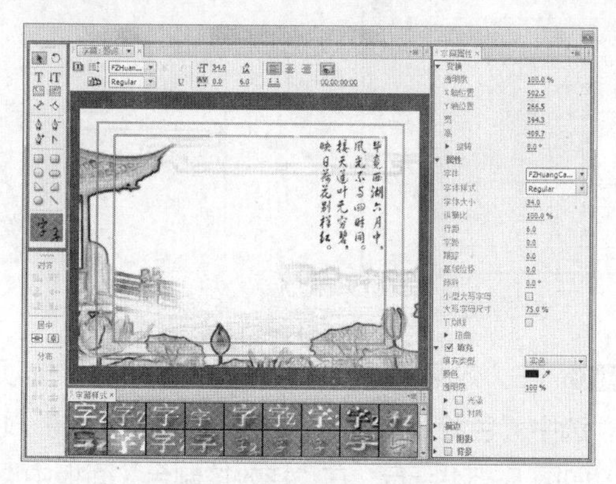
图 5-60

步骤② 选择“项目”面板，选中“题词”层并将其拖曳到“时间线”面板中的“视频 2”轨道中，如图 5-61 所示。选择“效果”面板，展开“视频切换”选项，单击“擦除”文件夹前面的三角形按钮▶将其展开，选中“插入”特效，如图 5-62 所示。

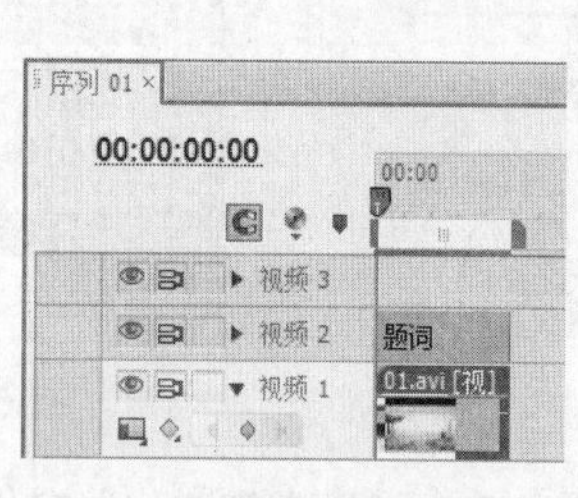

图 5-61

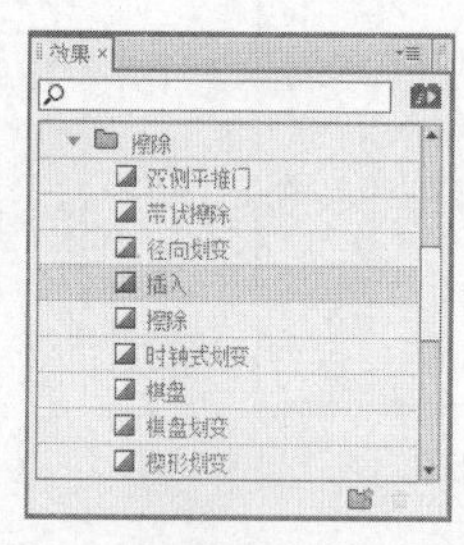

图 5-62

步骤③ 将“插入”特效拖曳到“时间线”面板中的“题词”文件的开始位置，如图 5-63 所示。选择“时间线”面板中的“插入”切换，在“特效控制台”面板中设置“持续时间”选项为 00:00:04:00，如图 5-64 所示。水墨画效果制作完成，效果如图 5-65 所示。

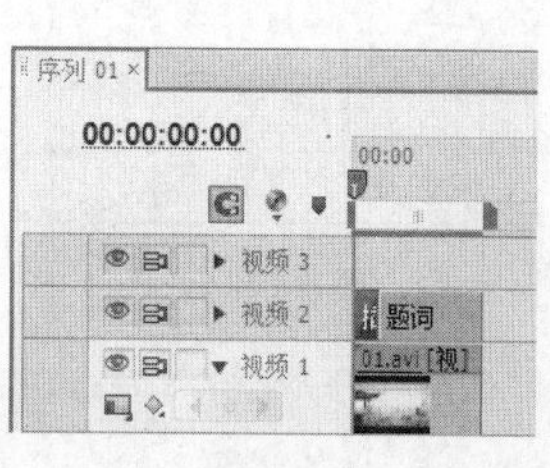

图 5-63

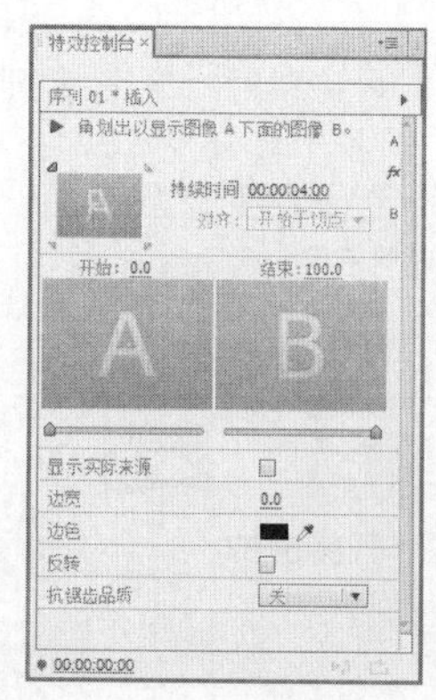

图 5-64

图 5-65

5.2 抠像

Premiere Pro CS6 自带了 15 种键控特效，下面介绍各种抠像特效的使用方法。

1. 16 点无用信号遮罩

应用该特效后可以通过调整 16 个控制点的位置来调整被叠加图像的大小。应用“16 点无用信号遮罩”特效前、后的效果如图 5-66、图 5-67 和图 5-68 所示。

图 5-66

图 5-67

图 5-68

2. 4 点无用信号遮罩

应用该特效后可以通过调整 4 个控制点的位置来调整被叠加图像的大小。应用“4 点无用信号遮罩”特效前、后的效果如图 5-69、图 5-70 和图 5-71 所示。

图 5-69

图 5-70

图 5-71

3. 8 点无用信号遮罩

应用该特效后可以通过调整 8 个控制点的位置来调整被叠加图像的大小。应用“8 点无用信号遮罩”特效前、后的效果如图 5-72、图 5-73 和图 5-74 所示。

图 5-72

图 5-73

图 5-74

4. Alpha 调整

应用该特效后主要通过调整当前素材的 Alpha 通道信息（即改变 Alpha 通道的透明度），使当前素材与其下面的素材产生不同的叠加效果。如果当前素材不包含 Alpha 通道，那么改变的将是整个素材的透明度。应用该特效后，“特效控制台”面板如图 5-75 所示。

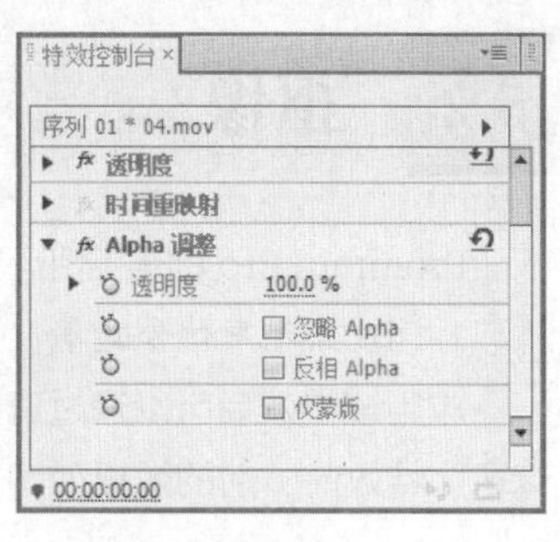

图 5-75

“透明度”：用于调整画面的透明度。

“忽略 Alpha”：勾选此复选框，可以忽略 Alpha 通道。

“反相 Alpha”：勾选此复选框，可以对通道进行反向处理。

“仅蒙版”：勾选此复选框，可以将通道作为蒙版使用。

应用“Alpha 调整”特效前、后的效果如图 5-76、图 5-77 和图 5-78 所示。

图 5-76

图 5-77

图 5-78

5. RGB 差异键

该特效与“亮度键”特效基本相同，运用该特效后可以将某个颜色或者颜色范围内的区域变为透明。应用“RGB 差异键”特效前、后的效果如图 5-79、图 5-80 和图 5-81 所示。

图 5-79

图 5-80

图 5-81

6. 亮度键

应用该特效后可以将被叠加图像的灰色值设置为透明，而且保持色度不变。该特效对明暗对比十分强烈的图像十分有用。应用“亮度键”特效前、后的效果如图 5-82、图 5-83 和图 5-84 所示。

图 5-82

图 5-83

图 5-84

7. 图像遮罩键

应用该特效后可以将相邻轨道上的图像作为被叠加的底纹背景图像，相对于底纹而言，前面画面中的白色区域是不透明的，背景画面的相关部分不能显示出来，黑色区域是透明的区域，灰色区域则为部分透明。如果想保持前面的色彩，那么作为底纹的图像最好选用灰度图像。应用“图像遮罩键”特效前、后的效果分别如图5-85和图5-86所示。

图5-85

图5-86

8. 差异遮罩

该特效可以用于叠加两个图像之间不同部分的纹理，保留对方的纹理颜色。应用“差异遮罩”特效前、后的效果如图5-87、图5-88和图5-89所示。

图5-87

图5-88

图5-89

9. 移除遮罩

应用该特效后可以将原有的遮罩移除，如将画面中白色区域或黑色区域进行移除。图5-90所示为“移除遮罩”特效的设置。

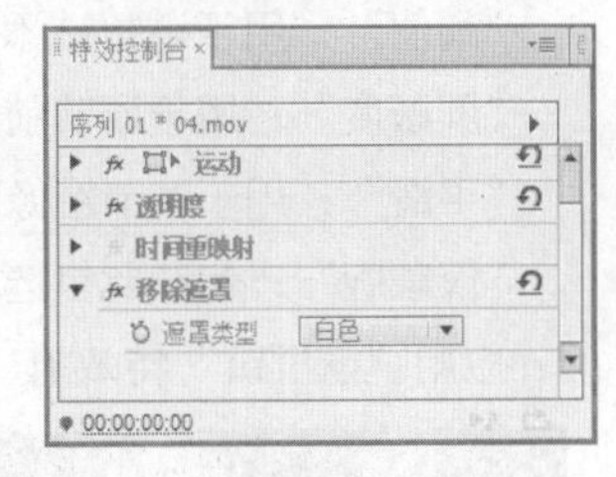

图5-90

10. 极致键

应用该特效后可以通过指定某种颜色，调整容差值等参数，来显示素材的透明效果。应用“极致键”特效前、后的效果如图5-91、图5-92和图5-93所示。

图5-91

图5-92

图5-93

11. 色度键

应用该特效后可以将图像上的某种颜色及相似的颜色设为透明，从而显示后面的图像。该特效适用于纯色背景的图像。在“特效控制台”面板中选择吸管工具，在“节目监视器”面板中单击选取需要抠去的颜色，选取颜色后调节各项参数，观察抠像效果，如图5-94所示。

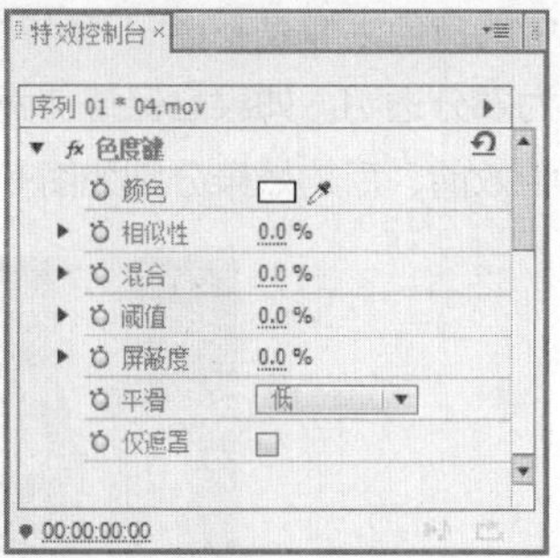

图5-94

“相似性”：用于设置所选取颜色的容差度。

“混合”：用于设置透明与非透明边界色彩的混合程度。

“阈值”：用于设置图像中蓝色背景的透明度。向左拖动滑块将增加素材透明度，该选项数值为0时，蓝色将完全透明。

“屏蔽度”：用于设置前景色与背景色的对比度。

“平滑”：用于调整抠像后图像边缘的平滑程度。

“仅遮罩”：勾选此复选框，将只显示抠像后图像的Alpha通道。

应用“色度键”特效前、后的效果如图5-95、图5-96和图5-97所示。

图5-95

图5-96

图5-97

12. 蓝屏键

该特效又称“抠蓝”，用于在画面上进行蓝色叠加。应用该特效后，“特效控制台”面板如图5-98所示。

图5-98

“阈值”：用于调整被添加的蓝色背景的透明度。

“屏蔽度”：用于调节前景图像的对比度。

“平滑”：用于调节图像的平滑度。

“仅蒙版”：勾选此复选框，前景仅作为蒙版使用。

应用“蓝屏键”特效前、后的效果如图5-99、图5-100和图5-101所示。

图5-99

图5-100

图5-101

13. 轨道遮罩键

应用该特效后可以使用上方轨道中的素材对下方轨道中的素材进行遮罩。应用“轨道遮罩键”特效前、后的效果分别如图 5-102 和图 5-103 所示。

图 5-102

图 5-103

14. **非红色键**

应用该特效后可以叠加具有蓝色背景的素材，并使这类背景的素材产生透明效果。应用“非红色键”特效前、后的效果如图 5-104、图 5-105 和图 5-106 所示。

图 5-104

图 5-105

图 5-106

15. **颜色键**

应用该特效后可以根据指定的颜色将素材中像素值相同的颜色设置为透明。该特效与“色度键”特效类似，同样是在素材中选择一种颜色或一个颜色范围并将它们设置为透明，但“颜色键”特效可以单独调节素材的像素颜色和灰度值，而“色度键”特效则是同时调节这些内容。应用“颜色键”特效前、后的效果如图 5-107、图 5-108 和图 5-109 所示。

图 5-107

图 5-108

图 5-109

5.3 课堂练习——怀旧老电影

练习知识要点

使用“导入”命令导入视频文件，使用“基本信号控制”特效调整图像的亮度、饱和度和对比度，使用“色彩平衡”特效调整图像中的部分颜色，使用“DE_AgedFilm”外部特效制作老电影效果。最终效果参看云盘中的“Ch05\怀旧老电影\怀旧老电影.prproj”。怀旧老电影效果如图 5-110 所示。

图 5-110

效果所在位置

云盘\Ch05\怀旧老电影\怀旧老电影. prproj。

5.4 课后习题——抠像效果

习题知识要点

使用“导入”命令导入视频文件，使用“蓝屏键”特效抠出人物图像，使用“亮度与对比度”特效调整人物图像的亮度和对比度。最终效果参看云盘中的“Ch05\抠像效果\抠像效果.prproj”。抠像效果如图 5-111 所示。

图 5-111

效果所在位置

云盘\Ch05\抠像效果\抠像效果. prproj。

06

第6章 字幕与字幕特效

本章介绍

本章主要介绍字幕的制作方法，并对字幕的创建、保存、“字幕”编辑面板中的各项功能及使用方法进行详细的介绍。通过对本章的学习，读者可以掌握编辑字幕的技巧。

课堂学习目标

- 了解“字幕”编辑面板
- 掌握编辑与修饰字幕文字的技巧
- 熟练掌握字幕文字的创建方法
- 掌握创建运动字幕的方法

6.1 “字幕”编辑面板概述

Premiere Pro CS6 提供了一个专门用来创建及编辑字幕的“字幕”编辑面板，如图 6-1 所示，所有文字编辑及处理都是在该面板中完成的。其功能非常强大，不仅可以创建各种各样的文字，而且能够绘制各种图形，这为用户的文字编辑工作提供了很大的方便。

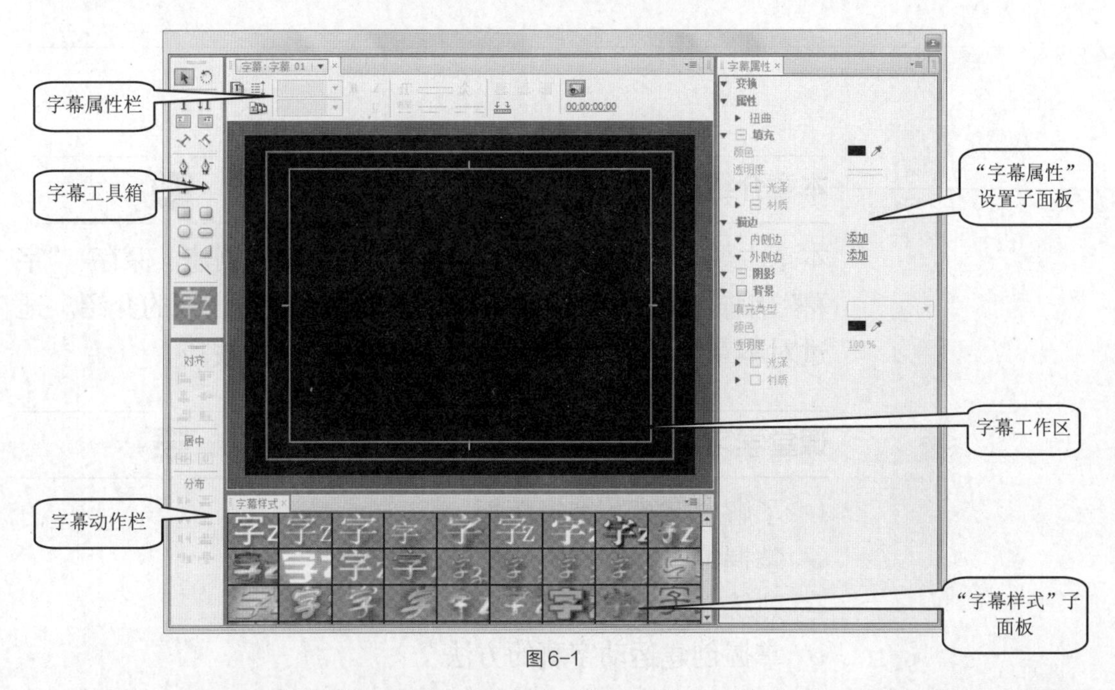

图 6-1

Premiere Pro CS6 的“字幕”编辑面板主要由字幕属性栏、字幕工具箱、字幕动作栏、“字幕属性”设置子面板、字幕工作区和“字幕样式”子面板 6 个部分组成。

字幕属性栏主要用于设置字幕的运动类型、字体、加粗、斜体和下画线等。

字幕工具箱提供了一些用来制作文字与图形的常用工具。利用这些工具，可以为影片添加标题及文本，绘制几何图形和定义文本样式等。

字幕动作栏中的各个按钮主要用于快速地排列或分布文字。

字幕工作区是制作字幕和绘制图形的工作区，它位于“字幕”编辑面板的中心，在工作区中有两个白色的矩形线框，其中内线框是字幕安全框，外线框是字幕动作安全框。如果文字或图像放置在动作安全框外，那么在一些 NTSC 制式的电视中这部分内容将不会被显示出来，即使能够被显示出来，也很可能会出现模糊或变形的现象。因此，在创建字幕时最好将文字和图像放置在安全框内。

“字幕样式”子面板位于“字幕”编辑面板的下部，其中包含了各种已经设置好的文字效果和多种字体效果。

在字幕工作区中输入文字后，可在位于“字幕”编辑面板右侧的“字幕属性”设置子面板中设置文字的具体属性。“字幕属性”设置子面板分为 6 个部分，分别为“变换”“属性”“填充”“描边”“阴影”和“背景”。

6.2 创建字幕文字对象

利用字幕工具箱中的各种文字工具，用户可以非常方便地创建出水平排列或垂直排列的文字，也可以创建出水平或者垂直排列的段落文字。

6.2.1 创建水平或垂直排列文字

打开“字幕”编辑面板后，根据需要利用字幕工具箱中的“输入”工具T或“垂直文字”工具↓T创建水平排列或垂直排列的字幕文字，其具体操作步骤如下。

步骤① 在字幕工具箱中选择“输入”工具T或“垂直文字”工具↓T。

步骤② 在“字幕”编辑面板的字幕工作区中单击并输入文字即可，如图6-2和图6-3所示。

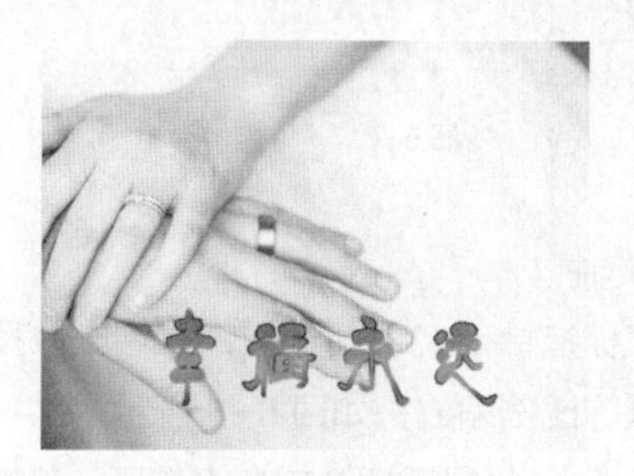

图6-2

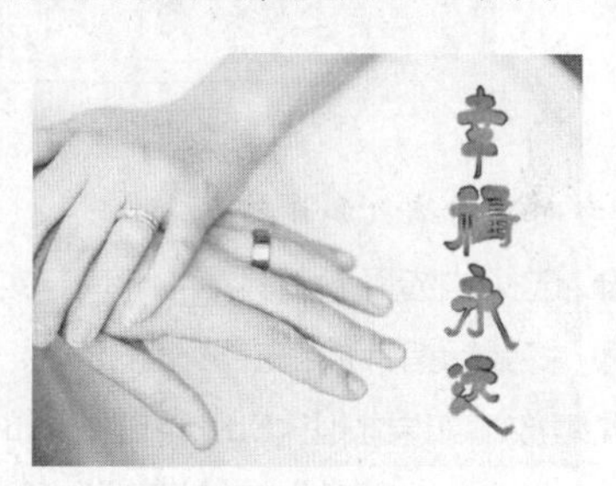

图6-3

6.2.2 创建段落字幕文字

利用字幕工具箱中的文本框工具或垂直文本框工具可以创建段落文本，其具体操作步骤如下。

步骤① 在字幕工具箱中选择“区域文字”工具或“垂直区域文字”工具。

步骤② 将鼠标指针放在“字幕”编辑面板的字幕工作区中，单击并按住左键，从左上角向右下角拖曳出一个矩形框，然后输入文字，如图6-4和图6-5所示。

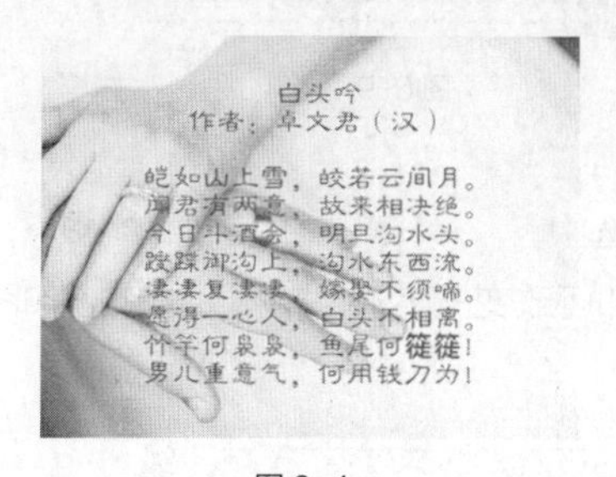

图6-4

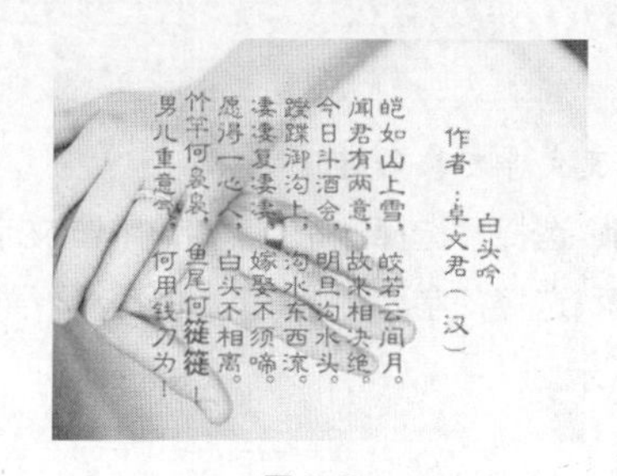

图6-5

6.3 编辑与修饰字幕文字

字幕创建完成以后，接下来还需要对字幕进行相应的编辑和修饰，下面进行详细介绍。

6.3.1 编辑字幕文字

1. *文字对象的选择与移动*

步骤① 选择"选择"工具，将鼠标指针放在字幕工作区，单击要选择的文字对象即可将其选中，此时该文字对象的四周将出现带有 8 个控制点的矩形框，如图 6-6 所示。

步骤② 在选中字幕文字的状态下，将鼠标指针放在矩形框内，单击并按住左键拖曳即可实现文字对象的移动，如图 6-7 所示。

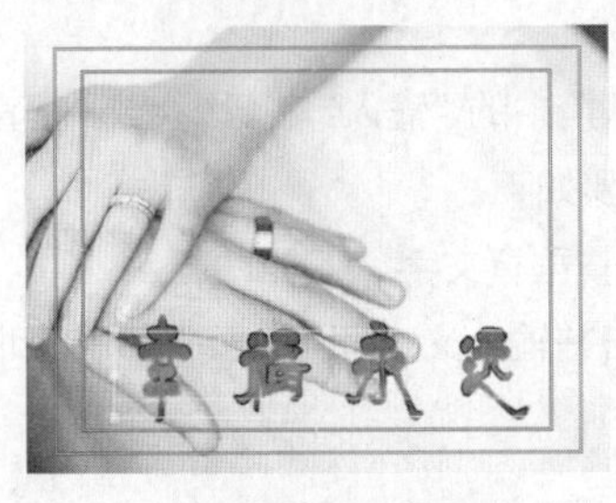

图6-6

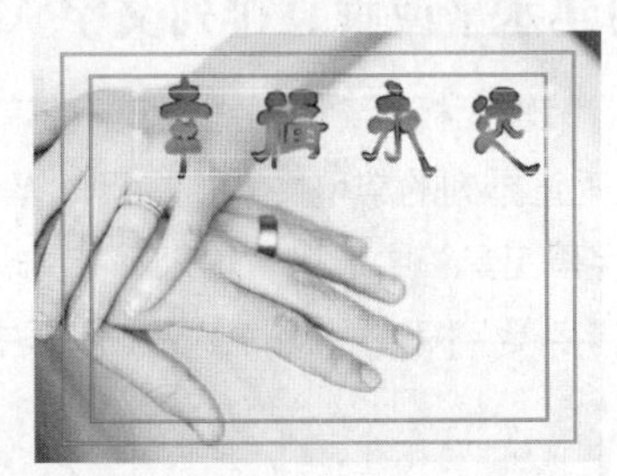

图6-7

2. *文字对象的缩放和旋转*

步骤① 选择"选择"工具，单击文字对象将其选中。

步骤② 将鼠标指针放在矩形框的任意一个点，当鼠标指针呈、或时，单击并按住左键拖曳即可实现缩放。如果按住<Shift>键的同时拖曳，可以等比例缩放，如图 6-8 所示。

步骤③ 在选中文字对象的情况下选择"旋转"工具，将鼠标指针放在工作区，单击并按住左键拖曳即可实现旋转操作，如图 6-9 所示。

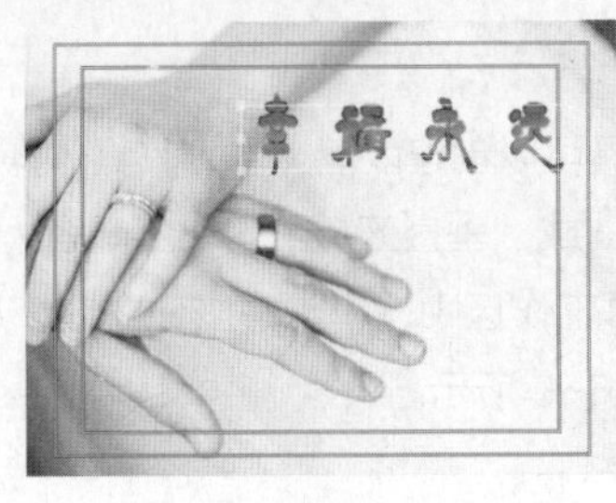

图6-8

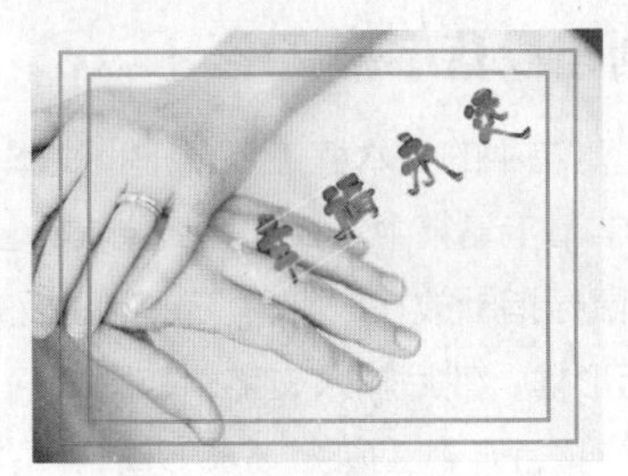

图6-9

3. *改变文字对象的排列方向*

步骤① 选择"选择"工具，单击文字对象将其选中。

步骤② 选择"字幕 > 方向 > 垂直"菜单命令，即可改变文字对象的排列方向，如图 6-10 和图 6-11 所示。

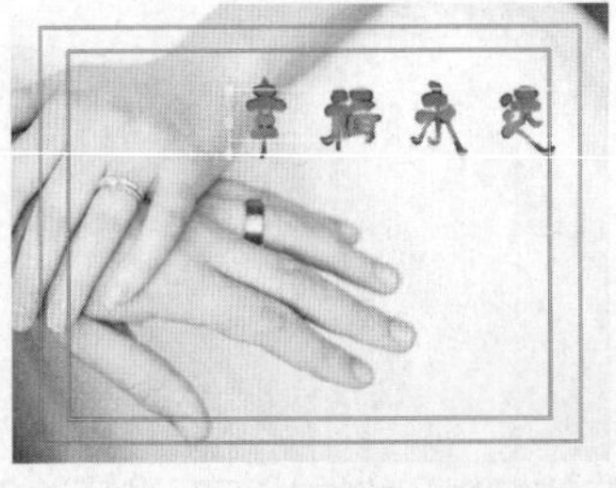

图6-10

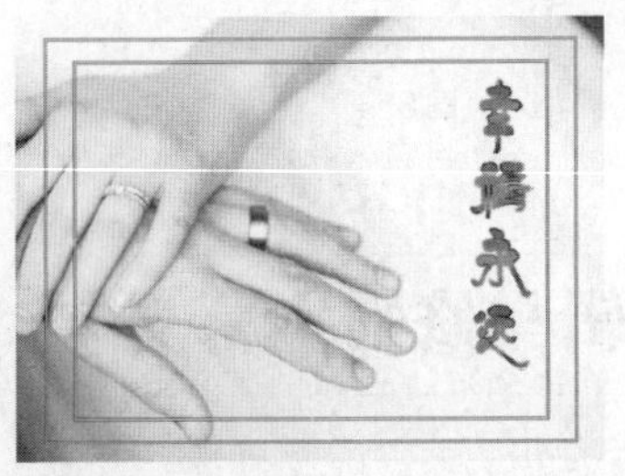

图6-11

6.3.2 修饰字幕文字

通过“字幕属性”设置子面板，用户可以非常方便地对字幕文字进行修饰，包括调整其位置、透明度、字体、字号、颜色和为文字添加阴影等。

1. **变换设置**

在“字幕属性”设置子面板的“变换”选项中可以对字幕文字或图形的透明度、位置、高度、宽度以及旋转等属性进行操作，如图 6-12 所示。

“透明度”：用于设置字幕文字或图形的不透明度。

“X 轴位置”/“Y 轴位置”：用于设置文字或图形在画面中所处的位置。

“宽”/“高”：用于设置文字或图形的宽度/高度。

“旋转”：用于设置文字或图形旋转的角度。

2. **属性设置**

在“字幕属性”设置子面板的“属性”选项中可以对字幕文字的字体、字体的大小、样式以及字距、扭曲等一些基本属性进行设置，如图 6-13 所示。

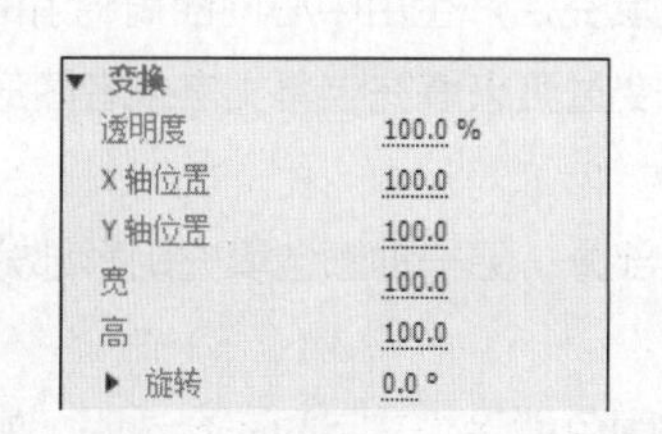

图 6-12

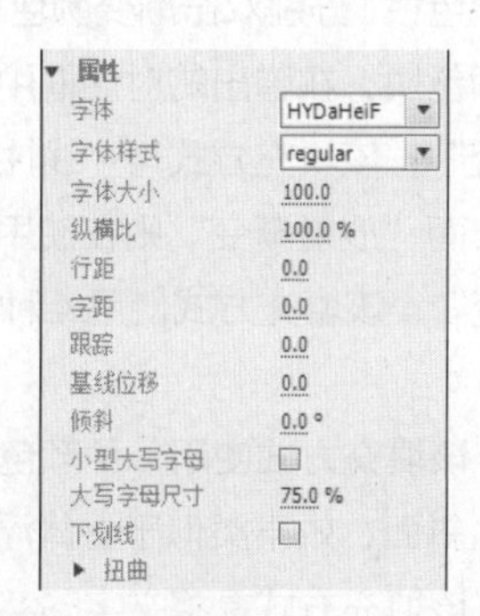

图 6-13

“字体”：在该选项右侧的下拉列表框中可以选择字体。

“字体样式”：在该选项右侧的下拉列表框中可以选择字体样式。

“字体大小”：用于设置文字的大小。

“纵横比”：使文字在水平、垂直方向上进行等比例缩放。

“行距”：用于设置文字的行间距。

“字距”：用于设置相邻文字之间的水平距离。

“跟踪”：其功能与“字距”类似，两者的区别是对选择的多个字符进行字间距的调整，“字距”选项会保持选择的多个字符的位置不变，向右平均分配字符间距，而“跟踪”选项会均匀分配所选择的每一个相邻字符的位置。

“基线位移”：用于设置文字偏离水平中心线的距离，主要用于创建文字的上标和下标。

“倾斜”：用于设置文字的倾斜程度。

“小型大写字母”：勾选该复选框，可以将所选的小写字母变成大写字母。

“大写字母尺寸”：该选项配合“小型大写字母”复选框使用，可以将显示的大写字母放大或缩小。

“下画线（软件中为下画线）”：勾选该复选框，可以为所选文字添加下画线。

“扭曲”：用于设置文字在水平或垂直方向的变形。

3. 填充设置

“字幕属性”设置子面板的“填充”选项主要用于设置字幕文字或图形的填充类型、色彩和透明度等属性，如图6-14所示。

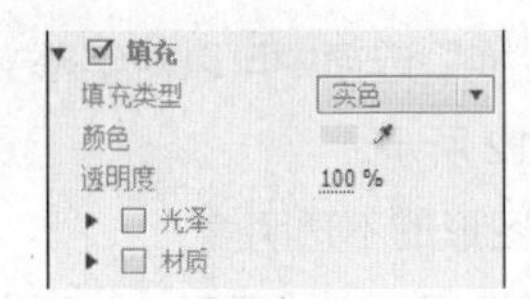

图6-14

“填充类型”：单击该选项右侧的下拉按钮，在弹出的下拉列表框中可以选择需要填充的类型，共有7种方式供选择。

①“实色”：使用一种颜色进行填充，这是系统默认的填充方式。

②“线性渐变”：使用两种颜色进行线性渐变填充。当选择该选项进行填充时，“颜色”选项右侧多了一个渐变颜色栏，分别双击渐变颜色栏下的滑块，在弹出的对话框中选择一个颜色，再单击“色彩到色彩”选项颜色块，在弹出的对话框中对渐变开始和渐变结束的颜色进行设置。

③“放射渐变”：该填充方式与“线性渐变”类似，不同之处是“线性渐变”使用两种颜色的线性过渡进行填充，而“放射渐变”则在使用两种颜色填充后产生由中心向四周辐射的过渡。

④“四色渐变”：该填充方式使用4种颜色的渐变过渡来填充字幕文字或者图形，每种颜色占据文本的一个角。

⑤“斜面”：该填充方式使用一种颜色填充高光部分，另一种颜色填充阴影部分，再通过添加灯光应用使文字产生斜面，效果类似于立体浮雕。

⑥“消除”：该填充方式是将文字的实体填充的颜色消除，文字为完全透明。如果为文字添加了描边，采用该方式填充，则可以制作空心的线框文字效果；如果为文字设置了阴影，选择该方式，则只能留下阴影的边框。

⑦“残像”：该填充方式可以使填充区域变为透明，只显示阴影部分。

“光泽”：该选项用于为文字添加辉光效果。

“材质”：使用该选项可以为字幕文字或图形添加纹理效果，以增强文字或图形的表现力。纹理填充的图像可以是位图，也可以是矢量图。

4. 描边设置

“描边”选项主要用于设置文字或图形的描边效果，也可以设置内部笔画和外部笔画，如图6-15所示。

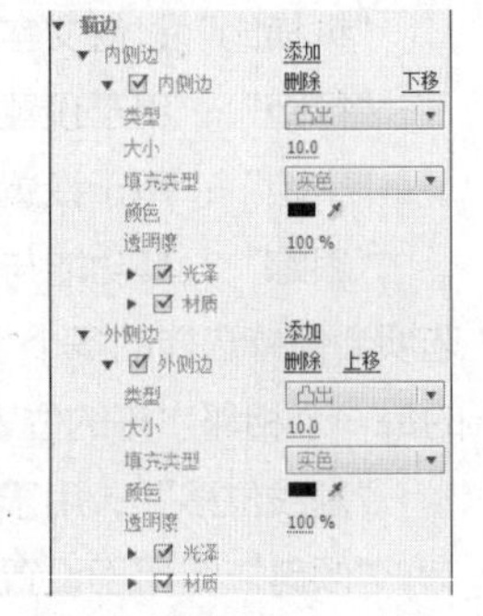

图6-15

用户可以选择使用“内侧边”或“外侧边”，或者两者一起使用。应用描边效果，首先单击“添加”选项，添加需要的描边效果。两种描边效果的参数选项基本相同。

应用描边效果后，可以在“类型”下拉列表框中选择描边模式。

“深度”：选择该选项后，可以在“大小”参数选项中设置边缘的宽度，在“颜色”参数选项中设置边缘的颜色，在“透明度”参数选项中设置描边的不透明度，在“填充类型”下拉列表框中选择描边的填充方式。

"凸出"：选择该选项，可以使字幕文字或图形产生一个厚度，呈现立体字的效果。

"凹进"：选择该选项，可以使字幕文字或图形产生一个分离的面，类似于产生透视的投影。

5. 阴影设置

"阴影"选项用于添加阴影效果，如图 6-16 所示。

☑ 阴影	
颜色	
透明度	54 %
▶ 角度	-205.0 °
距离	4.0
大小	0.0
扩散	19.0

图 6-16

"颜色"：用于设置阴影的颜色。单击该选项右侧的颜色块，可以在弹出的对话框中选择需要的颜色。

"透明度"：用于设置阴影的不透明度。

"角度"：用于设置阴影的角度。

"距离"：用于设置文字与阴影之间的距离。

"大小"：用于设置阴影的大小。

"扩散"：用于设置阴影的扩展程度。

6.3.3 课堂案例——果果在线科技

案例学习目标

学习使用字幕命令和面板输入并编辑文字。

案例知识要点

使用"字幕"命令编辑文字，使用"投影"特效为文字添加投影。最终效果参看云盘中的"Ch06\在线科技\在线科技.prproj"。果果在线科技效果如图 6-17 所示。

图 6-17

微课：果果在线科技

扫码查看扩展案例

效果所在位置

云盘\Ch06\果果在线科技\果果在线科技.prproj。

步骤 1 启动 Premiere Pro CS6 软件，弹出"欢迎使用 Adobe Premiere Pro"界面，单击"新建项目"按钮，弹出"新建项目"对话框，设置"位置"选项，选择保存文件路径，在"名称"文本框中输入文件名"在线科技"，如图 6-18 所示。单击"确定"按钮，弹出"新建序列"对话框，设置如图 6-19 所示，单击"确定"按钮完成序列的创建。

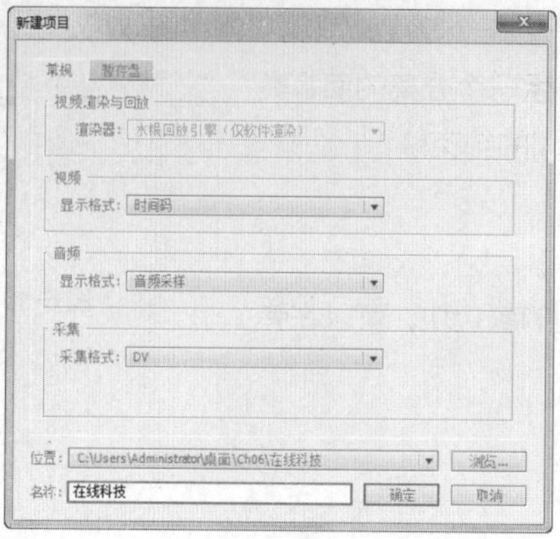

图 6-18

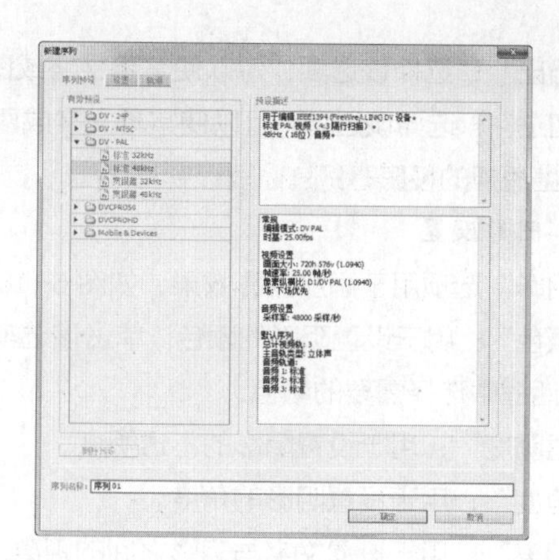

图 6-19

步骤② 选择“文件 > 导入”菜单命令，弹出“导入”对话框，选择云盘中的“Ch06\在线科技\素材\01”文件，单击“打开”按钮，导入文件，如图 6-20 所示。导入后的文件排列在“项目”面板中，如图 6-21 所示。在“项目”面板中选中“01”文件并将其拖曳到“时间线”面板中的“视频 1”轨道中，如图 6-22 所示。

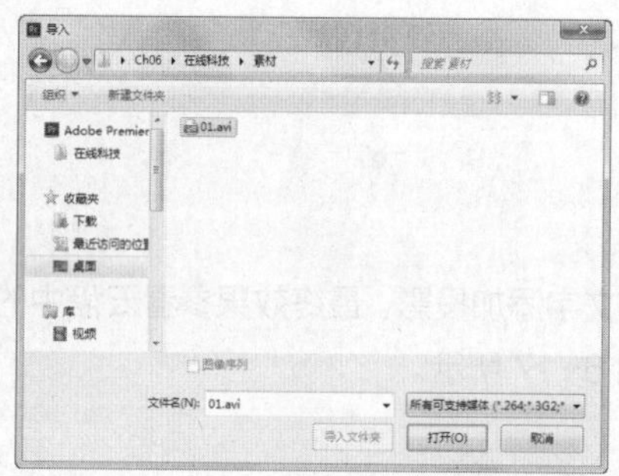

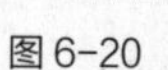

图 6-20

图 6-21

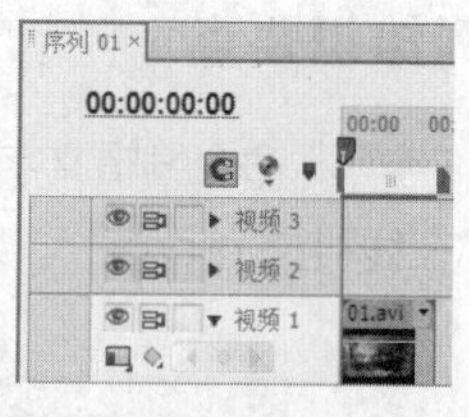

图 6-22

步骤③ 选择“文件 > 新建 > 字幕”菜单命令，弹出“新建字幕”对话框，如图 6-23 所示，单击“确定”按钮，弹出“字幕”编辑面板。选择“输入”工具T，在字幕工作区中输入需要的文字，在字幕属性栏中选择需要的字体和文字大小，其他设置如图 6-24 所示。选取需要的文字，设置适当的行距，效果如图 6-25 所示。将所有文字选取，设置文字填充颜色为粉色（其 R、G、B 的值分别为 253、233、213），其他设置如图 6-26 所示。

图 6-23

图 6-24

图 6-25

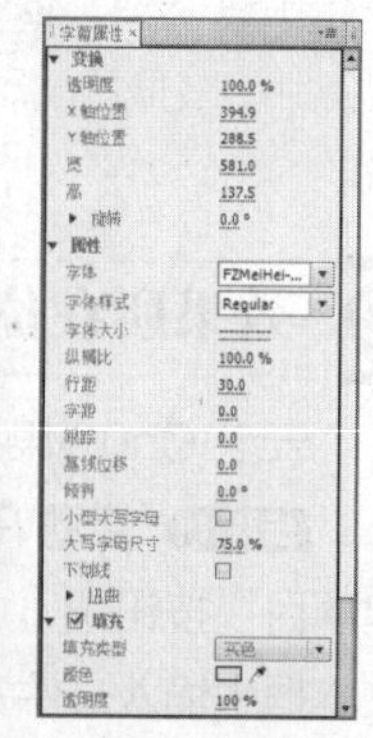

图 6-26

步骤④ 在“项目”面板中选中“字幕 01”文件并将其拖曳到“视频 2”轨道中，如图 6-27 所示。在“视频 2”轨道上选中“字幕 01”文件，将鼠标指针放在“字幕 01”文件的结束位置，当鼠标指针呈⇥时，向右拖曳鼠标指针到与“01”文件相同的结束位置，如图 6-28 所示。

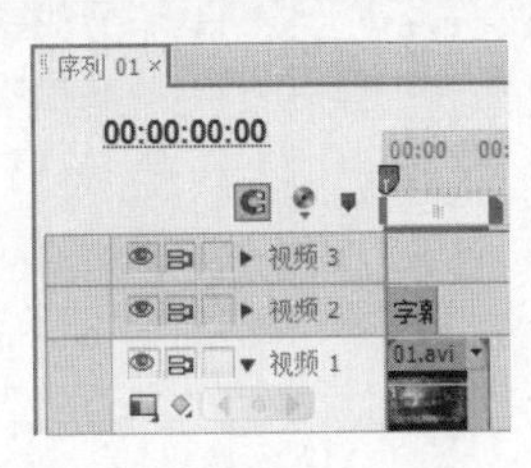

图 6-27

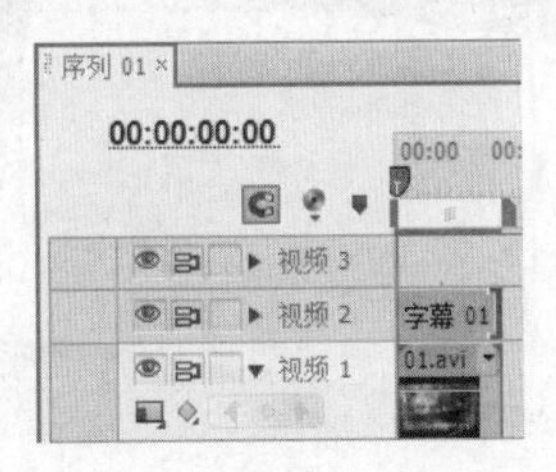

图 6-28

步骤⑤ 选择“窗口 > 效果”菜单命令，弹出“效果”面板，展开“视频特效”选项，单击“透视”文件夹前面的三角形按钮▸将其展开，选中“投影”特效，如图 6-29 所示。将“投影”特效拖曳到“时间线”面板中的“字幕 01”文件上，如图 6-30 所示。选择“特效控制台”面板，展开“投影”特效并进行参数设置，设置如图 6-31 所示。在“节目”监视器面板中预览效果，效果如图 6-32 所示。在线科技制作完成。

图 6-29

图 6-30

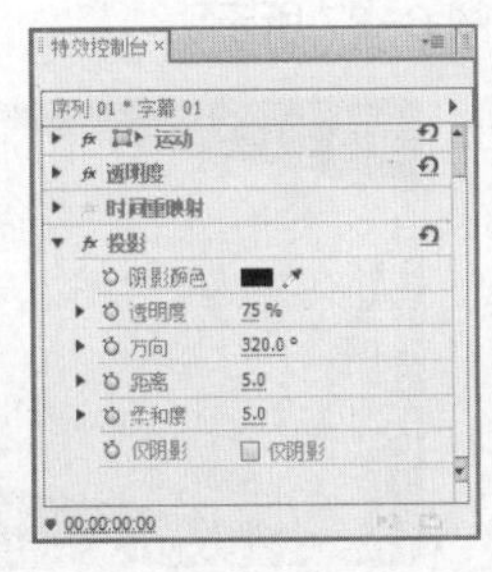

图 6-31

图 6-32

6.4 制作滚动字幕

在观看电影时，经常会看到影片的开头和结尾都有滚动文字，显示导演与演员的姓名等，或是影片中出现的人物对白。使用视频编辑软件可以将这些文字添加到视频画面中。在 Premiere Pro CS6 中可制作出垂直滚动和横向滚动两种字幕效果。

6.4.1 制作垂直滚动字幕

制作垂直滚动字幕的具体操作步骤如下。

步骤① 启动 Premiere Pro CS6 软件，在“项目”面板中导入素材并将素材添加到“时间线”面板中的视频轨道中。选择“字幕 > 新建字幕 > 默认静态字幕”菜单命令，在弹出的“新建字幕”对话框中设置字幕的名称，单击“确定”按钮，打开“字幕”编辑面板。

步骤② 选择“输入”工具T，在字幕工作区中单击并按住左键拖曳出一个文字输入的矩形框，然后输入文字并对文字属性进行相应的设置，效果如图 6-33 所示。

步骤 ③ 单击“滚动/游动选项”按钮，在弹出的对话框中选中“滚动”单选按钮，在“时间（帧）”选项区域中勾选“开始于屏幕外”和“结束于屏幕外”复选框，其他设置如图 6-34 所示。

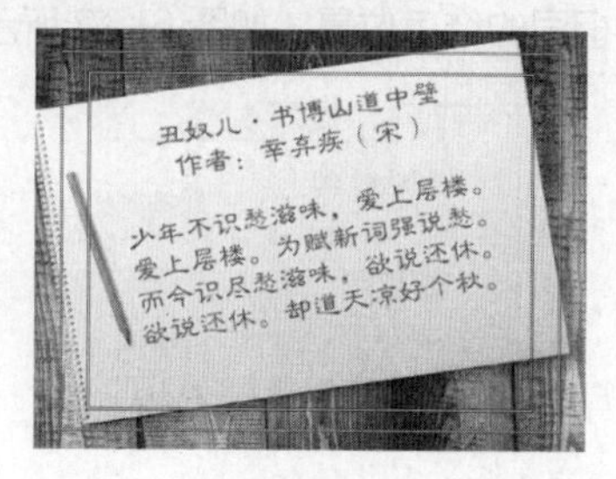

图 6-33

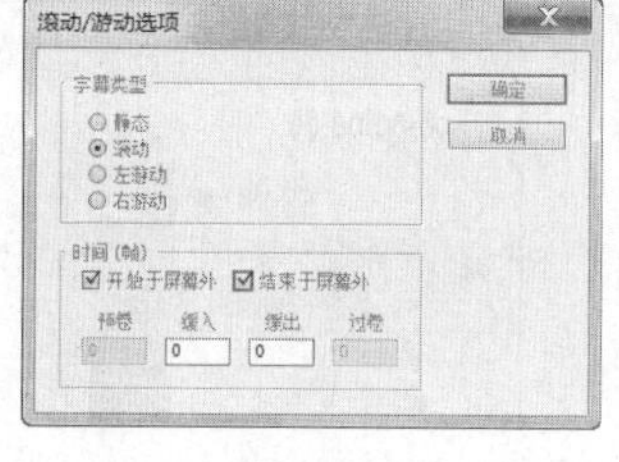

图 6-34

步骤 ④ 单击“确定”按钮，再单击面板右上角的“关闭”按钮，关闭“字幕”编辑面板，返回 Premiere Pro CS6 的工作界面，制作的内容将会自动保存在“项目”面板中。从“项目”面板中将新建的字幕添加到“时间线”面板的“视频 2”轨道中，并将其长度调整为与轨道 1 中的素材等长，如图 6-35 所示。

步骤 ⑤ 单击“节目”监视器面板下方的“播放-停止切换”按钮 / ，即可预览字幕的垂直滚动效果，效果如图 6-36 和图 6-37 所示。

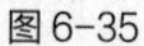

图 6-35

图 6-36

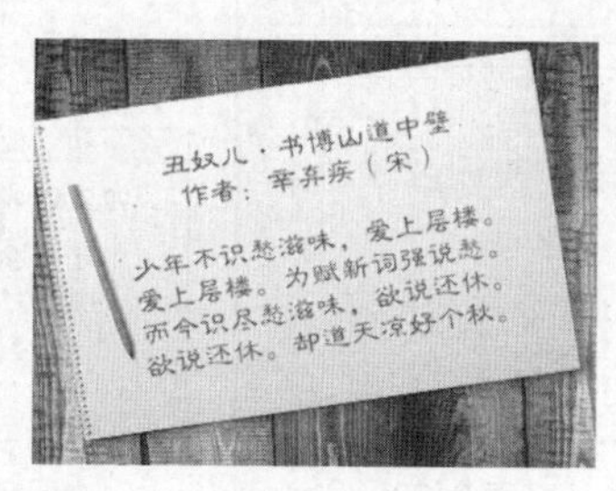

图 6-37

6.4.2 制作横向滚动字幕

制作横向滚动字幕与制作垂直字幕的操作基本相同，其具体操作步骤如下。

步骤 ① 启动 Premiere Pro CS6 软件，在“项目”面板中导入素材并将素材添加到“时间线”面板中的视频轨道中，然后创建一个字幕文件。选择“输入”工具 T，在字幕工作区中输入需要的文字并对文字属性进行相应的设置，效果如图 6-38 所示。

步骤 ② 单击“滚动/游动选项”按钮，在弹出的对话框中选中“右游动”单选按钮，在“时间（帧）”选项区域中勾选“开始于屏幕外”和“结束于屏幕外”复选框，其他设置如图 6-39 所示。

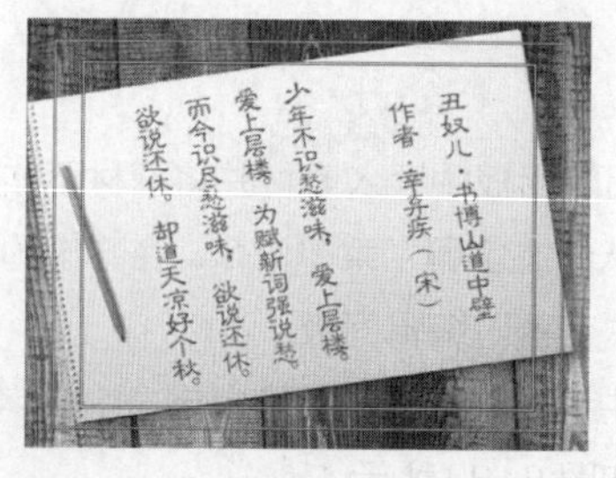

图 6-38

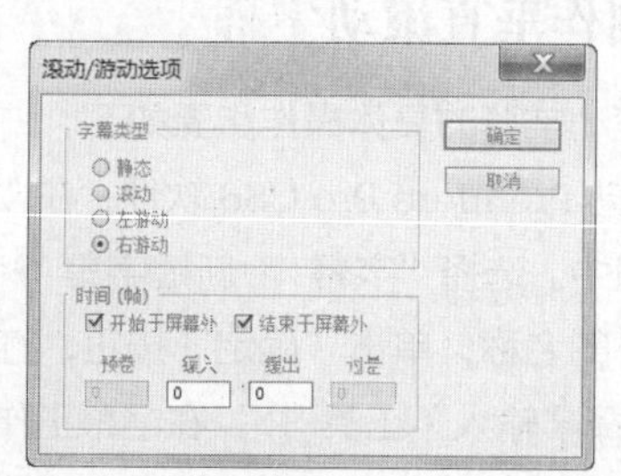

图 6-39

步骤 ③ 单击“确定”按钮，再次单击面板右上角的“关闭”按钮，关闭“字幕”编辑面板，返回 Premiere Pro CS6 的工作界面，此时制作的内容将会自动保存在“项目”面板中，从“项目”面板中将新建的字幕添加到“时间线”面板的“视频 2”轨道中，如图 6-40 所示。

步骤 ④ 单击“节目”监视器面板下方的“播放-停止切换”按钮 / ，即可预览字幕的横向滚动效果，效果如图 6-41 和图 6-42 所示。

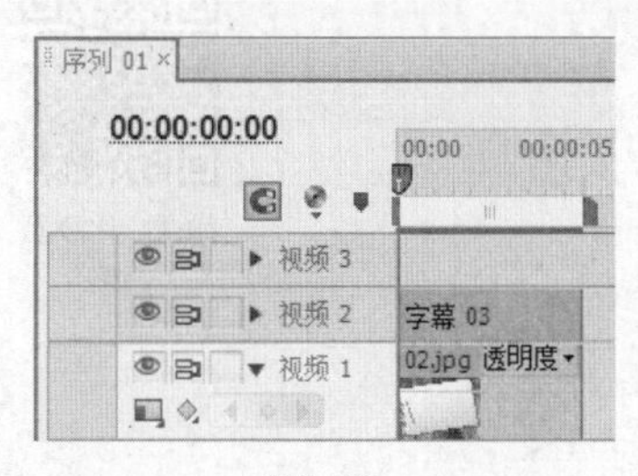

图 6-40

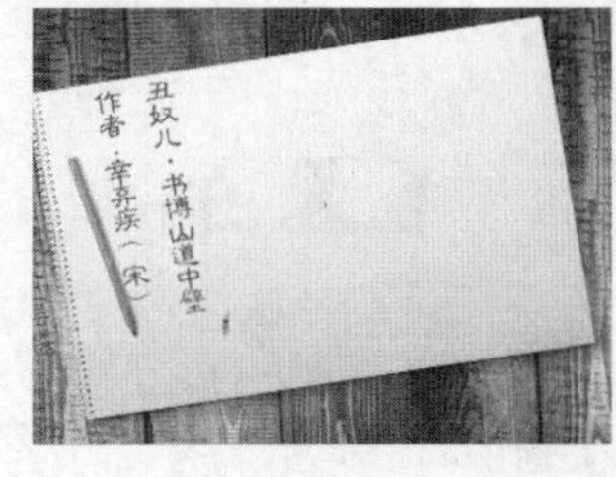

图 6-41

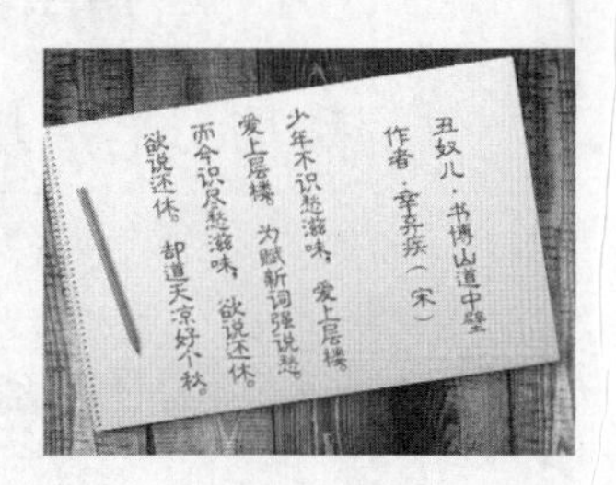

图 6-42

6.5 课堂练习——美食广告

练习知识要点

使用“字幕”命令输入文字并编辑文字属性，使用“滚动/游动选项”按钮制作文字滚动效果。最终效果参看云盘中的“Ch06\美食广告\美食广告.prproj”。美食广告效果如图 6-43 所示。

图 6-43

效果所在位置

云盘\Ch06\美食广告\美食广告.prproj。

6.6 课后习题——化妆品广告

习题知识要点

使用“导入”命令，导入素材文件，使用“字幕”命令，创建字幕，使用“球面化”特效，制作文字动画效果。最终效果参看云盘中的“Ch06\化妆品广告\化妆品广告.prproj”。化妆品广告效果如图 6-44 所示。

微课：化妆品广告

图 6-44

效果所在位置

云盘\Ch06\化妆品广告\化妆品广告. prproj。

07

第 7 章 加入音频效果

本章介绍

本章对音频及音频特效的应用与编辑进行介绍，重点讲解调音台、制作录音效果及添加音频特效等。通过对本章内容的学习，读者应该可以完全掌握 Premiere Pro CS6 的音频特效制作。

课堂学习目标

- 熟练掌握调节音频的方法
- 掌握分离和链接视音频的技巧
- 掌握使用“时间线”面板合成音频的方法
- 掌握音频特效的添加方法

7.1 关于音频效果

Premiere Pro CS6 改进后功能十分强大，不仅可以编辑音频素材、添加音效、制作单声道混音、制作立体声和 5.1 环绕声，还可以使用“时间线”面板进行音频的合成工作。在 Premiere Pro CS6 中可以很方便地处理音频，同时还提供了一些处理方法，如声音的摇摆和声音的渐变等。

在 Premiere Pro CS6 中对音频素材进行处理主要有以下 3 种方式。

步骤① 在“时间线”面板的音频轨道上以修改关键帧的方式对音频素材进行操作，如图 7-1 所示。

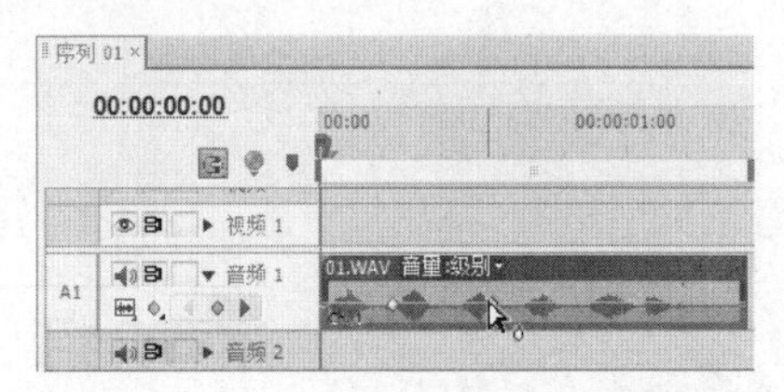

图 7-1

步骤② 使用相应的菜单命令来编辑所选的音频素材，如图 7-2 所示。

步骤③ 通过“效果”面板为音频素材添加音频特效来改变音频素材的效果，如图 7-3 所示。

选择“编辑 > 首选项 > 音频”菜单命令，弹出“首选项”对话框，可以对音频素材的属性进行初始设置，如图 7-4 所示。

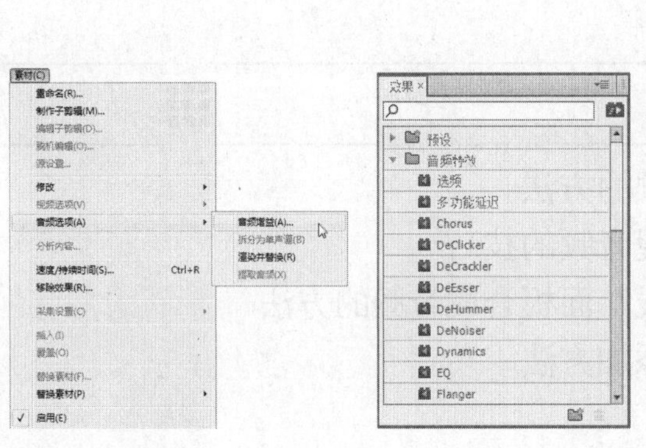

图 7-2　　图 7-3

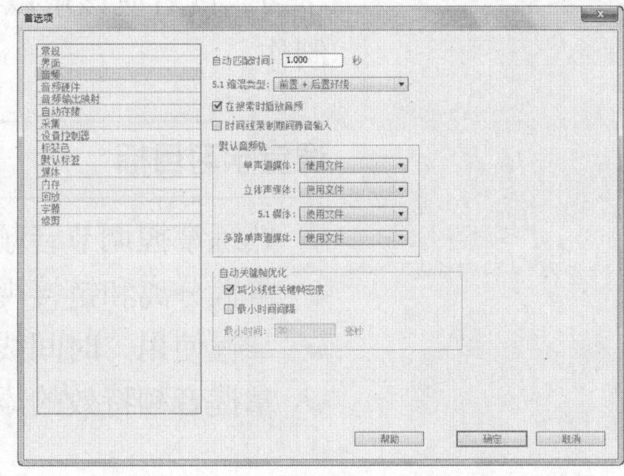

图 7-4

7.2 使用“调音台”面板调节音频

Premiere Pro CS6 大大加强了其处理音频的能力，使其更加专业化。“调音台”面板可以更加有效地调节节目的音频，如图 7-5 所示。

“调音台”面板由若干个轨道音频控制器、主音频控制器和播放控制器组成，每个控制器使用控制按钮和调节滑杆调节音频。“调音台”面板可以实时混合“时间线”面板中各轨道的音频。用户可以在“调音台”面板中选择相应的音频控制器进行调节，该控制器调节它在“时间线”面板对应的音频。

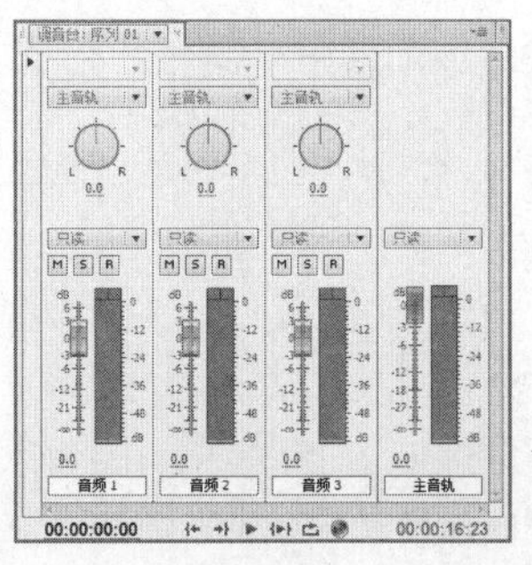

图 7-5

7.3 调节音频

“时间线”面板的每个音频轨道上都有淡化器，用户可以通过淡化器调节音频素材的音量。淡化器初始状态为中低音量，相当于录音机表中的 0 dB。

在 Premiere Pro CS6 中，对音频的调节分为对“素材”调节和“轨道”调节。对素材调节时，音频的改变仅对当前的音频素材有效，删除素材后，调节效果就消失了；而轨道调节针对当前音频轨道进行调节，所有在当前音频轨道上的音频素材都会受到调节的影响。使用实时记录的时候，则只能针对音频轨道进行调节。

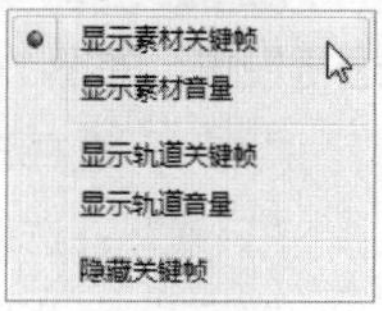

在音频轨道控制面板卷展栏左侧单击按钮，在弹出的列表框中选择音频轨道的显示内容，如图 7-6 所示。

显示素材关键帧
显示素材音量
显示轨道关键帧
显示轨道音量
隐藏关键帧

图 7-6

7.3.1 使用淡化器调节音频

使用“显示素材卷”/“显示轨道卷”，可以分别调节素材/轨道的音量。其具体操作步骤如下。

步骤① 在默认情况下，音频轨道控制面板卷展栏是关闭的。单击卷展栏控制按钮▶，使其变为▼，展开音频轨道控制面板卷展栏。

步骤② 选择“钢笔”工具或“选择”工具，使用该工具拖曳音频素材（或轨道）上的黄线即可调整音量，如图 7-7 所示。

步骤③ 按住<Ctrl>键的同时将鼠标指针放在淡化器上，鼠标指针将变为带有加号的箭头，如图 7-8 所示。

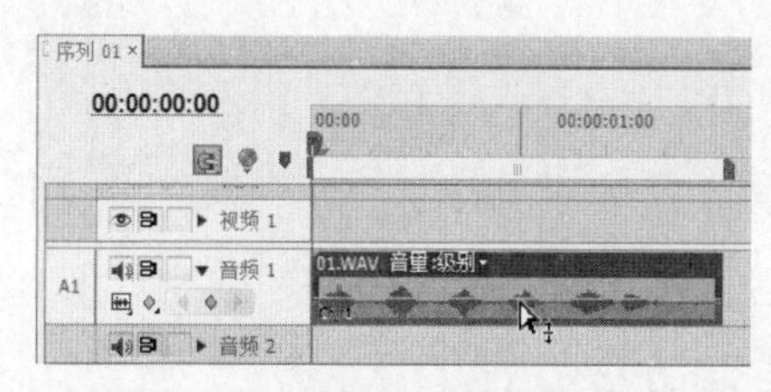

图 7-7

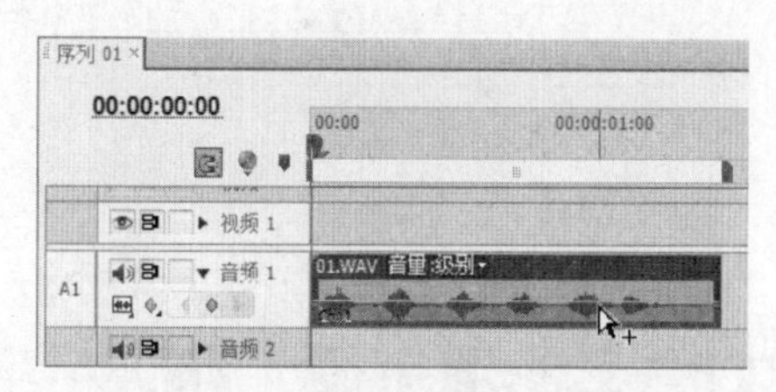

图 7-8

步骤④ 单击添加一个关键帧，用户可以根据需要添加多个关键帧。单击并上下拖曳关键帧，关键帧之间的直线指示音频素材是淡入或淡出：一条递增的直线表示音频淡入，另一条递减的直线表示音频淡出，如图 7-9 所示。

步骤⑤ 右键单击音频素材，选择“音频增益”命令，在弹出的对话框中选择“标准化所有峰值为：”单选按钮，可以使音频素材自动匹配到最佳音量，如图 7-10 所示。

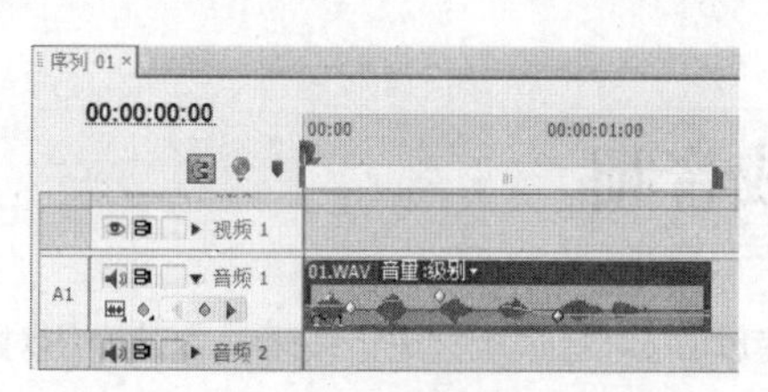

图 7-9

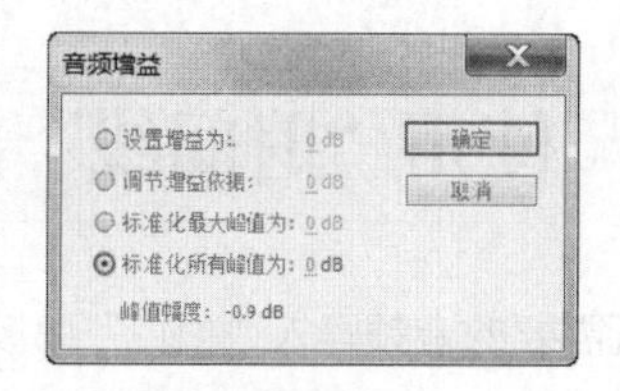

图 7-10

7.3.2 实时调节音频

使用 Premiere Pro CS6 的“调音台”面板调节音量非常方便，用户可以在播放音频时实时进行音量调节。使用“调音台”面板调节音频音量的具体操作步骤如下。

步骤① 在“时间线”面板的音频轨道控制面板卷展栏左侧单击按钮，在弹出的列表框中选择“显示轨道音量”选项。

步骤② 在“调音台”面板上方需要进行调节的轨道上单击“只读”按钮，在弹出的在列表框中进行设置，如图 7-11 所示。

“关”：选择该选项，系统会忽略当前音频轨道上的调节，仅按照默认设置播放。

“只读”：选择该选项，系统会读取当前音频轨上的调节，但是不能记录音频调节过程。

“锁存”：当使用自动书写功能实时播放记录调节数据时，每调节一次，下一次调节时调节滑块在上一次调节点之后的位置，当单击停止按钮播放音频后，当前调节滑块会自动转为音频对象在进行当前编辑前的参数值。

“触动”：当使用自动书写功能实时播放记录调节数据时，每调节一次，下一次调节时调节滑块初始位置会自动转为音频对象在进行当前编辑前的参数值。

“写入”：当使用自动书写功能实时播放记录调节数据时，每调节一次，下一次调节时调节滑块在上一次调节后的位置。在“调音台”面板激活需要调节轨自动记录的状态下，一般情况选择“写入”即可。

步骤③ 单击“播放-停止切换”按钮，“时间线”面板中的音频素材开始播放。拖曳音量控制滑杆对音量进行调节，调节完成后，系统自动记录结果，如图 7-12 所示。

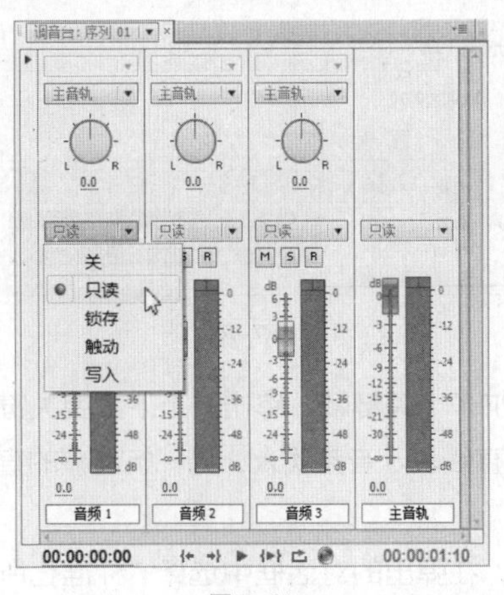

图 7-11

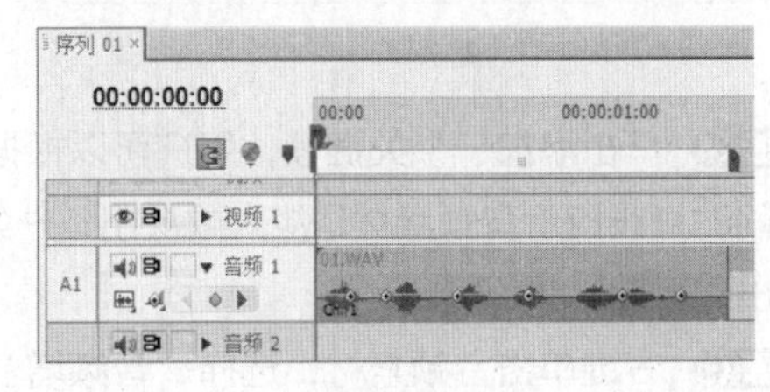

图 7-12

7.4 使用“时间线”面板合成音频

将所需要的音频导入“项目”面板后，接下来就可以对音频素材进行编辑，本节介绍对音频素材的编辑处理和各种操作方法。

7.4.1 调整音频持续时间和速度

与视频素材的编辑一样，在应用音频素材时，可以对其播放速度和时间长度进行调整，具体操作步骤如下。

步骤① 选中要调整的音频素材，选择“素材 > 速度/持续时间”菜单命令，弹出“素材速度/持续时间”对话框，如图 7-13 所示，在“持续时间”数值框中可以对音频素材的持续时间进行调整。

步骤② 在“时间线”面板中直接拖曳音频的边缘，可以改变音频轨上音频素材的长度。也可以利用“剃刀”工具，将音频素材多余的部分切除掉，如图 7-14 所示。

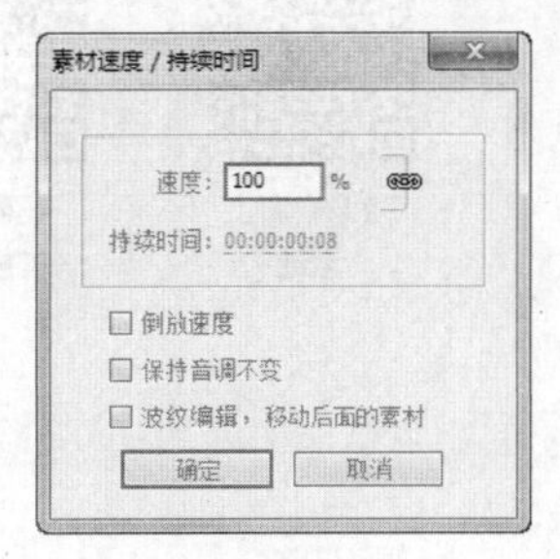

图 7-13

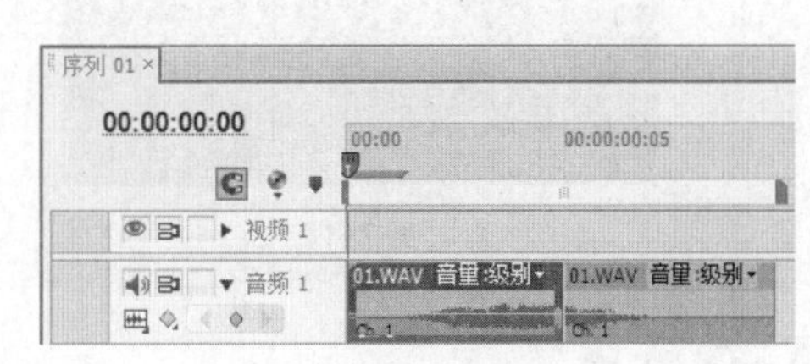

图 7-14

7.4.2 音频增益

音频增益指的是音频信号的声调高低。当一个视频片段同时拥有几个音频素材时，就需要平衡这几个音频素材的增益，如果一个音频素材的音频信号太高或太低，就会严重影响视频片段播放时的音频效果。设置音频素材增益的具体操作步骤如下。

步骤① 选中“时间线”面板中要调整的音频素材，被选中的音频素材周围会出现黑色实线，如图 7-15 所示。

步骤② 选择“素材 > 音频选项 > 音频增益”菜单命令，弹出“音频增益”对话框，将鼠标指针放在对话框的数值上，当指针变为手形标记时，单击并左右拖曳，增益值将被改变，如图 7-16 所示。

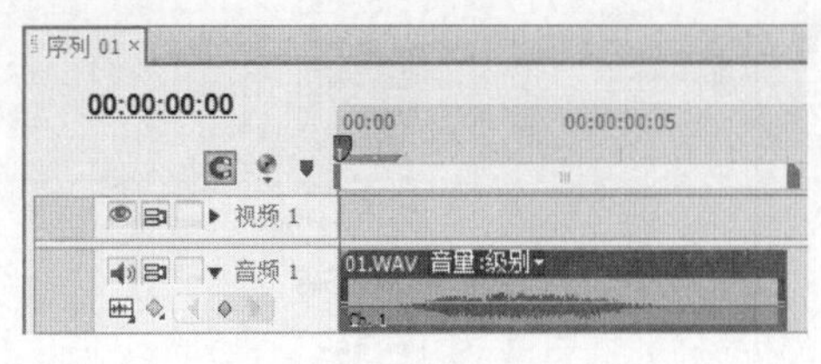

图 7-15

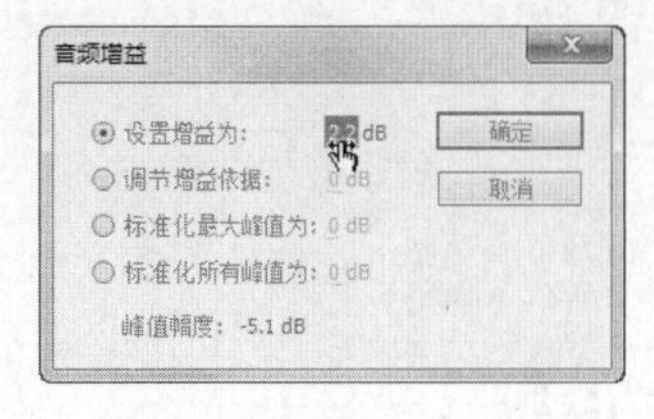

图 7-16

步骤③ 完成设置后，可以在“源”监视器面板中查看处理后的音频波形变化，播放调整后的音频素材，试听音频效果。

7.4.3 课堂案例——海上运动

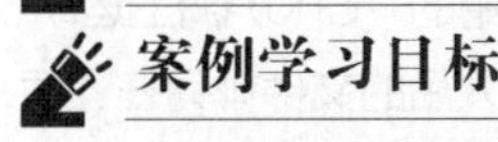

案例学习目标

学习使用编辑音频命令调整声道、速度与音调。

案例知识要点

使用“速度/持续时间”命令编辑视频播放快慢效果，使用“平衡”特效调整音频的左右声道，使用“PitchShifter”（音调转换）特效调整音频的速度与音调。最终效果参看云盘中的“Ch07\海上运动\海上运动.prproj”。海上运动效果如图 7-17 所示。

图 7-17

效果所在位置

云盘\Ch07\海上运动\海上运动. prproj。

步骤① 启动 Premiere Pro CS6 软件，弹出“欢迎使用 Adobe Premiere Pro”界面。单击“新建项目”按钮，弹出“新建项目”对话框，设置“位置”选项，选择保存文件路径，在“名称”文本框中输入文件名“海上运动”，如图 7-18 所示。单击“确定”按钮，弹出“新建序列”对话框，在左侧的列表中展开“DV-PAL”选项，选择“标准 48kHz”模式，如图 7-19 所示，单击“确定”按钮。

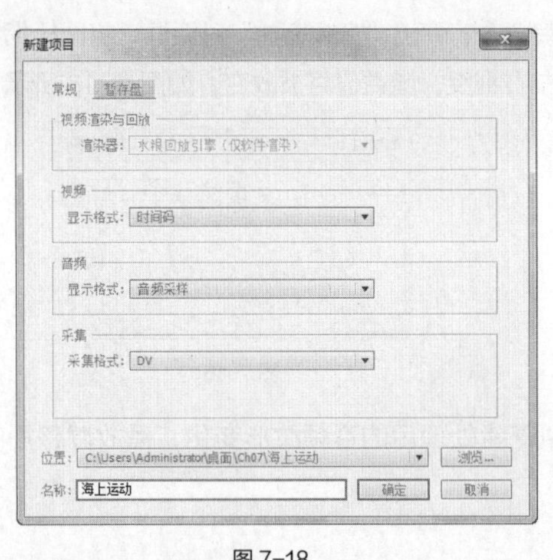

图 7-18

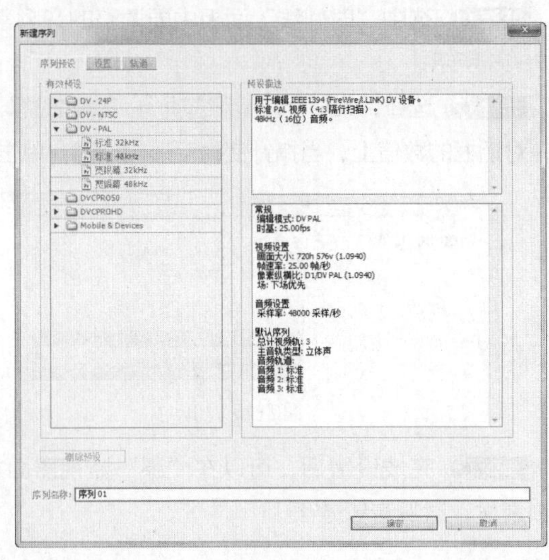

图 7-19

步骤② 选择“文件 > 导入”菜单命令，弹出“导入”对话框。选择云盘中的“Ch07\海上运动\素材\01、02、03”文件，单击“打开”按钮，导入文件，如图 7-20 所示。导入后的文件排列在“项目”面板中，如图 7-21 所示。

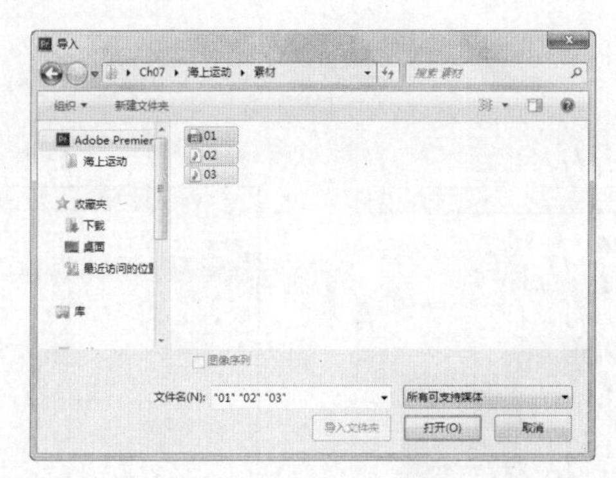

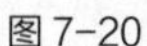

图 7-20

图 7-21

步骤③ 在“项目”面板中选中“01”文件并将其拖曳到“时间线”面板中的“视频 1”轨道中，如图 7-22 所示。按<Ctrl+R>组合键，弹出“素材速度/持续时间”对话框，将“速度”选项设置为 91%，如图 7-23 所示，单击“确定”按钮，在“时间线”面板中的显示如图 7-24 所示。

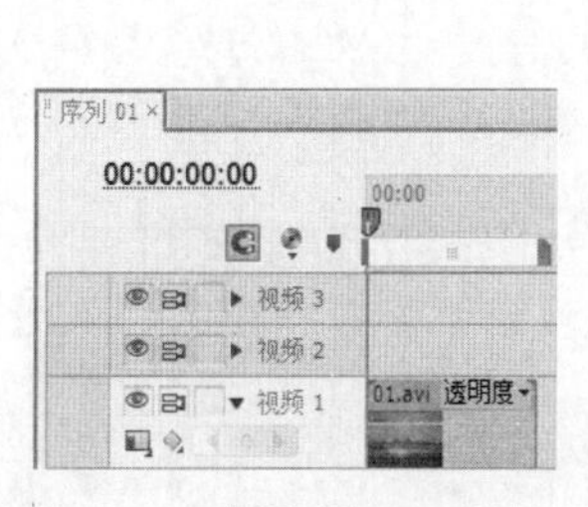

图 7-22

图 7-23

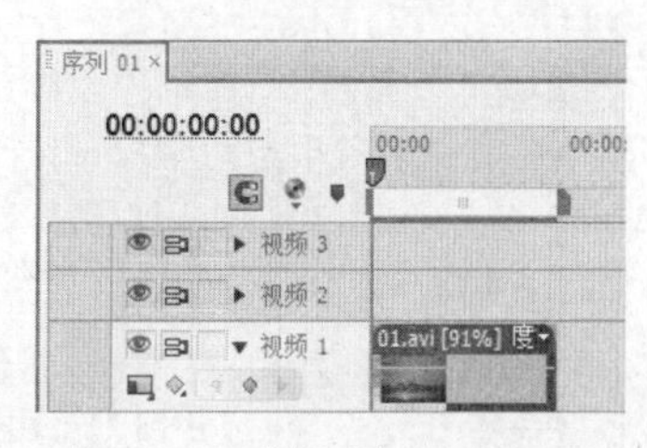

图 7-24

步骤④ 在“项目”面板中分别选中“02”“03”文件并将其拖曳到“时间线”面板中的“音频 1”“音频 2”轨道中，如图 7-25 所示。在“时间线”面板中选中“03”文件。按<Ctrl+R>组合键，弹出“素材速度/持续时间”对话框，将“速度”选项设置为 82%，如图 7-26 所示。单击“确定”按钮，在“时间线”面板中的显示如图 7-27 所示。

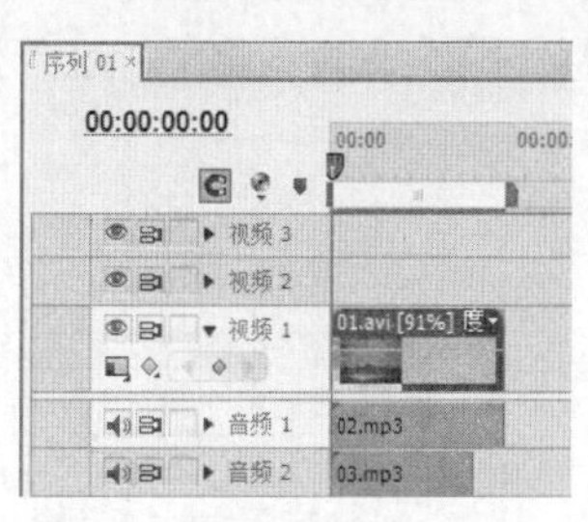

图 7-25

图 7-26

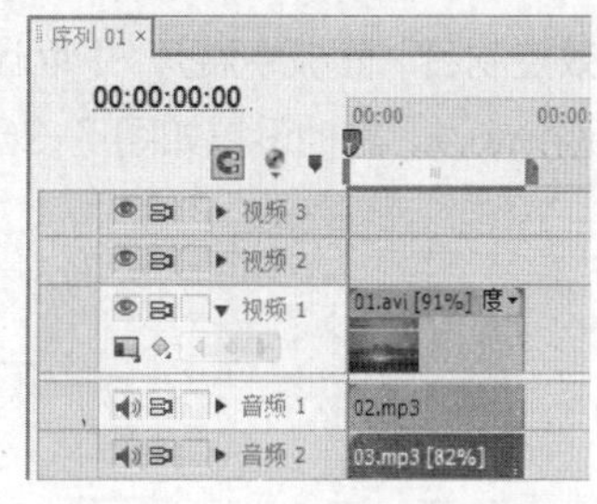

图 7-27

步骤⑤ 选择“窗口 > 效果”菜单命令，弹出“效果”面板，展开“音频特效”选项，选中“平衡”特效，如图 7-28 所示。将“平衡”特效拖曳到“时间线”面板中的“02”文件上，如图 7-29 所示。选择“特效控制台”面板，展开“平衡”特效，将“平衡”选项设置为 100.0，如图 7-30 所示。

图 7-28

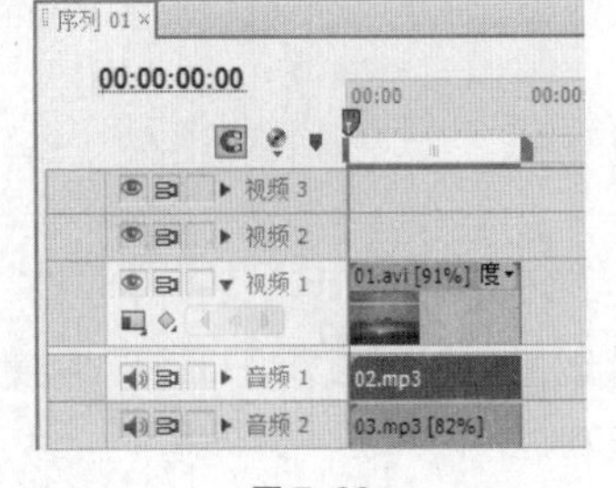

图 7-29

图 7-30

步骤 6 在“效果”面板中展开“音频特效”选项，选中“平衡”特效，如图 7-31 所示。将“平衡”特效拖曳到“时间线”面板中的“03”文件上，如图 7-32 所示。在“特效控制台”面板中展开“平衡”特效，将“平衡”选项设置为-100.0，如图 7-33 所示。

图 7-31

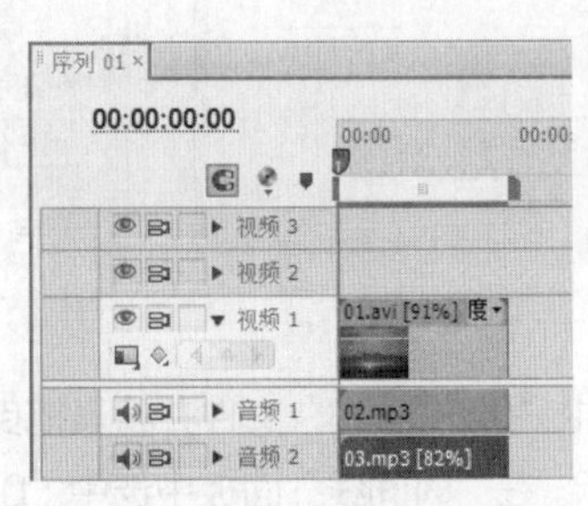

图 7-32

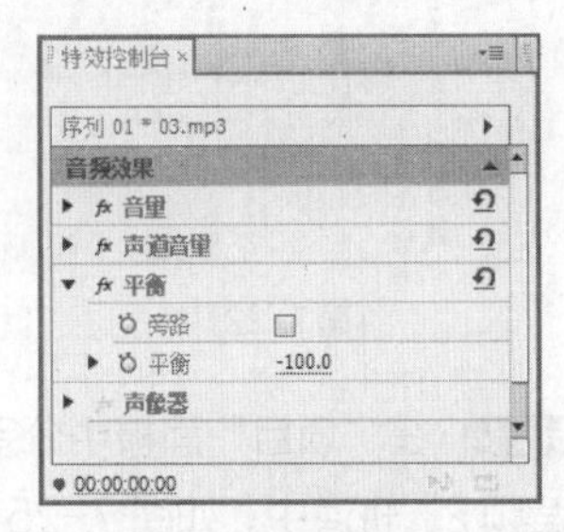

图 7-33

步骤 7 在“效果”面板中展开“音频特效”选项，选中“PitchShifter”（音调转换）特效，如图 7-34 所示。将“PitchShifter”特效拖曳到“时间线”面板中的“03”文件上，如图 7-35 所示。在“特效控制台”面板中展开“PitchShifter”特效，展开“自定义设置”选项，将“Pitch”选项设置为+5semi-1，其他设置如图 7-36 所示。海上运动制作完成。

图 7-34

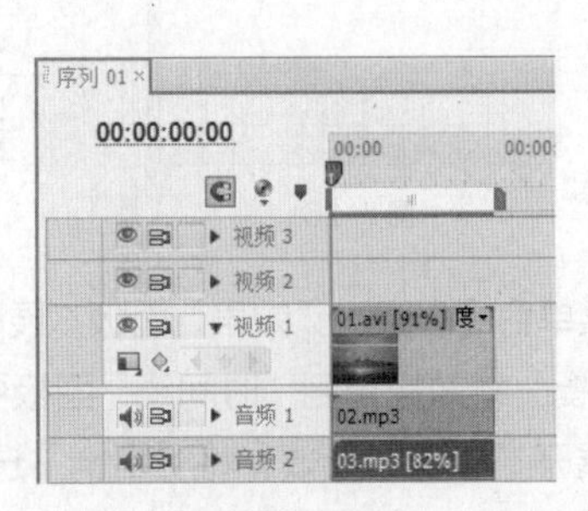

图 7-35

图 7-36

7.5 分离和链接视音频

在编辑工作中，经常需要将“时间线”面板中的视音频链接素材的视频和音频部分分离。用户可以完全打断或暂时释放链接素材的链接关系并重新设置各部分。

Premiere Pro CS6 中音频素材和视频素材有两种链接关系：硬链接和软链接。如果链接的视频素材和音频素材来自一个影片文件，它们是硬链接，“项目”面板中只显示一个素材，硬链接是在素材导入 Premiere Pro CS6 之前就建立的，在“时间线”面板中显示为相同的颜色，如图 7-37 所示。

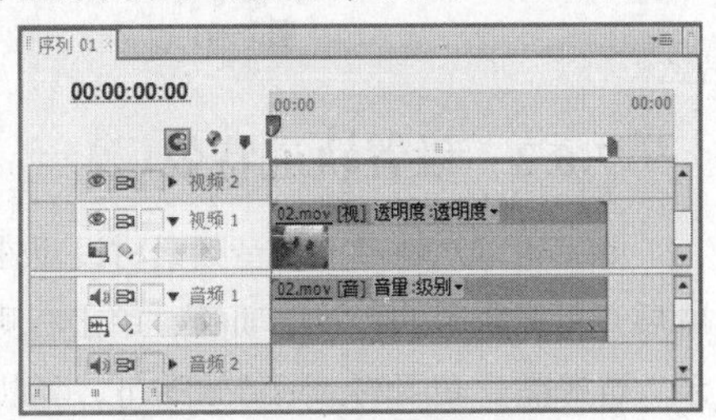

图 7-37

软链接是在“时间线”面板建立的链接。用户可以在“时间线”面板为音频素材和视频素材建立软链接。软链接类似于硬链接，但链接的素材在“项目”面板中保持着各自的完整性，在序列中显示为不同的颜色，如图 7-38 所示。

如果要打断链接在一起的视音频，可在轨道上选中对象并右键单击，在弹出的快捷菜单中选择“解除视音频链接”命令即可，如图 7-39 所示。可以单独对被打断的视音频素材进行操作。

如果要把分离的视音频素材链接在一起作为一个整体进行操作，则只需要框选需要链接的视音频，单击鼠标右键，在弹出的快捷菜单中选择“链接视频和音频”命令即可，如图 7-40 所示。

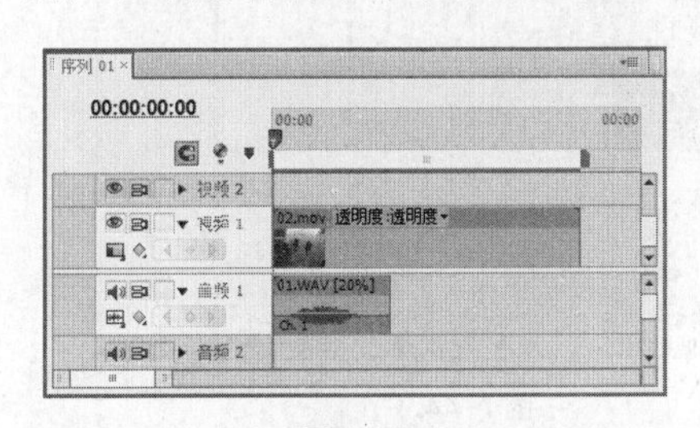

图 7-38

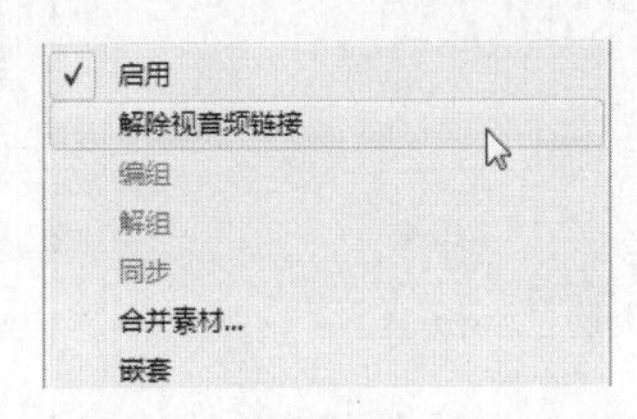

图 7-39

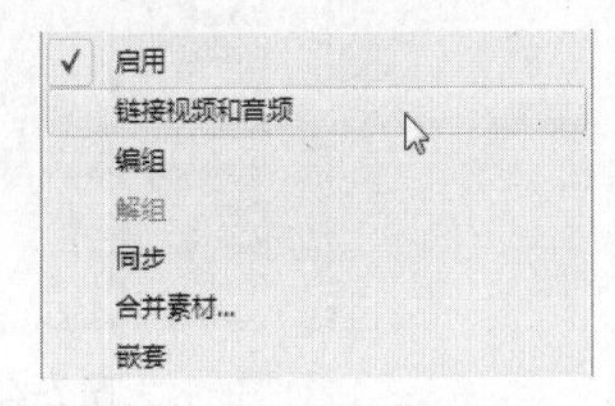

图 7-40

7.6 添加音频特效

Premiere Pro CS6 提供了 20 种以上的音频特效，用户可以通过这些音频特效制作出回声、和声以及去除噪音的效果，还可以使用扩展的插件控制更多。

7.6.1 为音频素材添加特效

音频素材的特效添加方法与视频素材的特效添加方法相同，这里不再赘述。可以在“效果”面板中展开“音频特效”选项，分别在不同的音频模式文件夹中选择音频特效进行设置即可，如图 7-41 所示。

在“音频过渡”选项下，Premiere Pro CS6 还为音频素材提供了简单的切换方式，如图 7-42 所示。为音频素材添加切换的方法与视频素材的相同。

图 7-41

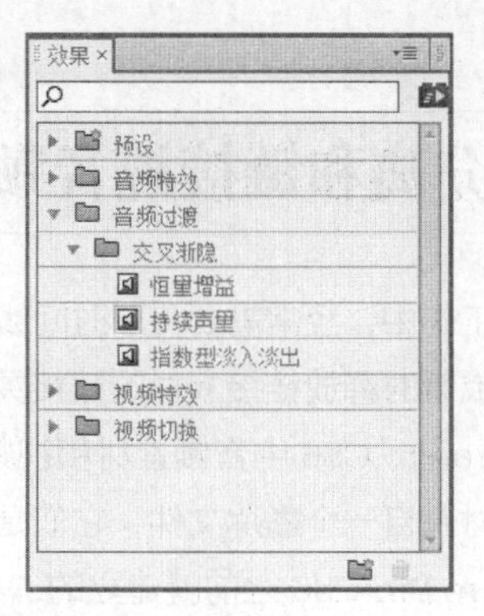

图 7-42

7.6.2 设置轨道特效

除了可以对轨道上的音频素材设置外，还可以直接给音频轨道添加特效。首先在“调音台”面板中展开目标轨道的特效选项，单击右侧选项上的小三角，弹出音频特效下拉列表框，如图 7-43 所示，选择需要使用的音频特效即可。可以在同一个音频轨道上添加多个特效并分别控制这些特效，如图 7-44 所示。

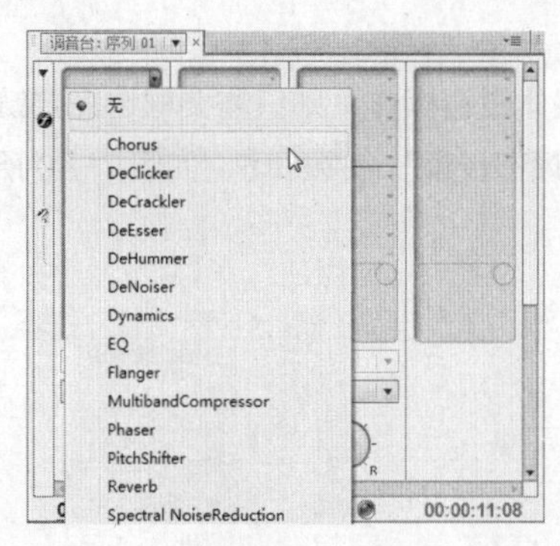

图 7-43

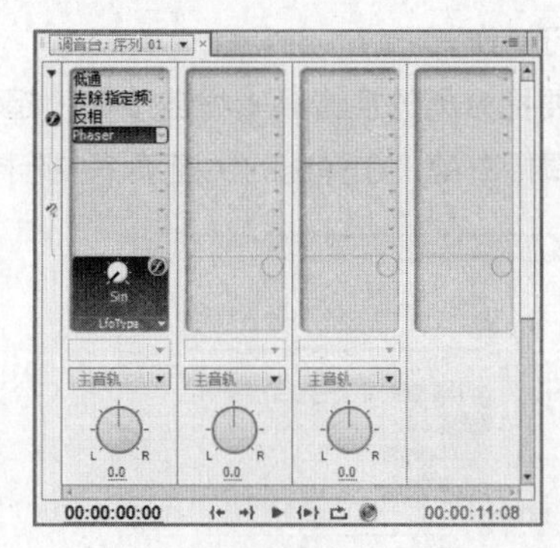

图 7-44

如果要调节轨道的音频特效，可以右键单击选择的特效，在弹出的下拉列表框中选择即可，如图 7-45 所示。在下拉列表框中选择“编辑”选项，可以在弹出的特效设置对话框中进行更加详细的设置，图 7-46 所示为“Phaser”的详细调整对话框。

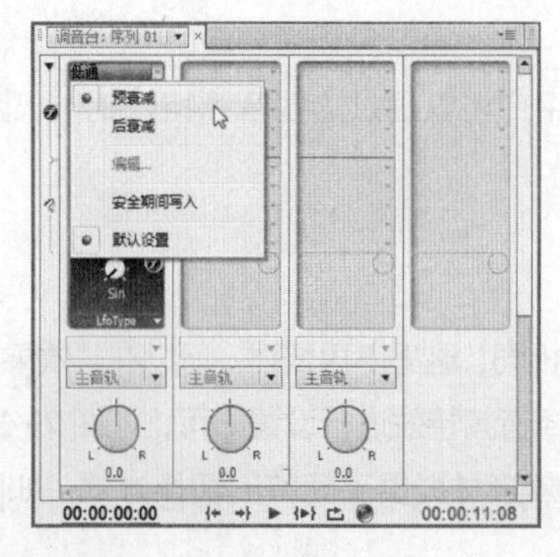

图 7-45

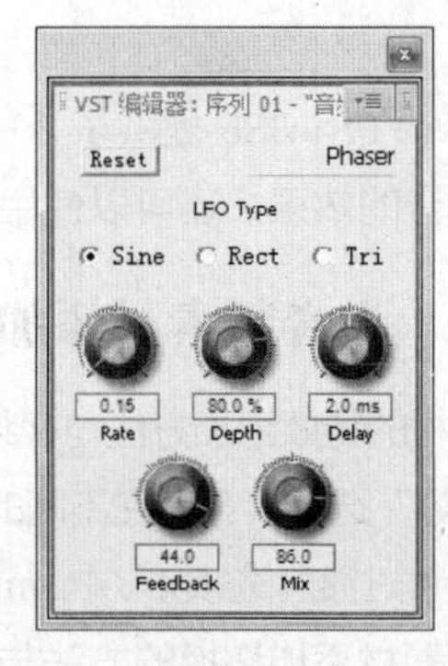

图 7-46

7.6.3 音频效果简介

用于轨道音频的特效有以下几种：选频、多功能延迟、Chorus、DeClicker、DeCrackler、DeEsser、DeHummer、DeNoiser、Dynamics、EQ、Flanger、Multiband Compressor、低通、低音、Phaser、PitchShifter、Reverb、平衡、Spectral NoiseReduction、静音、使用右声道、使用左声道、互换声道、去除指定频率、参数均衡、反相、声道音量、延迟、音量、高通、高音等。

7.7 课堂练习——音频的调节

练习知识要点

使用“导入”命令导入素材文件，使用“特效控制台”面板调整音频的淡入/淡出效果。最终效果参看云盘中的“Ch07\音频的调节\音频的调节.prproj”。使用淡化器调节音频效果如图 7-47 所示。

图 7-47

效果所在位置

云盘\Ch07\音频的调节\音频的调节. prproj。

7.8 课后习题——音频的剪辑

习题知识要点

使用“速度/持续时间”命令编辑视频播放快慢效果，使用“平衡”特效调整音频的左右声道，使用“PitchShifter”（音调转换）特效调整音频的速度与音调。最终效果参看云盘中的“Ch07\音频的剪辑\音频的剪辑.prproj”。音频的剪辑效果如图 7-48 所示。

图 7-48

效果所在位置

云盘\Ch07\音频的剪辑\音频的剪辑. prproj。

08

第8章 文件输出

本章介绍

本章主要介绍 Premiere Pro CS6 中与节目最终输出有关的编码器、输出的节目类型与格式以及相关的参数设置。通过对本章的学习，读者可以掌握渲染输出的方法和技巧。

课堂学习目标

- 了解可输出的文件格式
- 熟练掌握输出参数的设置
- 掌握影片项目的预演
- 熟练掌握渲染输出各种格式文件的方法

8.1 可输出的文件格式

在 Premiere Pro CS6 中，可以输出多种文件格式，包括视频格式、音频格式、静态图像和序列图像等，下面进行详细介绍。

8.1.1 可输出的视频格式

在 Premiere Pro CS6 中可以输出多种视频格式，常用的有以下几种。

AVI：AVI 是 Audio Video Interleaved 的缩写。它是 Windows 操作系统中使用的视频文件格式，它的优点是兼容性好、图像质量好、调用方便，缺点是文件较大。

Animated GIF：GIF 是动画格式的文件，它可以显示视频运动画面，但不包含音频部分。

Fic/Fli：支持系统的静态画面或动画。

Filmstrip：电影胶片（也称为幻灯片影片），但不包括音频部分。可以通过 Photoshop 等软件对该类文件进行画面效果处理，然后再将其导入 Premiere Pro CS6 中进行编辑输出。

QuickTime：用于 Windows 和 Mac OS 系统上的视频文件，适合于网上下载。该文件格式是由 Apple 公司开发的。

DVD：DVD 是使用 DVD 刻录机及 DVD 空白光盘刻录而成的。

DV：DV 全称是 Digital Video，是新一代数字录像带的规格，它具有体积小、时间长的优点。

8.1.2 可输出的音频格式

在 Premiere Pro CS6 中可以输出多种音频格式，其主要可输出的音频格式有以下几种。

WMA：WMA 全称是 Windows Media Audio，WMA 音频文件是一种压缩的离散文件或流式文件。它采用的压缩技术与 MP3 压缩原理近似，但它并不削减大量的编码。WMA 最主要的优点是可以在较低的采样率下压缩出近似于 CD 音质的音乐。

MPEG：MPEG（Moving Picture Experts Group，动态图像专家组），创建于 1988 年，专门负责为 CD 建立视频和音频等相关标准。

MP3：MP3 是 MPEG Audio Layer 3 的简称，它能够以高音质，低采样率对数字音频文件进行压缩。

此外，Premiere Pro CS6 还可以输出 Real Media 和 QuickTime 格式的音频。

8.1.3 可输出的图像格式

在 Premiere Pro CS6 中可以输出多种图像格式，其主要可输出的图像格式有以下两类。

静态图像格式：Targa、TIFF 和 Windows Bitmap。

序列图像格式：GIF Sequence、Targa Sequence 和 Windows Bitmap Sequence。

8.2 影片项目的预演

影片预演是视频编辑过程中对编辑效果进行检查的重要手段，它实际上也属于编辑工作的一个部分。影片预演分为两种，一种是实时预演，另一种是生成预演，下面分别进行介绍。

8.2.1 影片实时预演

实时预演，也称为实时预览，即平时所说的预览。进行影片实时预演的具体操作步骤如下。

步骤① 影片编辑制作完成后，在“时间线”面板中将时间标记移动到需要预演的片段的开始位置，如图 8-1 所示。

步骤② 在“节目”监视器面板中单击“播放-停止切换”按钮▶，系统开始播放影片，用户可以在“节目”监视器面板中预览影片的最终效果，如图 8-2 所示。

图 8-1

图 8-2

8.2.2 生成影片预演

与实时预演不同的是，生成影片预演不是使用显卡对画面进行实时渲染，而是计算机的 CPU 对画面进行运算，先生成预演文件，然后再播放。因此，生成影片预演取决于计算机 CPU 的运算能力。生成预演播放的画面是平滑的，不会产生停顿或跳跃，所表现出来的画面效果和渲染输出的效果是完全一致的。生成影片预演的具体操作步骤如下。

步骤① 影片编辑制作完成以后，在“时间线”面板中拖曳工具区范围条的两端，以确定要生成影片预演的范围，如图 8-3 所示。

步骤② 选择“序列 > 渲染工作区域内的效果”菜单命令，系统将开始进行渲染，并弹出“正在渲染”对话框显示渲染进度，如图 8-4 所示。

步骤③ 在“正在渲染”对话框中单击“渲染详细信息”选项前面的按钮▶，展开此选项区域，可以查看渲染的时间、磁盘剩余空间等信息，如图 8-5 所示。

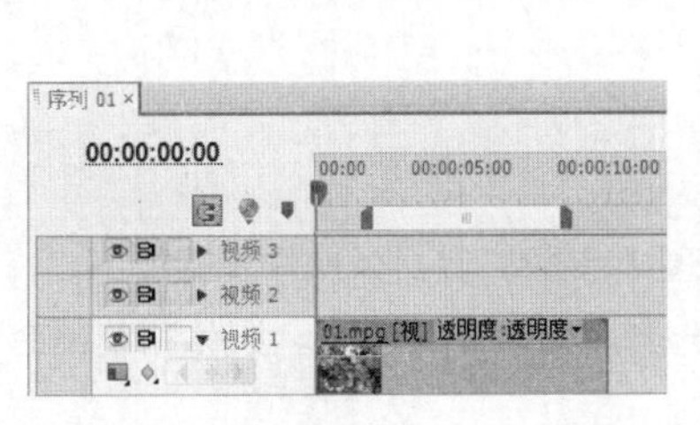

图 8-3

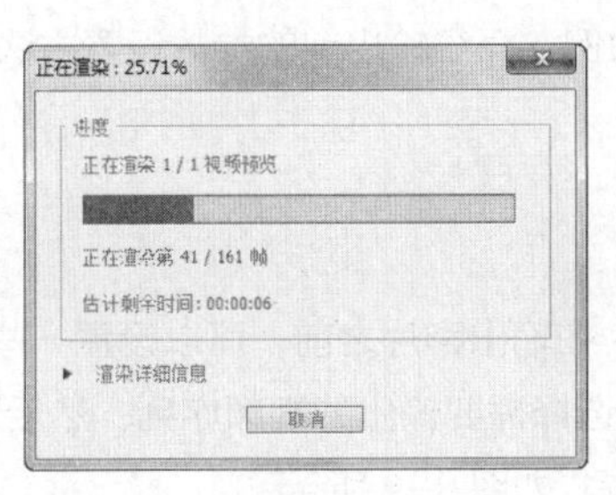

图 8-4

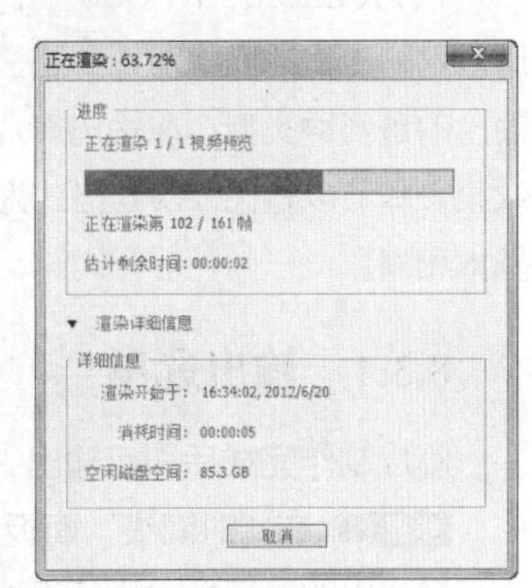

图 8-5

步骤④ 渲染结束后，系统会自动播放该片段，在“时间线”面板中，预演部分将会显示绿色线条，其他部分则保持为红色线条，如图 8-6 所示。

图 8-6

步骤⑤ 如果用户先设置了预演文件的保存路径，就可以在计算机中找到预演生成的临时文件，如图 8-7 所示。双击该文件，则可以脱离 Premiere Pro CS6 程序进行播放，如图 8-8 所示。

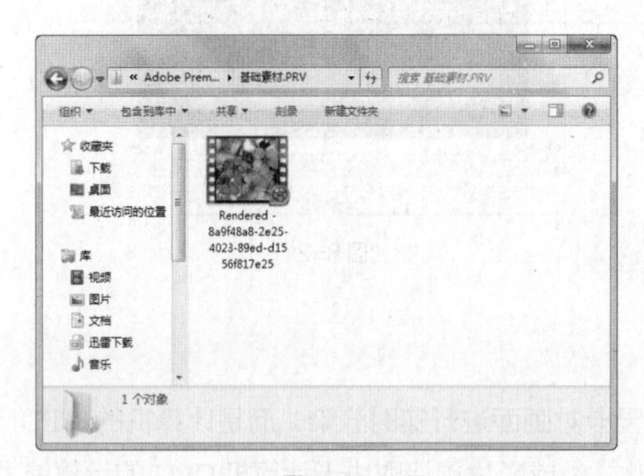

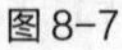

图 8-7

图 8-8

生成的预演文件可以重复使用，用户下一次预演该片段时会自动使用该预演文件。在关闭该项目文件时，如果不进行保存，预演生成的临时文件会自动删除；如果用户在修改预演区域片段后再次预演，就会重新渲染并生成新的预演临时文件。

8.3 输出参数的设置

在 Premiere Pro CS6 中，既可以将影片输出为用于电影或电视中播放的录像带，也可以输出为通过网络传输的网络流媒体格式，还可以输出为可以制作 VCD 或 DVD 光盘的 AVI 文件等。但无论输出的是何种类型，在输出影片之前，都必须合理地设置相关的输出参数，使输出的影片达到理想的效果。本节以输出 AVI 格式为例，介绍输出前的参数设置方法，其他格式的输出参数设置与此格式基本相同。

8.3.1 输出选项

影片制作完成后即可输出，在输出影片之前，可以设置一些基本参数，其具体操作步骤如下。

步骤① 在“时间线”面板选择需要输出的视频序列，然后选择“文件 > 导出 > 媒体”菜单命令，在弹出的对话框中进行设置，如图 8-9 所示。

图 8-9

步骤② 在对话框右侧的选项区域中设置文件的格式以及输出区域等选项。

1. **文件类型**

用户可以将输出的数字电影设置为不同的格式，以便适应不同的需要。在“格式”的下拉列表框中，可以输出的媒体格式如图 8-10 所示。

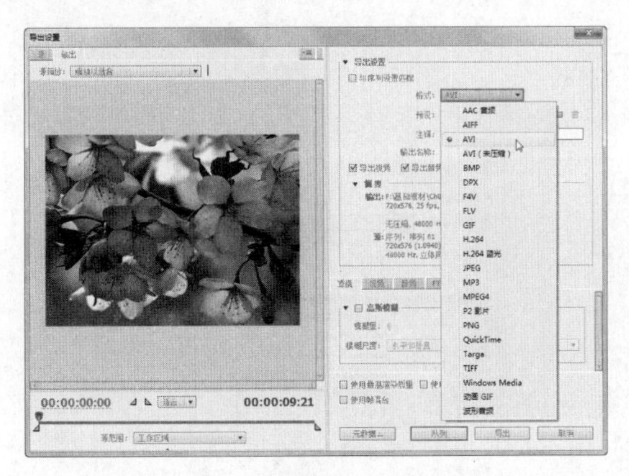

图 8-10

在 Premiere Pro CS6 中默认的输出文件类型或格式主要有以下几种。

如果要输出为基于 Windows 操作系统的数字电影，则选择“AVI”选项。

如果要输出为基于 Mac OS 操作系统的数字电影，则选择“Quick Time”选项。

如果要输出 GIF 动画，则选择“GIF”选项，即输出的文件连续存储了视频的每一帧，这种格式支持在网页上以动画形式显示，但不支持声音播放。若选择“GIF”选项，则只能输出为单帧的静态图像序列。

如果只是输出为 WAV 格式的影片声音文件，则选择“波形音频”选项。

2. **输出视频**

勾选“导出视频”复选框，可输出整个编辑项目的视频部分；若取消选择，则不能输出视频部分。

3. **输出音频**

勾选“导出音频”复选框，可输出整个编辑项目的音频部分；若取消选择，则不能输出音频部分。

8.3.2 “视频”选项卡

在“视频”选项卡中，可以为输出的视频指定使用的格式、品质以及影片尺寸等相关的参数，如图 8-11 所示。

“视频”选项卡中各主要选项含义如下。

“视频编解码器”：通常视频文件的数据量很大，为了减少所占的磁盘空间，在输出时可以对文件进行压缩。在该选项的下拉列表框中选择需要的压缩方式，如图 8-12 所示。

“品质”：用于设置影片的压缩品质，通过拖动品质的百分比来设置。

“宽度”/“高度”：用于设置影片的尺寸。我国使用 PAL 制，将宽度和高度分别设置为 720、576。

“帧速率”：用于设置每秒播放画面的帧数，提高帧速度会使画面播放得更流畅。如果将文件类型设置为 DV AVI，那么 DV PAL 对应的帧速是固定的 29.97 和 25；如果将文件类型设置为 AVI，那么帧速可以选择 1 ~ 60 的数值。

“场序”：用于设置影片的场扫描方式，有逐行、上场优先和下场优先 3 种方式。

“纵横比”：用于设置视频制式的画面比。单击该选项右侧的按钮，在弹出的下拉列表框中选择需要的选项，如图 8-13 所示。

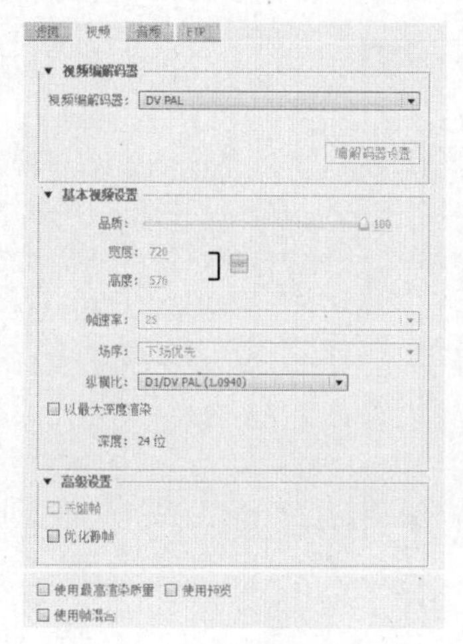

图 8-11

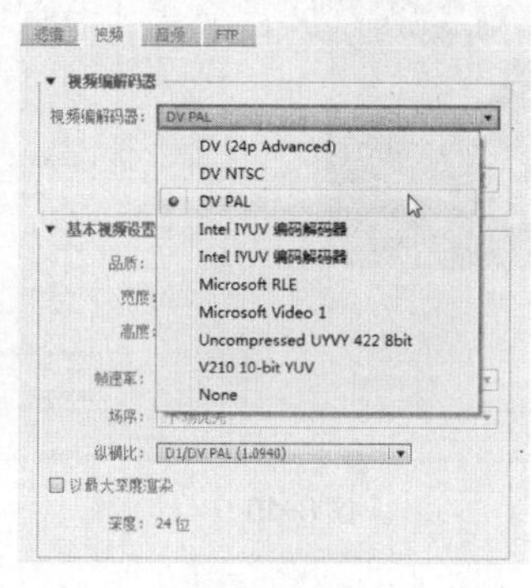

图 8-12

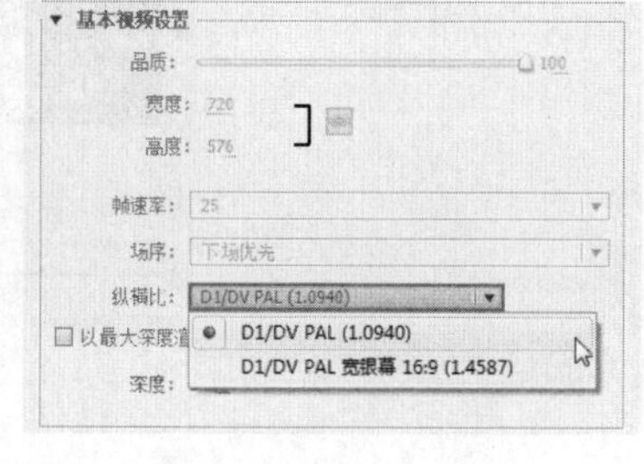

图 8-13

8.3.3 “音频”选项卡

在“音频”选项卡中，可以为输出的音频指定使用的压缩方式、采样速率以及量化指标等相关的参数，如图 8-14 所示。

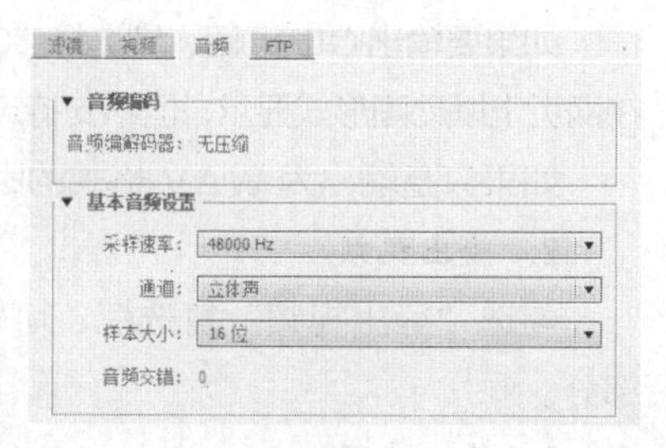

图 8-14

“音频”选项卡中各主要选项含义如下。

“音频编解码器”：为输出的音频选项选择合适的压缩方式进行压缩。Premiere Pro CS6 默认的选项是“无压缩”。

“采样速率”：用于设置输出节目音频时所使用的采样速率，如图 8-15 所示。采样速率越高，播放质量越好，但所需的磁盘空间越大，所需的处理时间越长。

“通道”：设置输出节目音频中的声道数量，包括单声道、立体声或 5.1。

“样本大小”：用于设置输出节目音频时所使用的声音量化位数，最高要提供 32 位。一般来说，要获得较好的音频质量就要使用较高的量化位数，如图 8-16 所示。

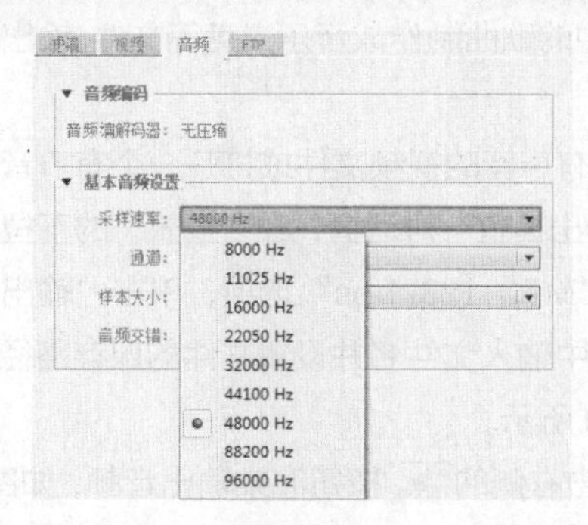

图 8-15

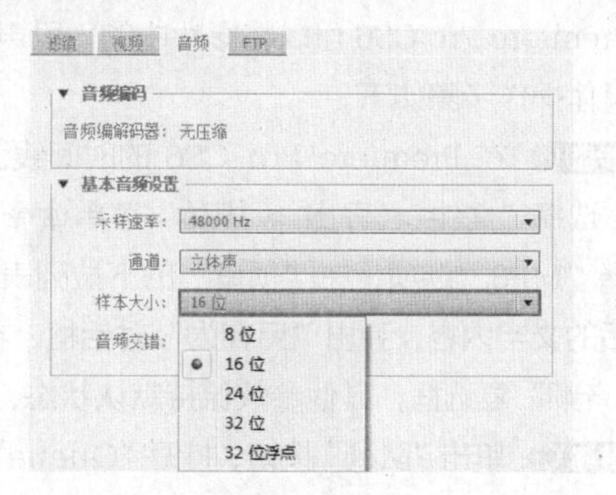

图 8-16

8.4 渲染输出各种格式文件

Premiere Pro CS6 可以渲染输出多种格式文件，从而使视频剪辑更加方便灵活。本节重点介绍各种常用格式文件渲染输出的方法。

8.4.1 输出单帧图像

在视频编辑中，可以将画面的某一帧输出，以便给视频动画制作定格效果。Premiere Pro CS6 中输出单帧图像的具体操作步骤如下。

步骤① 在 Premiere Pro CS6 的时间线上添加一段视频文件，选择“文件 > 导出 > 媒体”菜单命令，弹出“导出设置”对话框，在“格式”的下拉列表框中选择“TIFF”选项，单击“输出名称”选项后的文字内容，弹出“另存为”对话框，在该对话框中输入文件名并设置文件的保存路径，勾选“导出视频”复选框，其他参数保持默认状态，如图 8-17 所示。

步骤② 单击“队列”按钮，打开“Queue”窗口，单击右侧的 ▶ 按钮渲染输出视频，如图 8-18 所示。

图 8-17

图 8-18

输出单帧图像时，最关键的是时间标记的定位，它决定了单帧输出时的图像内容。

8.4.2 输出音频文件

Premiere Pro CS6 可以将影片中的一段声音或影片中的歌曲制作成音乐光盘等文件。输出音频文件的具体操作步骤如下。

步骤❶ 在 Premiere Pro CS6 的时间线上添加一个有声音的视频文件或打开一个有声音的项目文件，选择“文件 > 导出 > 媒体”菜单命令，弹出“导出设置”对话框，在“格式”的下拉列表框中选择“MP3”选项，在“预设”的下拉列表框中选择“MP3 128kbps”选项，单击“输出名称”选项后的文字内容，弹出“另存为”对话框，在该对话框中输入文件名并设置文件的保存路径，勾选“导出音频”复选框，其他参数保持默认状态，如图 8-19 所示。

步骤❷ 单击“队列”按钮，打开“Queue”窗口，单击右侧的 ▶ 按钮渲染输出音频，如图 8-20 所示。

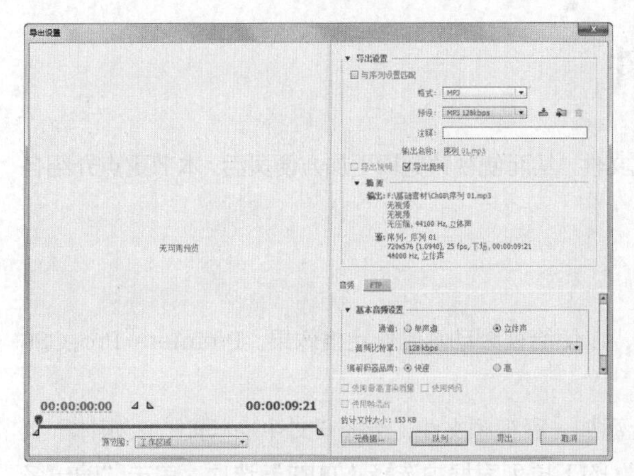

图 8-19

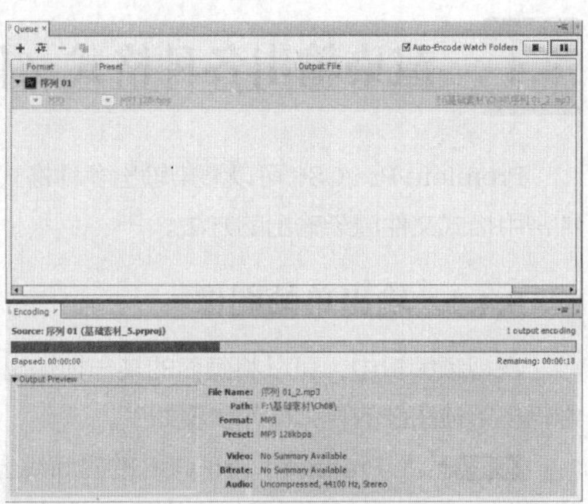

图 8-20

8.4.3 输出整个影片

输出影片是最常用的输出方式，将编辑完成的项目文件以视频格式输出，Premiere Pro CS6 中可以输出编辑内容的全部或某一部分，也可以只输出视频内容或者只输出音频内容，一般将全部的视频和音频一起输出。

下面以 AVI 格式为例，介绍输出影片的方法，其具体操作步骤如下。

步骤❶ 选择“文件 > 导出 > 媒体”菜单命令，弹出“导出设置”对话框。

步骤❷ 在“格式”的下拉列表框中选择“AVI”选项。

步骤❸ 在“预设”的下拉列表框中选择“PAL DV”选项，如图 8-21 所示。

步骤❹ 单击“输出名称”选项后的文字内容，弹出“另存为”对话框，在该对话框中输入文件名并设置文件的保存路径，勾选“导出视频”复选框和“导出音频”复选框。

步骤❺ 设置完成后，单击“队列”按钮，打开“Queue”窗口，单击右侧的 ▶ 按钮渲染输出视频，如图 8-22 所示。渲染完成后，即可生成所设置的 AVI 格式影片。

图8-21

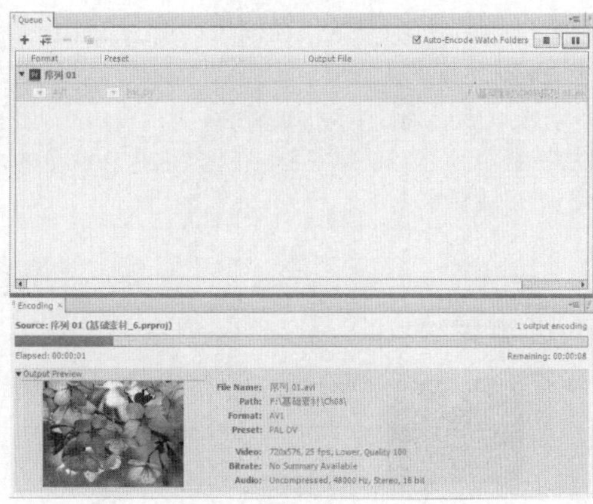

图8-22

8.4.4 输出静态图片序列

在 Premiere Pro CS6 中，可以将视频输出为静态图片序列，也就是说将视频画面的每一帧都输出为一张静态图片，这一系列图片中每张都有一个自动编号。这些输出的序列图片可用于 3D 软件中的动态贴图，并且可以移动和存储。

输出静态图片序列的具体操作步骤如下。

步骤① 在 Premiere Pro CS6 的时间线上添加一段视频文件，设定只输出视频的一部分内容，如图 8-23 所示。

步骤② 选择“文件 > 导出 > 媒体”菜单命令，弹出“导出设置”对话框，在“格式”的下拉列表框中选择“TIFF”选项，在“预设”的下拉列表框中选择“PAL DV 序列”选项，单击“输出名称”选项后的文字内容，弹出“另存为”对话框，在该对话框中输入文件名并设置文件的保存路径，勾选“导出视频”复选框，在“视频”扩展参数面板中必须勾选“导出为序列”复选框，其他参数保持默认状态，如图 8-24 所示。

图8-23

图8-24

步骤③ 单击“队列”按钮，打开“Queue”窗口，单击右侧的 ▶ 按钮渲染输出视频，如图 8-25 所示。

步骤④ 输出完成后的静态图片序列文件如图 8-26 所示。

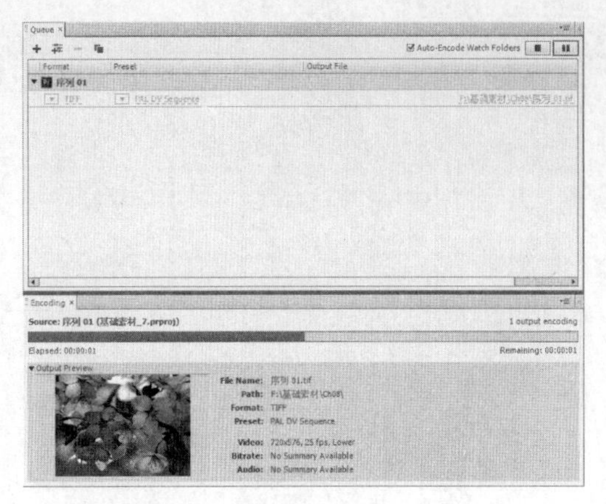
Queue
Auto-Encode Watch Folders
Format
Preset
Output File
序列 01
Encoding
Elapsed: 00:00:01
Remaining: 00:00:01
Output Preview
File Name:
Path:
Format:
Preset:
Video:
Bitrate:
Audio:

图 8-25

Ch08
序列01
组织
包含到库中
共享
放映幻灯片
刻录
收藏夹
下载
桌面
最近访问的位置
库
视频
图片
文档
迅雷下载
音乐
115 个对象

图 8-26

下篇　案例实训篇

09

第 9 章 制作电视节目包装

本章介绍

电视节目包装旨在确立电视节目的品牌地位，使包装形式与节目有机地融为一体，在突出节目特征和特点的同时，增强观众对节目的识别能力。本章以多类主题的电视节目包装为例，讲解电视节目包装的构思方法和制作技巧，读者通过学习可以设计制作出赏心悦目、精美独特的电视节目包装。

课堂学习目标

- 了解电视节目包装的构成元素
- 掌握电视节目包装的制作技巧
- 掌握电视节目包装的设计思路

9.1 制作节目片头

9.1.1 案例分析

使用“缩放比例”选项改变图像的大小，使用“字幕”命令创建字幕，使用“位置”选项和“透明度”选项制作文字动画效果，等等。

9.1.2 案例设计

本案例设计效果如图 9-1 所示。

图 9-1

9.1.3 案例制作

步骤① 启动 Premiere Pro CS6 软件，弹出“欢迎使用 Adobe Premiere Pro”界面，单击“新建项目”按钮 ，弹出“新建项目”对话框，设置“位置”选项，选择保存文件路径，在“名称”文本框中输入文件名“制作节目片头”，如图 9-2 所示。单击“确定”按钮，弹出“新建序列”对话框，在左侧的列表中展开“DV-PAL”选项，选择“标准 48kHz”模式，如图 9-3 所示，单击“确定”按钮完成序列的创建。

图 9-2

图 9-3

步骤② 选择“文件 > 导入”菜单命令，弹出“导入”对话框，选择云盘中的“Ch09\制作节目片头\素材\01”文件，如图 9-4 所示，单击“打开”按钮，导入文件。导入后的文件排列在“项目”面板中，如图 9-5 所示。

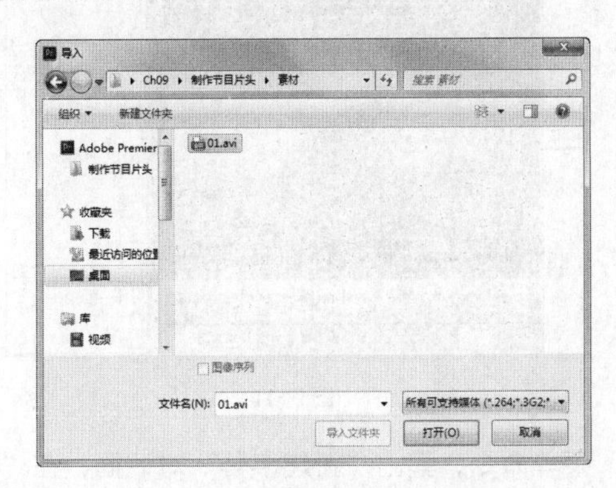

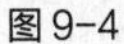
图 9-4

图 9-5

步骤③ 在“项目”面板中选中“01”文件，并将其拖曳到“时间线”面板中的“视频 1”轨道中，如图 9-6 所示。选中“视频 1”轨道中的“01”文件。选择“素材 > 解除视频音频链接”菜单命令，取消视音频链接。选中下方的音频文件，按<Delete>键，删除音频，效果如图 9-7 所示。

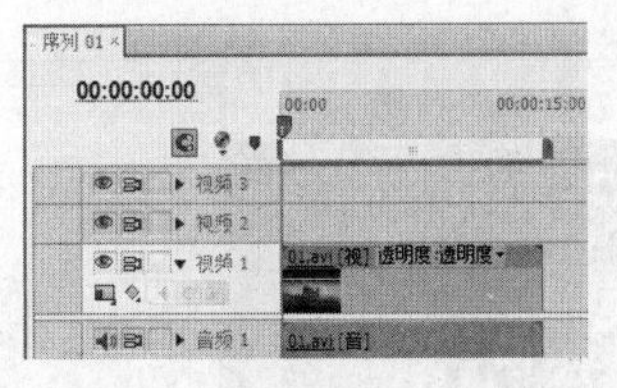

图 9-6

图 9-7

步骤④ 将时间标记移动到 00:00:07:10 的位置。将鼠标指针放在“01”文件的结束位置，当鼠标指针呈⇤时，向右拖曳鼠标指针到 00:00:07:10 的位置，如图 9-8 所示。将时间标记移动到 00:00:00:00 的位置，如图 9-9 所示。

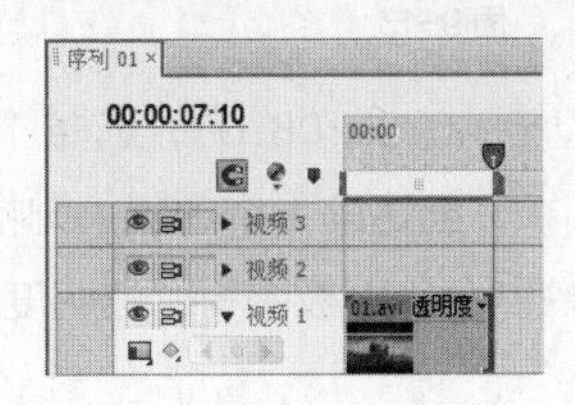

图 9-8

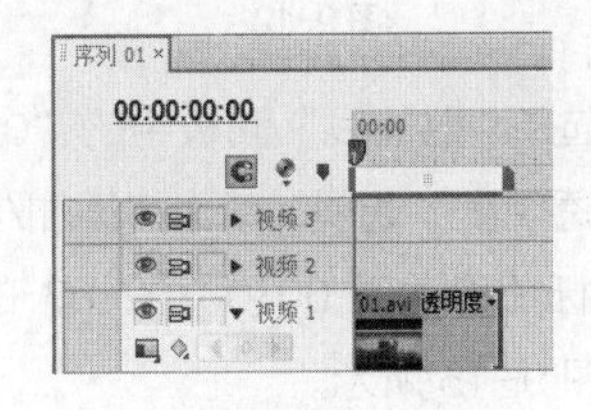

图 9-9

步骤⑤ 选择“文件 > 新建 > 字幕”菜单命令，弹出“新建字幕”对话框，在“名称”文本框中输入“梦”，如图 9-10 所示。单击“确定”按钮，弹出“字幕”编辑面板。选择“输入”工具[T]，在字幕工作区中输入文字“梦”。在“字幕属性”设置子面板中展开“填充”选项，将“颜色”选项设置为黄色（其 R、G、B 的值分别为 255、252、0），其他选项的设置如图 9-11 所示。关闭“字幕”编辑面板，新建的字幕文件自动保存到“项目”面板中。使用相同方法制作其他文字。

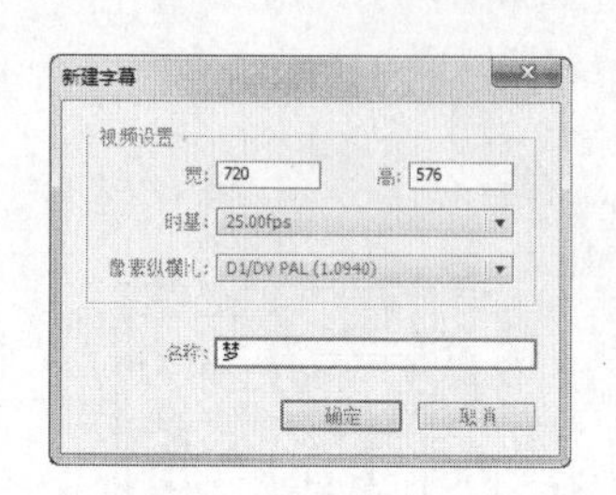

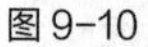
图 9-10

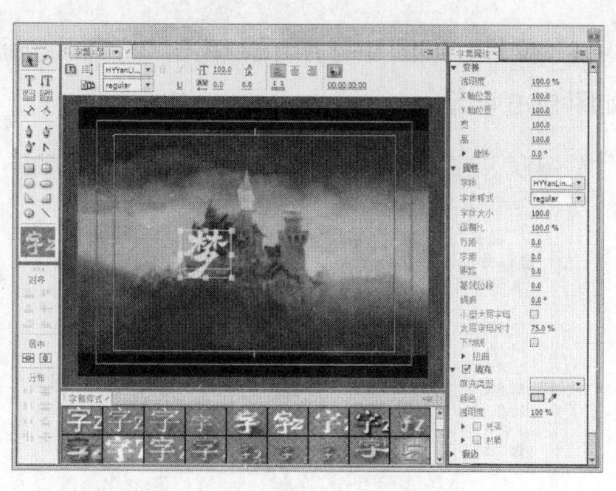
图 9-11

步骤 6 选择“文件 > 新建 > 字幕”菜单命令，弹出“新建字幕”对话框，在“名称”文本框中输入“色块”，如图 9-12 所示。单击“确定”按钮，弹出“字幕”编辑面板。选择“矩形”工具，在字幕工作区中绘制一个矩形。在“字幕属性”设置子面板中展开“填充”选项，将“颜色”选项设置为蓝色（其 R、G、B 的值分别为 25、7、255），其他选项的设置如图 9-13 所示。关闭“字幕”编辑面板，新建的字幕文件自动保存到“项目”面板中。使用相同的方法制作“色块 2”。

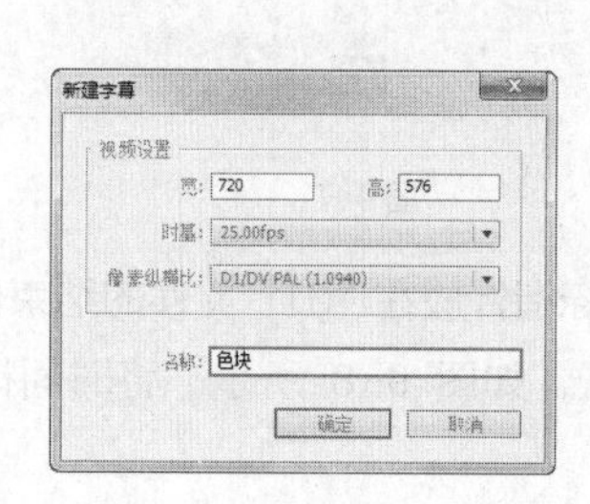

图 9-12

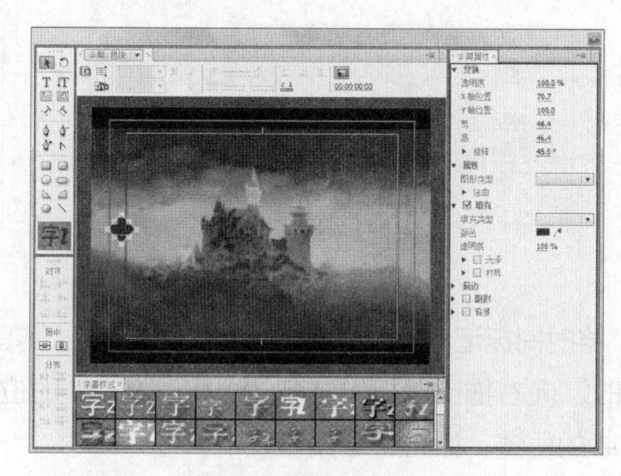
图 9-13

步骤 7 选择“时间线”面板中的“01”文件。标记移动到 00:00:06:08。选择“特效控制台”面板，展开“透明度”选项，单击“添加/移除关键帧”按钮，创建第 1 个动画关键帧，如图 9-14 所示。将时间标记移动到 00:00:07:07 的位置，在“特效控制台”面板中将“透明度”选项设置为“0.0%”，如图 9-15 所示。

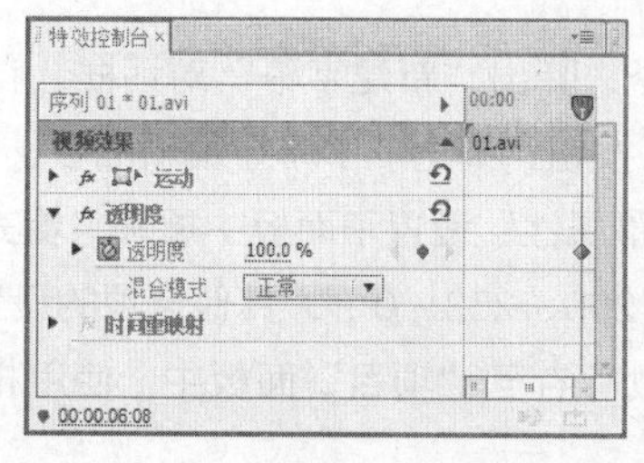

图 9-14

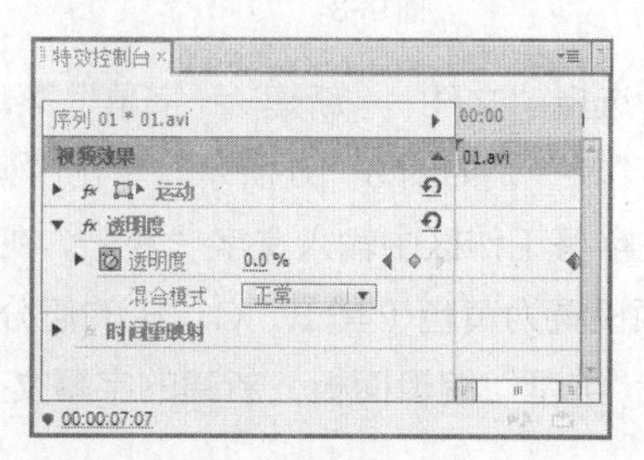

图 9-15

步骤⑧ 在“项目”面板中选中“色块”文件，并将其拖曳到“时间线”面板中的“视频 2”轨道中，如图 9-16 所示。将鼠标指针放在“色块”文件的结束位置，当鼠标指针呈 时，向右拖曳鼠标指针到与“01”文件相同的结束位置，如图 9-17 所示。

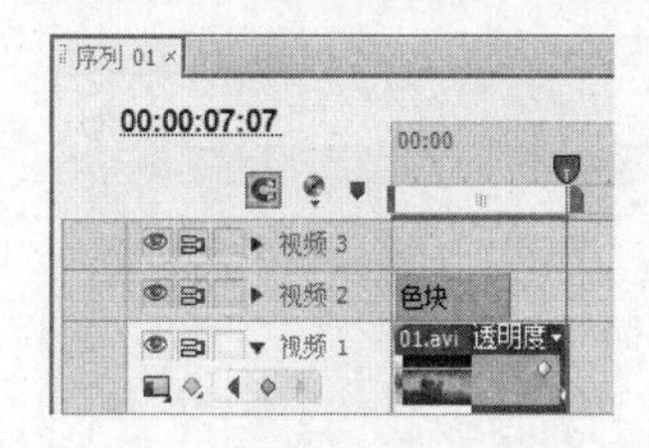

图 9-16

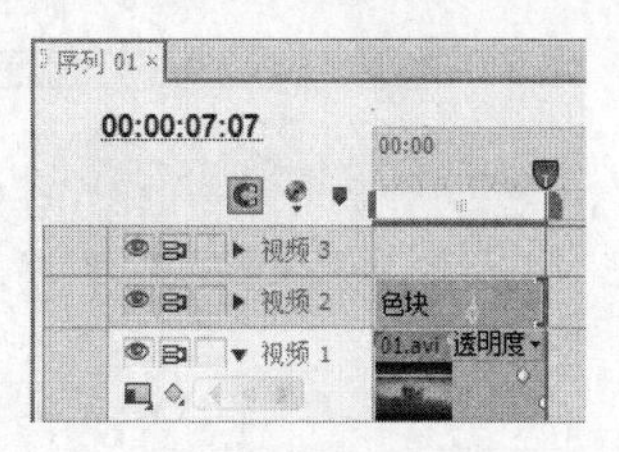

图 9-17

步骤⑨ 选中“时间线”面板中的“色块”文件。将时间标记移动到 00:00:00:00 的位置。在“特效控制台”面板中展开“运动”选项，将“位置”“缩放比例”和“旋转”选项分别设置为 300.0 和 200.0、70.0、30.0°，如图 9-18 所示。分别单击“位置”“缩放比例”和“旋转”选项左侧的“切换动画”按钮 ，创建第 1 个动画关键帧，如图 9-19 所示。

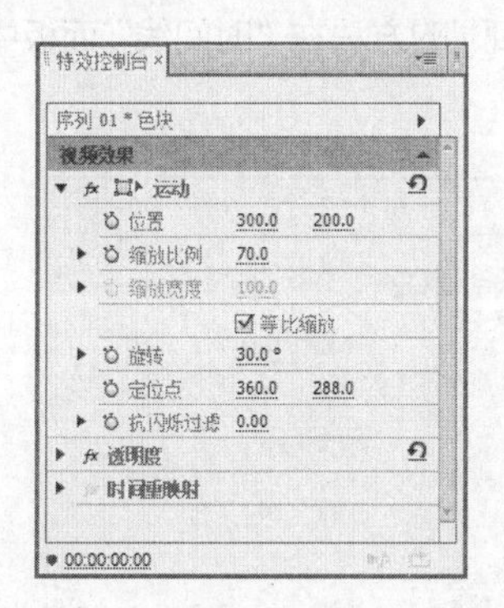

图 9-18

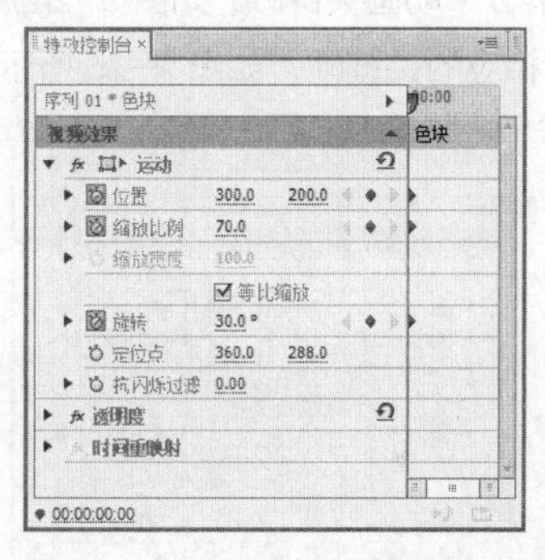

图 9-19

步骤⑩ 将时间标记移动到 00:00:01:00 的位置。在“特效控制台”面板中修改“位置”“缩放比例”和“旋转”选项的参数值，分别创建第 2 个动画关键帧，如图 9-20 所示。将时间标记移动到 00:00:04:00 的位置。在“特效控制台”面板中修改“位置”“缩放比例”和“旋转”选项的参数值，分别创建第 3 个动画关键帧，如图 9-21 所示。

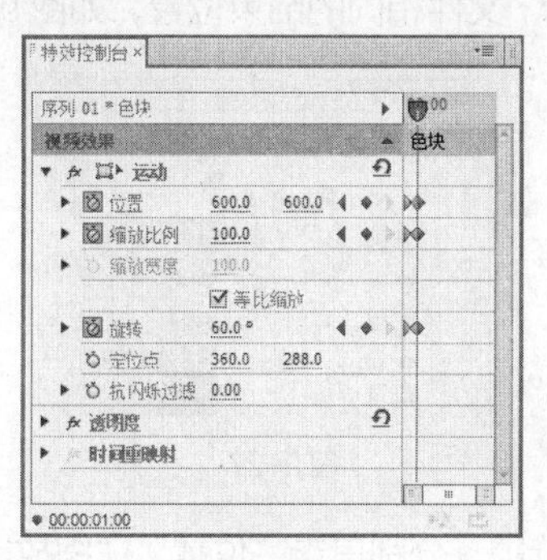

图 9-20

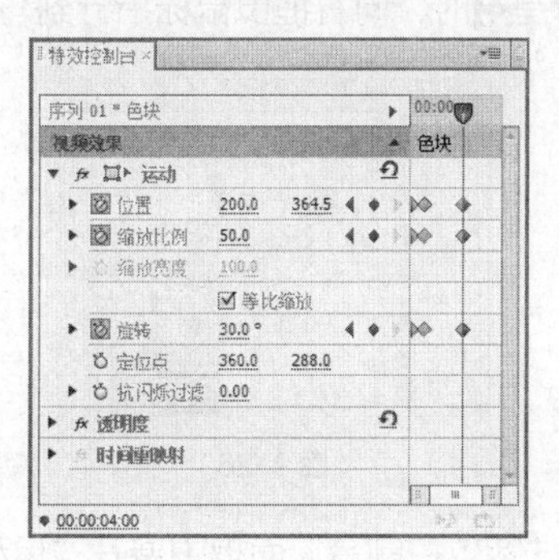

图 9-21

步骤⑪ 将时间标记移动到 00:00:04:24 的位置。在“特效控制台”面板中修改“位置”“缩放比例”和“旋转”选项的参数值，分别创建第 4 个动画关键帧，如图 9-22 所示。将时间标记移动到 00:00:06:28 的位置。在“特效控制台”面板中展开“透明度”选项，单击“添加/移除关键帧”按钮，创建第 1 个动画关键帧，如图 9-23 所示。

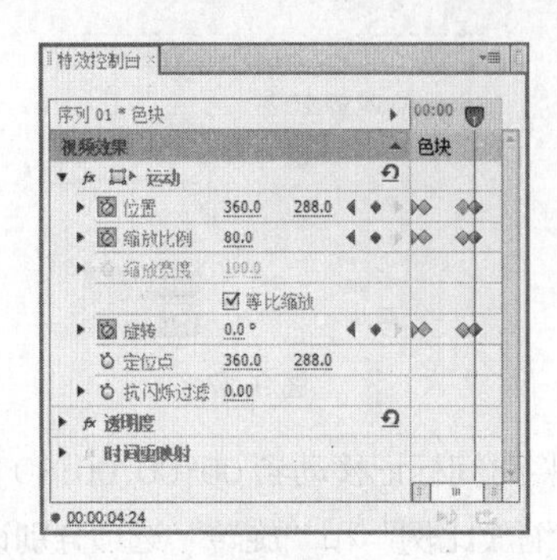

图 9-22

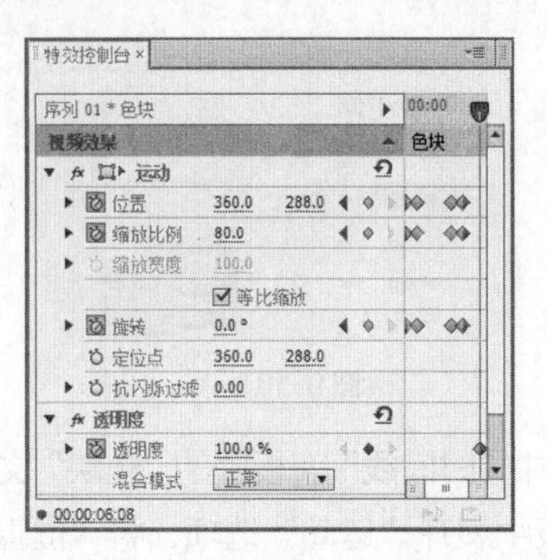

图 9-23

步骤⑫ 将时间标记移动到 00:00:07:07 的位置。在“特效控制台”面板中将“透明度”选项设置为 0%，创建第 2 个动画关键帧，如图 9-24 所示。用相同的方法在“时间线”面板中添加“色块 2”文件并为其制作相应的关键帧，如图 9-25 所示。

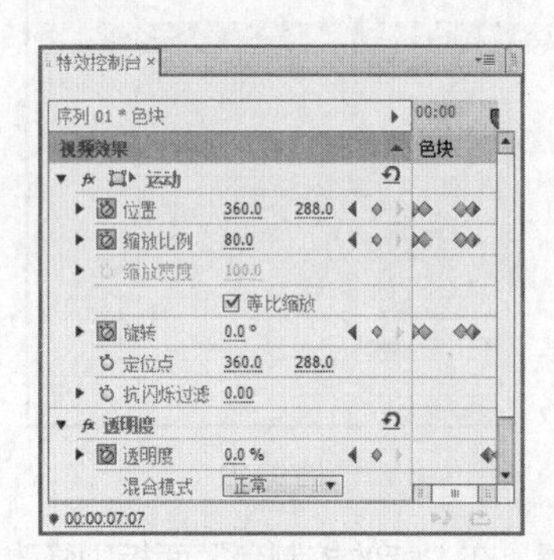

图 9-24

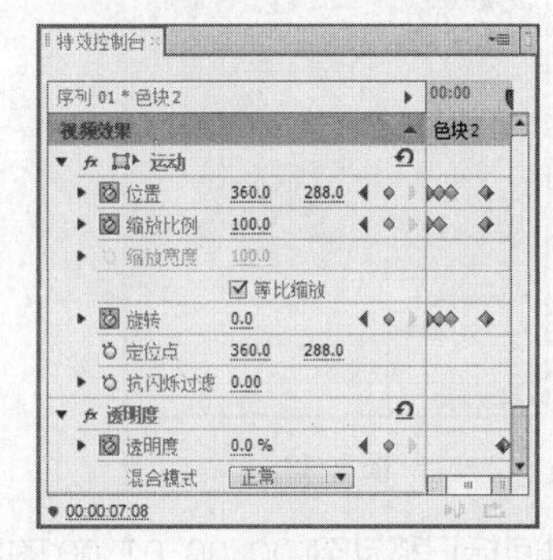

图 9-25

步骤⑬ 将时间标记移动到 00:00:00:00 的位置。在“项目”面板中选中“梦”文件，并将其拖曳到“时间线”面板中的“视频 4”轨道中，如图 9-26 所示。将鼠标指针放在“梦”文件的结束位置，当鼠标指针呈时，向右拖曳鼠标指针到与“01”文件相同的结束位置，如图 9-27 所示。

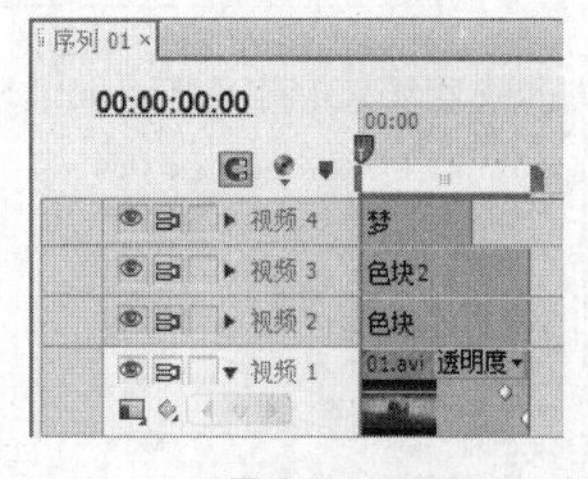

图 9-26

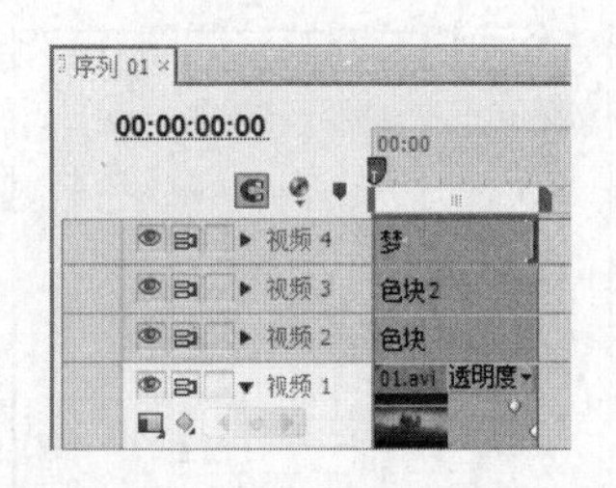

图 9-27

步骤⑭ 在“特效控制台”面板中展开“运动”选项，分别单击“位置”“缩放比例”和“旋转”选项左侧的“切换动画”按钮，单击“透明度”选项右侧的“添加/移除关键帧”按钮，创建第 1 个动画关键帧。如图 9-28 所示。将时间标记移动到 00:00:01:00 的位置。在“特效控制台”面板中修改“位置”“缩放比例”“旋转”和“透明度”选项的参数值，分别创建第 2 个动画关键帧，如图 9-29 所示。

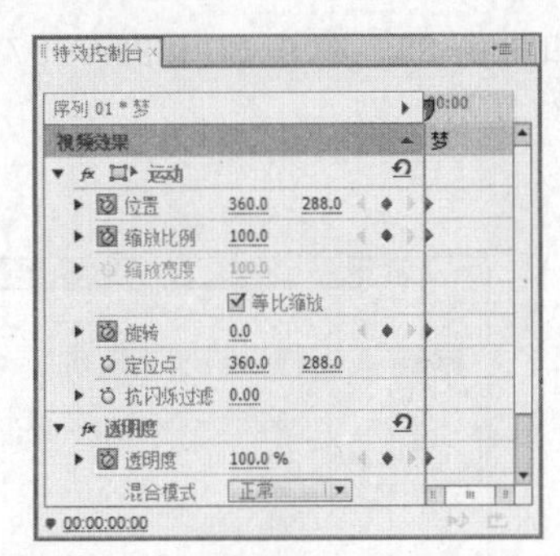

图 9-28

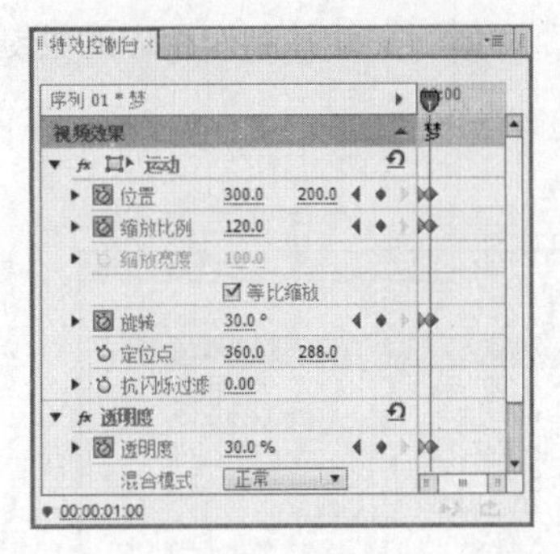

图 9-29

步骤 ⑮ 将时间标记移动到 00:00:02:00 的位置。在“特效控制台”面板中修改“位置”“缩放比例”“旋转”和“透明度”选项的参数值，分别创建第 3 个动画关键帧，如图 9-30 所示。将时间标记移动到 00:00:04:00 的位置。在“特效控制台”面板中修改“位置”和“透明度”选项的参数值，单击“缩放比例”选项右侧的“添加/移除关键帧”按钮◈，分别创建第 4 个动画关键帧，如图 9-31 所示。

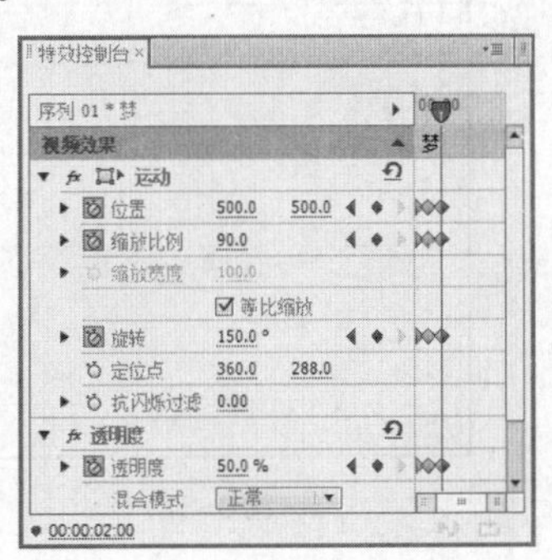

图 9-30

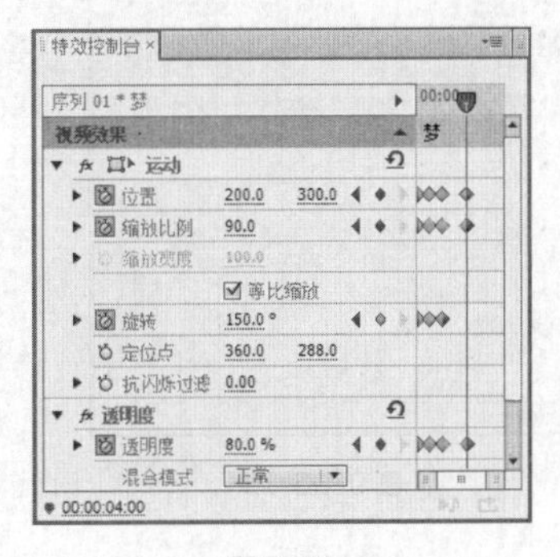

图 9-31

步骤 ⑯ 将时间标记移动到 00:00:04:24 的位置。在“特效控制台”面板中修改“位置”“缩放比例”“旋转”和“透明度”参数值，分别创建第 5 个动画关键帧，如图 9-32 所示。将时间标记移动到 00:00:06:08 的位置。在“特效控制台”面板中单击“透明度”选项右侧的“添加/移除关键帧”按钮◈，创建第 6 个动画关键帧，如图 9-33 所示。

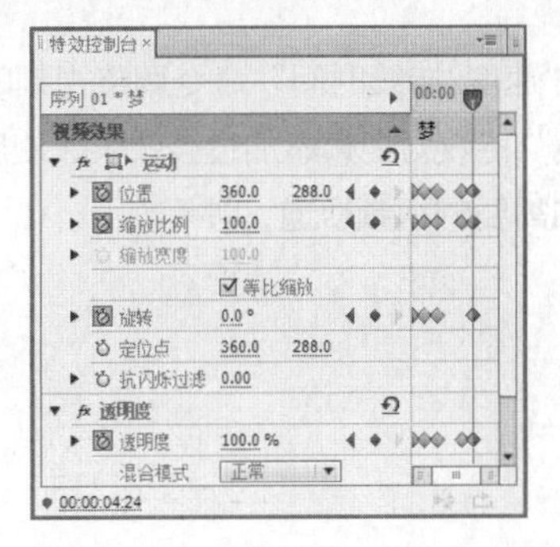

图 9-32

图 9-33

步骤⑰ 将时间标记移动到 00:00:07:08 的位置。在“特效控制台”面板中修改“透明度”选项的参数值，创建第 7 个动画关键帧，如图 9-34 所示。用相同的方法在“时间线”面板中添加“幻”“城”“堡”文件并制作相应的关键帧，如图 9-35、图 9-36 和图 9-37 所示。节目片头制作完成。

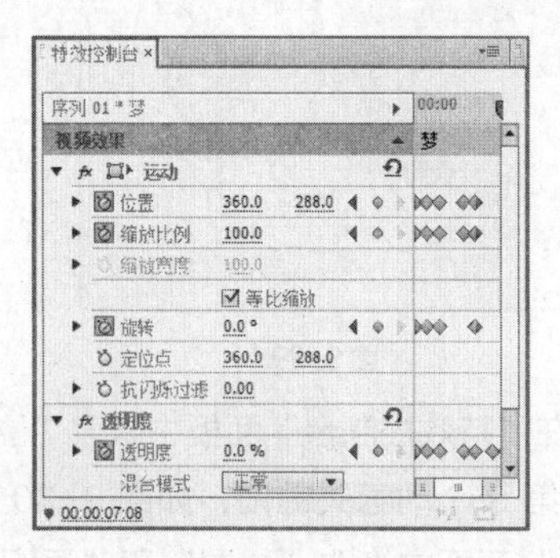

图 9-34

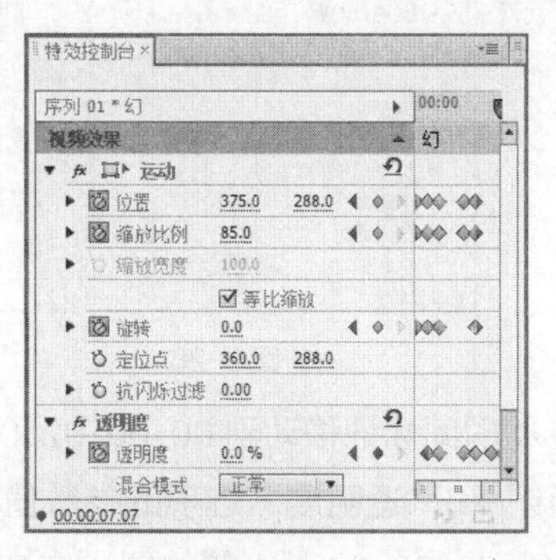

图 9-35

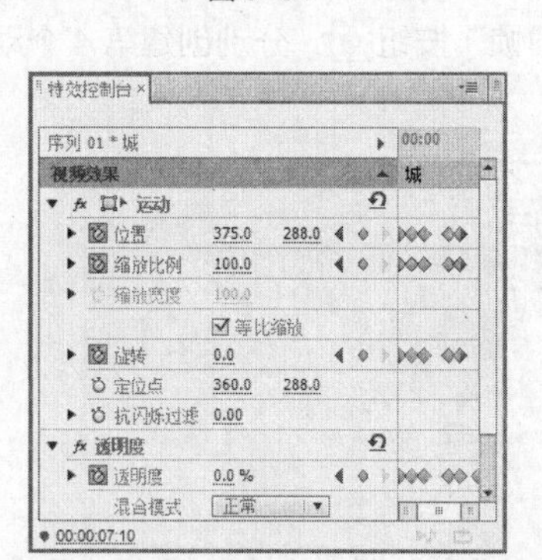

图 9-36

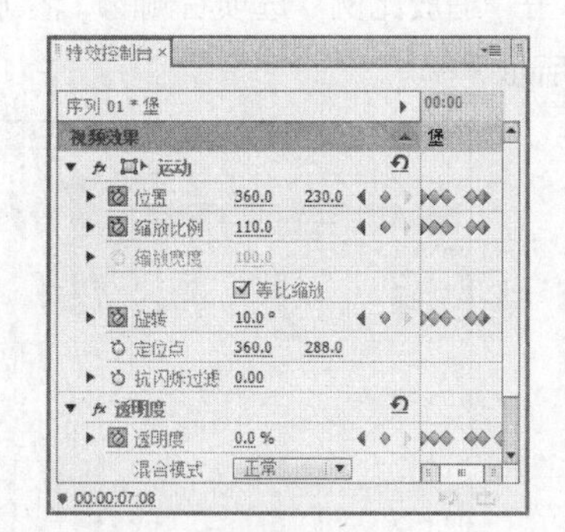

图 9-37

9.2 制作体育赛事集锦

9.2.1 案例分析

使用“缩放比例”选项改变视频的大小，使用“速度/持续时间”命令调整视频的播放速度，使用“字幕”编辑面板添加注释文字，使用“视频切换”特效为视频添加过渡效果，使用“新建彩色蒙版”命令新建白色蒙版，使用“添加轨道”命令添加需要的视频轨道，等等。

9.2.2 案例设计

本案例设计效果如图 9-38 所示。

图 9-38

9.2.3 案例制作

1. 制作节目片头

步骤① 启动 Premiere Pro CS6 软件，弹出“欢迎使用 Adobe Premiere Pro”界面，单击“新建项目”按钮，弹出“新建项目”对话框，设置“位置”选项，选择保存文件路径，在“名称”文本框中输入文件名“制作体育赛事集锦”，如图 9-39 所示。单击“确定”按钮，弹出“新建序列”对话框，在左侧的列表中展开“DV-PAL”选项，选择“标准 48kHz”模式，如图 9-40 所示，单击“确定”按钮完成序列的创建。

图 9-39

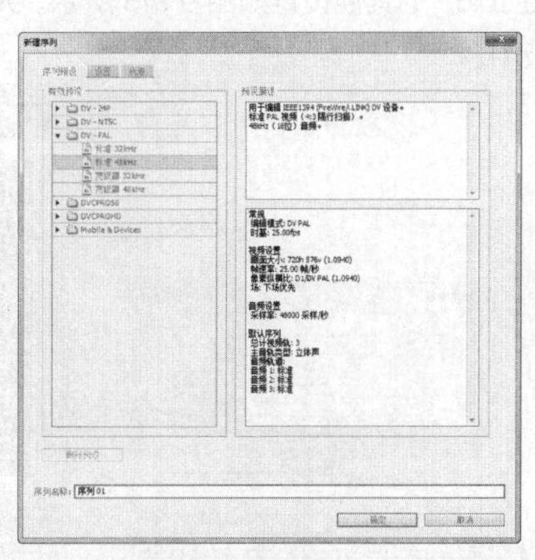

图 9-40

步骤② 选择“文件 > 导入”菜单命令，弹出“导入”对话框，选择云盘中的“Ch09\制作体育赛事集锦\素材\01”文件至“Ch09\制作体育赛事集锦\素材\21”文件，单击“打开”按钮，导入文件，如图 9-41 所示。导入后的文件将排列在“项目”面板中，如图 9-42 所示。

图 9-41

图 9-42

步骤③ 在“项目”面板中选中“01”文件，并将其拖曳到“时间线”面板中的“视频 1”轨道中，如图 9-43 所示。选中“视频 1”轨道中的“01”文件。选择“特效控制台”面板，展开“运动”选项，将“缩放比例”选项设置为 120.0，如图 9-44 所示。

图 9-43

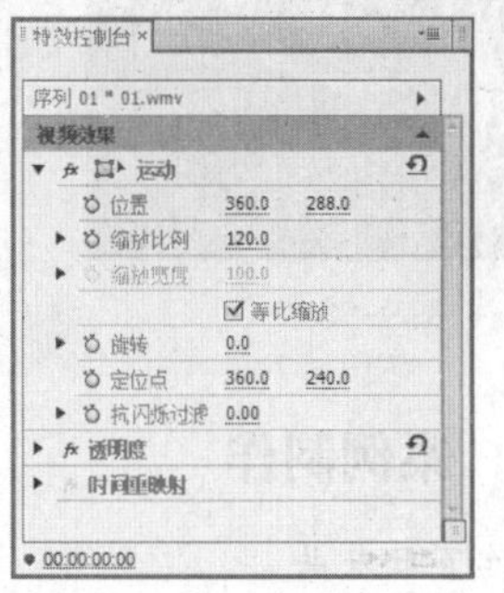

图 9-44

步骤④ 选择“文件 > 新建 > 字幕”菜单命令，弹出“新建字幕”对话框，如图 9-45 所示。单击“确定”按钮，弹出“字幕”编辑面板。选择“输入”工具T，在字幕工作区中输入需要的文字，在字幕属性栏中选择需要的字体和文字大小。在“字幕输入属性”设置子面板中，将“倾斜”选项设置为 10.0°，其他设置如图 9-46 所示。关闭“字幕”编辑面板，新建的字幕文件自动保存到“项目”面板中。

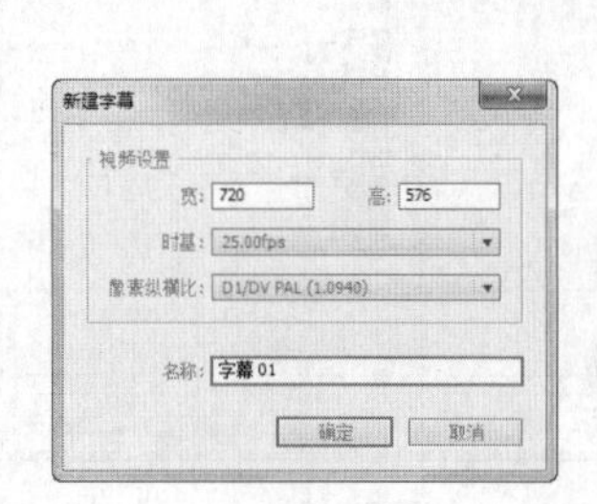

图 9-45

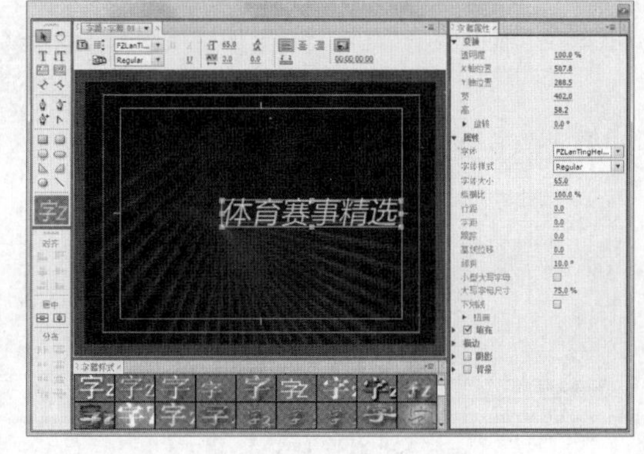

图 9-46

步骤⑤ 在“项目”面板中选中“字幕 01”文件，并将其拖曳到“时间线”面板中的“视频 2”轨道中，如图 9-47 所示。将时间标记移动到 00:00:07:00 的位置。将鼠标指针放在“字幕 01”文件的结束位置，当鼠标指针呈◀时，向右拖曳鼠标指针到 7:00 s 的位置，如图 9-48 所示。

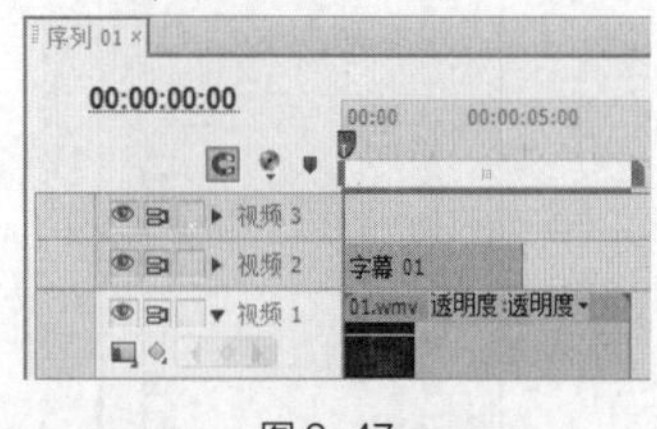

图 9-47

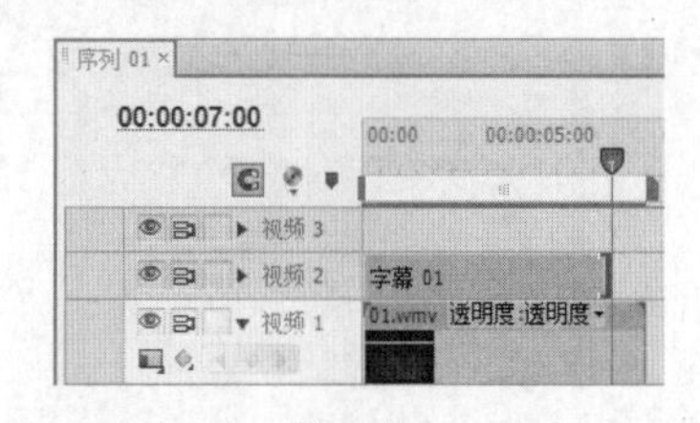

图 9-48

2. *添加赛事集锦*

步骤① 将时间标记移动到 00:00:06:00 的位置。在“项目”面板中选中“02”文件并将其拖曳到“时间线”面板中的“视频 3”轨道中，如图 9-49 所示。选中“视频 3”轨道中的“02”文件。选择“素材 > 速度/持续时间”菜单命令，弹出对话框，设置如图 9-50 所示，单击“确定”按钮。

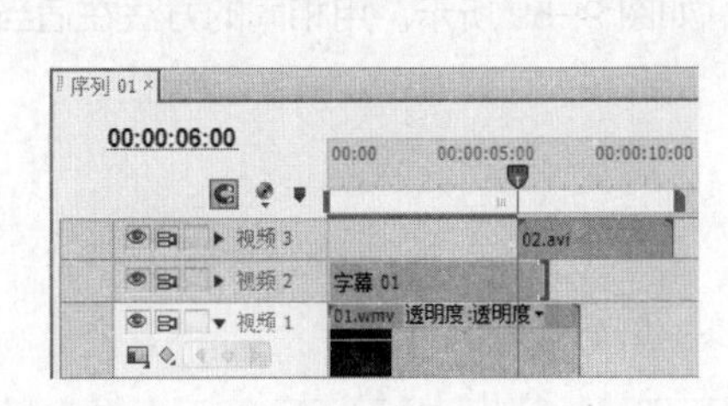

图 9-49

图 9-50

步骤② “时间线”面板如图 9-51 所示。在“项目”面板中选中“03”文件并将其拖曳到“时间线”面板中的“视频 3”轨道中，如图 9-52 所示。

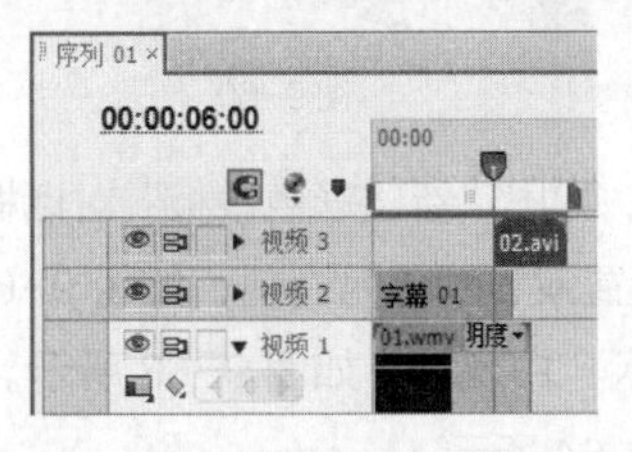

图 9-51

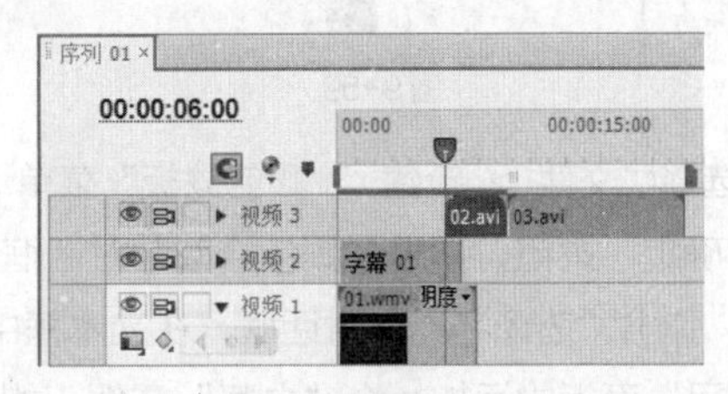

图 9-52

步骤③ 选中“视频 3”轨道中的“03”文件。选择“素材 > 速度/持续时间”菜单命令，弹出对话框，设置如图 9-53 所示，单击“确定”按钮，如图 9-54 所示。用相同方法添加其他赛事集锦并编辑到适当的位置，分别编辑其他赛事集锦的速度/持续时间，如图 9-55 所示。

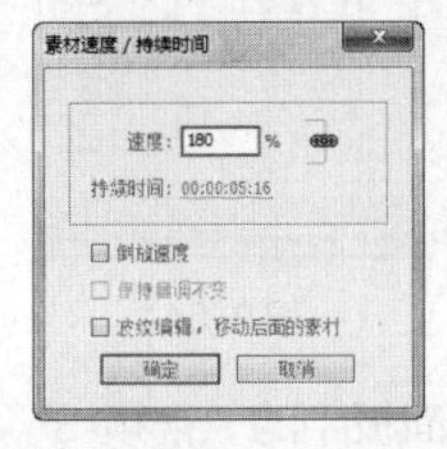

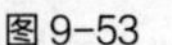

图 9-53

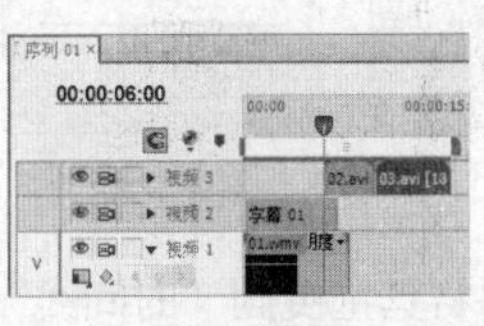

图 9-54

图 9-55

步骤④ 选择“窗口 > 工作区 > 效果”菜单命令，弹出“效果”面板，展开“视频切换”选项，单击“叠化”文件夹前面的三角形按钮 ▶ 将其展开，选中“交叉叠化（标准）”特效，如图 9-56 所示。将“交叉叠化（标准）”特效拖曳到“时间线”面板中的“02”文件的开始位置，如图 9-57 所示。

图 9-56

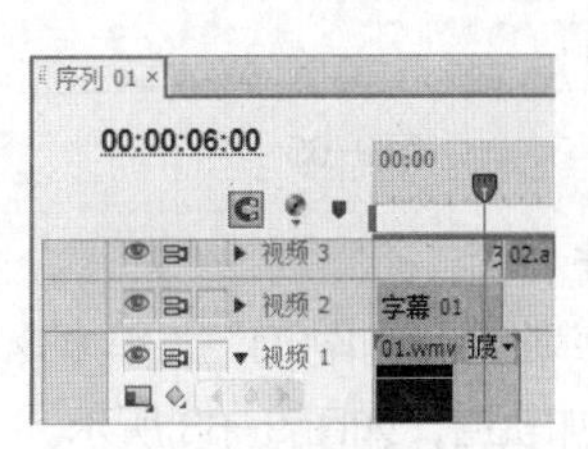

图 9-57

步骤⑤ 在“效果”面板中展开“视频切换”选项，单击“擦除”文件夹前面的三角形按钮▶将其展开，选中“百叶窗”特效，如图 9-58 所示。将“百叶窗”特效拖曳到“时间线”面板中的“03”文件的结束位置与“04”文件的开始位置之间，如图 9-59 所示。用相同的方法在适当的位置添加需要的视频过渡，如图 9-60 所示。

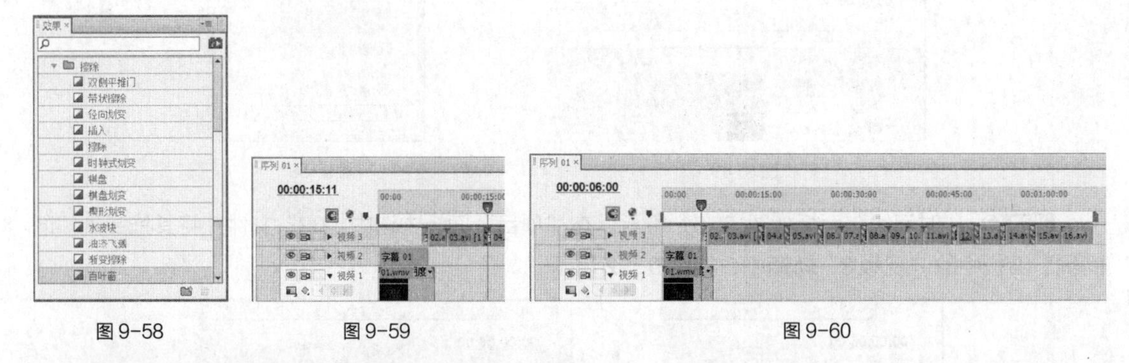

图 9-58　　图 9-59　　图 9-60

步骤⑥ 选择“文件 > 新建 > 彩色蒙板”菜单命令，弹出“新建彩色蒙板”对话框，如图 9-61 所示。单击“确定”按钮，弹出“颜色拾取”对话框，设置蒙版颜色为白色，如图 9-62 所示。单击“确定”按钮，弹出“选择名称”对话框，在文本框中输入“白底”，如图 9-63 所示。单击“确定”按钮，在“项目”面板中添加一个“白底”文件，如图 9-64 所示。

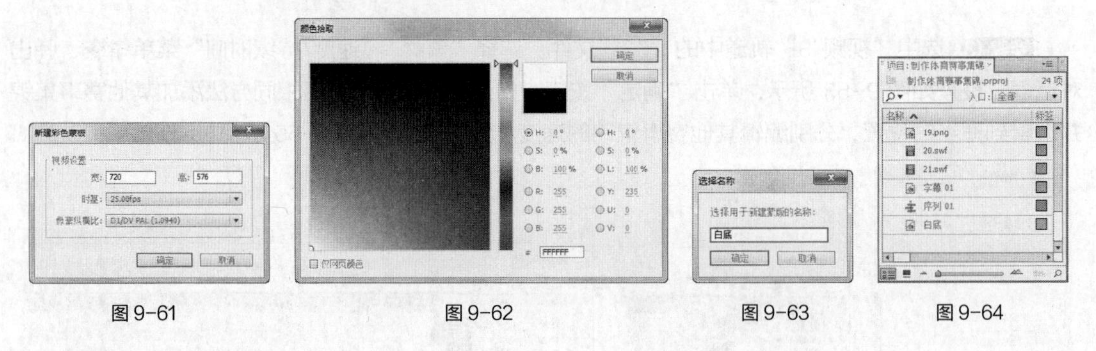

图 9-61　　图 9-62　　图 9-63　　图 9-64

步骤⑦ 选择“项目”面板，选中“白底”文件，并将其拖曳到“时间线”面板中的“视频 3”轨道中，如图 9-65 所示。将时间标记移动到 00:01:10:00 的位置，将鼠标指针放在“白底”文件的结束位置，当鼠标指针呈⇤时，向左拖曳鼠标指针到 00:01:10:00 的位置，如图 9-66 所示。

图 9-65

图 9-66

3. 添加注释文字

步骤① 选择“序列 > 添加轨道”菜单命令，弹出“添加视音轨”对话框，设置如图 9-67 所示，单击“确定”按钮添加轨道，如图 9-68 所示。

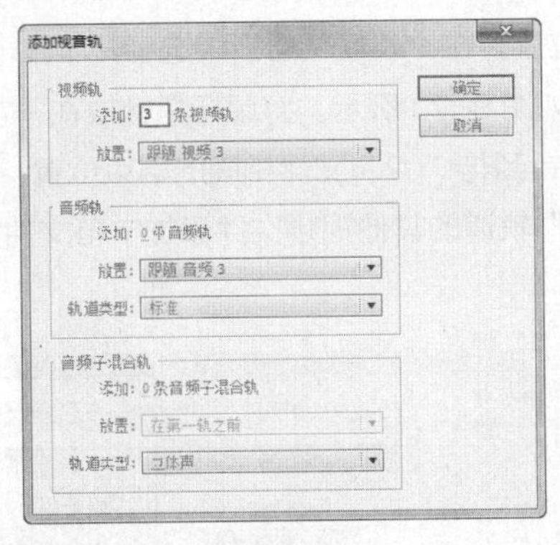

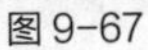
图 9-67

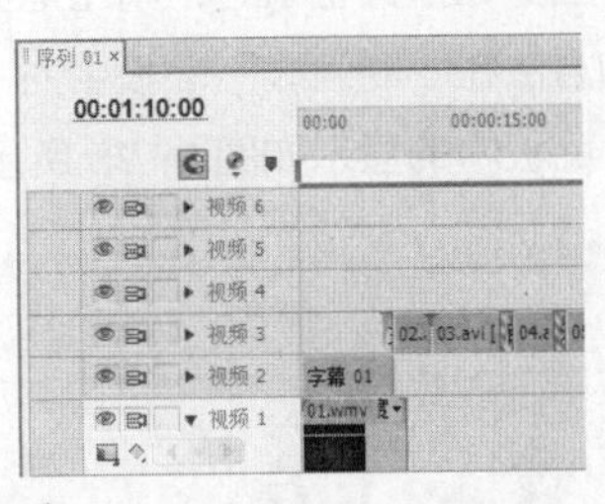

图 9-68

步骤② 选择“文件 > 新建 > 字幕”菜单命令，弹出“新建字幕”对话框，如图 9-69 所示。单击“确定”按钮，弹出“字幕”编辑面板。选择“输入”工具[T]，在字幕工作区中输入需要的文字，在字幕属性栏中选择需要的字体和文字大小。在“字幕属性”设置子面板中，展开“属性”选项，将“倾斜”选项设置为 10.0° 。展开“填充”选项，将“颜色”选项设置为白色。添加文字阴影，设置如图 9-70 所示。关闭“字幕”编辑面板，新建的字幕文件自动保存到“项目”面板中。

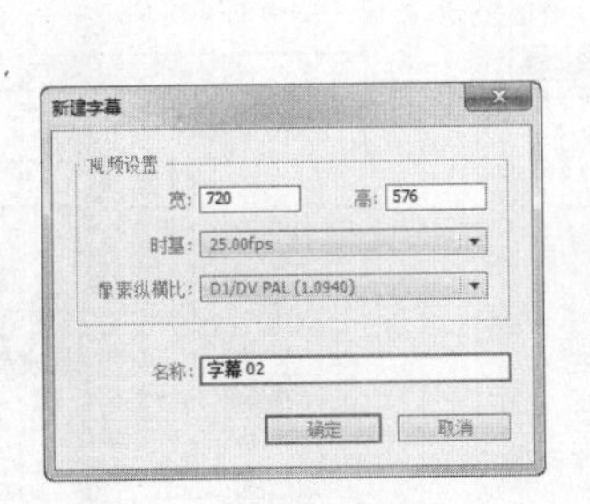

图 9-69

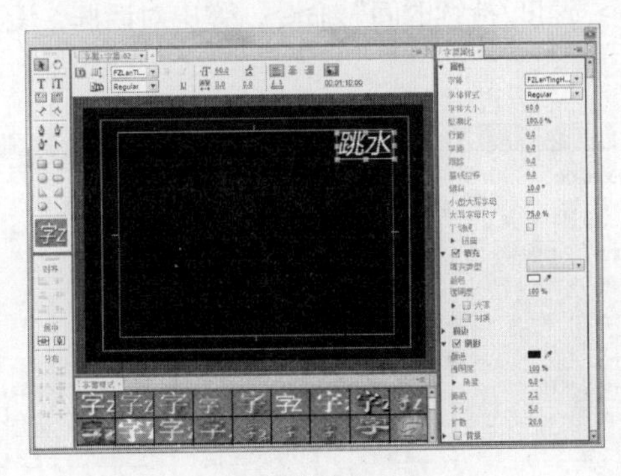

图 9-70

步骤③ 在“项目”面板中选中“字幕 02”文件。按<Ctrl+C>组合键复制文件，连续按<Ctrl+V>组合键粘贴文件。分别修改字幕名称，如图 9-71 所示。双击“字幕 03”文件，打开“字幕”编辑面板，修改文字内容，如图 9-72 所示。关闭“字幕”编辑面板。用相同的方法修改其他字幕文件的文字内容。

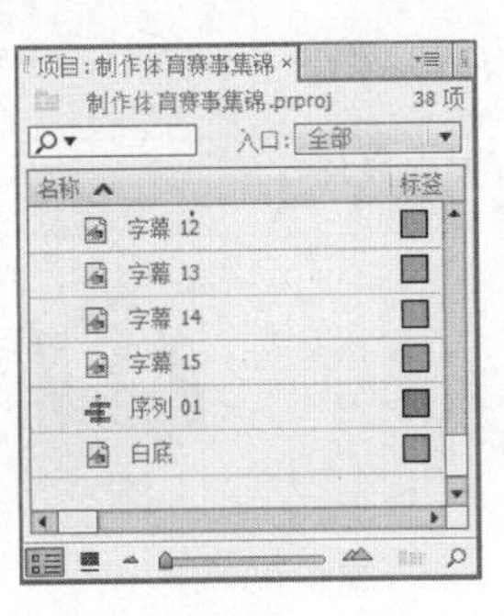

图 9-71

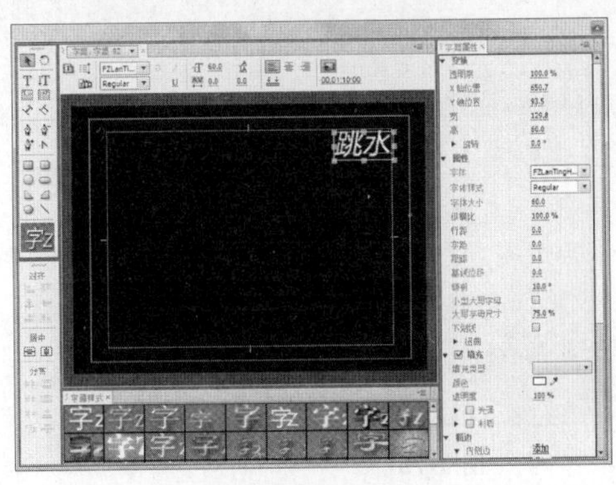

图 9-72

步骤 4 将时间标记移动到 00:00:07:00 的位置。在“项目”面板中选中“字幕 02”文件并将其拖曳到“时间线”面板中的“视频 4”轨道中，如图 9-73 所示。将鼠标指针放在“字幕 02”文件的结束位置，当鼠标指针呈◀时，向左拖曳鼠标指针到与“02”文件相同的结束位置，如图 9-74 所示。用相同的方法在“时间线”面板中为“视频 4”轨道的其他视频文件添加字幕文件并进行调整，在“时间线”面板中的显示如图 9-75 所示。

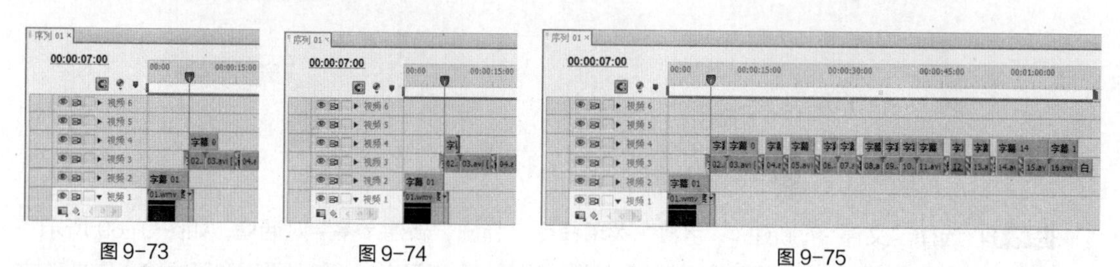

图 9-73　　图 9-74　　图 9-75

4. 添加装饰图形

步骤 1 将时间标记移动到 00:00:20:00 的位置。在“项目”面板中选中“20”文件并将其拖曳到“时间线”面板中的“视频 5”轨道中，如图 9-76 所示。选中“视频 5”轨道中的“20”文件。选择“素材 > 速度/持续时间”命令，弹出对话框，设置如图 9-77 所示，单击“确定”按钮，如图 9-78 所示。

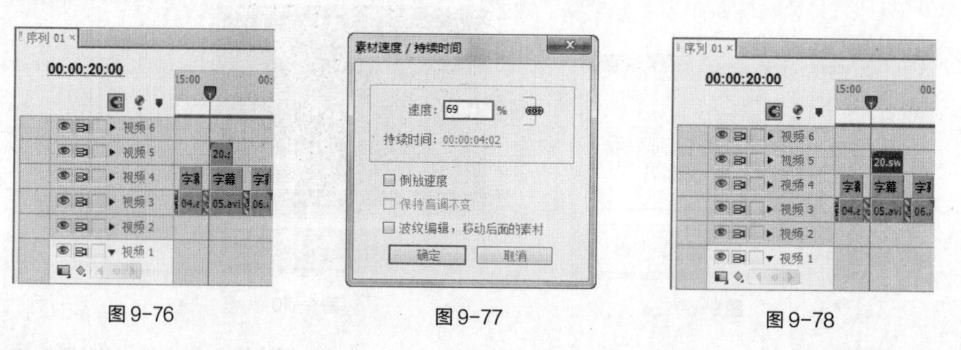

图 9-76　　图 9-77　　图 9-78

步骤 2 选择“特效控制台”面板，展开“运动”选项，将“缩放比例”选项设置为 120.0，如图 9-79 所示。将时间标记移动到 00:00:49:15 的位置。在“项目”面板中选中“21”文件并将其拖曳到“时间线”面板中的“视频 5”轨道中，如图 9-80 所示。

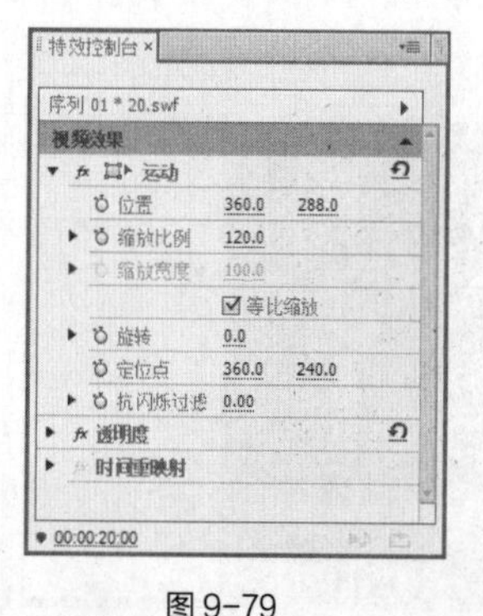

图 9-79

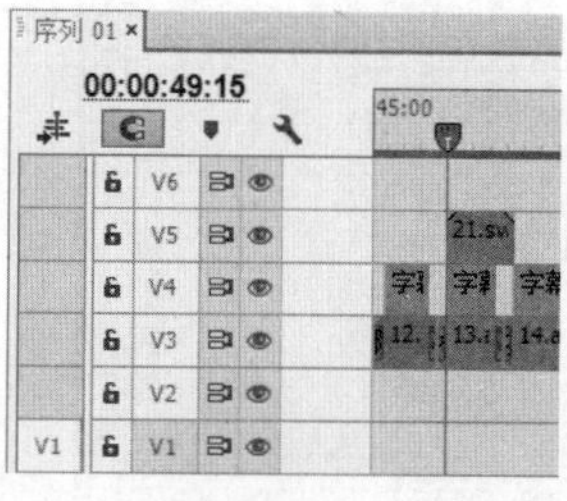

图 9-80

步骤 3 将鼠标指针放在“21”文件的结束位置，当鼠标指针呈◀时，向左拖曳鼠标指针到与“字幕13”文件相同的结束位置，如图9-81所示。将时间标记移动到00:01:07:04的位置，在“项目”面板中选中“18”文件并将其拖曳到“时间线”面板中的“视频5”轨道中，如图9-82所示。选中“视频5”轨道中的“18”文件。在“特效控制台”面板中展开“运动”选项，将“缩放比例”选项设置为110.0，如图9-83所示。

图9-81

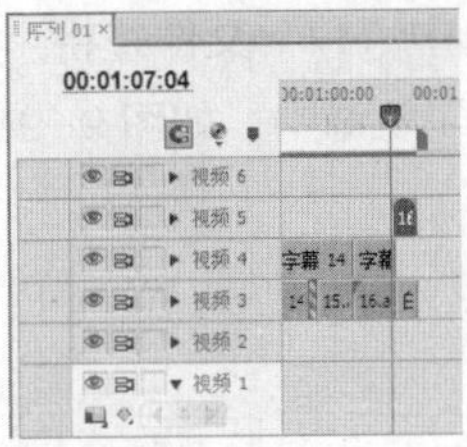

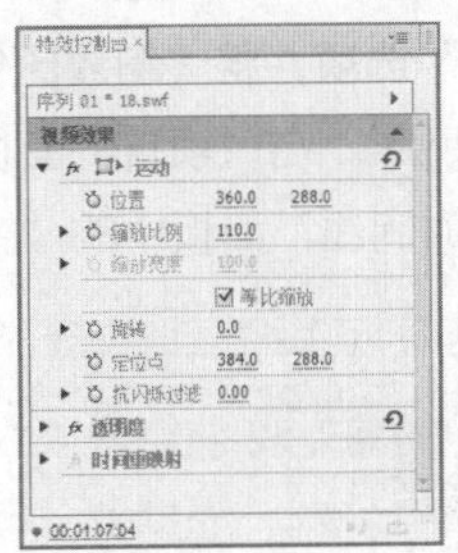
图9-83

图9-82

5. *制作片尾和音频*

步骤1 选择“文件 > 新建 > 字幕”菜单命令，弹出“新建字幕”对话框，如图9-84所示。单击“确定”按钮，弹出“字幕”编辑面板。选择“输入”工具，在字幕工作区中输入需要的文字，在字幕属性栏中选择需要的字体和文字大小。在“字幕属性”设置子面板中，展开“属性”选项，将“倾斜”选项设置为10.0°。展开“填充”项，将“颜色”选项设置为蓝色（其R、G、B的值分别为12、62、176），如图9-85所示。关闭“字幕”编辑面板，新建的字幕文件自动保存到“项目”面板中。

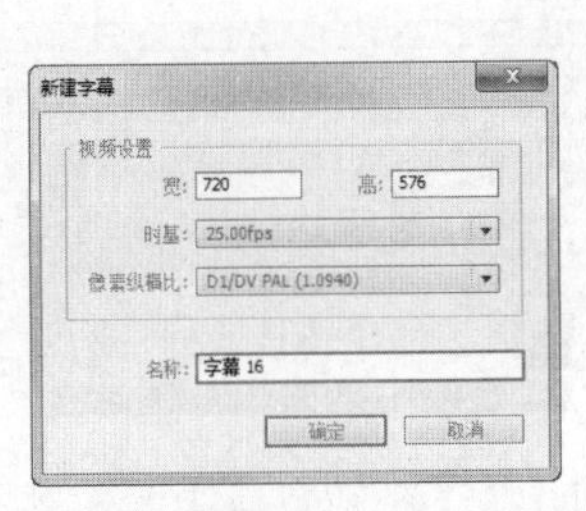
图9-84

图9-85

步骤2 在“项目”面板中选中“字幕16”文件并将其拖曳到“时间线”面板中“视频4”轨道的“字幕15”文件的后面，如图9-86所示。将鼠标指针放在“字幕16”文件的结束位置，当鼠标指针呈时，向左拖曳鼠标指针到与“白底”文件相同的结束位置，如图9-87所示。将时间标记移动到00:00:06:00的位置。在“项目”面板中选中“19”文件并将其拖曳到“时间线”面板中的“视频6”轨道中，如图9-88所示。

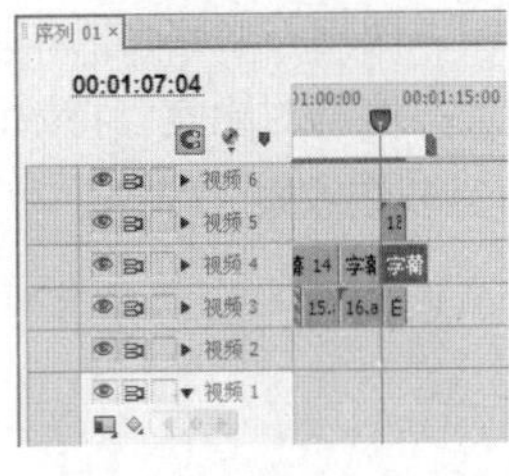
图9-86

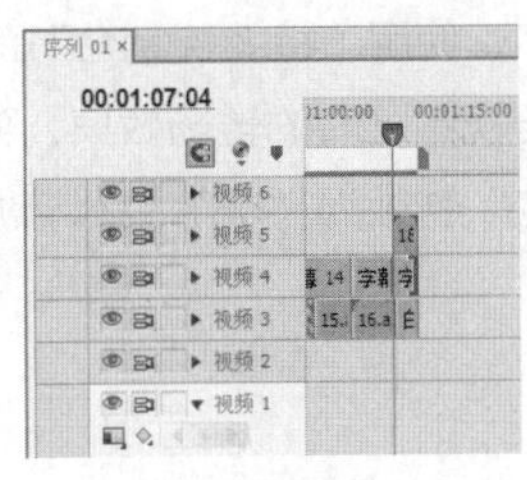
图9-87

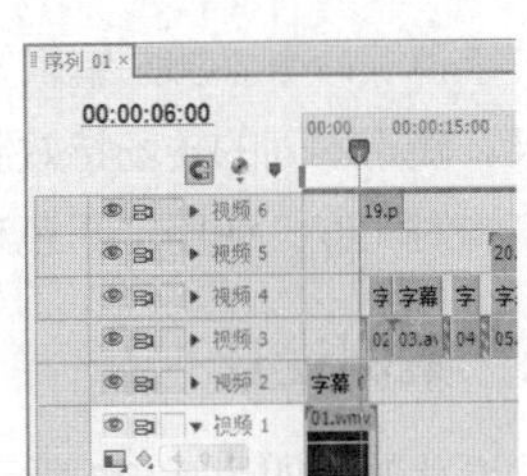
图9-88

步骤③ 将鼠标指针放在“19”文件的结束位置，当鼠标指针呈⇹时，向右拖曳鼠标指针到与“字幕 16”文件相同的结束位置，如图 9-89 所示。

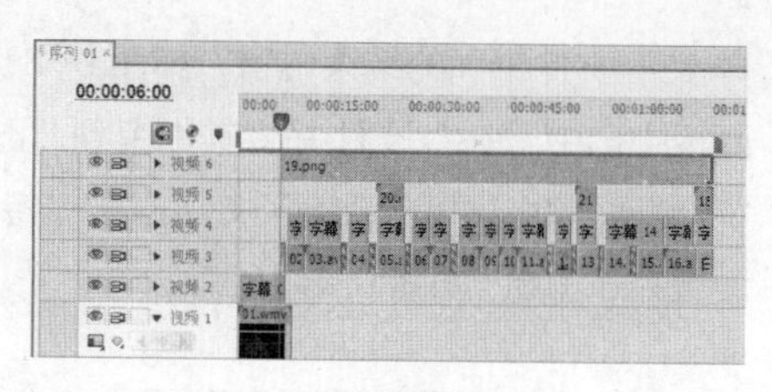

图 9-89

步骤④ 选中“19”文件。在“特效控制台”面板中展开“运动”选项，将“缩放比例”选项设置为 120.0，如图 9-90 所示。在“项目”面板中选中“17”文件并将其拖曳到“时间线”面板中的“音频 1”轨道中，如图 9-91 所示。

图 9-90

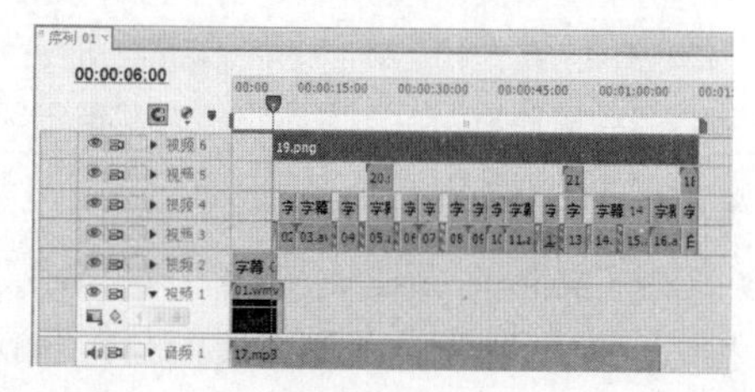

图 9-91

步骤⑤ 选择“素材 > 速度/持续时间”菜单命令，弹出对话框，设置如图 9-92 所示，单击“确定”按钮。体育赛事集锦制作完成，如图 9-93 所示。

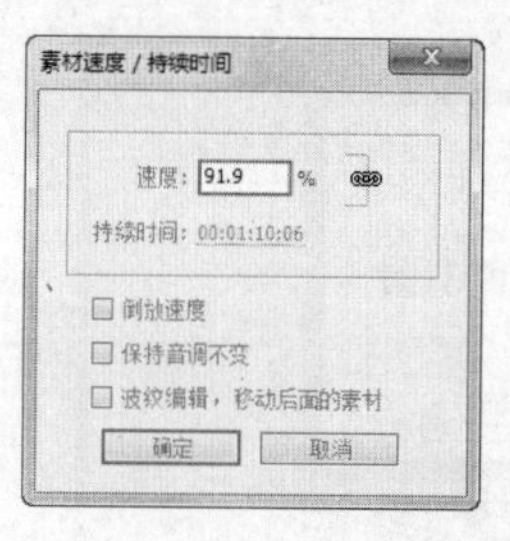

图 9-92

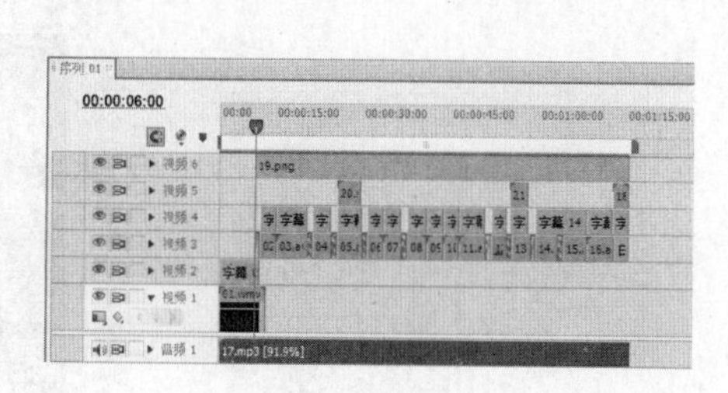

图 9-93

9.3 制作动物栏目片头

9.3.1 案例分析

使用“字幕”命令添加并编辑文字，使用“特效控制台”面板编辑视频的缩放比例和透明度并制作动画效果，使用不同的转场特效制作视频之间的转场效果，使用“亮度与对比度”特效调整“04”文件的亮度与对比度，使用“四色渐变”特效为“06”文件添加四色渐变效果，等等。

9.3.2 案例设计

本案例设计效果如图 9-94 所示。

图9-94

9.3.3 案例制作

1. 添加项目文件

步骤① 启动Premiere Pro CS6软件，弹出“欢迎使用 Adobe Premiere Pro”界面，单击“新建项目”按钮，弹出“新建项目”对话框，设置“位置”选项，选择保存文件路径，在“名称”文本框中输入文件名“制作动物栏目片头”，如图9-95所示。单击“确定”按钮，弹出“新建序列”对话框，在左侧的列表中展开“DV-PAL”选项，选择“标准 48kHz”模式，如图9-96所示，单击“确定”按钮完成序列的创建。

图9-95

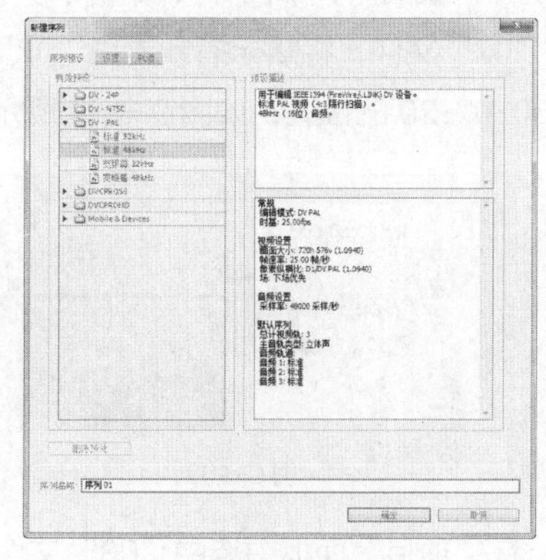

图9-96

步骤② 选择“文件 > 导入”菜单命令，弹出“导入”对话框，选择云盘中的“Ch09\制作动物栏目片头\素材\01”文件至“Ch09\制作动物栏目片头\素材\08”文件，单击“打开”按钮，导入文件，如图9-97所示。导入后的文件排列在“项目”面板中，如图9-98所示。

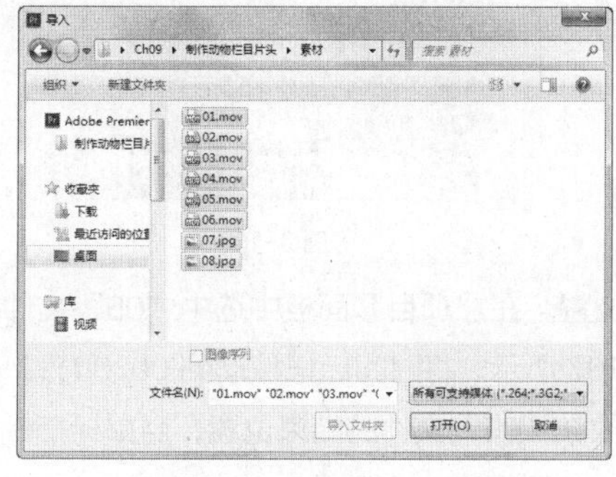

图9-97

图9-98

步骤③ 选择“文件 > 新建 > 字幕”菜单命令，弹出“新建字幕”对话框，如图 9-99 所示，单击“确定”按钮，弹出“字幕”编辑面板。选择“输入”工具T，在字幕窗口中输入文字“动物乐园”，在“字幕样式”子面板中单击需要的样式，如图 9-100 所示。在“字幕属性”设置子面板中进行设置，设置如图 9-101 所示，字幕工作区中的效果如图 9-102 所示。关闭“字幕”编辑面板，新建的字幕文件自动保存到“项目”面板中。

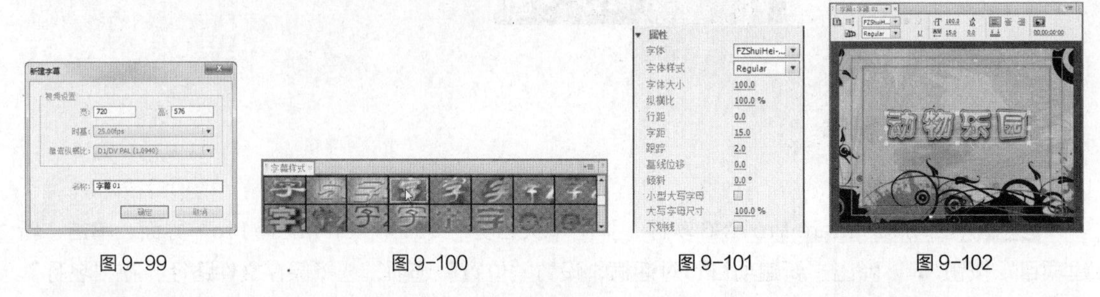

图 9-99　图 9-100　图 9-101　图 9-102

2. 制作图像动画

步骤① 按住<Ctrl>键，在“项目”面板中选中“01”和“02”文件并将其拖曳到“时间线”面板中的“视频 1”轨道中，如图 9-103 所示。将时间标记移动到 00:00:07:20 的位置。在“视频 1”轨道上选中“02”文件，将鼠标指针放在“02”文件的结束位置，当鼠标指针呈时，向左拖曳鼠标指针到 00:00:07:20 的位置，如图 9-104 所示。

图 9-103

图 9-104

步骤② 在“项目”面板中选中“03”文件并将其拖曳到“时间线”面板中的“视频 1”轨道中，如图 9-105 所示。将时间标记移动到 00:00:10:07 的位置。在“视频 1”轨道上选中“03”文件，将鼠标指针放在“03”文件的结束位置，当鼠标指针呈时，向左拖曳鼠标指针到 00::00:10:07 的位置，如图 9-106 所示。

图 9-105

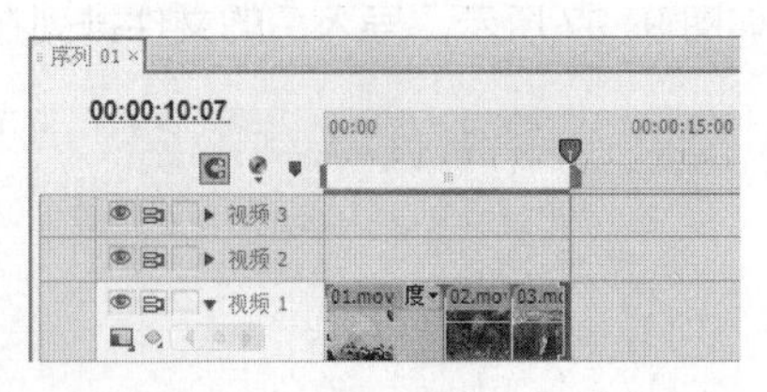

图 9-106

步骤③ 将时间标记移动到 00:00:11:05 的位置。在“项目”面板中选中“05”文件并将其拖曳到“时间线”面板中的“视频 1”轨道中，如图 9-107 所示。将时间标记移动到 00:00:13:08 的位置。在“视频 1”轨道上选中“05”文件，将鼠标指针放在“05”文件的结束位置，当鼠标指针呈时，向左拖曳鼠标指针到 00:00:13:08 的位置，如图 9-108 所示。

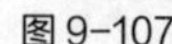

图9-107

图9-108

步骤④ 在“项目”面板中选中“07”文件并将其拖曳到“时间线”面板中的“视频1”轨道中，如图9-109所示。

步骤⑤ 在“时间线”面板中选中“07”文件。选择“特效控制台”面板，展开“运动”选项，单击“缩放比例”选项左侧的“切换动画”按钮，创建第1个动画关键帧，如图9-110所示。将时间标记移动到00:00:16:02的位置。在“特效控制台”面板中将“缩放比例”选项设置为35.0，创建第2个动画关键帧，如图9-111所示。

图9-109

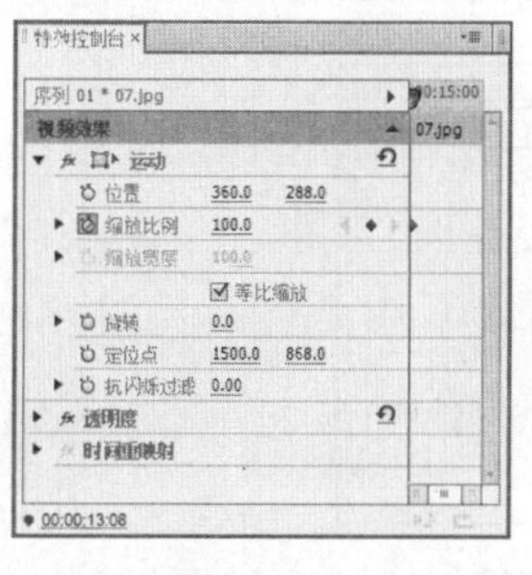

图9-110

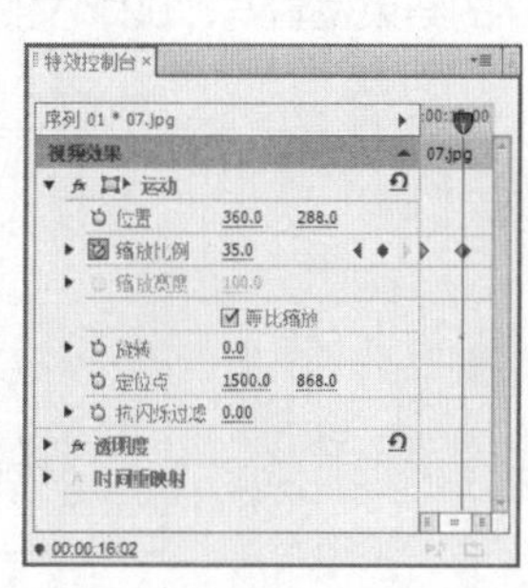

图9-111

步骤⑥ 将时间标记移动到00:00:18:22的位置。在“项目”面板中选中“06”文件并将其拖曳到“时间线”面板中的“视频1”轨道中，如图9-112所示。

步骤⑦ 选择“窗口 > 效果”菜单命令，弹出“效果”面板，展开“视频特效”选项，单击“生成”文件夹前面的三角形按钮将其展开，选中“四色渐变”特效，如图9-113所示。将“四色渐变”特效拖曳到“时间线”面板中的“06”文件上，如图9-114所示。

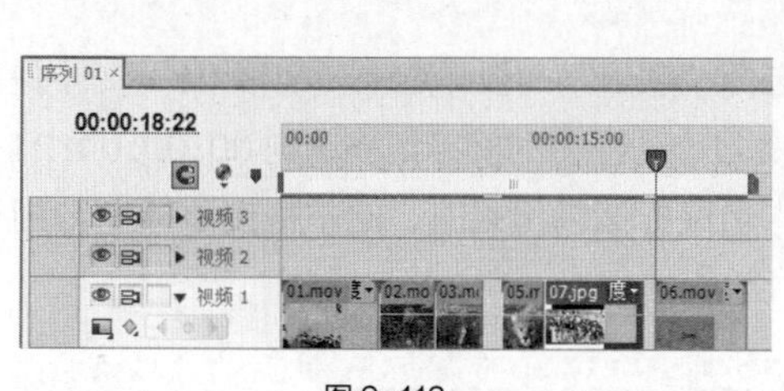

图9-112

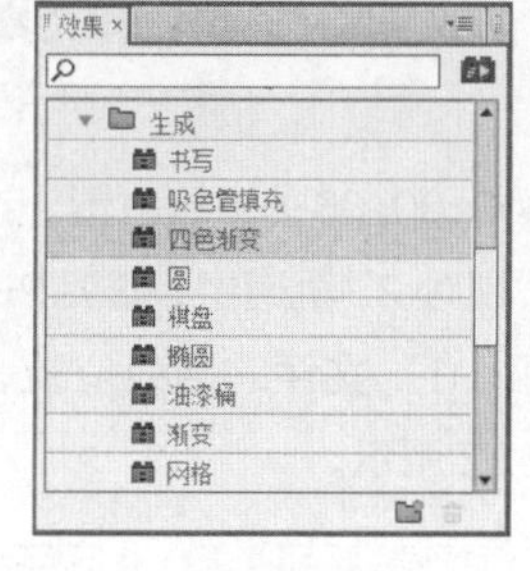

图9-113

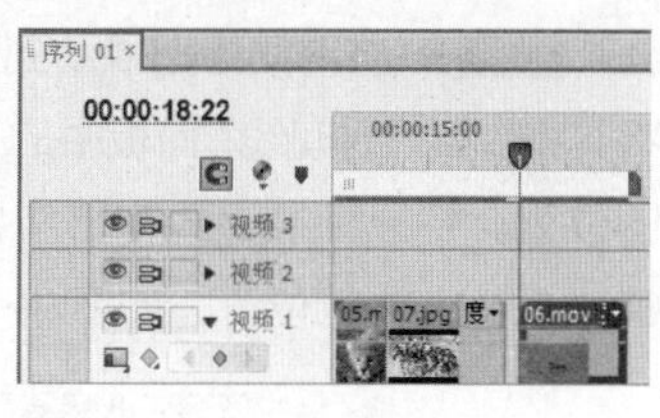

图9-114

步骤⑧ 在“特效控制台”面板中展开“四色渐变”特效，将“抖动”选项设置为100.0%，其他选项的设置如图9-115所示。

步骤⑨ 将时间标记移动到00:00:21:24的位置。在“特效控制台”面板中展开“透明度”选项，单击右侧的“添加/移除关键帧”按钮，创建第1个关键帧，如图9-116所示。将时间标记移动到00:00:23:10的位置，将“透明度”选项设置为“0.0%”，创建第2个动画关键帧，如图9-117所示。

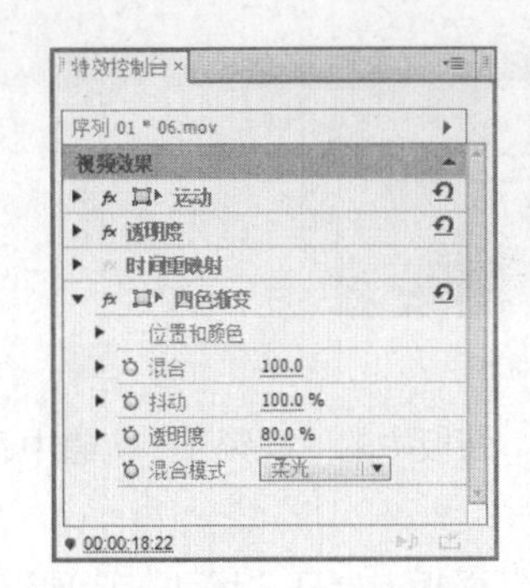

图 9-115

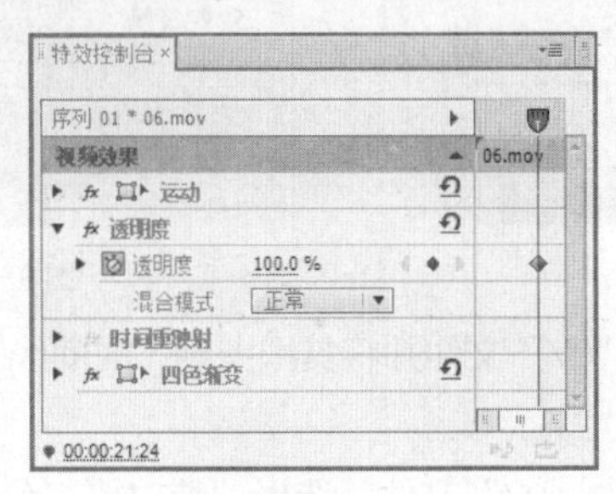

图 9-116

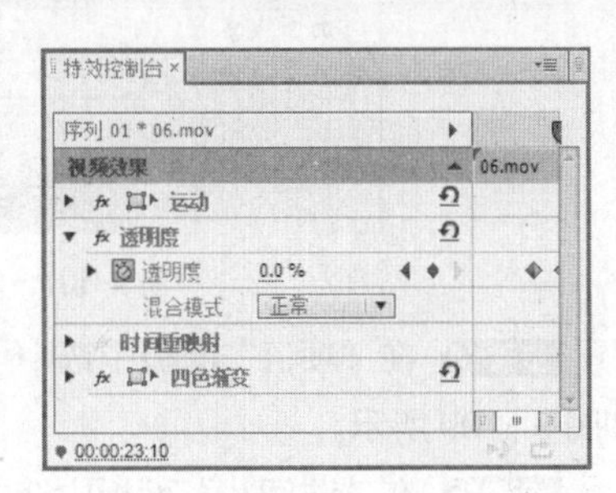

图 9-117

步骤⑩ 选择“效果”面板，展开“视频切换”选项，单击“擦除”文件夹前面的三角形按钮▶将其展开，选中“棋盘”特效，如图 9-118 所示。将“棋盘”特效拖曳到“时间线”面板中的“01”文件的结束位置与“02”文件的开始位置之间，如图 9-119 所示。

图 9-118

图 9-119

步骤⑪ 使用相同的方法为“视频 1”轨道的其他素材添加不同的视频转场特效，在“时间线”面板中的显示如图 9-120 所示。

图 9-120

步骤⑫ 将时间标记移动到 00:00:00:09 的位置。选择“项目”面板，选中“字幕 01”文件并将其拖曳到“时间线”面板中的“视频 2”轨道中，如图 9-121 所示。将时间标记移动到 00:00:04:24 的位置。将鼠标指针放在“字幕 01”文件的结束位置，当鼠标指针呈时，向左拖曳鼠标指针到 00:00:04:24 的位置，如图 9-122 所示。

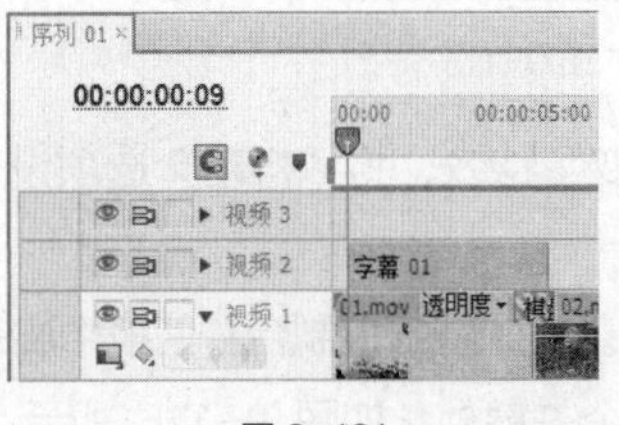

图 9-121

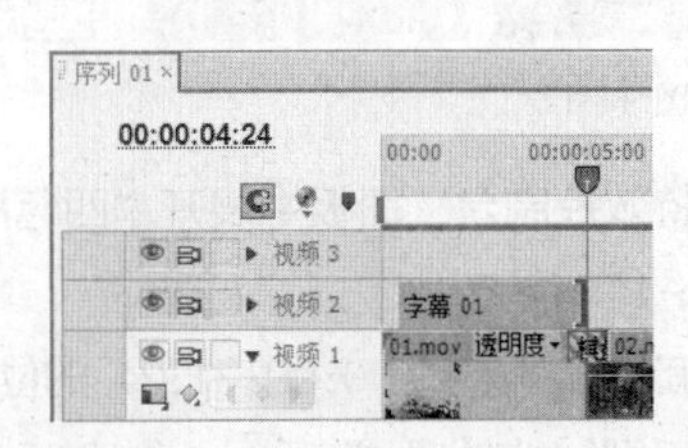

图 9-122

步骤⑬ 将时间标记移动到 00:00:00:09 的位置。在“视频 2”轨道上选中“字幕 01”文件。在“特效控制台”面板中展开“运动”选项，将“缩放比例”选项设置为“0.0”，单击“缩放比例”选项左侧的“切换动画”按钮，创建第 1 个动画关键帧，如图 9-123 所示。将时间标记移动到 00:00:01:02 的位置。在“特效控制台”面板中将“缩放比例”选项设置为 100.0，创建第 2 个动画关键帧，如图 9-124 所示。

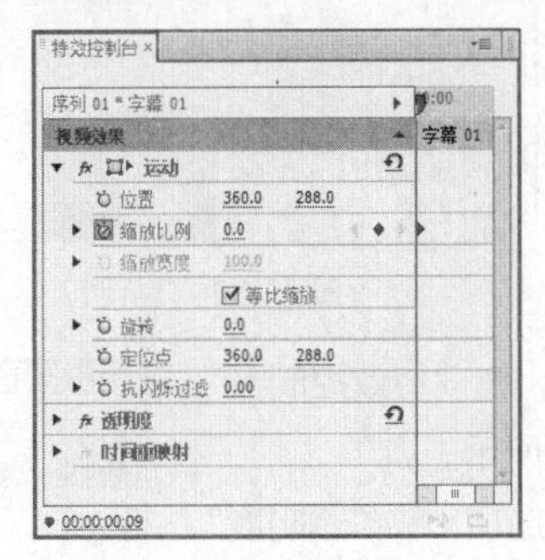
图 9-123

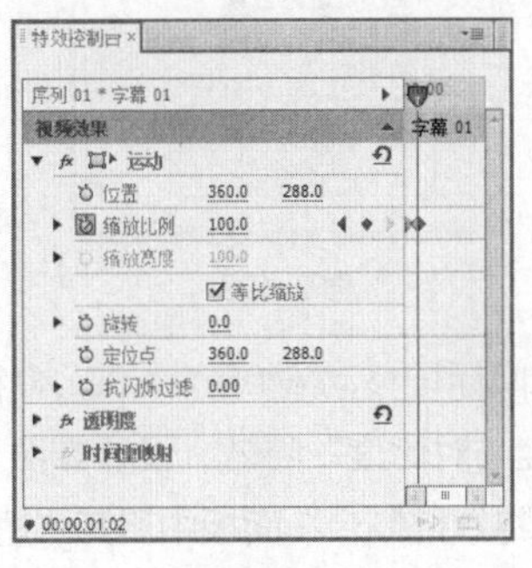
图 9-124

步骤⑭ 将时间标记移动到 00:00:04:03 的位置。在“特效控制台”面板中展开“透明度”选项，单击右侧的“添加/移除关键帧”按钮，创建第 1 个动画关键帧，如图 9-125 所示。将时间标记移动到 00:00:04:22 的位置。在“特效控制台”面板中将“透明度”选项设置为“0.0%”，创建第 2 个动画关键帧，如图 9-126 所示。

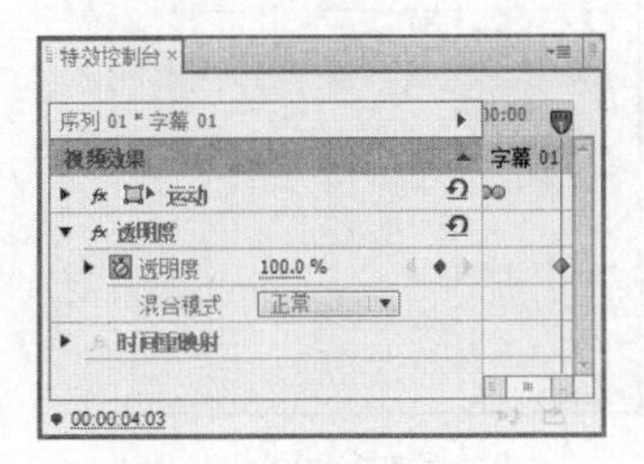
图 9-125

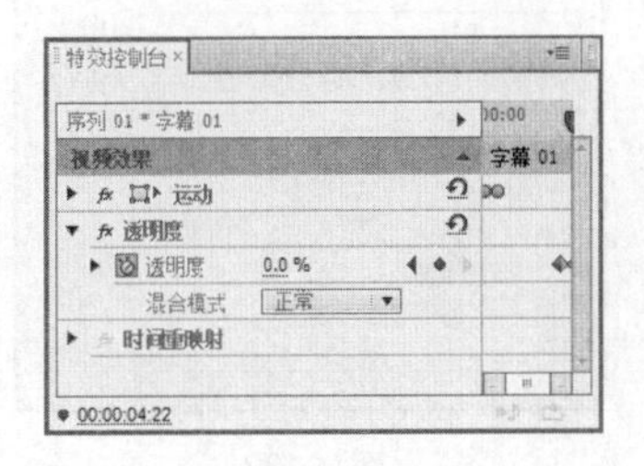
图 9-126

步骤⑮ 将时间标记移动到 00:00:09:20 的位置。在“项目”面板中选中“04”文件并将其拖曳到“时间线”面板中的“视频 2”轨道中，如图 9-127 所示。将时间标记移动到 00:00:11:23 的位置。在“视频 1”轨道上选中“04”文件，将鼠标指针放在“04”文件的结束位置，当鼠标指针呈时，向左拖曳鼠标指针到 00:00:11:23 的位置，如图 9-128 所示。

图 9-127

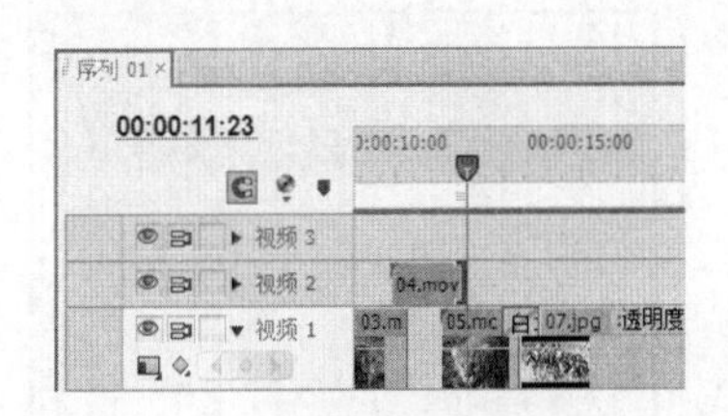
图 9-128

步骤⑯ 选择“效果”面板，展开“视频特效”选项，单击“色彩校正”文件夹前面的三角形按钮将其展开，选中“亮度与对比度”特效，如图 9-129 所示。将“亮度与对比度”特效拖曳到“时间线”面板中的“04”文件上，如图 9-130 所示。

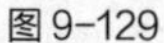
图 9-129

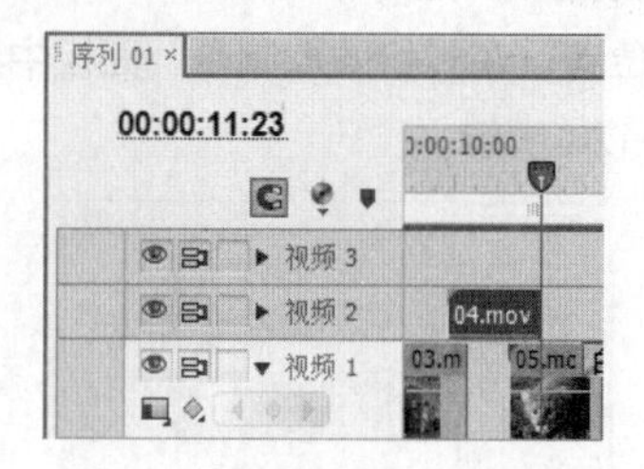

图 9-130

步骤 ⑰ 将时间标记移动到 00:00:09:20 的位置。在“特效控制台”面板中展开“亮度与对比度”特效，设置如图 9-131 所示。

图 9-131

步骤 ⑱ 在“特效控制台”面板中展开“透明度”选项，将“透明度”选项设置为 0.0%，创建第 1 个动画关键帧，如图 9-132 所示。将时间标记移动到 00:00:10:07 的位置。在“特效控制台”面板中将“透明度”选项设置为 100.0%，创建第 2 个动画关键帧，如图 9-133 所示。

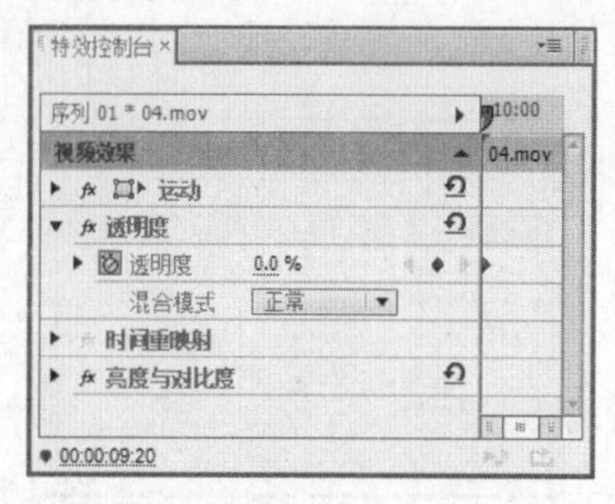

图 9-132

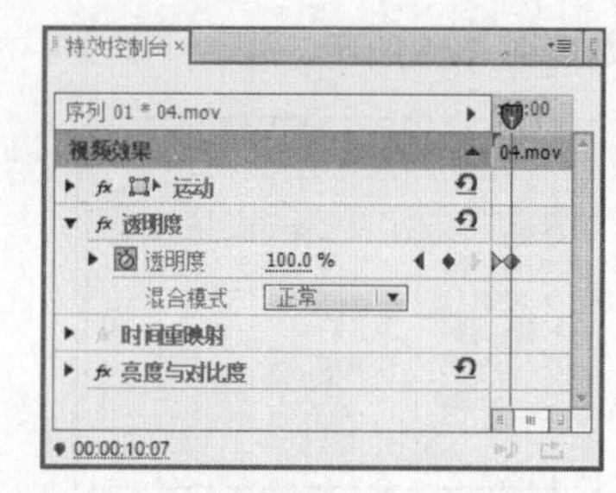

图 9-133

步骤 ⑲ 将时间标记移动到 00:00:11:06 的位置。在“特效控制台”面板中单击“透明度”选项右侧的“添加/移除关键帧”按钮，创建第 3 个动画关键帧，如图 9-134 所示。将时间标记移动到 00:00:11:21 的位置。在“特效控制台”面板中将“透明度”选项设置为 0.0%，创建第 4 个动画关键帧，如图 9-135 所示。

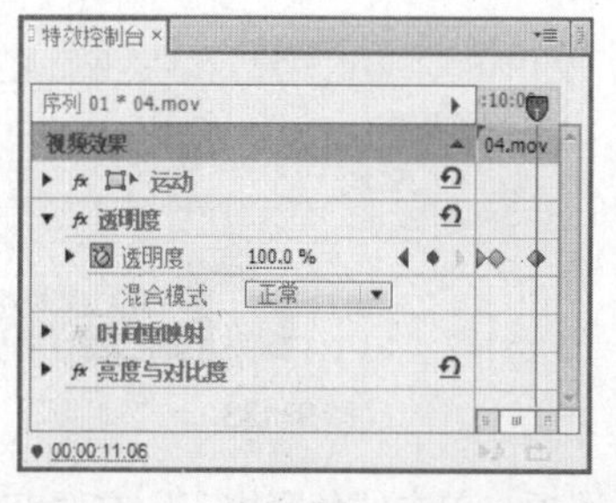

图 9-134

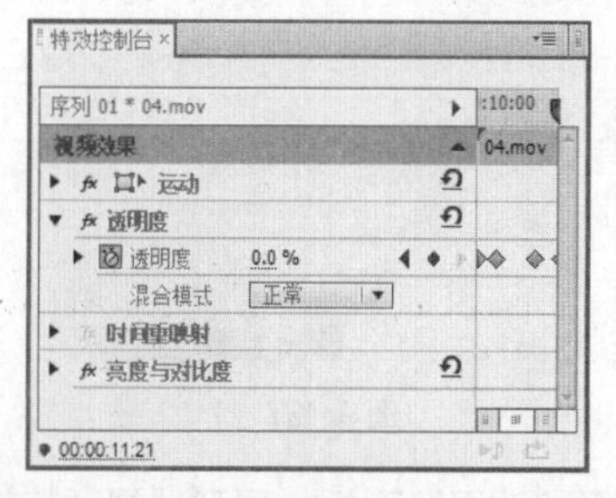

图 9-135

步骤 ⑳ 将时间标记移动到 00:00:16:17 的位置。在“项目”面板中选中“08”文件并将其拖曳到“时间线”面板中的“视频 2”轨道中，如图 9-136 所示。将时间标记移动到 00:00:19:14 的位置。将鼠标指针放在“08”文件的结束位置，当鼠标指针呈时，向左拖曳鼠标指针到 00:00:19:14 的位置，如图 9-137 所示。

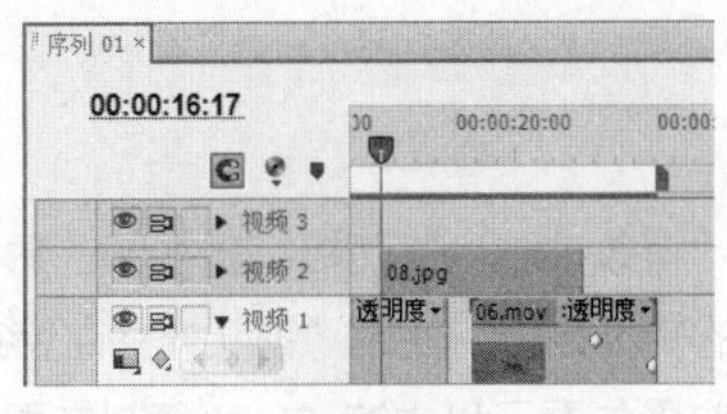

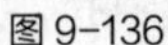
图 9-136

图 9-137

步骤 21 将时间标记移动到 00:00:18:20 的位置。在“视频 2”轨道上选中“08”文件。在“特效控制台”面板中展开“运动”选项，将“缩放比例”选项设置为 35.0，如图 9-138 所示。

步骤 22 在“特效控制台”面板中展开“透明度”选项，单击“透明度”选项右侧的“添加/移除关键帧”按钮，创建第 1 个动画关键帧，如图 9-139 所示。将时间标记移动到 00:00:19:13 的位置。在“特效控制台”面板中将“透明度”选项设置为 0.0%，创建第 2 个动画关键帧，如图 9-140 所示。

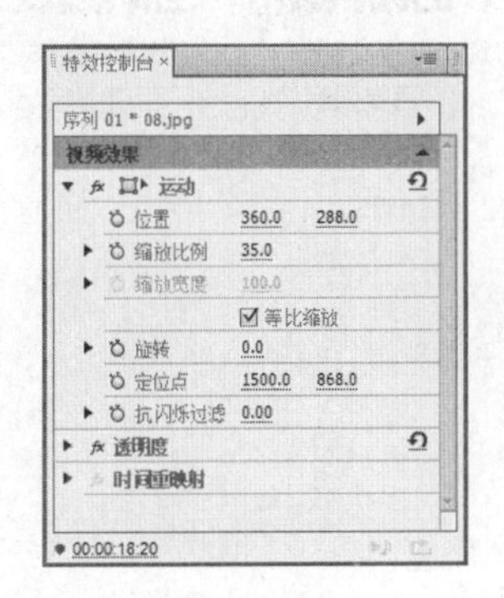

图 9-138

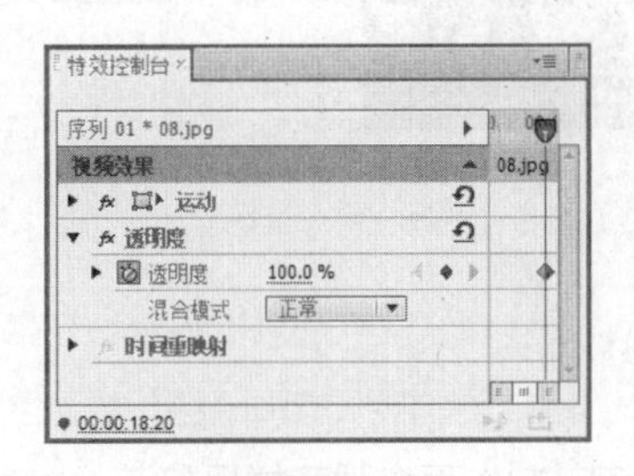

图 9-139

图 9-140

步骤 23 在“效果”面板中展开“视频切换”选项，单击“卷页”文件夹前面的三角形按钮将其展开，选中“翻页”特效，如图 9-141 所示。将“翻页”特效拖曳到“时间线”面板中的“08”文件的开始位置，如图 9-142 所示。动物栏目片头制作完成，效果如图 9-143 所示。

图 9-141

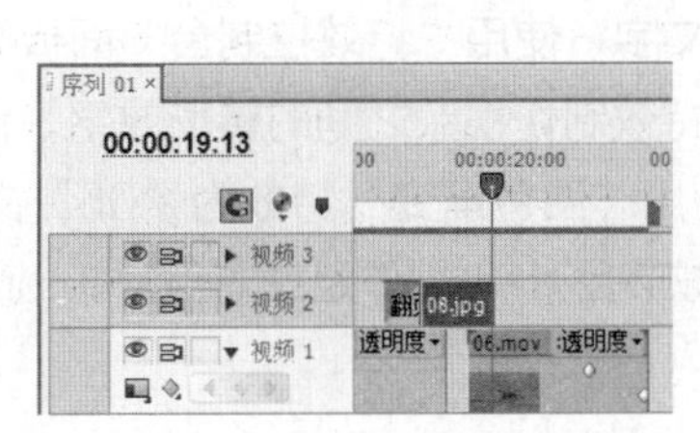

图 9-142

图 9-143

9.4 课堂练习——制作百变强音栏目包装

练习知识要点

使用“字幕”命令添加并编辑文字和图形，使用“特效控制台”面板编辑视频的透明度并制作动画效果，使用不同的“视频切换”特效制作视频之间的转场效果，使用“镜头光晕”特效为“04”文件添加镜头光晕效果，并制作光晕的动画效果。最终效果参看云盘中的“Ch09\制作百变强音栏目包装\制作百变强音栏目包装.prproj”。百变强音栏目包装效果如图 9-144 所示。

图 9-144

微课：制作百变强音栏目包装 1

微课：制作百变强音栏目包装 2

微课：制作百变强音栏目包装 3

效果所在位置

云盘\Ch09\制作百变强音栏目包装\制作百变强音栏目包装. prproj。

9.5 课后习题——制作足球节目片头

习题知识要点

使用“字幕”命令添加并编辑文字，使用“特效控制台”面板编辑视频的缩放比例和透明度并制作动画效果；使用不同的转场特效制作视频之间的转场效果，使用“亮度与对比度”特效调整“04”文件的亮度与对比度，使用“四色渐变”特效为“06”文件添加四色渐变效果。最终效果参看云盘中的“Ch09\制作足球节目片头\制作足球节目片头.prproj”。足球节目片头效果如图 9-145 所示。

图 9-145

微课：制作足球节目片头 1

微课：制作足球节目片头 2

效果所在位置

云盘\Ch09\制作足球节目片头\制作足球节目片头. prproj。

10 第10章 制作电子相册

本章介绍

电子相册可以用于描述美丽的风景、展现亲密的友情和记录精彩的瞬间，它具有随意修改、快速检索、恒久保存以及快速分发等传统相册无法比拟的优越性。本章以多类主题的电子相册为例，讲解电子相册的构思方法和制作技巧。读者通过学习可以掌握电子相册的制作要点，从而设计制作出精美的电子相册。

课堂学习目标

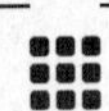

- 了解电子相册的构成元素
- 掌握电子相册的制作技巧
- 掌握电子相册的设计思路

10.1 制作儿童相册

10.1.1 案例分析

使用“特效控制台”面板编辑视频的位置、旋转和透明度并制作动画效果，使用“镜头光晕”特效为“01”文件添加镜头光晕效果并制作光晕动画，使用“高斯模糊”特效为“01”文件添加模糊效果并制作方向模糊动画，使用不同的转场特效制作视频之间的转场效果，等等。

10.1.2 案例设计

本案例设计效果如图 10-1 所示。

图 10-1

10.1.3 案例制作

步骤 1 启动 Premiere Pro CS6 软件，弹出“欢迎使用 Adobe Premiere Pro”界面，单击“新建项目”按钮，弹出“新建项目”对话框，设置“位置”选项，选择保存文件路径，在“名称”文本框中输入文件名“制作儿童相册”，如图 10-2 所示。单击“确定”按钮，弹出“新建序列”对话框，在左侧的列表中展开“DV-PAL”选项，选择“标准 48kHz”模式，如图 10-3 所示，单击“确定”按钮完成序列的创建。

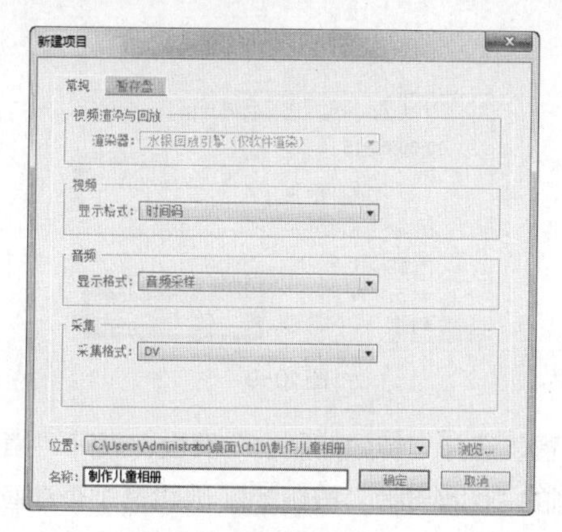

图 10-2

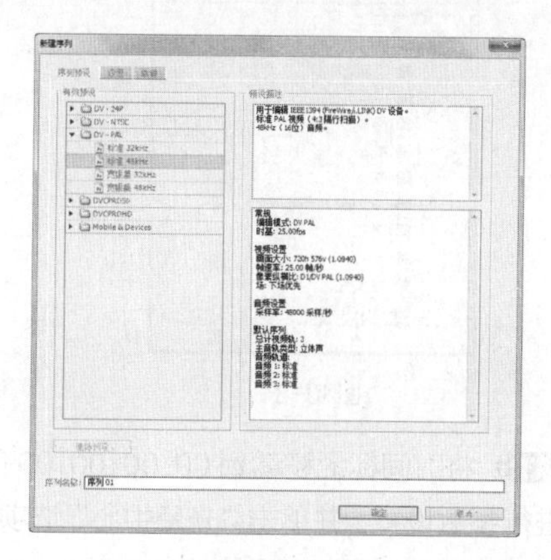

图 10-3

步骤② 选择“文件 > 导入”菜单命令，弹出“导入”对话框，选择云盘中的“Ch10\制作儿童相册\素材\01”文件至“Ch10\制作儿童相册\素材\08”文件，单击“打开”按钮，导入文件，如图 10-4 所示。导入后的文件排列在“项目”面板中，如图 10-5 所示。

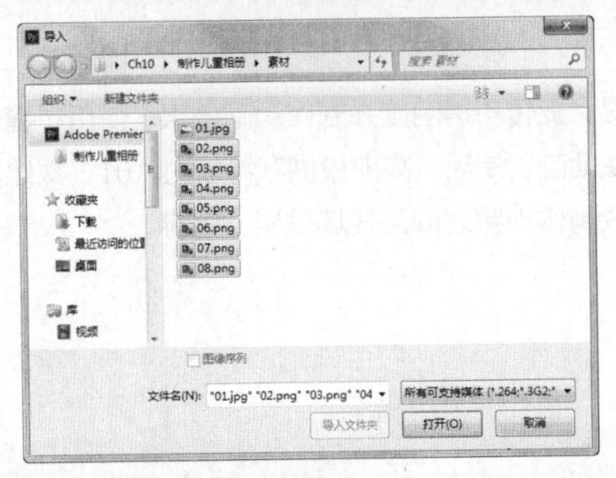

图 10-4

图 10-5

步骤③ 在“项目”面板中选中“01”文件并将其拖曳到“时间线”面板中的“视频 1”轨道中，如图 10-6 所示。将时间标记移动到 00:00:06:15 的位置。将鼠标指针放在“01”文件的结束位置，当鼠标指针呈⬅时，向右拖曳鼠标指针到 00:00:06:15 的位置，如图 10-7 所示。

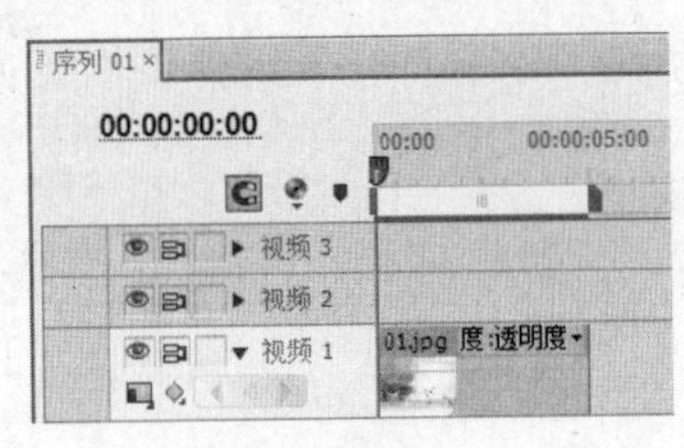

图 10-6

图 10-7

步骤④ 选择“窗口 > 效果”菜单命令，弹出“效果”面板，展开“视频特效”选项，单击“生成”文件夹前面的三角形按钮▶将其展开，选中“镜头光晕”特效，如图 10-8 所示。将“镜头光晕”特效拖曳到“时间线”面板中的“01”文件上，如图 10-9 所示。

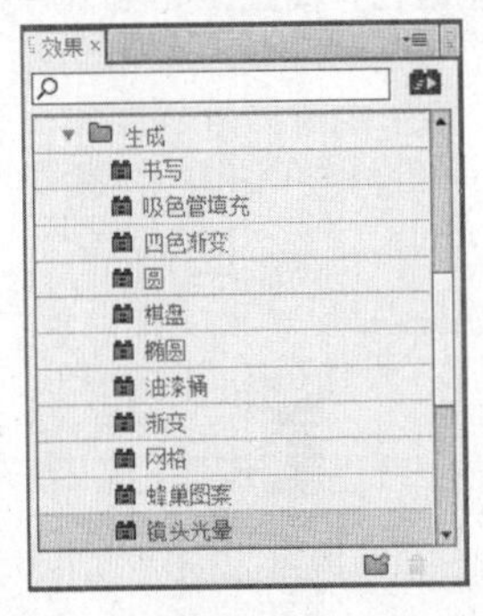

图 10-8

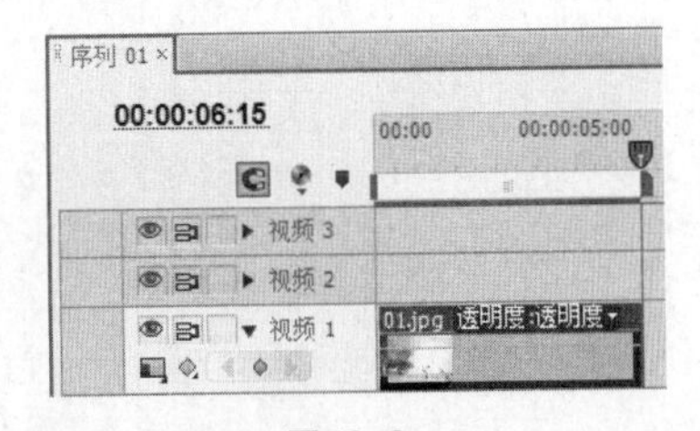

图 10-9

步骤⑤ 将时间标记移动到 00:00:00:00 的位置。选择“特效控制台”面板，展开“镜头光晕”特效，进行参数设置，并单击“光晕中心”选项左侧的“切换动画”按钮⏱，创建第 1 个动画关键帧，如图 10-10 所示。将时间标记移动到 00:00:06:10 的位置。在“特效控制台”面板中，创建第 2 个动画关键帧，设置如图 10-11 所示。

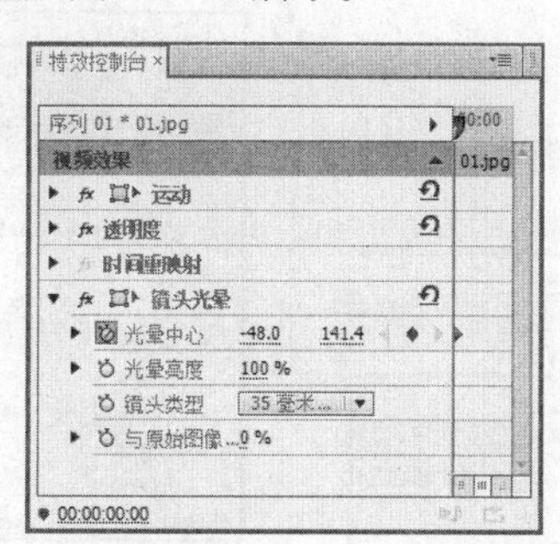

图 10-10

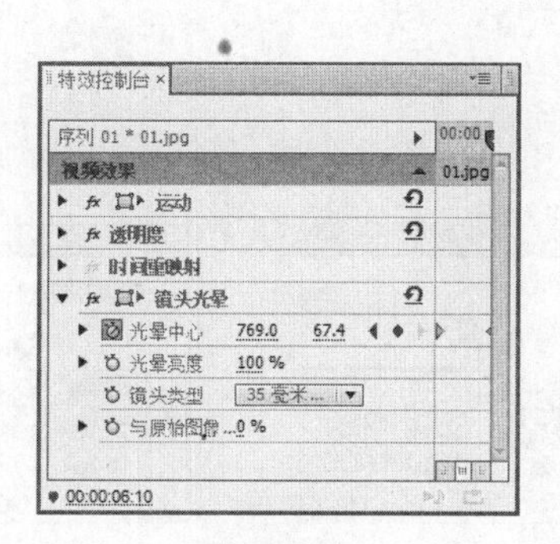

图 10-11

步骤⑥ 在“效果”面板中展开“视频特效”选项，单击“模糊与锐化”文件夹前面的三角形按钮将其展开，选中“高斯模糊”特效，如图 10-12 所示。将“高斯模糊”特效拖曳到“时间线”面板中的“01”文件上，如图 10-13 所示。

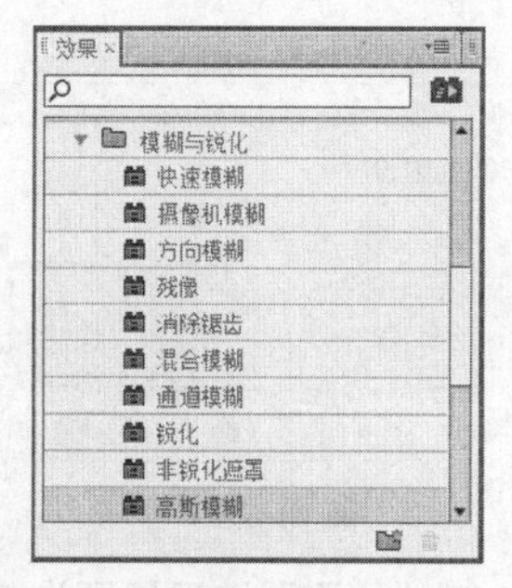

图 10-12

图 10-13

步骤⑦ 将时间标记移动到 00:00:00:00 的位置。在“特效控制台”面板中展开“高斯模糊”特效，将“模糊度”选项设置为 100.0，并单击“模糊度”选项左侧的“切换动画”按钮，创建第 1 个动画关键帧，如图 10-14 所示。将时间标记移动到 00:00:01:05 的位置。在“特效控制台”面板中将“模糊度”选项设置为“0.0”，创建第 2 个动画关键帧，如图 10-15 所示。

图 10-14

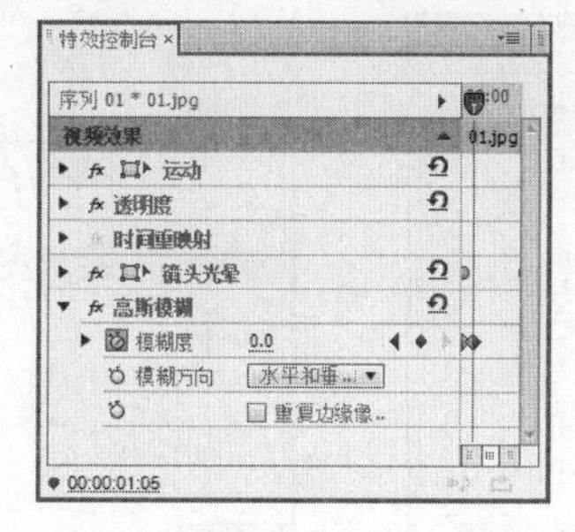

图 10-15

步骤⑧ 将时间标记移动到 00:00:00:10 的位置。选择“项目”面板，选中“02”文件并将其拖曳到“时间线”面板中的“视频 2”轨道中，如图 10-16 所示。将鼠标指针放在“02”文件的结束位置，当鼠标指针呈时，向右拖曳鼠标指针到与“01”文件相同的结束位置，如图 10-17 所示。在“特效控制台”面板中展开“运动”选项，将“位置”选项设置为 236.7 和 321.4，如图 10-18 所示。

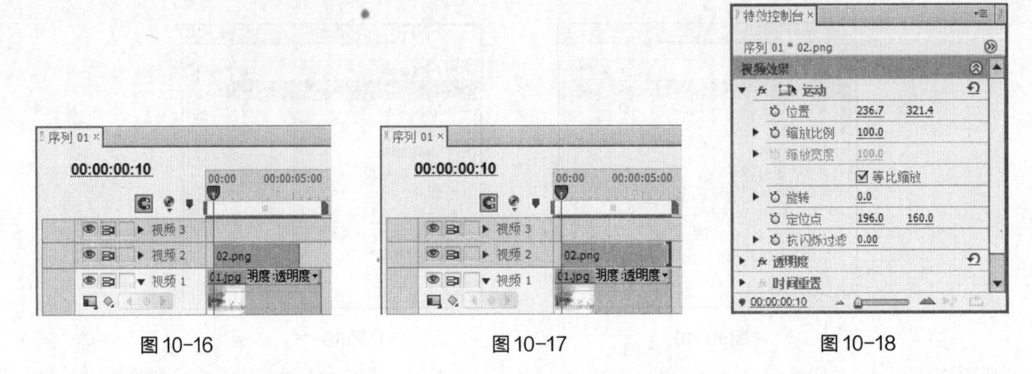

图10-16　　图10-17　　图10-18

步骤⑨ 将时间标记移动到00:00:01:07的位置。在“项目”面板中选中“03”文件并将其拖曳到“时间线”面板中的“视频3”轨道中，如图10-19所示。将鼠标指针放在“03”文件的结束位置，当鼠标指针呈时，向右拖曳鼠标指针到与“01”文件相同的结束位置，如图10-20所示。

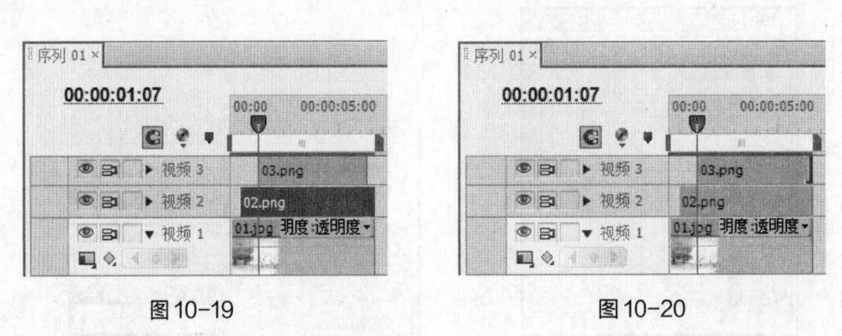

图10-19　　图10-20

步骤⑩ 在“特效控制台”面板中展开“运动”选项，将“位置”选项设置为269.8和315.6，如图10-21所示。将时间标记移动到00:00:01:23的位置。在“特效控制台”面板中展开“透明度”选项，单击“透明度”选项右侧的“添加/移除关键帧”按钮，创建第1个动画关键帧，如图10-22所示。将时间标记移动到00:00:01:24的位置。在“特效控制台”面板中将“透明度”选项设置为0.0%，创建第2个动画关键帧，如图10-23所示。

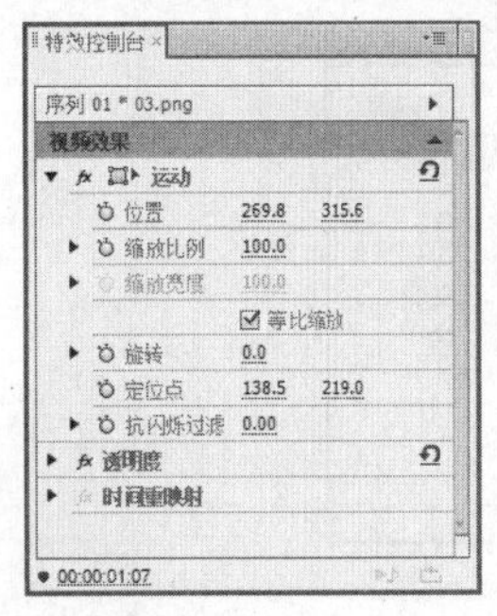

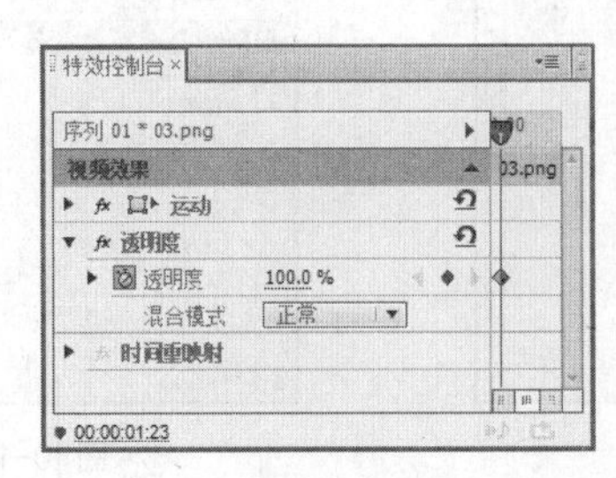

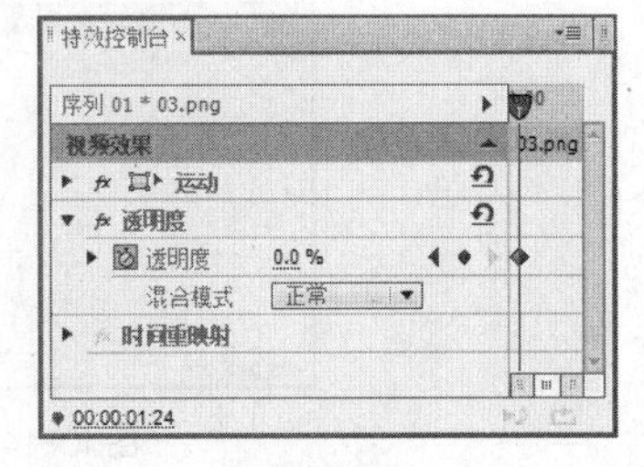

图10-21　　图10-22　　图10-23

步骤⑪ 将时间标记移动到00:00:02:00的位置。在“特效控制台”面板中将“透明度”选项设置为100.0%，创建第3个动画关键帧，如图10-24所示。将时间标记移动到00:00:02:01的位置。在“特效控制台”面板中，将“透明度”选项设置为0.0%，创建第4个动画关键帧，如图10-25所示。用相同的方法再添加9个透明动画关键帧，如图10-26所示。

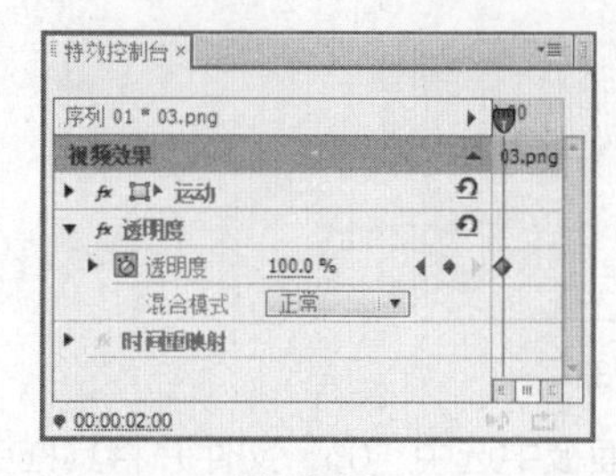
图10-24

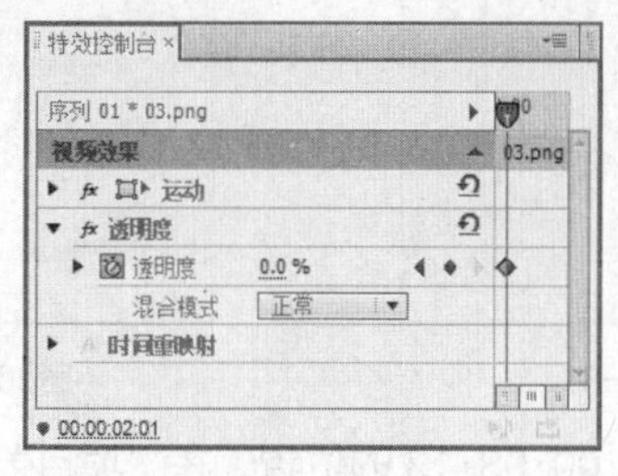
图10-25

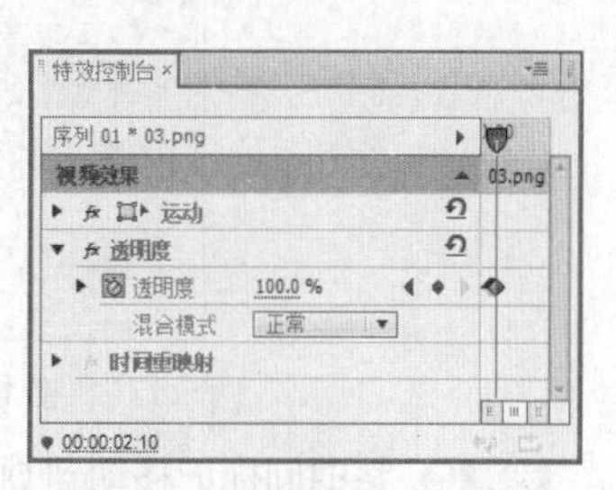
图10-26

步骤⑫ 选择“序列 > 添加轨道”菜单命令，弹出“添加视音轨”对话框，设置如图10-27所示，单击“确定”按钮，在“时间线”面板中添加5条视频轨道，如图10-28所示。

图10-27

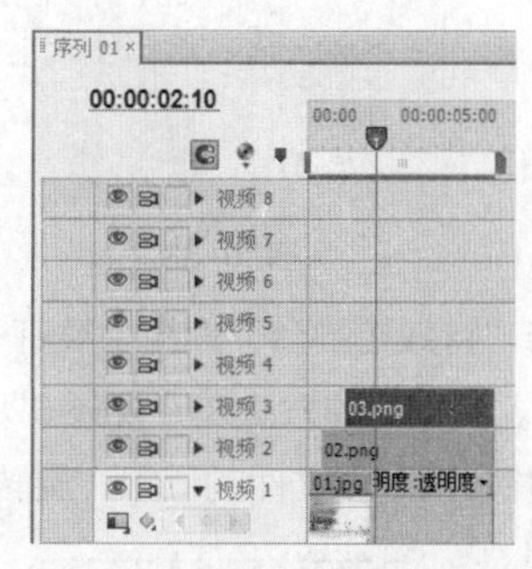
图10-28

步骤⑬ 将时间标记移动到00:00:02:16的位置。在“项目”面板中选中“04”文件并将其拖曳到“时间线”面板中的“视频4”轨道中，如图10-29所示。将鼠标指针放在“04”文件结束位置，当鼠标指针呈时，向左拖曳鼠标指针到与“01”文件相同的结束位置，如图10-30所示。

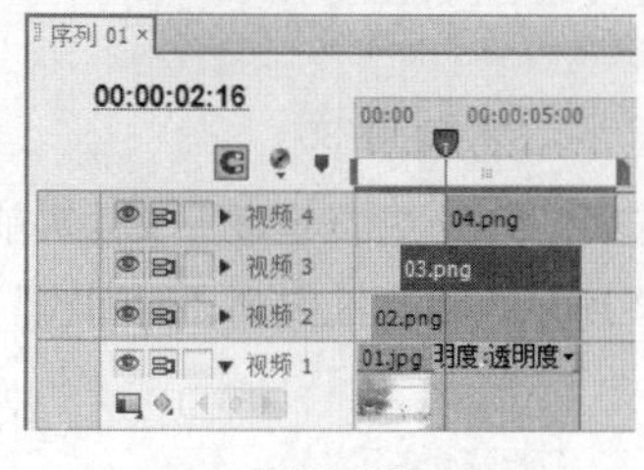
图10-29

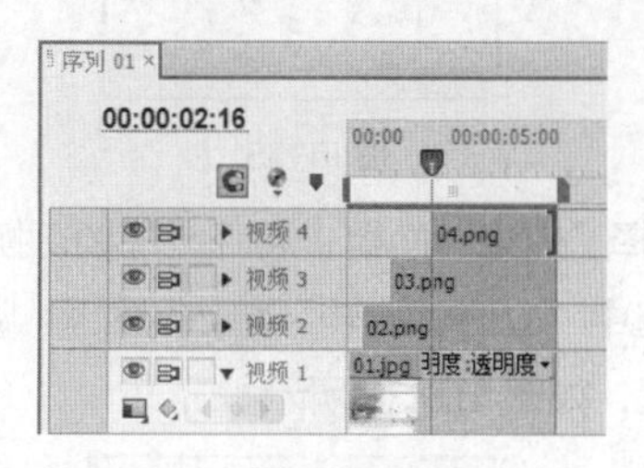
图10-30

步骤⑭ 在“特效控制台”面板中展开“运动”选项，将“位置”选项设置为-90.0和436.0，“缩放比例”选项设置为102.5，“旋转”选项设置为2×0.0°，并分别单击“位置”和“旋转”选项左侧的“切换动画”按钮，分别创建第1个动画关键帧，如图10-31所示。将时间标记移动到00:00:03:07的位置。在“特效控制台”面板中将“位置”选项设置为116.0和436.0，“旋转”选项设置为0.0°，分别创建第2个动画关键帧，如图10-32所示。

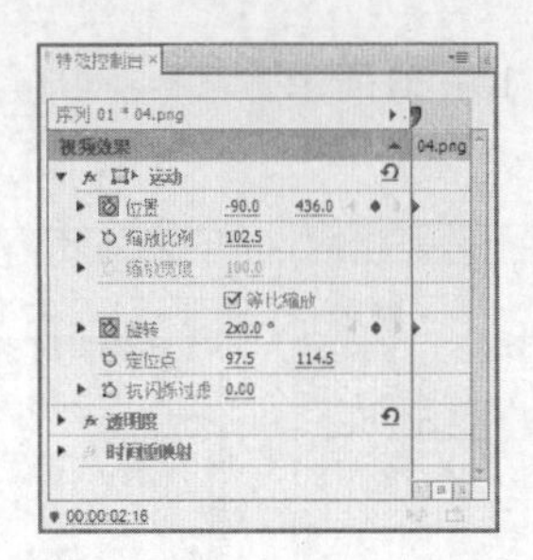

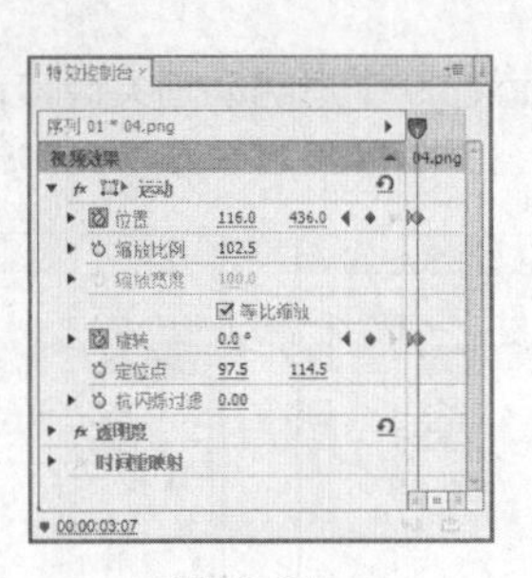

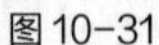

图10-31　　图10-32

步骤⑮ 将时间标记移动到00:00:03:12的位置。在“项目”面板中选中“05”文件并将其拖曳到“时间线”面板中的“视频5”轨道中，如图10-33所示。将鼠标指针放在“05”文件的结束位置，当鼠标指针呈![]时，向左拖曳鼠标指针到与“01”文件相同的结束位置，如图10-34所示。

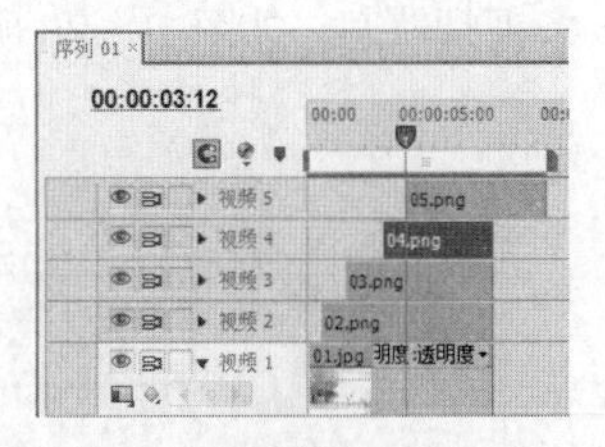

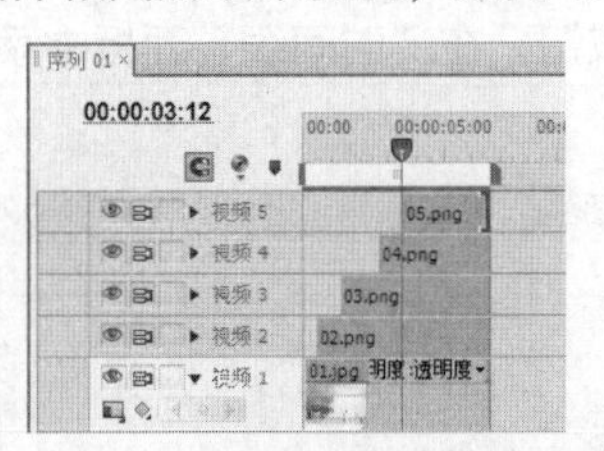

图10-33　　图10-34

步骤⑯ 选择“特效控制台”面板中展开“运动”选项，将“位置”选项设置为491.9和150.9，如图10-35所示。用相同的方法在“视频6”“视频7”和“视频8”轨道中分别添加“06”“07”和“08”文件，并分别制作文件的位置、旋转动画，如图10-36所示。

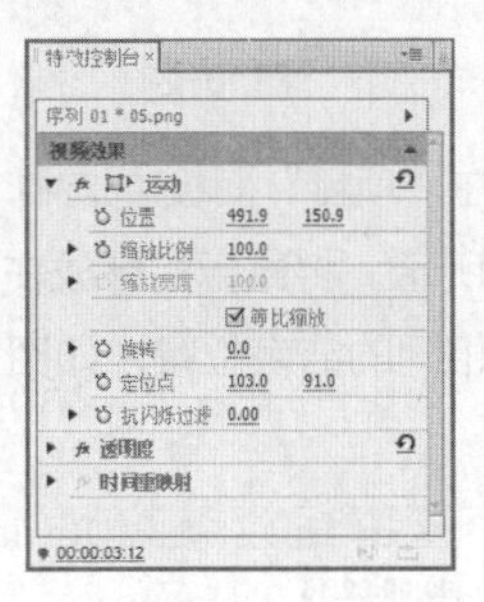

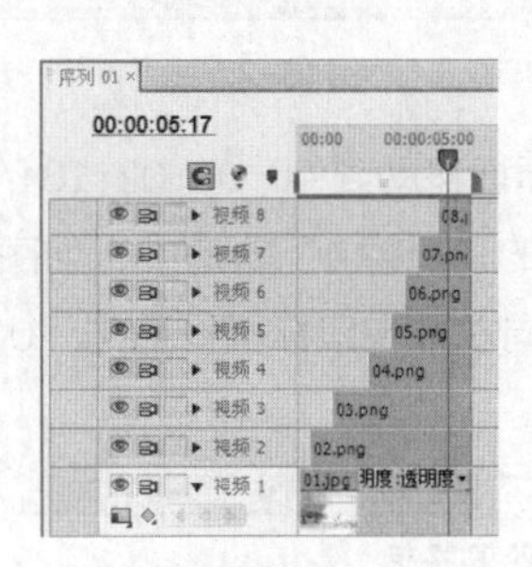

图10-35　　图10-36

步骤⑰ 选择“效果”面板，展开“视频切换”选项，单击“3D运动”文件夹前面的三角形按钮▶将其展开，选中“立方体旋转”特效，如图10-37所示。将其拖曳到“时间线”面板中的“02”文件的开始位置，如图10-38所示。

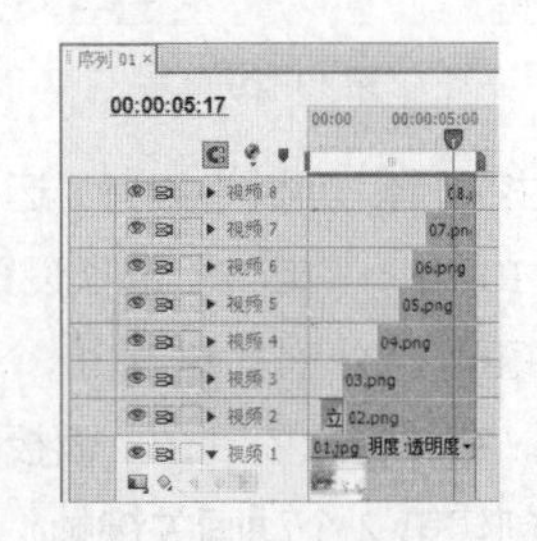

图10-37　　图10-38

步骤⑱ 用相同的方法为“时间线”面板中的其他文件添加适当的过渡切换，如图 10-39 所示。儿童相册制作完成，效果如图 10-40 所示。

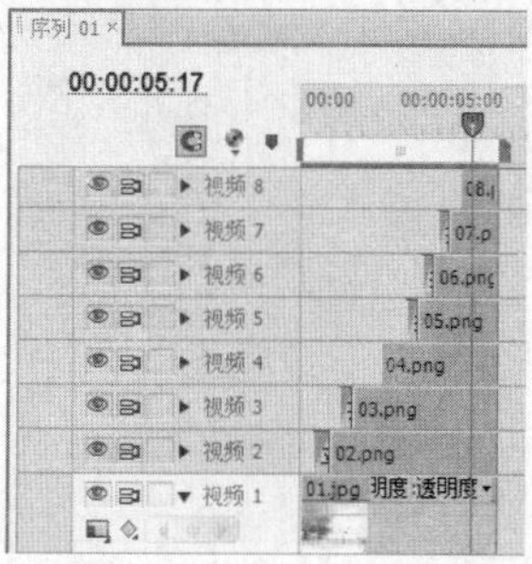

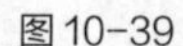
图 10-39

图 10-40

10.2 制作婚礼相册

10.2.1 案例分析

使用“导入”命令导入素材文件，使用不同的“视频切换”特效制作视频之间的转场效果，使用“字幕属性”设置子面板设置文本的属性，使用“位置”选项、“缩放比例”选项和“旋转”选项制作图像动画效果，等等。

10.2.2 案例设计

本案例设计效果如图 10-41 所示。

微课：制作婚礼相册

图 10-41

10.2.3 案例制作

步骤① 启动 Premiere Pro CS6 软件，弹出“欢迎使用 Adobe Premiere Pro”界面，单击“新建项目”按钮，弹出“新建项目”对话框，设置“位置”选项，选择保存文件路径，在“名称”文本框中输入文件名“制作婚礼相册”，如图 10-42 所示。单击“确定”按钮，弹出“新建序列”对话框，在左侧的列表中展开“DV-PAL”选项，选择“标准 48kHz”模式，如图 10-43 所示，单击“确定”按钮完成序列的创建。

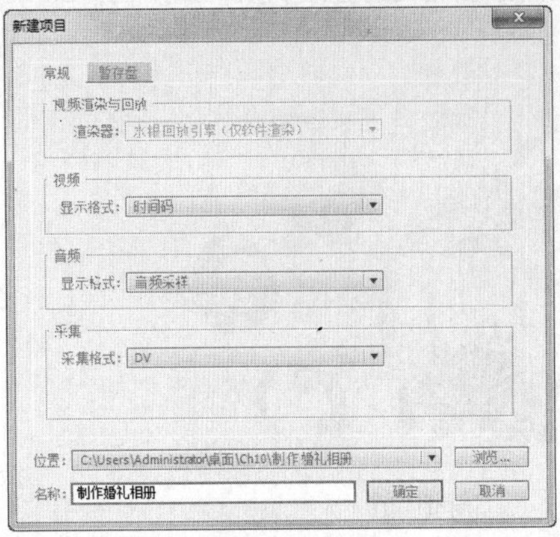

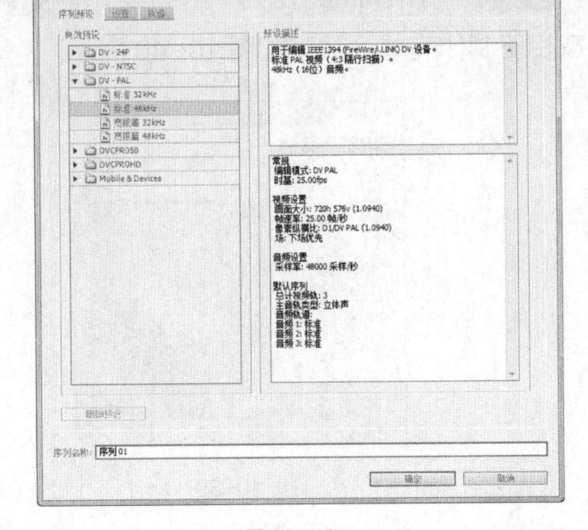

图 10-42

图 10-43

步骤② 选择“文件 > 导入”菜单命令，弹出“导入”对话框，选择云盘中的“Ch10\制作婚礼相册\素材\01”文件至“Ch10\制作婚礼相册\素材\06”文件，单击“打开”按钮，导入文件，如图 10-44 所示。导入后的文件排列在“项目”面板中，如图 10-45 所示。

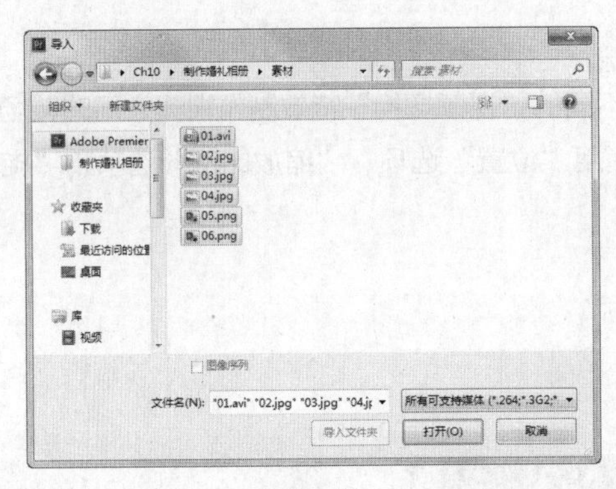

图 10-44

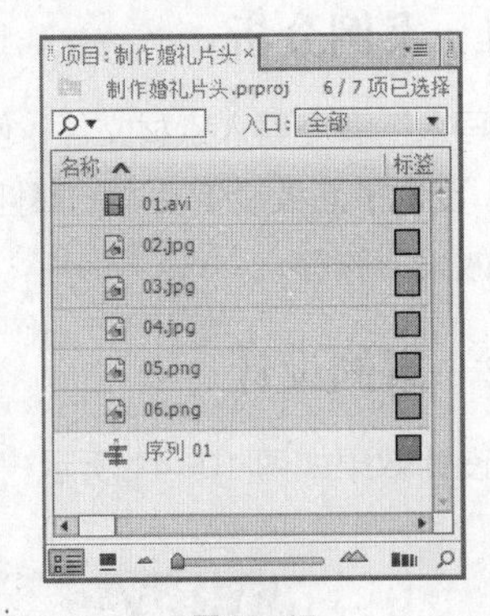

图 10-45

步骤③ 在“项目”面板中选中“01”文件并将其拖曳到“时间线”面板中的“视频 1”轨道中，如图 10-46 所示。将时间标记移动到 00:00:05:00 的位置。将鼠标指针放在“01”文件的结束位置，当鼠标指针呈◀▌时，向左拖曳鼠标指针到 00:00:05:00 的位置，如图 10-47 所示。

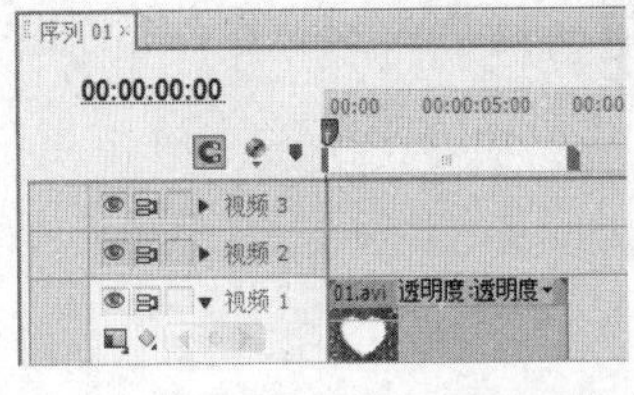

图 10-46

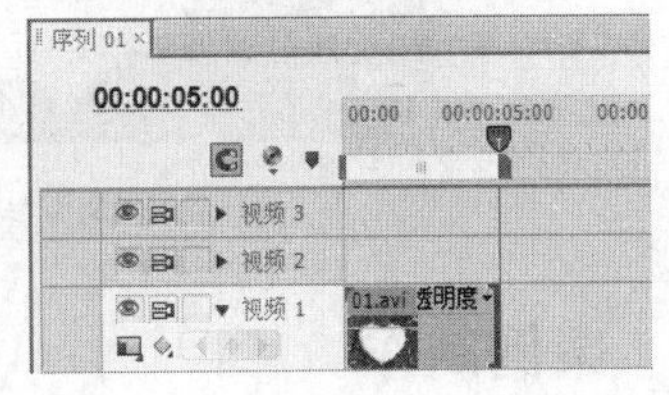

图 10-47

步骤④ 选择“文件 > 新建 > 字幕”菜单命令，弹出“新建字幕”对话框，如图 10-48 所示。单击“确定”按钮，弹出“字幕”编辑面板。选择“输入”工具 T，在字幕工作区中输入需要的文字。在“字幕属性”设置子面板中展开“属性”选项，设置如图 10-49 所示。展开“填充”选项，将“颜色”选项设置为白色，设置如图 10-50 所示。

图 10-48

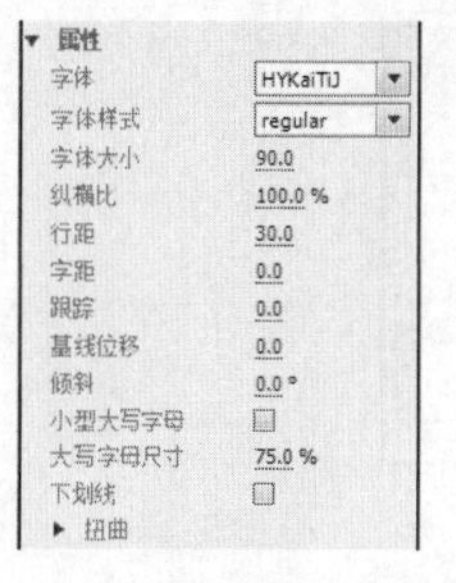

图 10-49

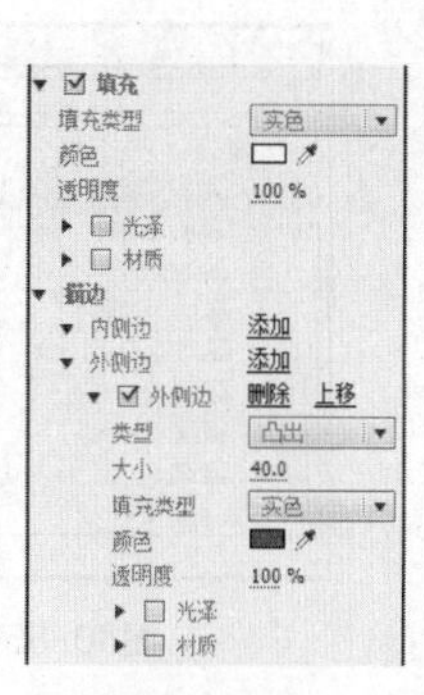

图 10-50

步骤⑤ 展开“描边”选项，单击“外侧边”右侧的“添加”按钮，添加外侧边，将“颜色”选项设置为红色（其 R、G、B 的值分别为 202、38、70），其他选项的设置如图 10-51 所示。用相同的方法输入下方的文字，效果如图 10-52 所示。关闭“字幕”编辑面板，新建的字幕文件自动保存到“项目”面板中。

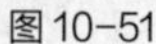

图 10-51

图 10-52

步骤⑥ 将时间标记移动到 00:00:01:02 的位置。在“项目”面板中选中“字幕 01”文件并将其拖曳到“时间线”面板中的“视频 2”轨道中，如图 10-53 所示。将鼠标指针放在“字幕 01”文件的结束位置，当鼠标指针呈时，向左拖曳鼠标指针到与“01”文件相同的结束位置，如图 10-54 所示。

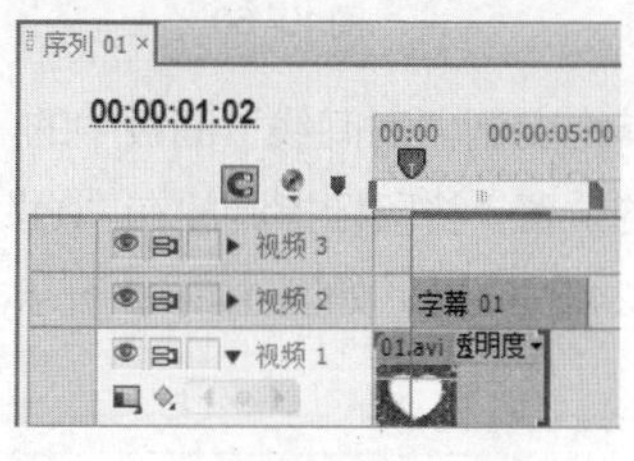

图 10-53

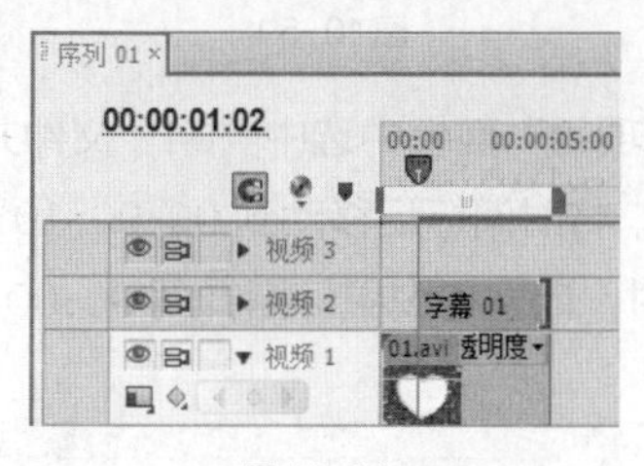

图 10-54

步骤⑦ 选择“窗口 > 效果”菜单命令，弹出“效果”面板，展开“视频切换”选项，单击“叠化”文件夹前面的三角形按钮▶将其展开，选中“交叉叠化（标准）”特效，如图 10-55 所示。将“交叉叠化（标准）”特效拖曳到“时间线”面板中“字幕 01”文件的开始位置，如图 10-56 所示。

图 10-55

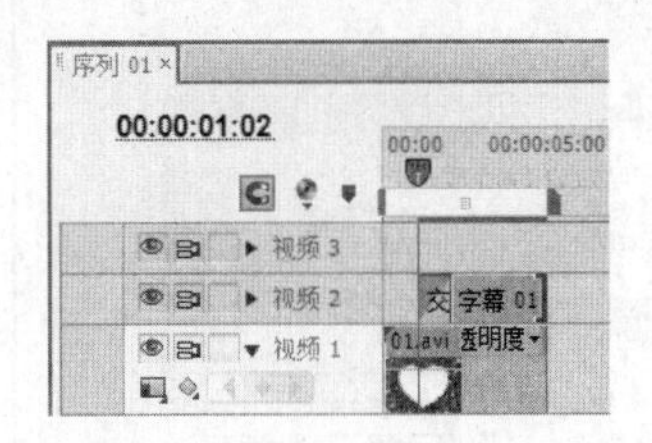

图 10-56

步骤 8 选择“项目”面板，选中“02”文件并将其拖曳到“时间线”面板中的“视频 1”轨道中，如图 10-57 所示。将时间标记移动到 00:00:07:02 的位置。将鼠标指针放在“02”文件的结束位置，当鼠标指针呈时，向左拖曳鼠标指针到 00:00:07:02 的位置，如图 10-58 所示。

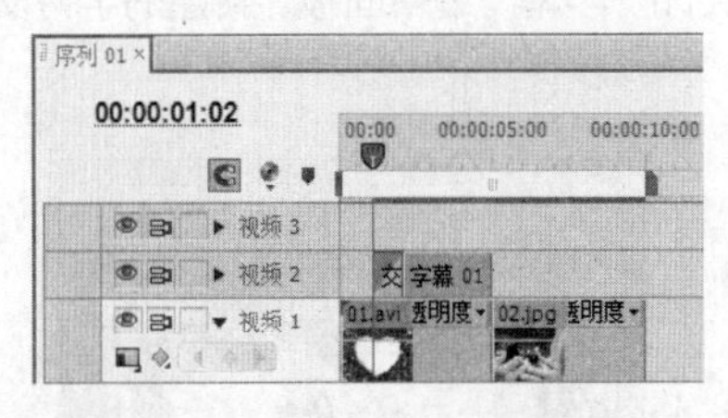

图 10-57

图 10-58

步骤 9 在“项目”面板中选中“03”文件并将其拖曳到“时间线”面板中的“视频 1”轨道中，如图 10-59 所示。将时间标记移动到 00:00:08:23 的位置。将鼠标指针放在“03”文件的结束位置，当鼠标指针呈时，向左拖曳鼠标指针到 00:00:08:23 的位置，如图 10-60 所示。

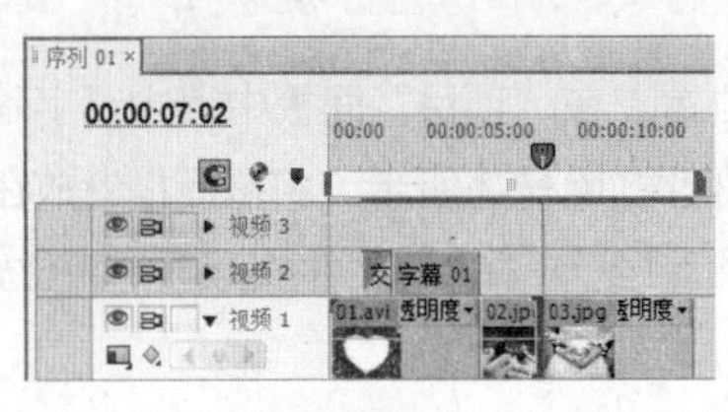

图 10-59

图 10-60

步骤 10 在“项目”面板中选中“04”文件并将其拖曳到“时间线”面板中的“视频 1”轨道中，如图 10-61 所示。将时间标记移动到 00:00:10:24 的位置。将鼠标指针放在“04”文件的结束位置，当鼠标指针呈时，向左拖曳鼠标指针到 00:00:10:24 的位置，如图 10-62 所示。

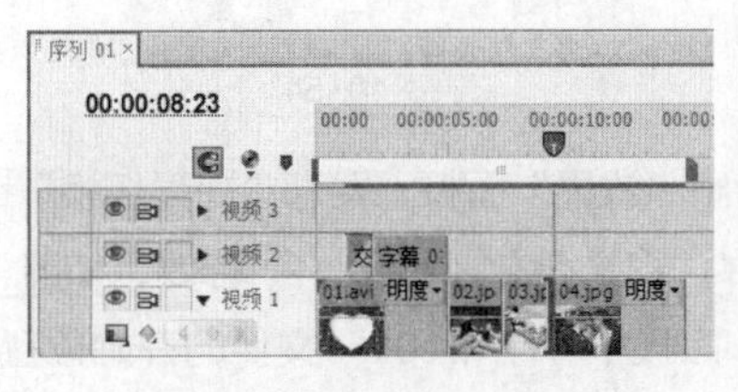

图 10-61

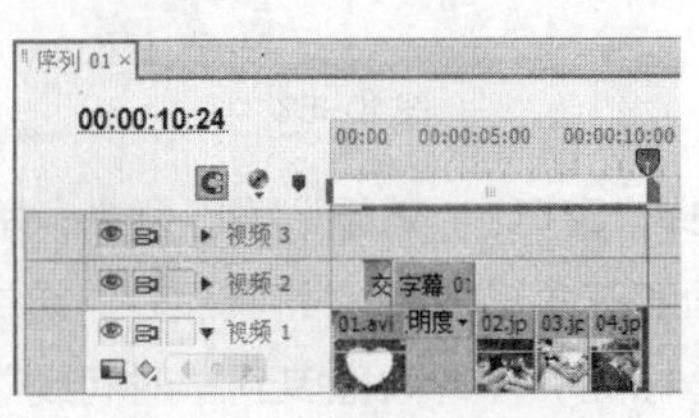

图 10-62

步骤⑪ 选择“效果”面板，展开“视频切换”选项，单击“叠化”文件夹前面的三角形按钮▶将其展开，选中“交叉叠化（标准）”特效，如图 10-63 所示。将“交叉叠化（标准）”特效拖曳到“时间线”面板中“02”文件的结束位置和“03”文件的开始位置之间，如图 10-64 所示。

图 10-63

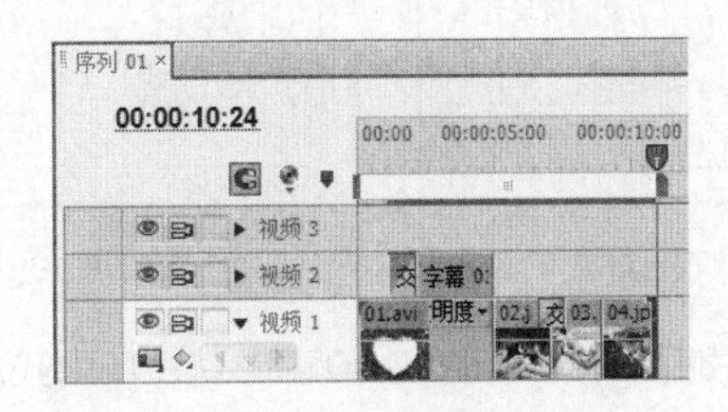

图 10-64

步骤⑫ 用相同的方法将“交叉叠化（标准）”特效拖曳到“时间线”面板中“03”文件的结束位置和“04”文件的开始位置之间，如图 10-65 所示。选择“项目”面板，选中“05”文件并将其拖曳到“时间线”面板中的“视频 2”轨道中，如图 10-66 所示。

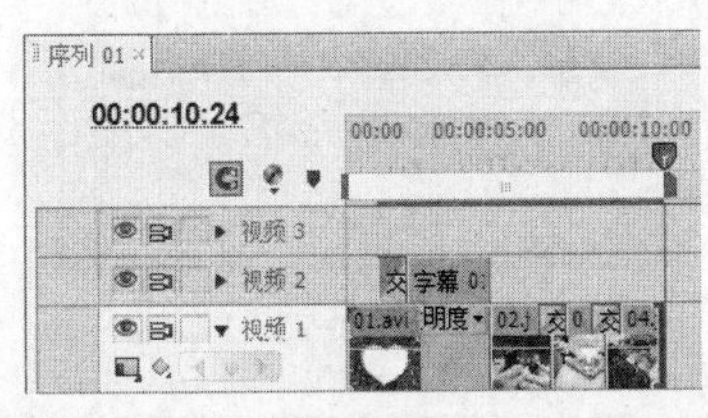

图 10-65

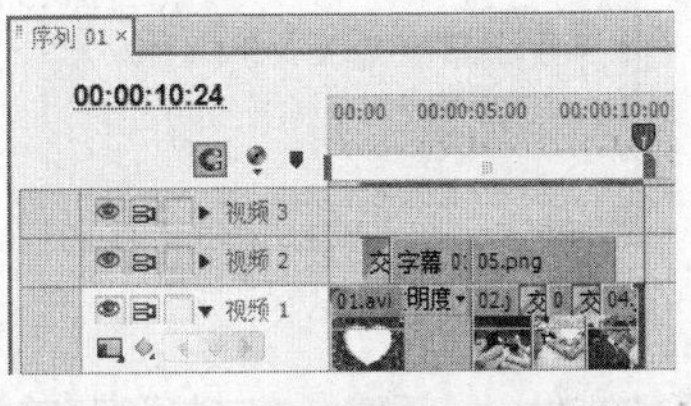

图 10-66

步骤⑬ 将鼠标指针放在“05”文件的结束位置，当鼠标指针呈◀‖时，向右拖曳鼠标指针到与“04”文件相同的结束位置，如图 10-67 所示。将时间标记移动到 00:00:05:00 的位置，如图 10-68 所示。

图 10-67

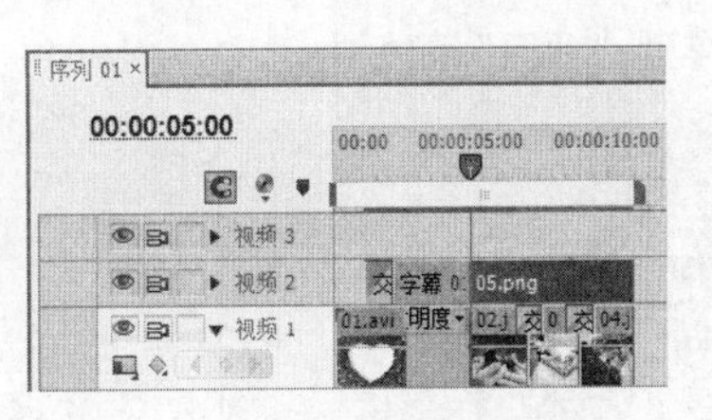

图 10-68

步骤⑭ 选中“时间线”面板中的“05”文件。选择“特效控制台”面板，展开“运动”选项，将“位置”选项设置为 358.2 和 449.4，“缩放比例”选项设置为 110.0。展开“透明度”选项，将“透明度”选项设置为 0.0%，单击“透明度”选项右侧的“添加/移除关键帧”按钮，创建第 1 个动画关键帧，如图 10-69 所示。将时间标记移动到 00:00:05:05 的位置。在“特效控制台”面板中将“透明度”选项设置为 100.0，创建第 2 个动画关键帧，如图 10-70 所示。将时间标记移动到 00:00:05:10 的位置。在“特效控制台”面板中将“透明度”选项设置为 0%，创建第 3 个动画关键帧，如图 10-71 所示。

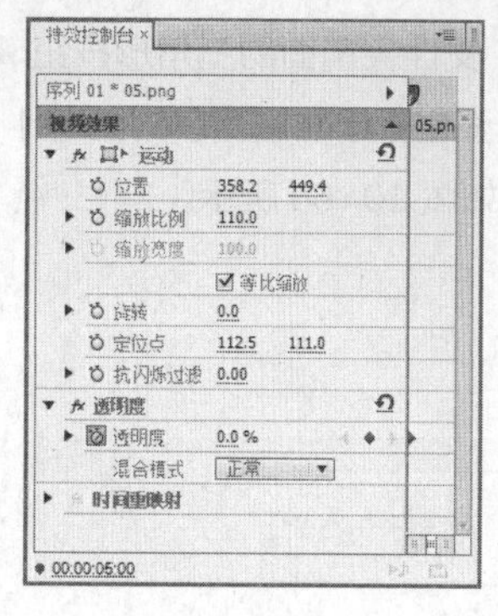

图 10-69

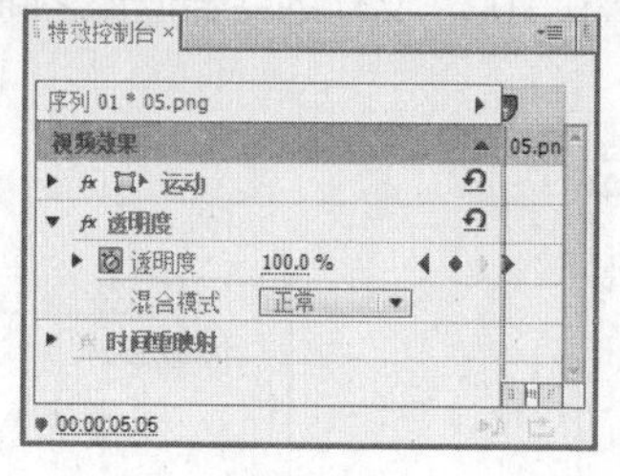

图 10-70

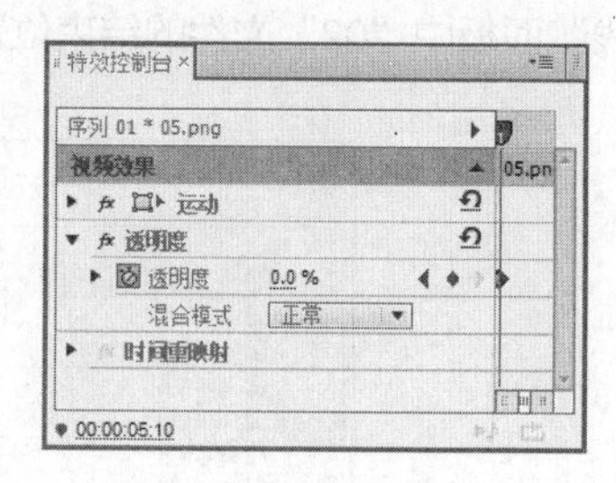

图 10-71

步骤 ⑮ 将时间标记移动到 00:00:05:15 的位置。在“特效控制台”面板中将“透明度”选项设置为 100.0%，创建第 4 个动画关键帧，如图 10-72 所示。用相同的方法制作其他动画关键帧，如图 10-73 所示。

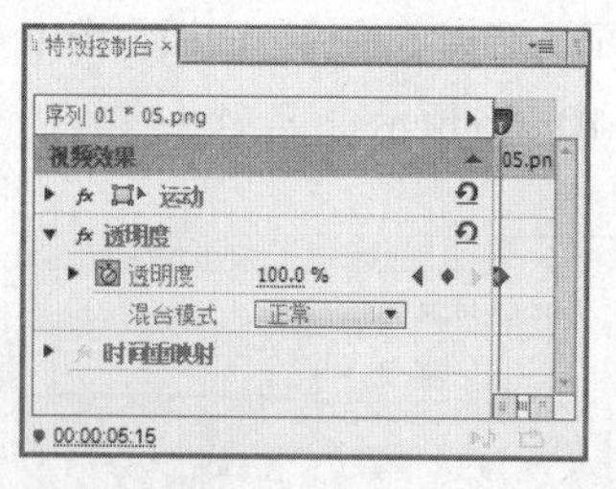

图 10-72

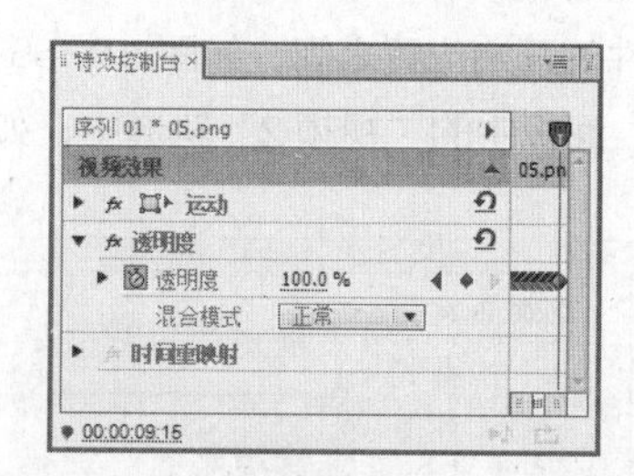

图 10-73

步骤 ⑯ 选择“文件 > 新建 > 字幕”菜单命令，弹出“新建字幕”对话框，如图 10-74 所示。单击“确定”按钮，弹出“字幕”编辑面板。选择“输入”工具 T ，在字幕工作区中输入需要的文字。在“字幕属性”设置子面板中展开“属性”选项，设置如图 10-75 所示。展开“填充”选项，将“颜色”选项设置为白色，字幕工作区中的文字如图 10-76 所示。关闭“字幕”编辑面板，新建的字幕文件自动保存到“项目”面板中。

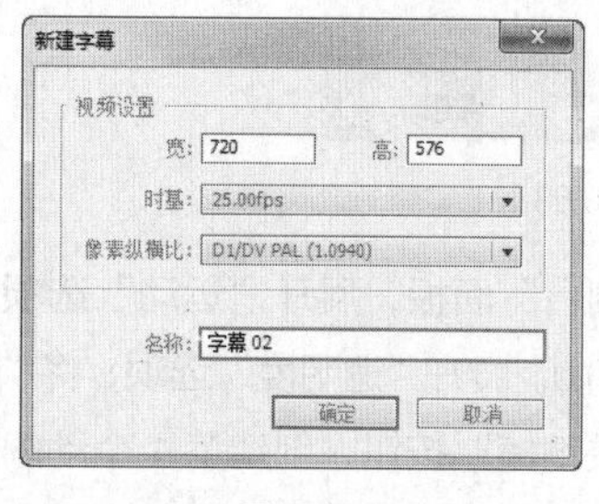

图 10-74

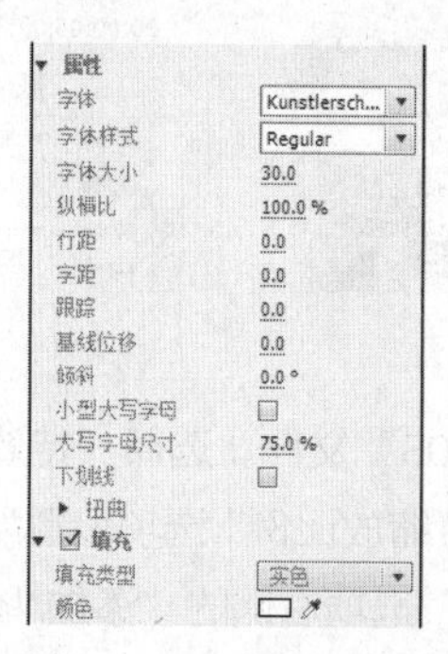

图 10-75

图 10-76

步骤 ⑰ 选择“项目”面板，选中“字幕 02”文件并将其拖曳到“时间线”面板中的“视频 3”轨道中，如图 10-77 所示。将鼠标指针放在“字幕 02”文件的结束位置，当鼠标指针呈 ⇤ 时，向右拖曳鼠标指针到与“05”文件相同的结束位置，如图 10-78 所示。

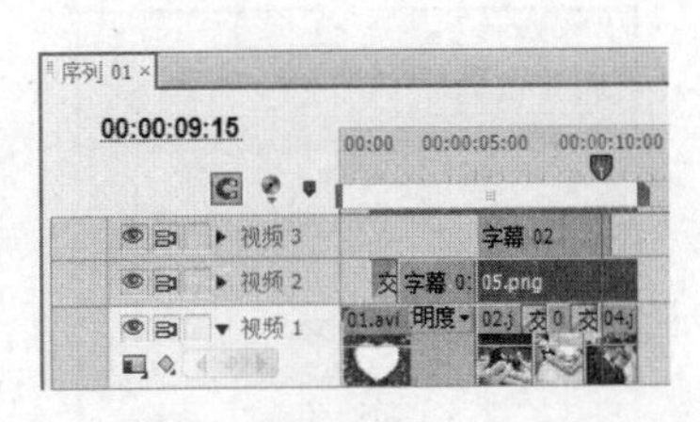

图 10-77

图 10-78

步骤 18 在“项目”面板中选中“06”文件并将其拖曳到“时间线”面板中的“视频 4”轨道中，如图 10-79 所示。将时间标记移动到 00:00:07:15 的位置。将鼠标指针放在“06”文件的结束位置，当鼠标指针呈 时，向左拖曳鼠标指针到 00:00:07:15 的位置，如图 10-80 所示。

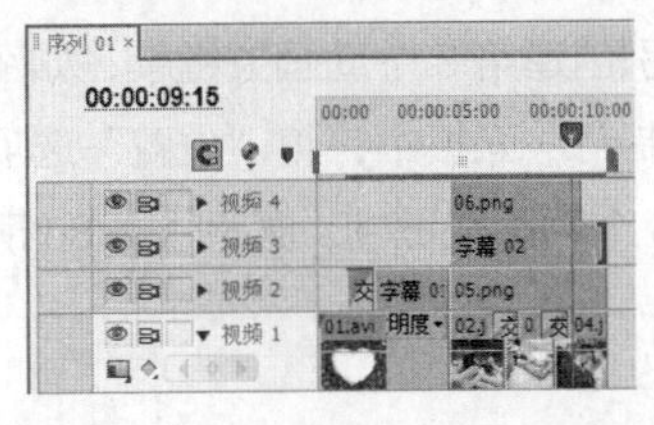

图 10-79

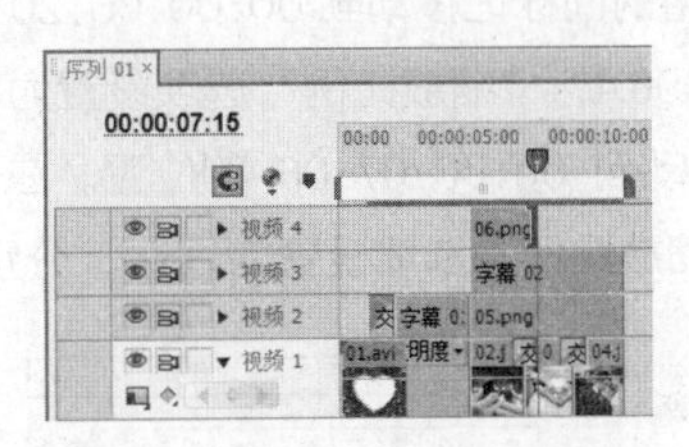

图 10-80

步骤 19 选中“时间线”面板中的“06”文件。在“特效控制台”面板中展开“运动”选项，将“位置”选项设置为 65.5 和 597.3，“缩放比例”选项设置为 20.0，“旋转”选项设置为 30°，并单击“位置”“缩放比例”和“旋转”选项左侧的“切换动画”按钮，分别创建第 1 个动画关键帧，如图 10-81 所示。将时间标记移动到 00:00:05:11 的位置。在“特效控制台”面板中将“位置”选项设置为 147.3 和 457.2，“缩放比例”选项设置为 35.0，“旋转”选项设置为-13.9°，分别创建第 2 个动画关键帧，如图 10-82 所示。

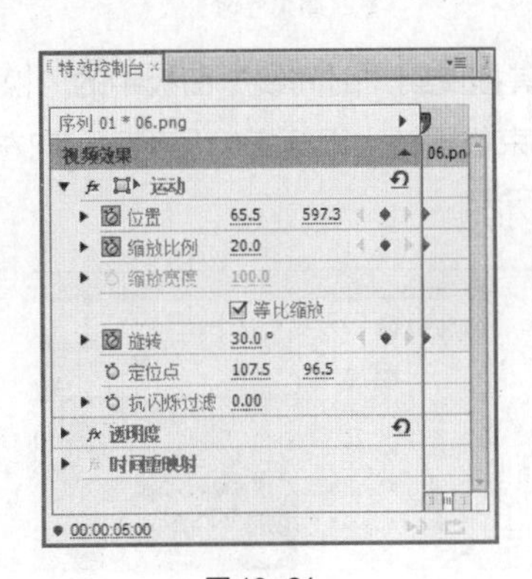

图 10-81

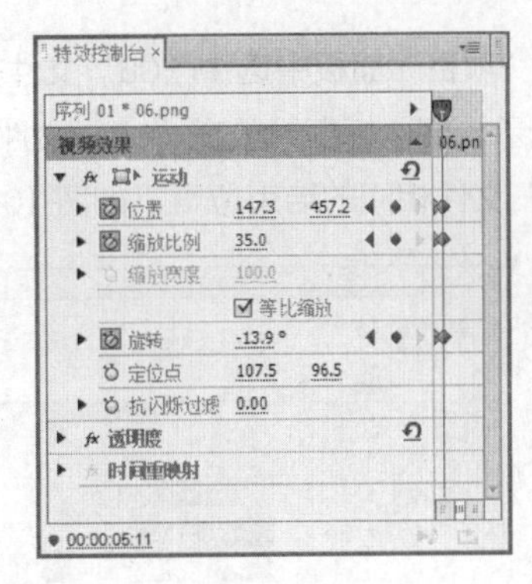

图 10-82

步骤 20 将时间标记移动到 00:00:05:23 的位置。在“特效控制台”面板中将“位置”选项设置为 47.0 和 342.9，“缩放比例”选项设置为 45.0，“旋转”选项设置为 32.1°，分别创建第 3 个动画关键帧，如图 10-83 所示。将时间标记移动到 00:00:06:09 的位置。在“特效控制台”面板中将“位置”选项设置为 145.2 和 221.9，“缩放比例”选项设置为 55.0，分别创建第 4 个动画关键帧，如图 10-84 所示。

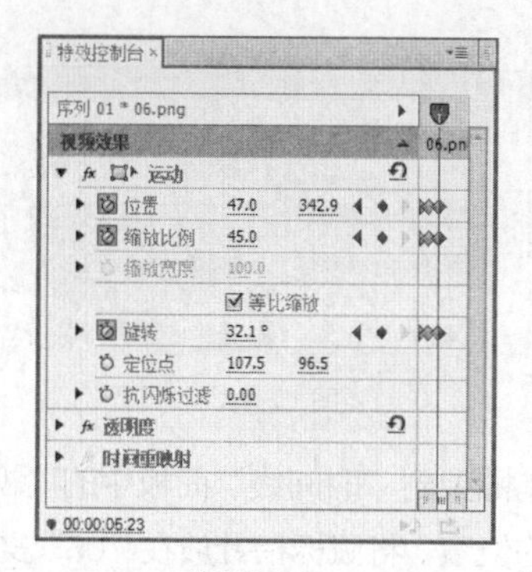

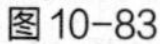
图10-83

图10-84

步骤 21 将时间标记移动到 00:00:06:20 的位置。在“特效控制台”面板中，将“位置”选项设置为 941.0 和 96.4，“缩放比例”选项设置为 45.0，分别创建第 5 个动画关键帧，如图 10-85 所示。将时间标记移动到 00:00:07:06 的位置。在“特效控制台”面板中，将“位置”选项设置为 206.6 和-35.9，“缩放比例”选项设置为 35.0，分别创建第 6 个动画关键帧，如图 10-86 所示。

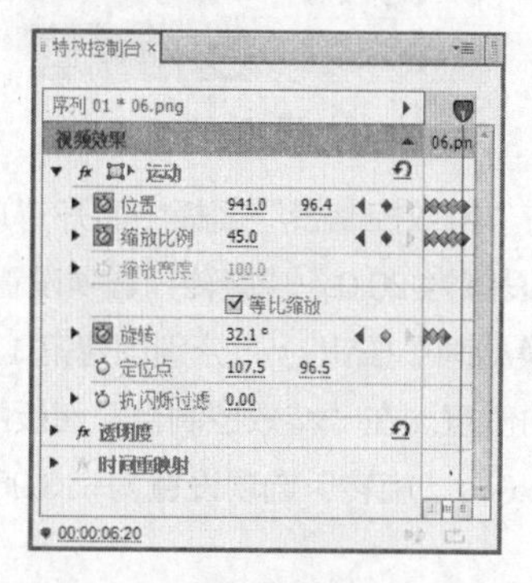

图10-85

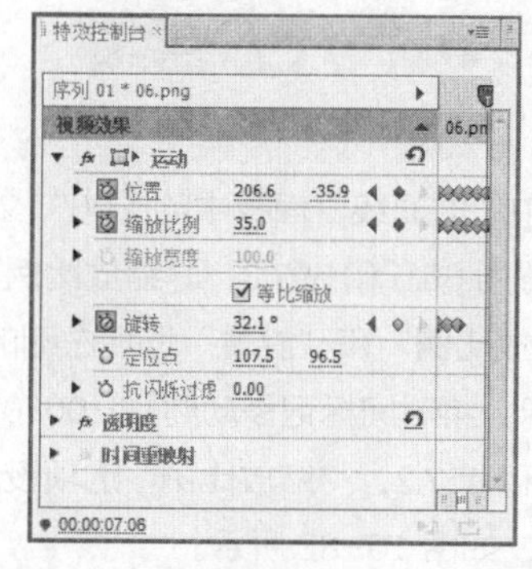

图10-86

步骤 22 在“项目”面板中选中“06”文件并将其拖曳到“时间线”面板中的“视频 4”轨道中，如图 10-87 所示。将鼠标指针放在“06”文件的结束位置，当鼠标指针呈 时，向左拖曳鼠标指针到与“字幕 02”文件相同的结束位置，如图 10-88 所示。

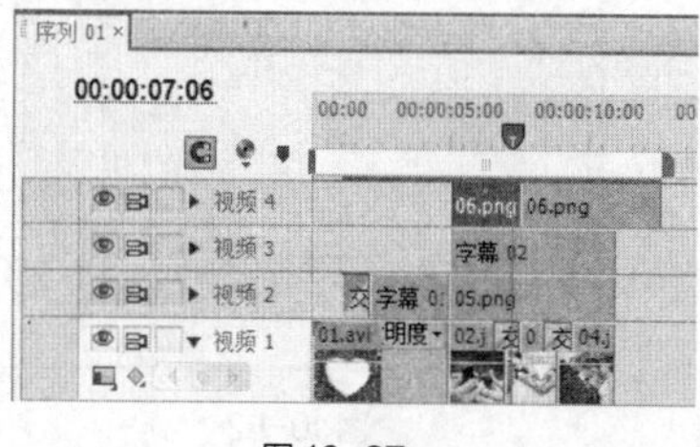

图10-87

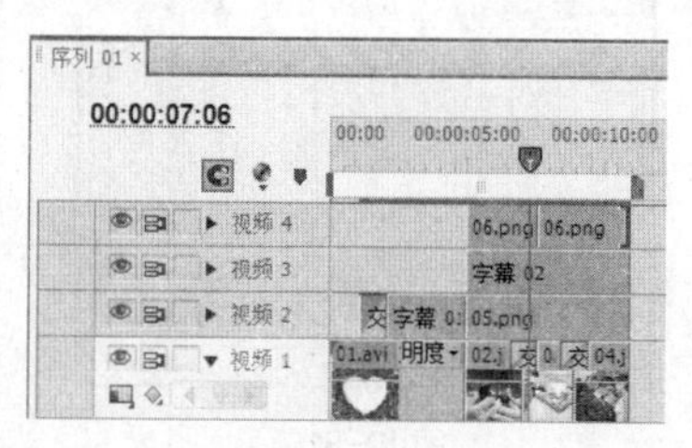

图10-88

步骤 23 选中“时间线”面板中的第 2 个“06”文件。将时间标记移动到 00:00:07:15 的位置。在“特效控制台”面板中展开“运动”选项，将“位置”选项设置为 697.5 和 2.2，“缩放比例”选项设置为 20.0，“旋转”选项设置为 20°，并单击“位置”“缩放比例”和“旋转”选项左侧的“切换动画”按钮，分别创建第 1 个动画关键帧，如图 10-89 所示。用相同的方法制作其他动画关键帧，如图 10-90 所示。婚礼相册制作完成。

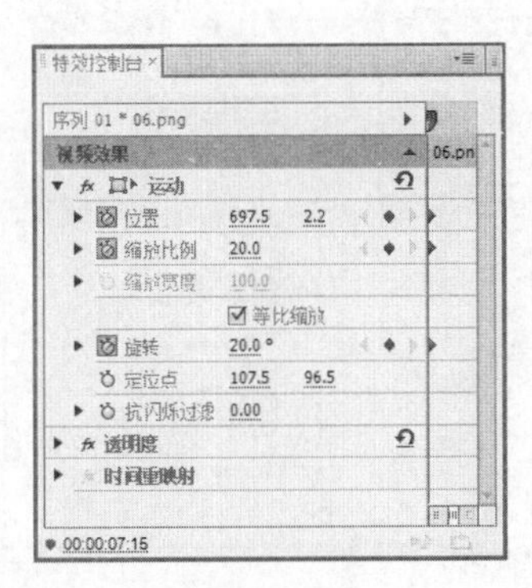

图 10-89

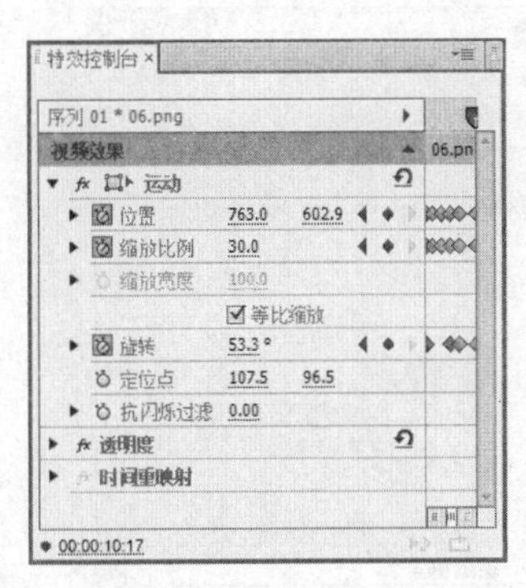

图 10-90

10.3 制作旅游相册

10.3.1 案例分析

使用“字幕”命令添加相册文字，使用“镜头光晕”特效制作背景的光照效果，使用“特效控制台”面板制作文字的透明度动画，使用“效果”面板添加照片之间的切换特效，等等。

10.3.2 案例设计

本案例设计效果如图 10-91 所示。

图 10-91

10.3.3 案例制作

1．添加项目图像

步骤 1 启动 Premiere Pro CS6 软件，弹出“欢迎使用 Adobe Premiere Pro”界面，单击“新建项目”按钮，弹出“新建项目”对话框，设置“位置”选项，选择保存文件路径，在“名称”文本框中输入文件名“制作旅游相册”，如图 10-92 所示。单击“确定”按钮，弹出“新建序列”对话框，在左侧的列表中展开“DV-PAL”选项，选择“标准 48kHz”模式，如图 10-93 所示，单击“确定”按钮完成序列的创建。

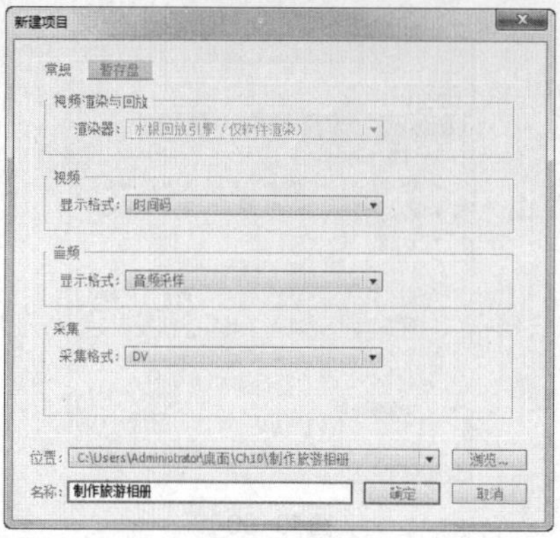

图 10-92

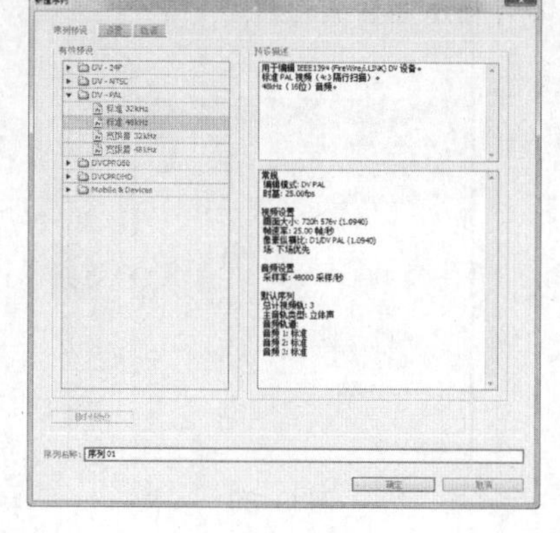

图 10-93

步骤 2 选择“文件 > 导入”菜单命令，弹出“导入”对话框，选择云盘中的“Ch10\制作旅行相册\素材\01”文件至“Ch10\制作旅行相册\素材\10”文件，如图 10-94 所示，单击“打开”按钮，导入文件。导入后的文件排列在“项目”面板中，如图 10-95 所示。

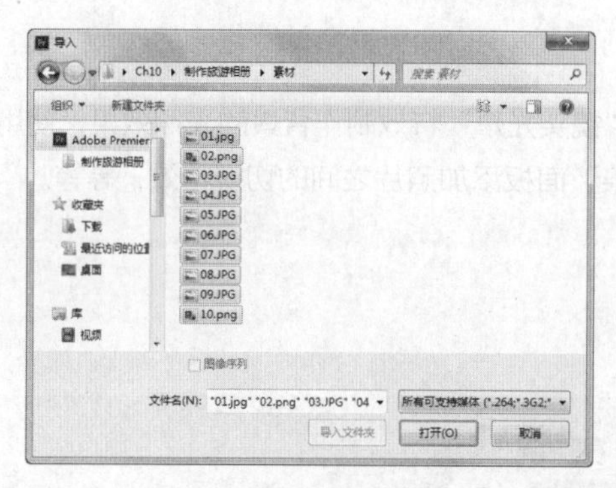

图 10-94

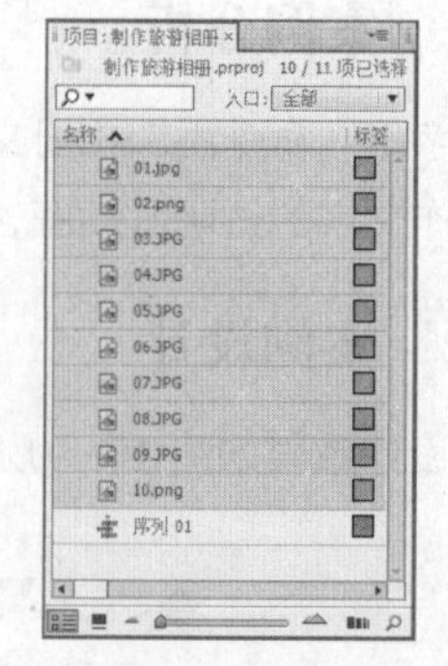

图 10-95

步骤 3 选择“文件 > 新建 > 字幕”菜单命令，弹出“新建字幕”对话框，在“名称”文本框中输入“我的旅行相册”，如图 10-96 所示，单击“确定”按钮，弹出“字幕”编辑面板。选择“输入”工具 T ，在字幕工作区中输入文字“我的旅行相册”。选择“字幕属性”设置子面板，展开“填充”选项，将“颜色”选项设置为蓝色（其 R、G、B 的值分别为 7、84、144），其他选项的设置如图 10-97 所示。关闭“字幕”编辑面板，新建的字幕文件自动保存到“项目”面板中。

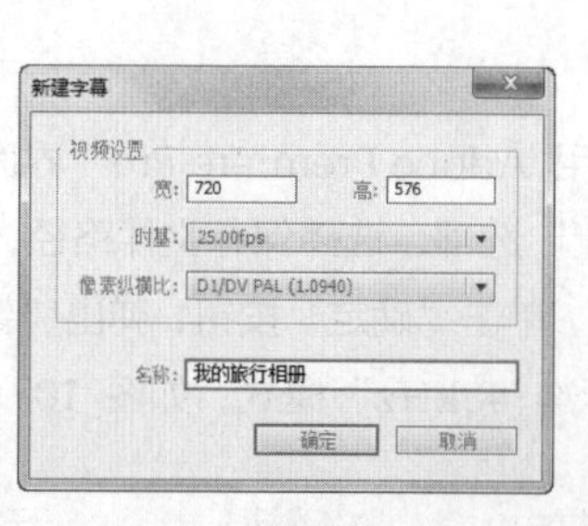

图 10-96

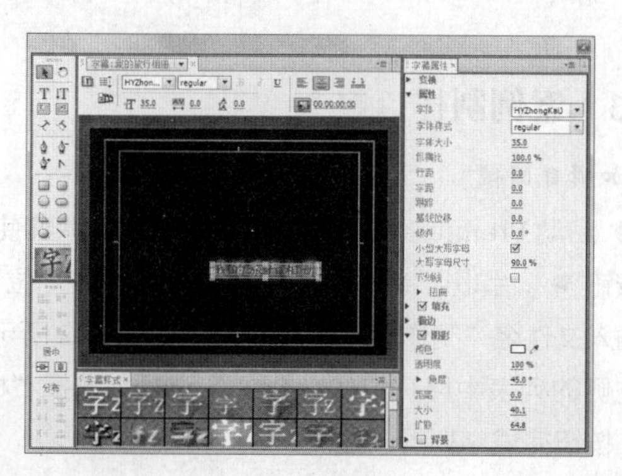

图 10-97

2. *制作图像背景并添加相册文字*

步骤① 在“项目”面板中选中“01”文件并将其拖曳到“时间线”面板中的“视频 1”轨道上，如图 10-98 所示。在“时间线”面板中选中“01”文件。选择“特效控制台”面板，展开“运动”选项，将“位置”选项设置为 398.4 和 286.0，如图 10-99 所示。

图 10-98

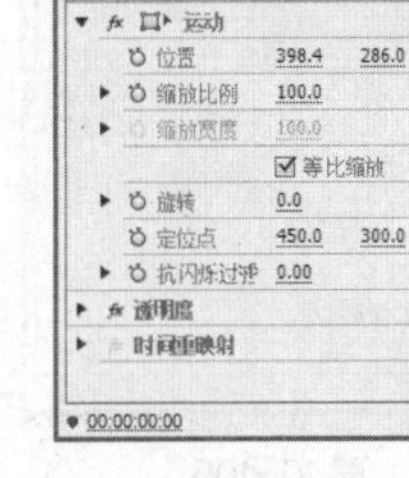

图 10-99

步骤② 选择“窗口 > 效果”菜单命令，弹出“效果”面板，展开“视频特效”选项，单击“生成”文件夹前面的三角形按钮▶将其展开，选中“镜头光晕”特效，如图 10-100 所示。将其拖曳到“时间线”面板中的“01”文件上，如图 10-101 所示。在“特效控制台”面板中展开“镜头光晕”特效并进行参数设置，如图 10-102 所示。

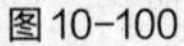

图 10-100

图 10-101

图 10-102

步骤③ 将时间标记移动到 00:00:02:04 的位置。在“视频 1”轨道上选中“01”文件，将鼠标指针放在“01”文件的结束位置，当鼠标指针呈◀▌时，向左拖曳鼠标指针到 00:00:02:04 的位置，如图 10-103 所示。选择“项目”面板，选中“02”文件并将其拖曳到“时间线”面板中的“视频 2”轨道上，如图 10-104 所示。

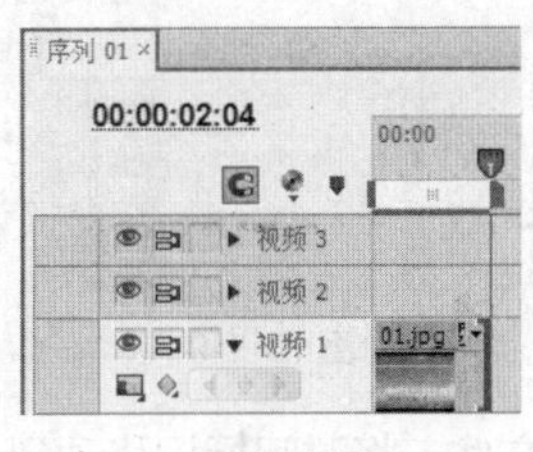

图 10-103

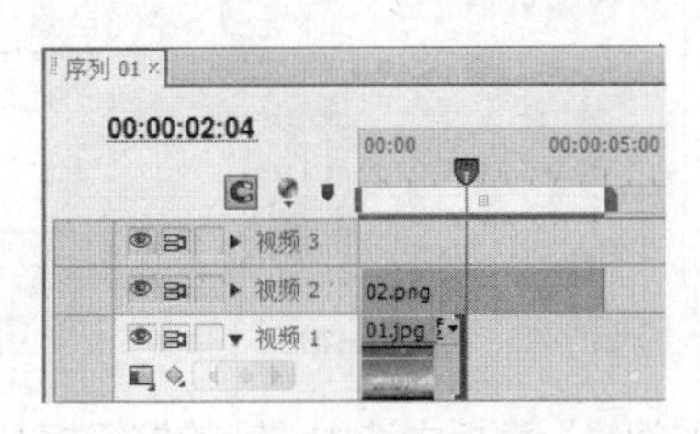

图 10-104

步骤④ 在“时间线”面板中选中“02”文件。在“特效控制台”面板中展开“运动”选项，将

"位置"选项设置为360.0和244.0，"缩放比例"选项设置为70.0，如图10-105所示。将时间标记移动支00:00:02:04的位置。将鼠标指针放在"02"文件的结束位置，当鼠标指针呈◀|时，向左拖曳鼠标指针到00:00:02:04的位置，如图10-106所示。

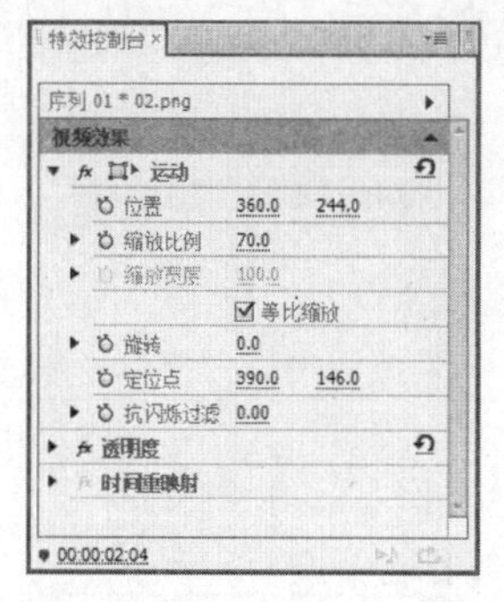

图10-105

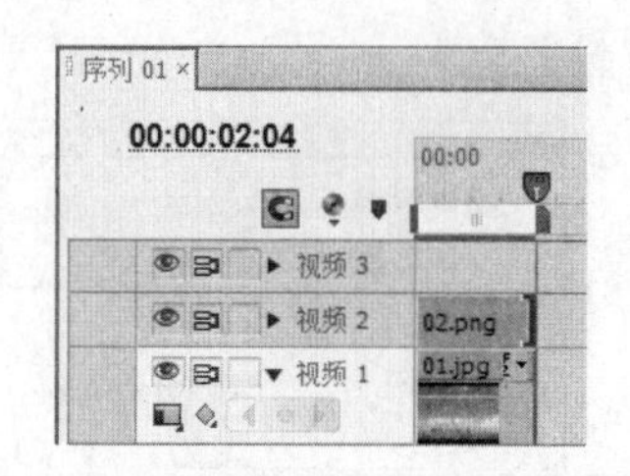

图10-106

步骤5 选择"效果"面板，展开"视频切换"选项，单击"擦除"文件夹前面的三角形按钮▶将其展开，选中"擦除"特效，如图10-107所示。将其拖曳到"时间线"面板中的"02"文件的开始位置，如图10-108所示。

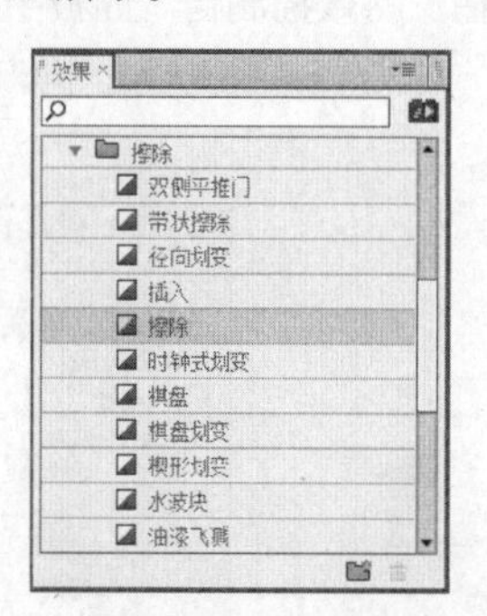

图10-107

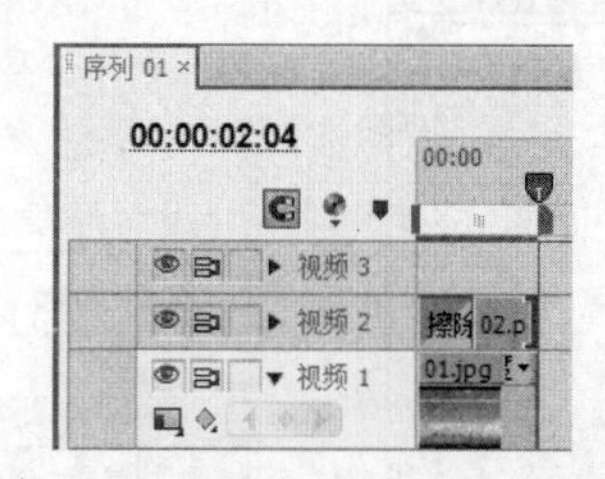

图10-108

步骤6 选择"项目"面板，选中"我的旅行相册"文件并将其拖曳到"时间线"面板中的"视频3"轨道上，如图10-109所示。在"视频3"轨道上选中"我的旅行相册"文件，将鼠标指针放在文件的结束位置，当鼠标指针呈◀|时，向左拖曳鼠标指针到00:00:02:04的位置，如图10-110所示。

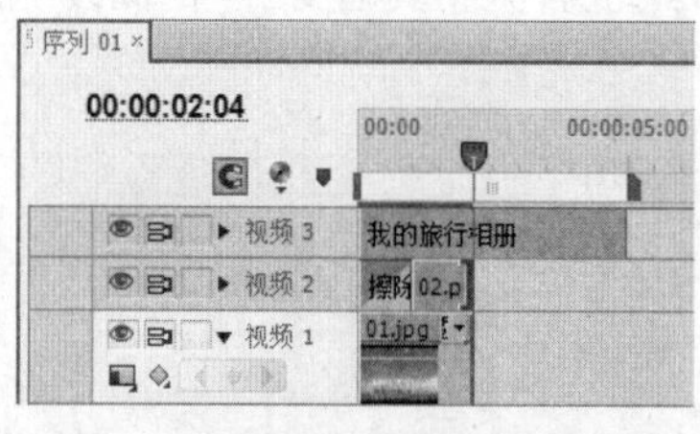

图10-109

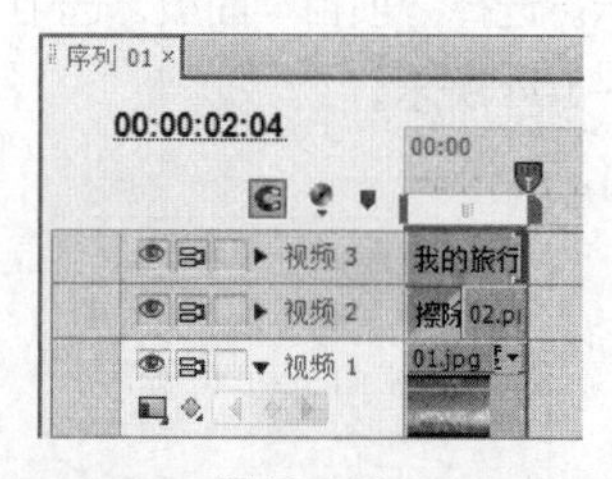

图10-110

步骤7 在"时间线"面板中选中"我的旅行相册"文件。将时间标记移动到00:00:00:00的位置。在"特效控制台"面板中展开"透明度"选项，将"透明度"选项设置为0.0%，单击"透明度"

选项右侧的“添加/移除关键帧”按钮，创建第1个动画关键帧，如图10-111所示。将时间标记移动到00:00:00:18的位置。在“特效控制台”面板中将“透明度”选项设置为100.0%，创建第2个动画关键帧，如图10-112所示。

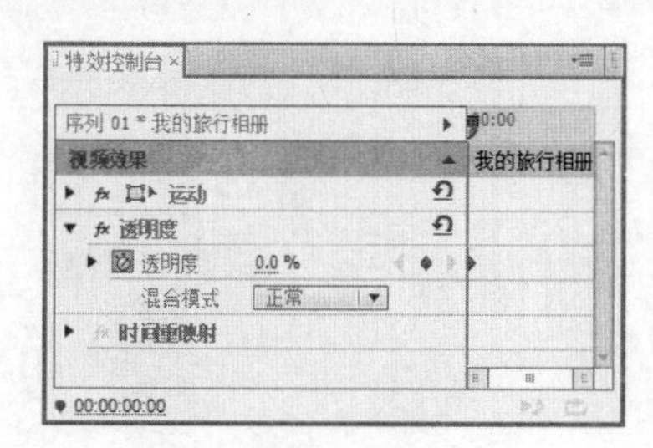

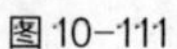

图10-111　　图10-112

3. *添加图像的过渡和相框*

步骤① 选择“序列 > 添加轨道”菜单命令，弹出“添加视音轨”对话框，设置如图10-113所示，单击“确定”按钮，在“时间线”面板中添加两条视频轨道，如图10-114所示。

图10-113

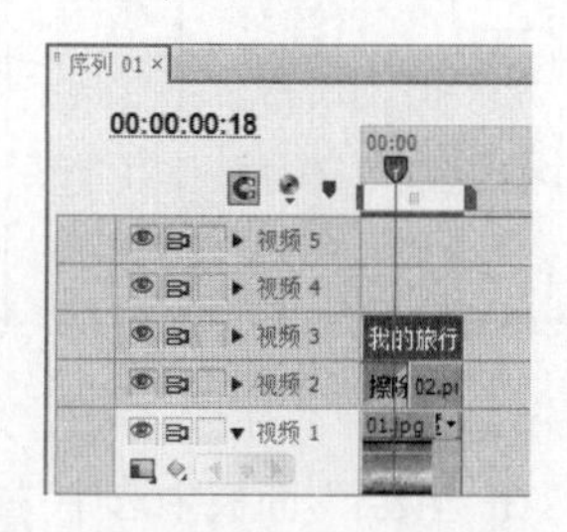

图10-114

步骤② 将时间标记移动到00:00:02:04的位置。在“项目”面板中选中“03”文件并将其拖曳到“视频4”轨道上，如图10-115所示。将时间标记移动到00:00:04:04的位置。将鼠标指针放在层的结束位置，当鼠标指针呈⊣时，向左拖曳鼠标指针到00:00:04:04的位置，如图10-116所示。在“时间线”面板中选中“03”文件。在“特效控制台”面板中展开“运动”选项，将“缩放比例”选项设置为70.0，如图10-117所示。

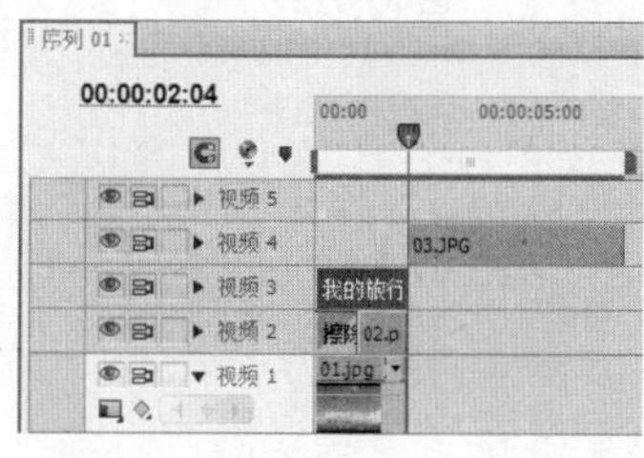

图10-115

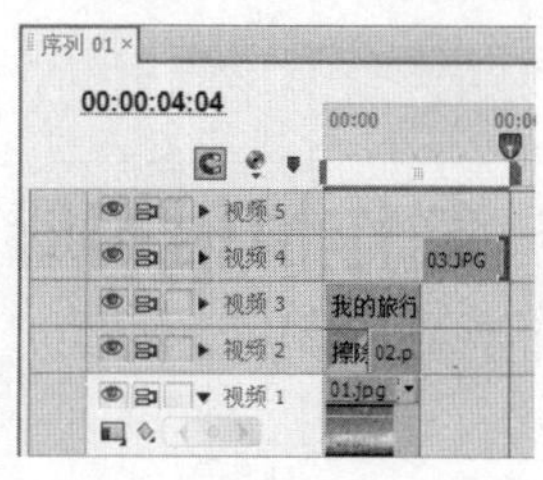

图10-116

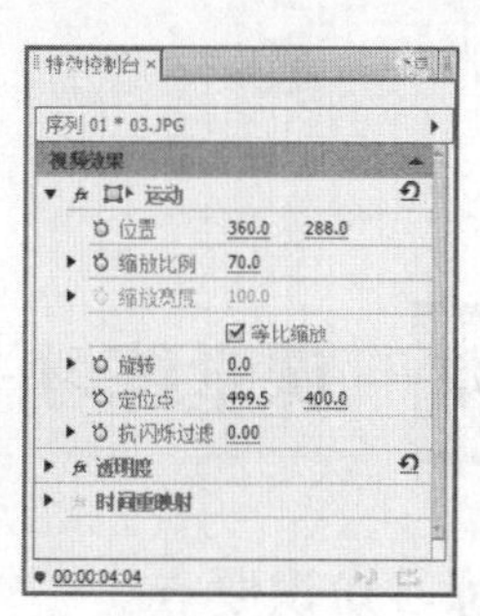

图10-117

步骤③ 选择“效果”面板，展开“视频切换”选项，单击“叠化”文件夹前面的三角形按钮▶将其展开，选中“白场过渡”特效，如图 10-118 所示。将其拖曳到“时间线”面板中的“03”文件的开始位置，如图 10-119 所示。

图 10-118

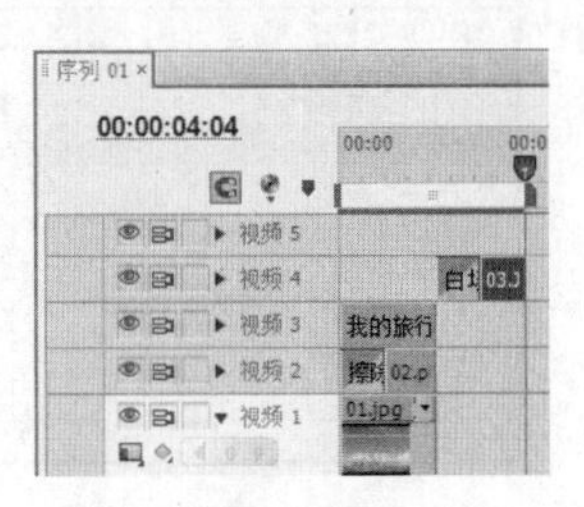

图 10-119

步骤④ 在“时间线”面板中双击“白场过渡”特效，在“特效控制台”面板中将“持续时间”选项设置为 00:00:00:10，如图 10-120 所示。用相同的方法在“时间线”面板中添加其他文件和为这些文件添加适当的过渡特效，如图 10-121 所示。

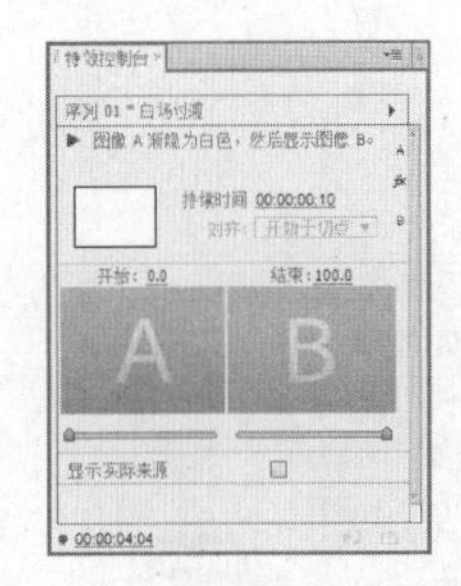

图 10-120

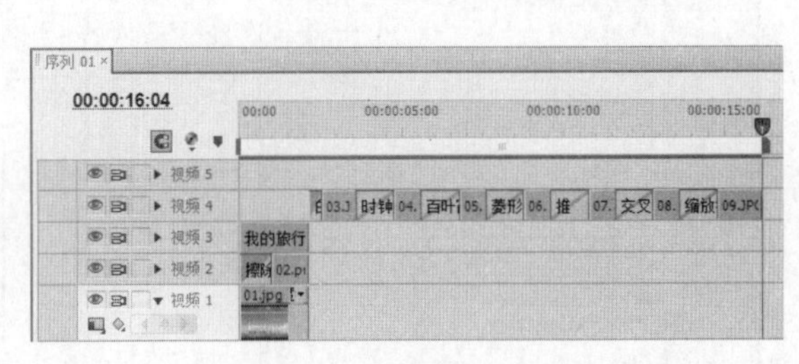

图 10-121

步骤⑤ 在“项目”面板中选中“10”文件并将其拖曳到“视频 5”轨道上，如图 10-122 所示。将时间标致记移动到 00:00:16:04 的位置。将鼠标指针放在“10”文件的结束位置，当鼠标指针呈⇤时，向右拖曳鼠标指针到 00:00:16:04 的位置，如图 10-123 所示。旅游相册制作完成。

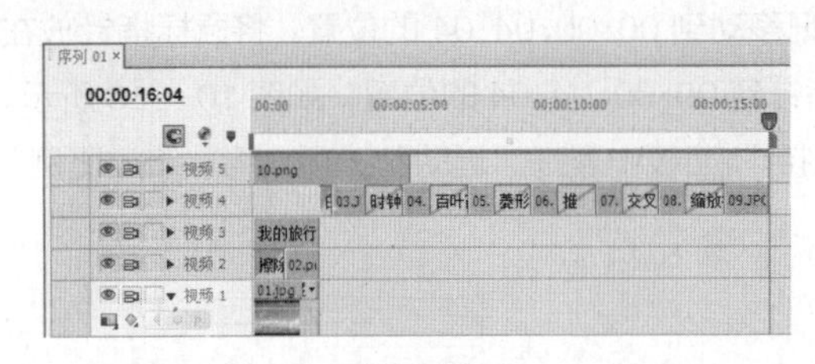

图 10-122

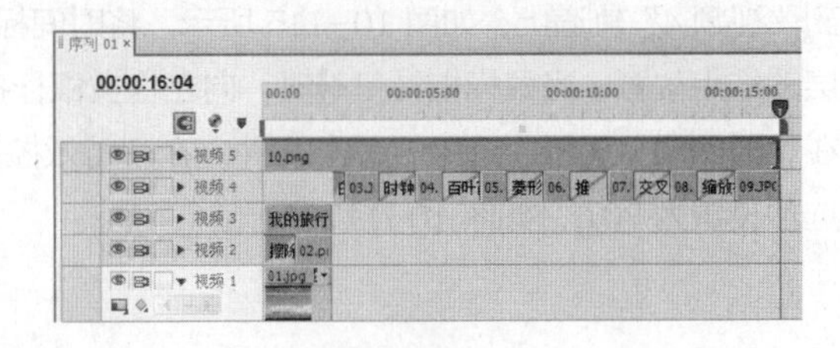

图 10-123

10.4 课堂练习——制作情侣相册

练习知识要点

使用“特效控制台”面板编辑图像的位置、缩放比例和透明度选项并制作动画效果，使用不同的转场特效制作图像之间的转场效果，使用“时间线”面板控制画面的出场顺序。最终效果参看云盘中的“Ch10\制作情侣相册\制作情侣相册.prproj”。情侣相册效果如图 10-124 所示。

图 10-124

效果所在位置

云盘\Ch10\制作情侣相册\制作情侣相册. prproj。

10.5 课后习题——制作儿童天地

习题知识要点

使用“导入”命令导入素材文件，使用“位置”选项确定图像的位置，使用“缩放比例”选项缩放图像的大小，使用“旋转”选项制作旋转动画效果。最终效果参看云盘中的“Ch10\制作儿童天地\制作儿童天地.prproj”。儿童天地效果如图 10-125 所示。

图 10-125

效果所在位置

云盘\Ch10\制作儿童天地\制作儿童天地. prproj。

11

第 11 章 制作电视纪录片

本章介绍

电视纪录片是以真实生活为创作素材，以真人真事为表现对象，通过加工与展现，表现出最真实的本质并引发人们思考的电视艺术形式。使用 Premiere Pro CS6 制作的电视纪录片形象生动，情节逼真。本章以多类主题的电视纪录片为例，讲解电视纪录片的制作方法和技巧。

课堂学习目标

- 了解电视纪录片的构成元素
- 掌握电视纪录片的制作技巧
- 掌握电视纪录片的设计思路

11.1 制作日出日落纪录片

11.1.1 案例分析

使用“特效控制台”面板编辑视频的位置、旋转和透明度并制作动画效果，使用不同的转场特效制作视频之间的转场效果，等等。

11.1.2 案例设计

本案例设计效果如图 11-1 所示。

图 11-1

11.1.3 案例制作

步骤① 启动 Premiere Pro CS6 软件，弹出“欢迎使用 Adobe Premiere Pro”界面，单击“新建项目”按钮，弹出“新建项目”对话框，设置“位置”选项，选择保存文件路径，在“名称”文本框中输入文件名“制作日出日落纪录片”，如图 11-2 所示。单击“确定”按钮，弹出“新建序列”对话框，在“序列预设”选项卡中设置相关参数，设置如图 11-3 所示，单击“确定”按钮完成序列的创建。

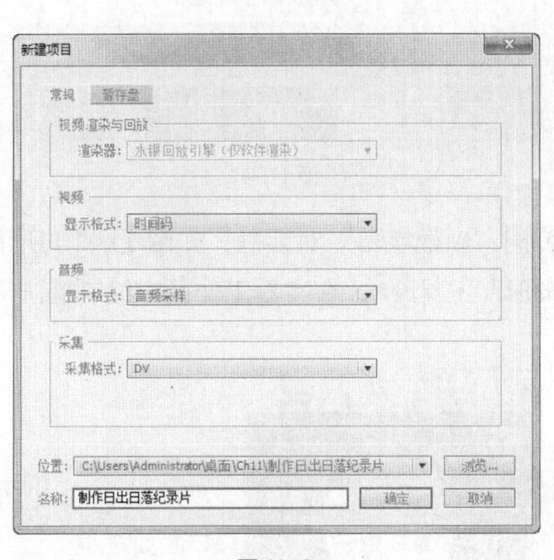

图 11-2　　图 11-3

步骤② 选择“文件 > 导入”菜单命令，弹出“导入”对话框，选择云盘中的“Ch11\制作日出日落纪录片\素材\01”至“Ch11\制作日出日落纪录片\素材\04”文件，单击“打开”按钮，导入文件，如图 11-4 所示。导入后的文件排列在“项目”面板中，如图 11-5 所示。

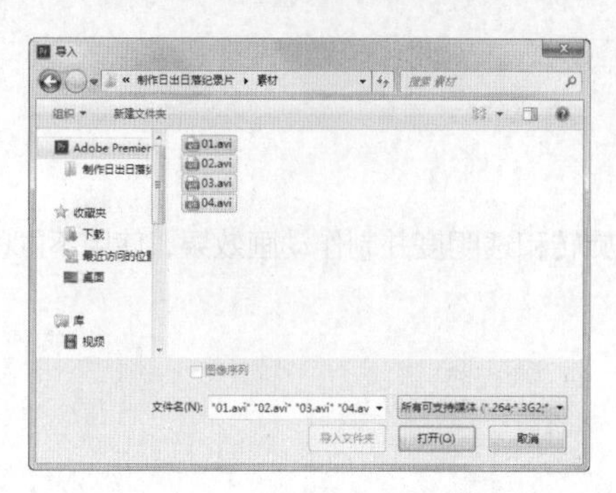

图 11-4

图 11-5

步骤 3 在“项目”面板中选中“01~04”文件并将其拖曳到“时间线”面板中的“视频 1”轨道中，如图 11-6 所示。

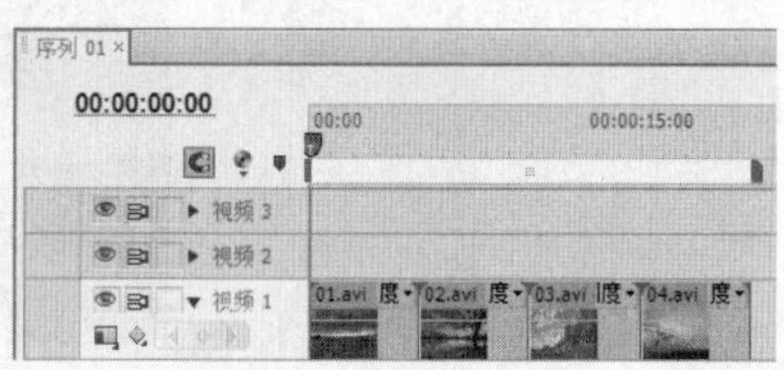

图 11-6

步骤 4 选择“窗口 > 工作区 > 效果”菜单命令，弹出“效果”面板，展开“视频切换”选项，单击“擦除”文件夹前面的三角形按钮 ▶ 将其展开，选中“随机擦除”特效，如图 11-7 所示。将“随机擦除”特效拖曳到“时间线”面板中的“01”文件的开始位置和“02”文件的结束位置之间，如图 11-8 所示。用相同的方法制作其他视频之间的切换，如图 11-9 所示。

图 11-7

图 11-8

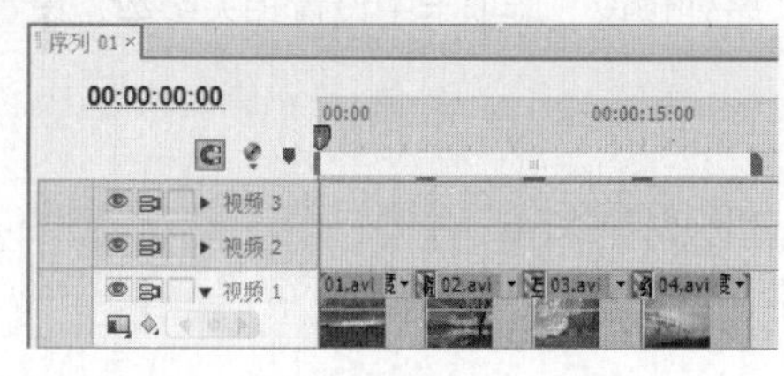

图 11-9

步骤 5 选择“文件 > 新建 > 字幕”菜单命令，弹出“新建字幕”对话框，如图 11-10 所示。单击“确定”按钮，弹出“字幕”编辑面板。选择“椭圆形”工具，在字幕工作区中绘制椭圆形，如图 11-11 所示。

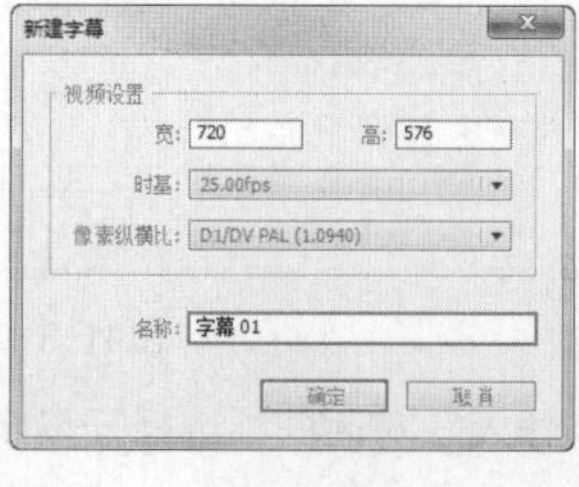

图 11-10

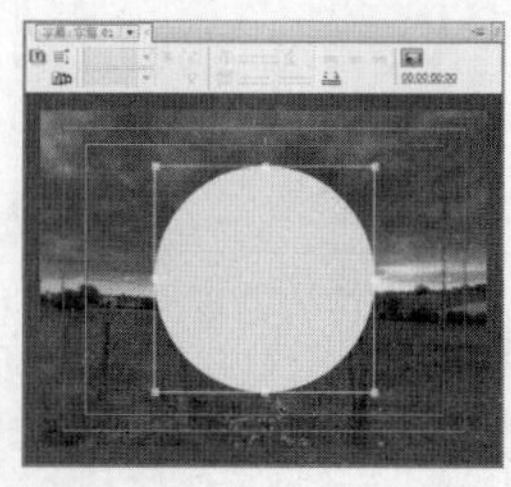

图 11-11

步骤⑥ 在“字幕属性”设置子面板中展开“描边”选项，单击“外侧边”右侧的“添加”按钮，将“颜色”选项设置为白色，其他选项的设置如图 11-12 所示。字幕工作区中的效果如图 11-13 所示。

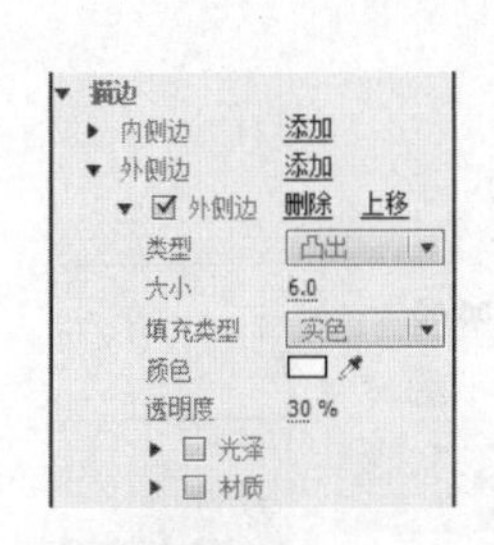

图 11-12

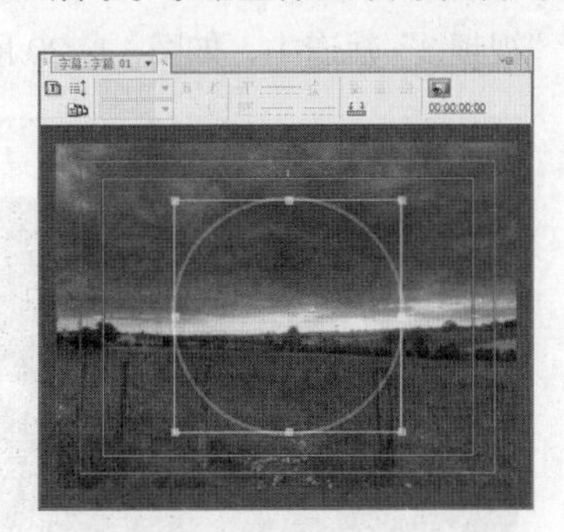

图 11-13

步骤⑦ 选择“选择”工具，按<Ctrl+C>组合键复制圆形，按<Ctrl+V>组合键粘贴圆形。按住<Alt+Shift>组合键的同时，等比例缩小圆形，如图 11-14 所示。展开“描边”选项，单击“外侧边”右侧的“删除”按钮，删除外侧边。展开“填充”选项，将“颜色”选项设置为白色，“透明度”选项设置为 30%。字幕工作区中的效果如图 11-15 所示。

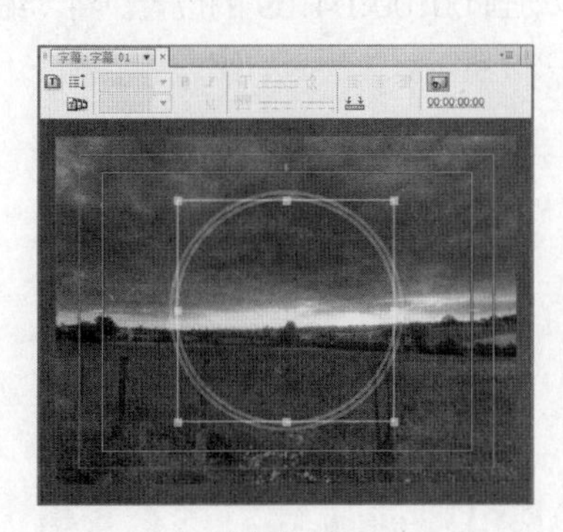

图 11-14

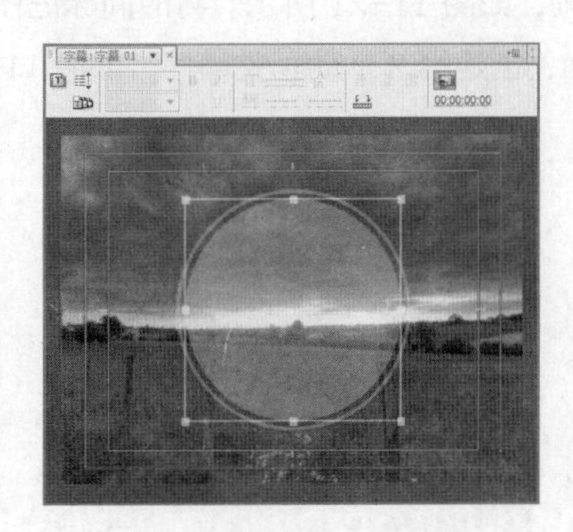

图 11-15

步骤⑧ 选择“输入”工具，在字幕工作区中输入需要的文字。在“字幕属性”设置子面板中展开“属性”选项，设置如图 11-16 所示。展开“填充”选项，将“颜色”选项设置为棕红色（其 R、G、B 的值分别为 113、40、11）。展开“阴影”选项，将“颜色”选项设置为白色，其他选项的设置如图 11-17 所示。字幕工作区中的效果如图 11-18 所示。

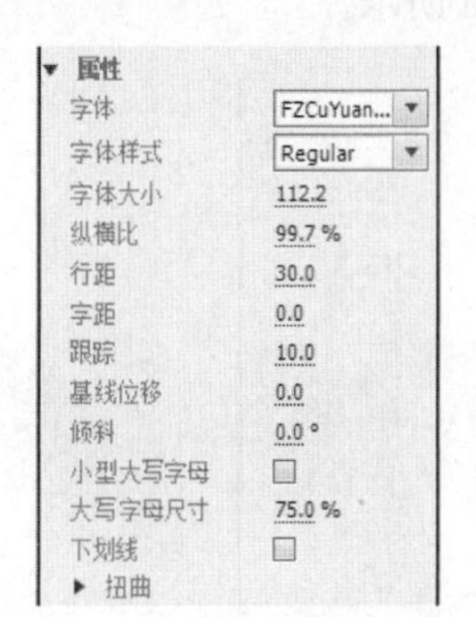

图 11-16

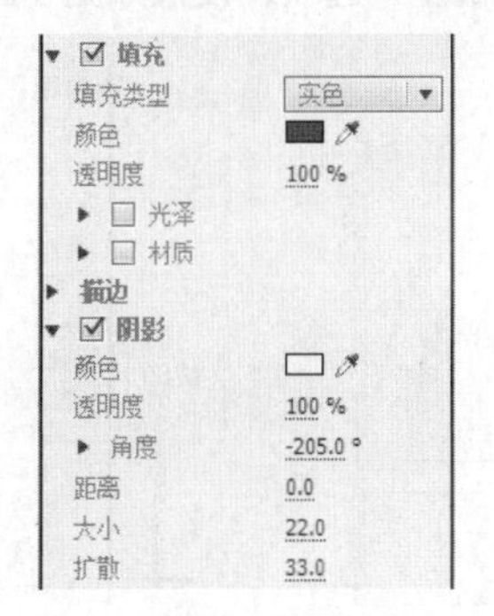

图 11-17

图 11-18

步骤⑨ 用相同的方法输入中间的文字，效果如图 11-19 所示。关闭“字幕”编辑面板，新建的字幕文件自动保存到“项目”面板中。选择“项目”面板，选中“字幕 01”文件并将其拖曳到“时间线”面板中的“视频 2”轨道中，如图 11-20 所示。

图 11-19

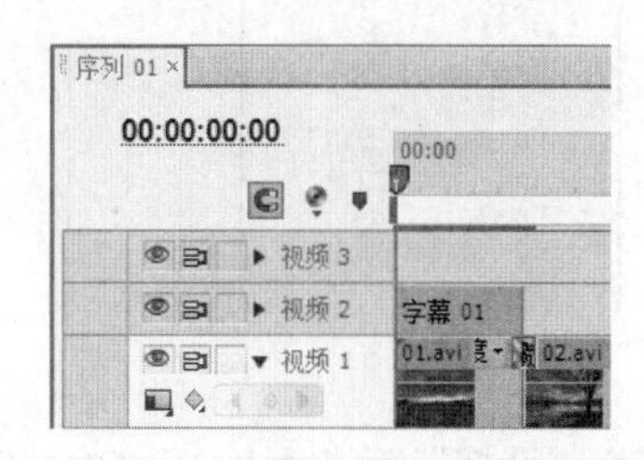

图 11-20

步骤⑩ 选中“时间线”面板中的“字幕 01”文件。选择“特效控制台”面板，展开“运动”选项，将“缩放比例”选项设置为 70.0，并单击“缩放比例”选项左侧的“切换动画”按钮，创建第 1 个动画关键帧，如图 11-21 所示。将时间标记移动到 00:00:04:09 的位置。将“缩放比例”选项设置为 100.0%，创建第 2 个动画关键帧，如图 11-22 所示。

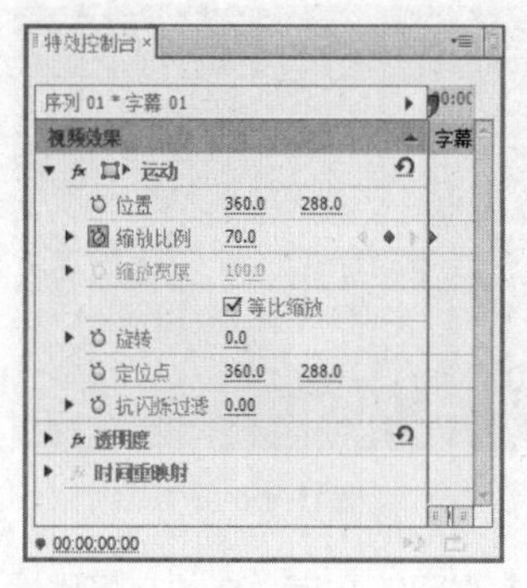

图 11-21

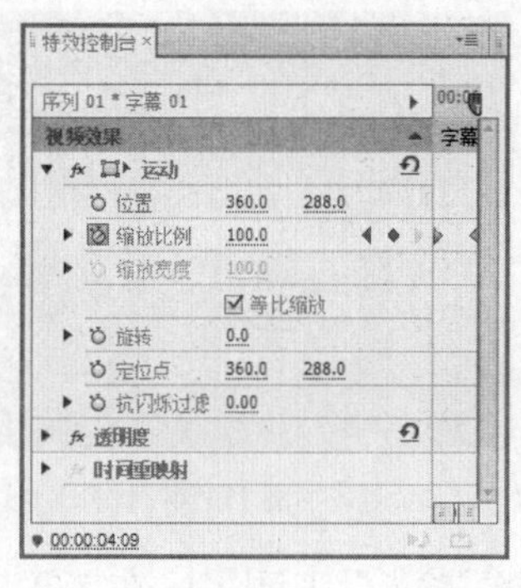

图 11-22

步骤⑪ 选择“文件 > 新建 > 字幕”菜单命令，弹出“新建字幕”对话框，如图 11-23 所示。单击“确定”按钮，弹出“字幕”编辑面板。选择“输入”工具，在字幕工作区中输入需要的文字。在“字幕属性”设置子面板中展开“属性”选项，设置如图 11-24 所示。

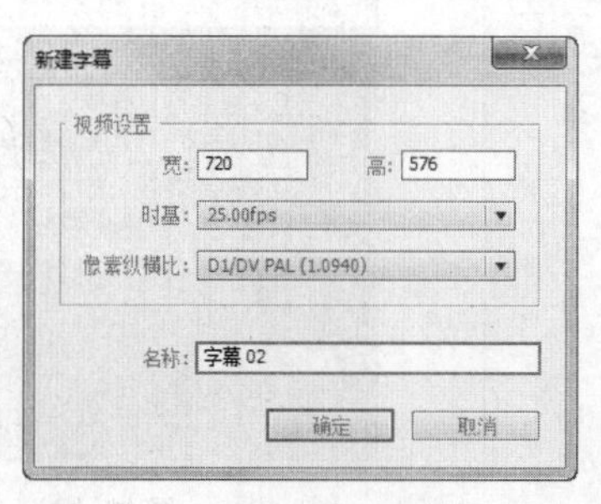

图 11-23

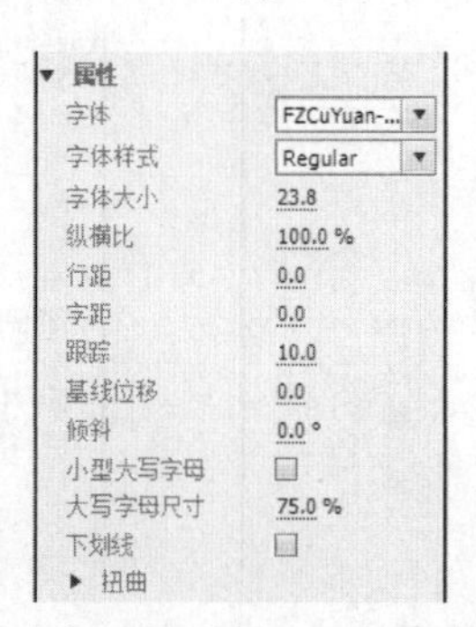

图 11-24

步骤⑫ 展开“填充”选项，将“颜色”选项设置为棕红色（其R、G、B的值分别为113、40、11）。展开“阴影”选项，将“颜色”选项设置为白色，其他选项的设置如图11-25所示。字幕工作区中的效果如图11-26所示。关闭“字幕”编辑面板，新建的字幕文件自动保存到“项目”面板中。

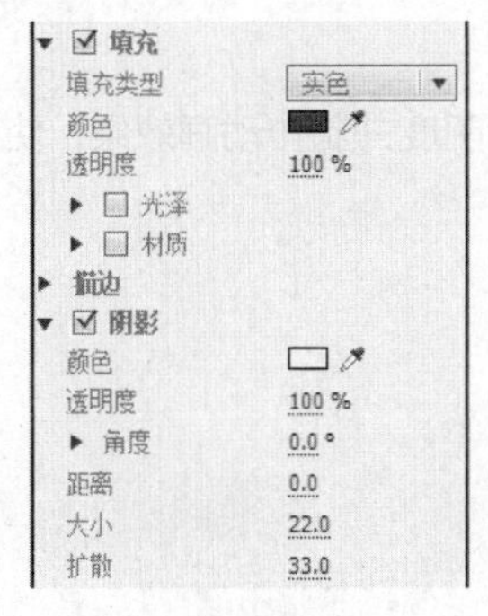

图11-25

图11-26

步骤⑬ 用相同的方法制作其他字幕，如图11-27所示。在“项目”面板中选中“字幕02”文件并将其拖曳到“时间线”面板中的“视频2”轨道中，如图11-28所示。

图11-27

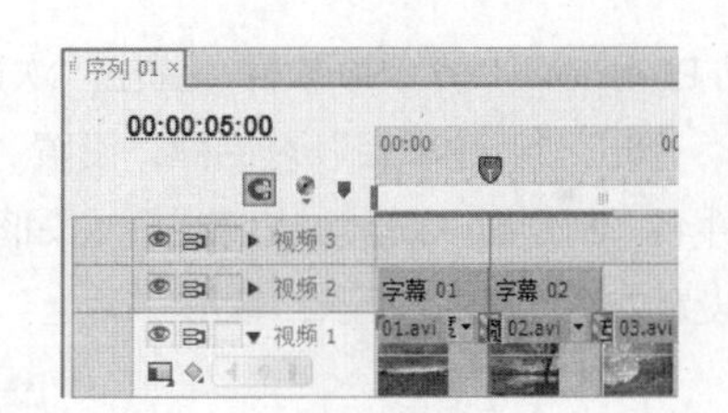

图11-28

步骤⑭ 选中“时间线”面板中的“字幕02”文件。在“特效控制台”面板中展开“透明度”选项，将“透明度”选项设置为0.0%，单击“透明度”选项右侧的“添加/移除关键帧”按钮，创建第1个动画关键帧，如图11-29所示。将时间标记移动到00:00:10:00的位置。将“透明度”选项设置为100.0%，创建第2个动画关键帧，如图11-30所示。用相同的方法添加其他字幕并制作动画关键帧，如图11-31所示。日出日落纪录片制作完成。

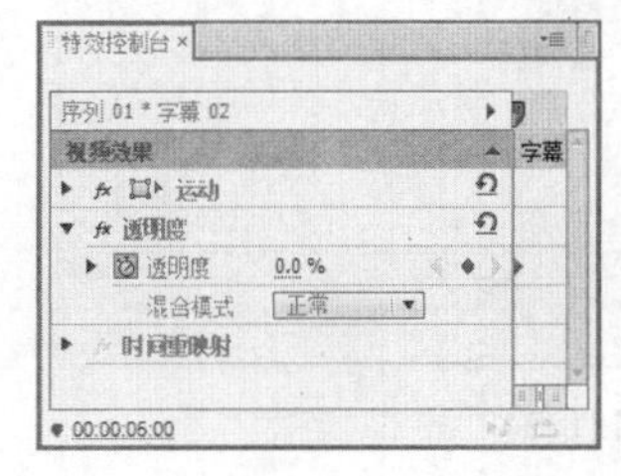

图11-29

图11-30

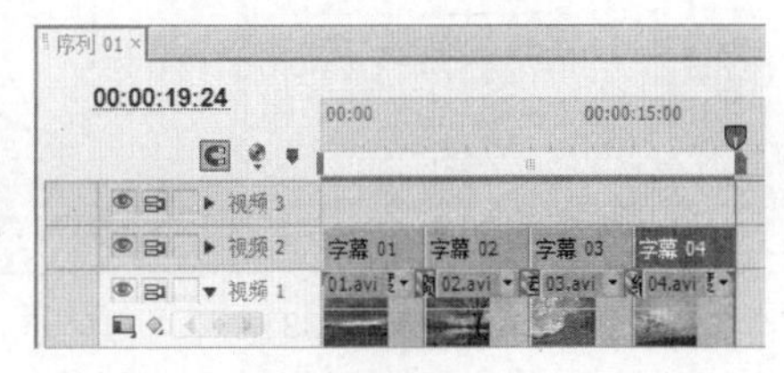

图11-31

11.2 制作趣味玩具城纪录片

11.2.1 案例分析

使用“特效控制台”面板编辑视频的位置、旋转和透明度并制作动画效果，使用不同的转场特效制作视频之间的转场效果，等等。

11.2.2 案例设计

本案例设计效果如图 11-32 所示。

图 11-32

11.2.3 案例制作

步骤 1 启动 Premiere Pro CS6 软件，弹出“欢迎使用 Adobe Premiere Pro”界面，单击“新建项目”按钮，弹出“新建项目”对话框，设置“位置”选项，选择保存文件路径，在“名称”文本框中输入文件名“制作趣味玩具城纪录片”，如图 11-33 所示。单击“确定”按钮，弹出“新建序列”对话框，设置如图 11-34 所示，单击“确定”按钮完成序列的创建。

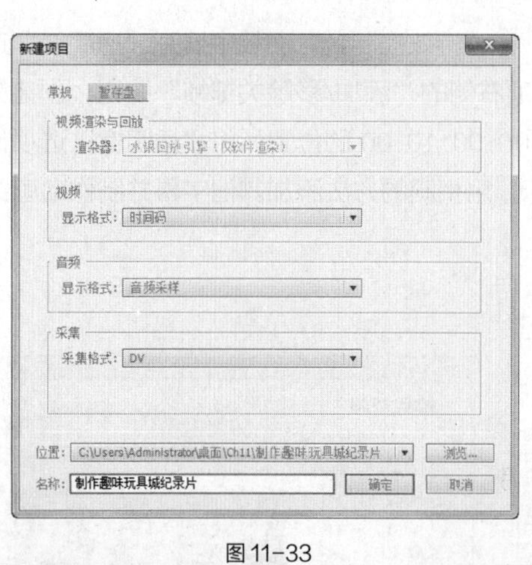

图 11-33

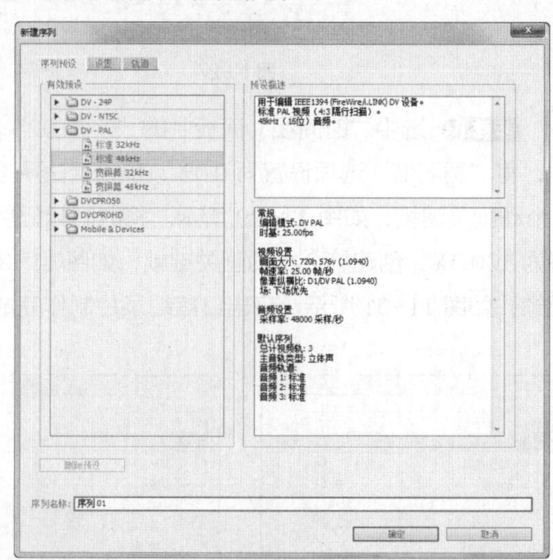

图 11-34

步骤 2 选择“文件 > 导入”菜单命令，弹出“导入”对话框，选择云盘中的“Ch11\制作日出日落纪录片\素材\01”文件至“Ch11\制作日出日落纪录片\素材\07”文件，单击“打开”按钮，导入文件，如图 11–35 所示。导入后的文件排列在“项目”面板中，如图 11–36 所示。

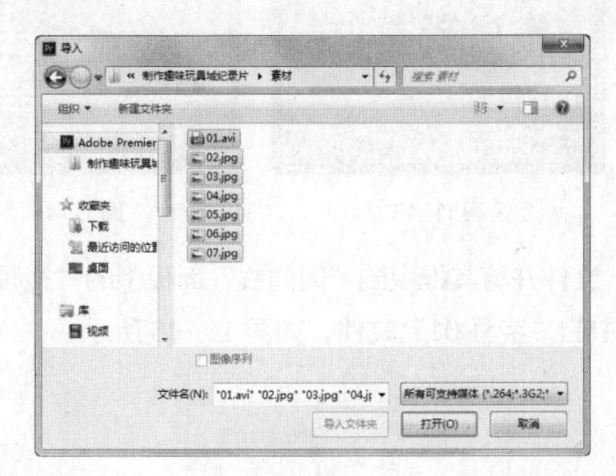

图 11–35

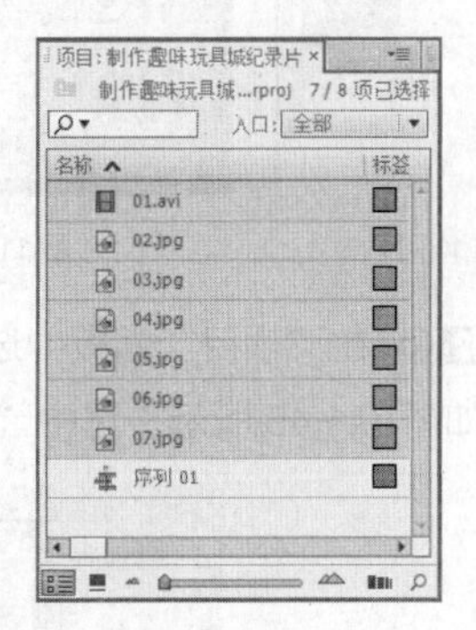

图 11–36

步骤③ 在“项目”面板中选中“01”文件并将其拖曳到“时间线”面板中的“视频 1”轨道中，如图 11–37 所示。选择“文件 > 新建 > 字幕”菜单命令，弹出“新建字幕”对话框，如图 11–38 所示。单击“确定”按钮，弹出“字幕”编辑面板。选择“输入”工具 T ，在字幕工作区中输入需要的文字。在“字幕属性”设置子面板中展开“属性”选项，设置如图 11–39 所示。

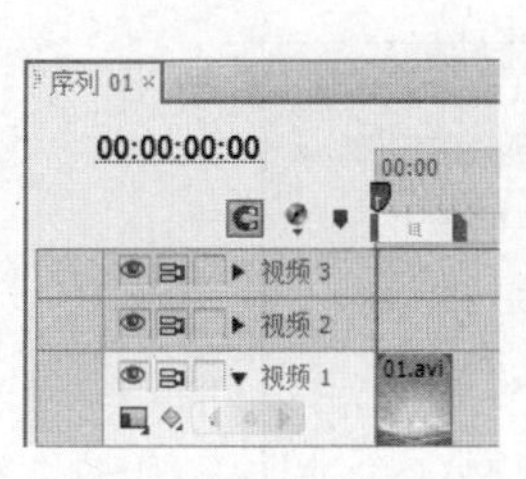

图 11–37

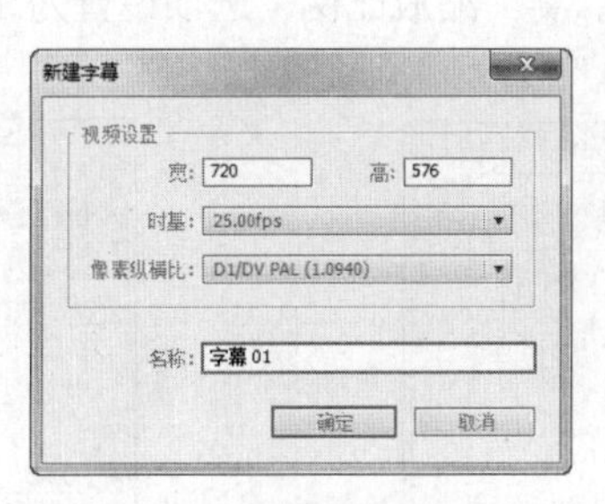

图 11–38

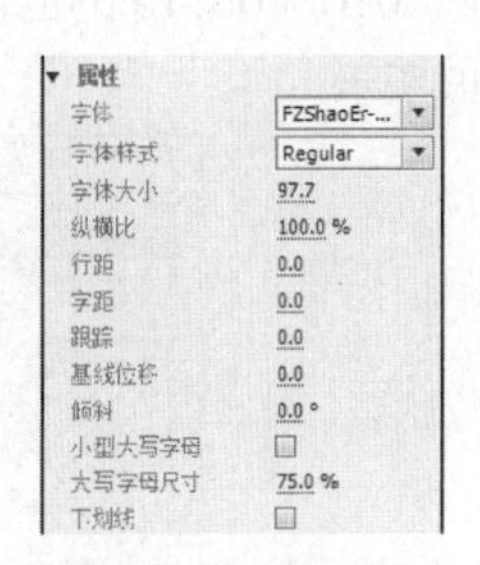

图 11–39

步骤④ 展开“填充”选项，将“高光色”设置为绿色（其 R、G、B 的值分别为 61、161、0），“阴影色”设置为暗绿色（其 R、G、B 的值分别为 13、69、0），勾选“光泽”复选框，将“颜色”设为黄色（其 R、G、B 的值分别为 113、40、11），其他选项的设置如图 11–40 所示。

图 11–40

步骤⑤ 单击“外侧边”右侧的“添加”按钮，并选择“四色渐变”填充，将左上角的“颜色”选项设置为蓝色（其 R、G、B 的值分别为 59、2、165），左下角的“颜色”选项设置为紫色（其 R、G、B 的值分别为 156、128、239），右上角的“颜色”选项设置为青白色（其 R、G、B 的值分别为 237、242、244），右下角的“颜色”选项设置为蓝色（其 R、G、B 的值分别为 2、4、98），其他选项的设置如图 11–41 所示。字幕工作区中的效果如图 11–42 所示。用相同的方法制作下方的文字和“字幕 02”，效果如图 11–43 和图 11–44 所示。关闭“字幕”编辑面板，新建的字幕文件自动保存到“项目”面板中。

图 11-41　　图 11-42　　图 11-43　　图 11-44

步骤⑥ 在“项目”面板中选中“字幕 01”文件并将其拖曳到“时间线”面板中的“视频 2”轨道中，如图 11-45 所示。选中“时间线”面板中的“字幕 01”文件，如图 11-46 所示。

图 11-45

图 11-46

步骤⑦ 选择“特效控制台”面板，展开“运动”选项，将“缩放比例”选项设置为 0.0，并单击“缩放比例”选项左侧的“切换动画”按钮，创建第 1 个动画关键帧，如图 11-47 所示。将时间标记移动到 00:00:03:19 的位置。将“缩放比例”选项设置为 100.0，创建第 2 个动画关键帧，如图 11-48 所示。

图 11-47

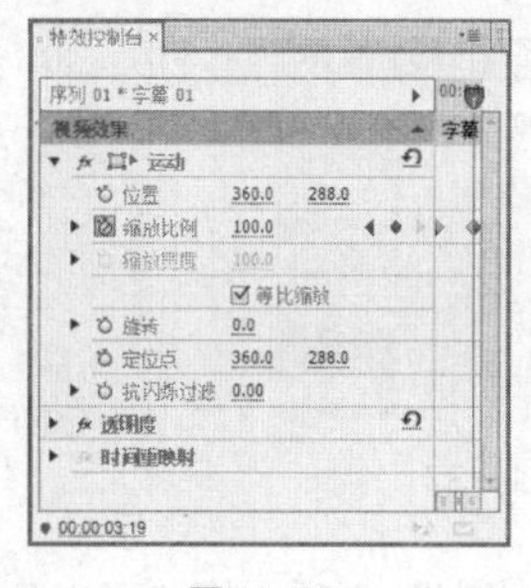

图 11-48

步骤⑧ 在“项目”面板中选中“02”文件并将其拖曳到“时间线”面板中的“视频 1”轨道中，如图 11-49 所示。选中“时间线”面板中的“02”文件。在“特效控制台”面板中展开“运动”选项，将“缩放比例”选项设置为 36.0，如图 11-50 所示。

图 11-49

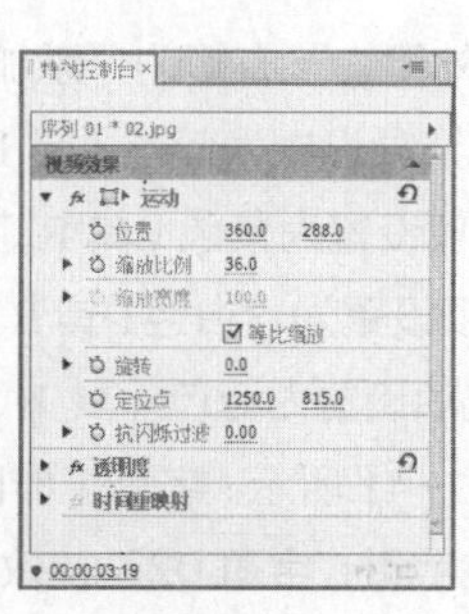

图 11-50

步骤⑨ 选择“素材 > 速度/持续时间”命令，弹出对话框，设置如图 11-51 所示，单击“确定”按钮，效果如图 11-52 所示。用相同的方法添加其他素材并调整其速度/持续时间，如图 11-53 所示。

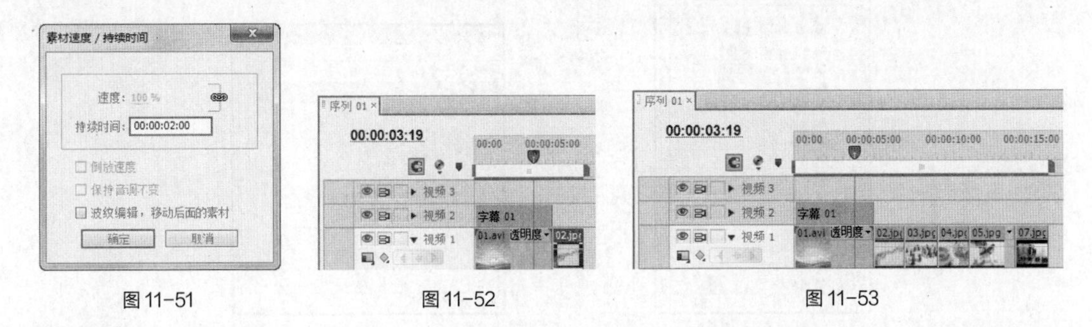

图 11-51　　图 11-52　　图 11-53

步骤⑩ 选择“窗口 > 工作区 > 效果”菜单命令，弹出“效果”面板，展开“视频切换”选项，单击“滑动”文件夹前面的三角形按钮 ▶ 将其展开，选中“中心合并”特效，如图 11-54 所示。将“中心合并”特效拖曳到“时间线”面板中的“02”文件的结束位置和“03”文件的开始位置之间，如图 11-55 所示。用相同的方法添加其他视频切换，如图 11-56 所示。

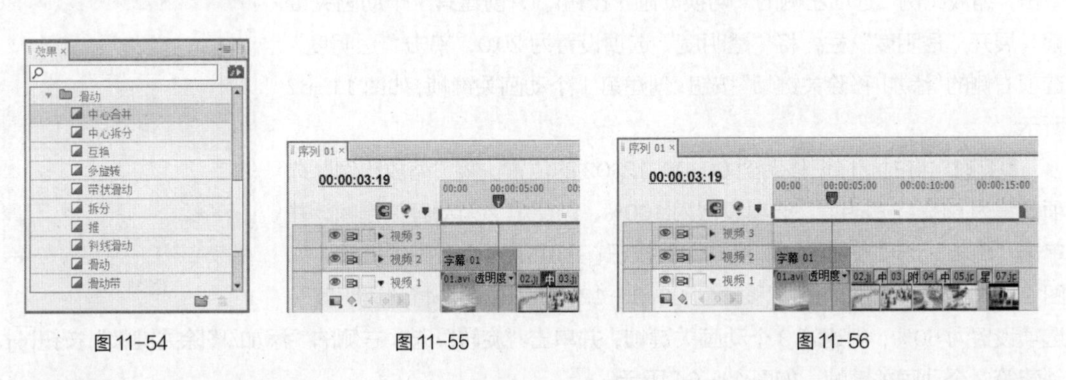

图 11-54　　图 11-55　　图 11-56

步骤⑪ 将时间标记移动到 00:00:11:12 的位置。选择“项目”面板，选中“06”文件并将其拖曳到“时间线”面板中的“视频 2”轨道中，如图 11-57 所示。选择“素材 > 速度/持续时间”命令，弹出对话框，设置如图 11-58 所示，单击“确定”按钮，效果如图 11-59 所示。

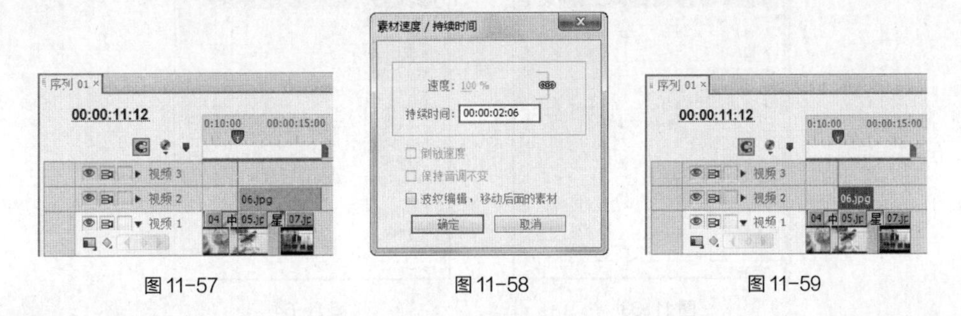

图 11-57　　图 11-58　　图 11-59

步骤⑫ 选择“效果”面板，展开“视频特效”选项，单击“键控”文件夹前面的三角形按钮 ▶ 将其展开，选中“颜色键”特效，如图 11-60 所示。将“颜色键”特效拖曳到“时间线”面板中的“06”文件上。在“特效控制台”面板中展开“颜色键”特效，单击“主要颜色”右侧的 按钮，在图像的底图上单击，其他选项的设置如图 11-61 所示。

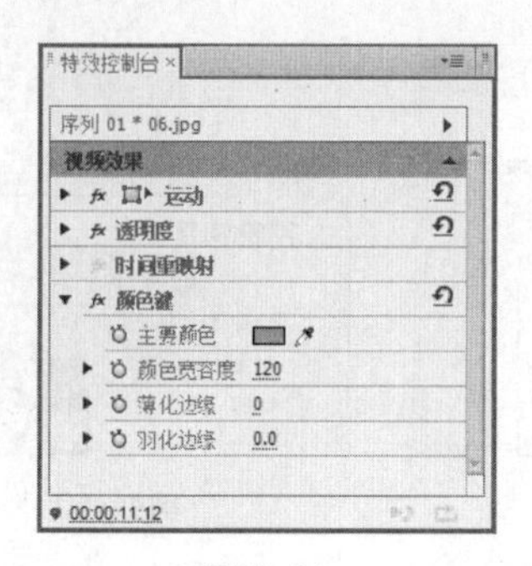

图 11-60　　图 11-61

步骤 ⑬ 将时间标记移动到 00:00:11:13 的位置。在“特效控制台”面板中展开“运动”选项，将“位置”选项设置为 571.9 和 450.6，“缩放比例”选项设置为 3.0，并单击“缩放比例”选项左侧的“切换动画”按钮，创建第 1 个动画关键帧。展开“透明度”栏，将“透明度”选项设置为 20.0，单击“透明度”选项右侧的“添加/移除关键帧”按钮，创建第 1 个动画关键帧，如图 11-62 所示。

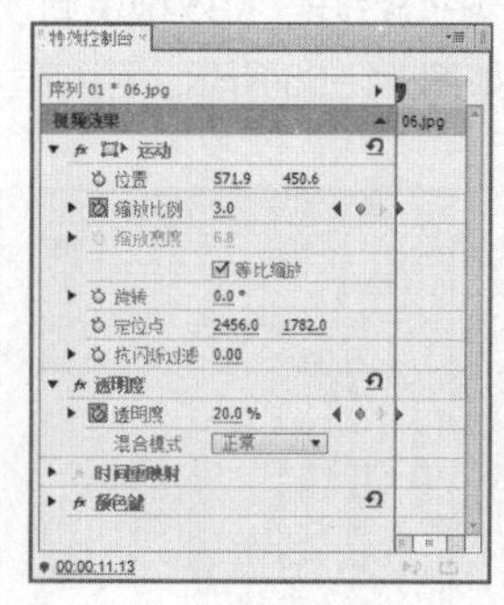

图 11-62

步骤 ⑭ 将时间标记移动到 00:00:12:02 的位置。将“缩放比例”选项设置为 6.8，“透明度”选项设置为 100%，创建第 2 个动画关键帧，并单击“旋转”选项左侧的“切换动画”按钮，创建第 1 个动画关键帧，如图 11-63 所示。将时间标记移动到 00:00:12:06 的位置。将“透明度”选项设置为 50%，创建第 3 个动画关键帧，并单击“旋转”选项右侧的“添加/移除关键帧”按钮，创建第 2 个动画关键帧，如图 11-64 所示。

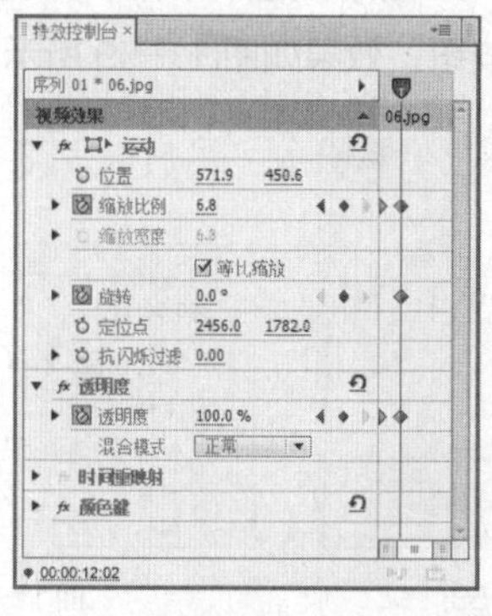

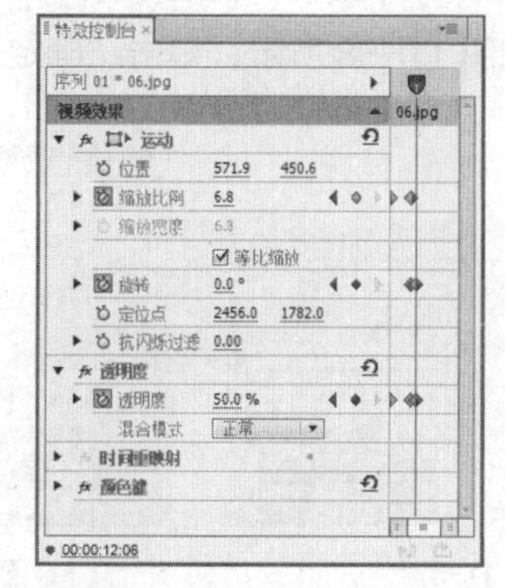

图 11-63　　图 11-64

步骤 ⑮ 将时间标记移动到 00:00:12:10 的位置。将“旋转”选项设置为-15°，创建第 3 个动画关键帧，“透明度”选项设置为 100%，创建第 4 个动画关键帧，如图 11-65 所示。用相同的方法添加其他动画关键帧，效果如图 11-66 所示。

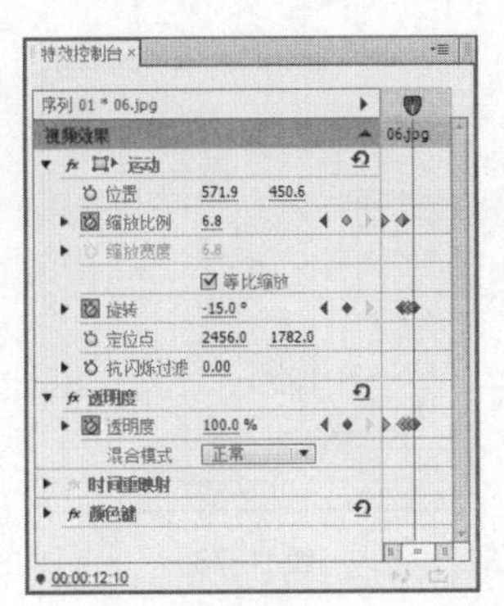

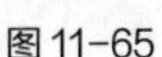
图 11-65

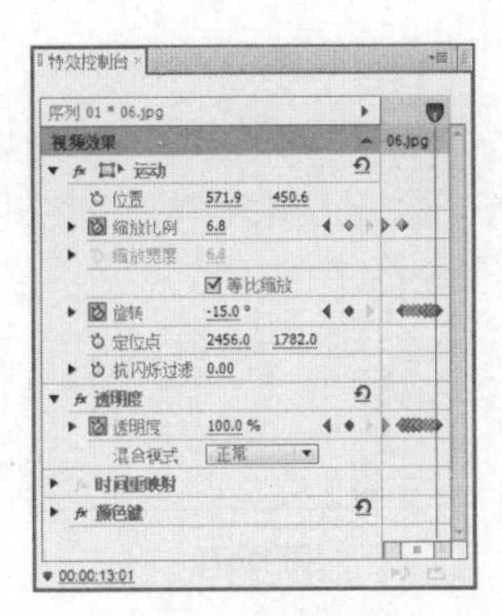

图 11-66

步骤 16 选择“项目”面板，选中“01”文件并将其拖曳到“时间线”面板中的“视频 1”轨道中，如图 11-67 所示。选中“时间线”面板中的“01”文件。选择“素材 > 速度/持续时间”命令，弹出对话框，设置如图 11-68 所示，单击“确定”按钮，效果如图 11-69 所示。

图 11-67

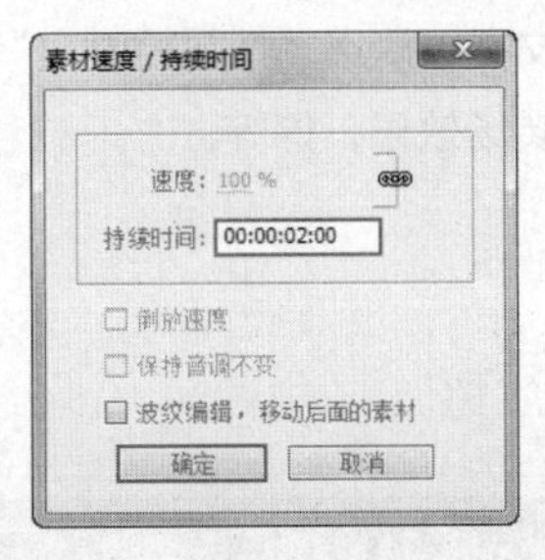

图 11-68

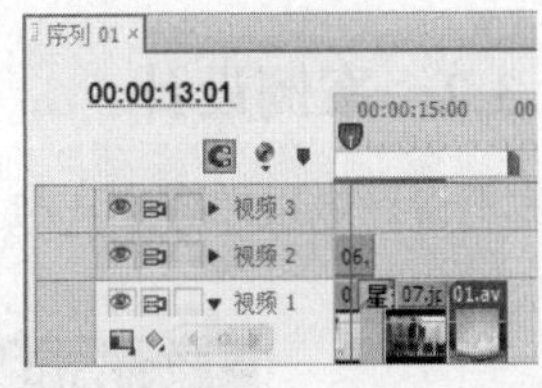

图 11-69

步骤 17 在“项目”面板中选中“字幕 02”文件并将其拖曳到“时间线”面板中的“视频 2”轨道中，如图 11-70 所示。将鼠标指针放在“字幕 02”文件的结束位置，当鼠标指针呈 时，向左拖曳鼠标指针到与“01”文件相同的结束位置，如图 11-71 所示。

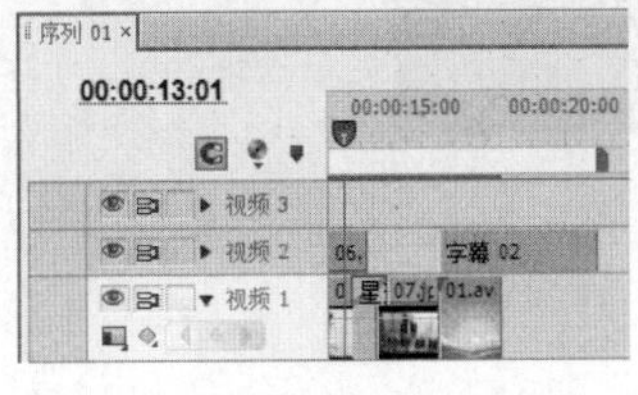

图 11-70

图 11-71

步骤 18 选中“时间线”面板中的“字幕 02”文件。将时间标记移动到 00:00:16:00 的位置。在“特效控制台”面板中展开“运动”选项，将“缩放比例”选项设置为 0.0，并单击“缩放比例”选项左侧的“切换动画”按钮 ，创建第 1 个动画关键帧，如图 11-72 所示。将时间标记移动到 00:00:17:10 的位置。将“缩放比例”选项设置为 100.0，创建第 2 个动画关键帧，如图 11-73 所示。趣味玩具城纪录片制作完成。

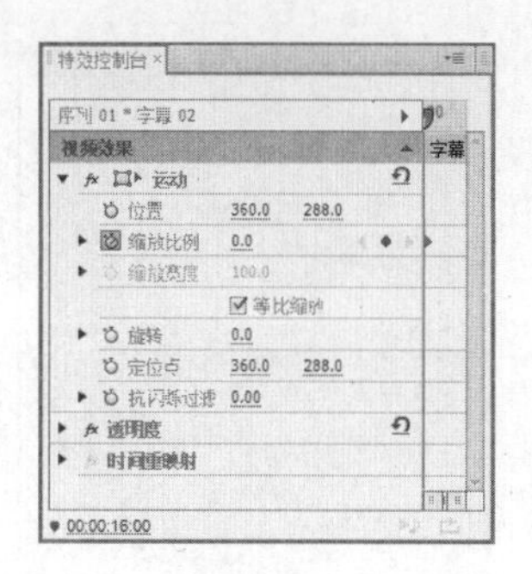

图 11-72

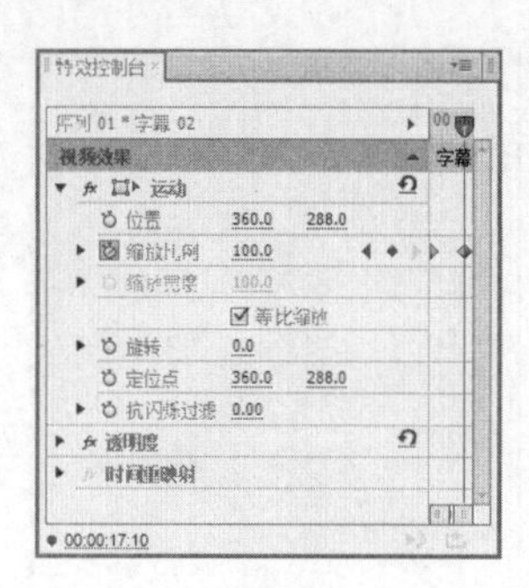

图 11-73

11.3 制作科技时代纪录片

11.3.1 案例分析

使用“字幕”命令添加并编辑文字，使用“特效控制台”面板编辑视频的位置制作动画效果，使用不同的转场特效制作视频之间的转场效果，等等。

11.3.2 案例设计

本案例设计效果如图 11-74 所示。

图 11-74

11.3.3 案例制作

1. 创建字幕

步骤 1 启动 Premiere Pro CS6 软件，弹出“欢迎使用 Adobe Premiere Pro”界面，单击“新建项目”按钮 ，弹出“新建项目”对话框，设置“位置”选项，选择保存文件路径，在“名称”文本框中输入文件名“制作科技时代纪录片”，如图 11-75 所示。单击“确定”按钮，弹出“新建序列”对话框，设置如图 11-76 所示，单击“确定”按钮完成序列的创建。

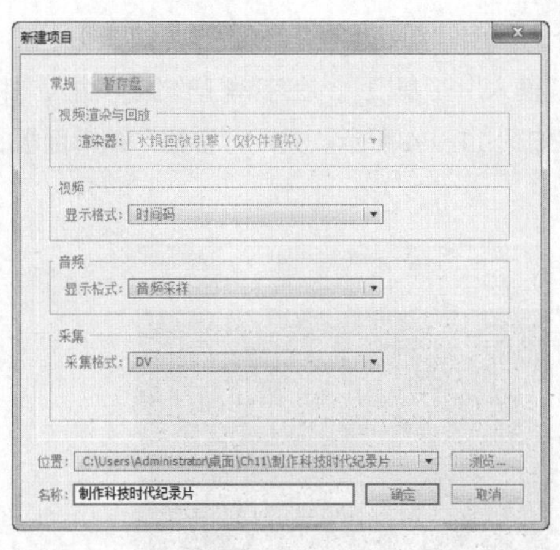

图 11-75

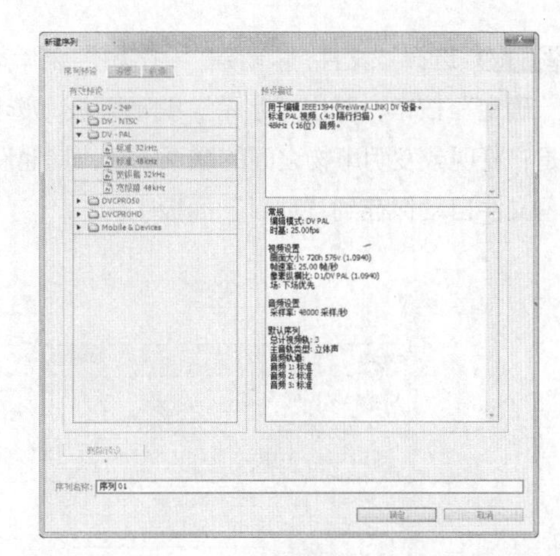

图 11-76

步骤② 选择“文件 > 导入”菜单命令，弹出“导入”对话框，选择本书云盘中的“Ch11\制作科技时代纪录片\素材\01”文件至“Ch11\制作科技时代纪录片素材\07”文件，如图 11-77 所示，单击“打开”按钮，导入文件。导入后的文件排列在“项目”面板中，如图 11-78 所示。

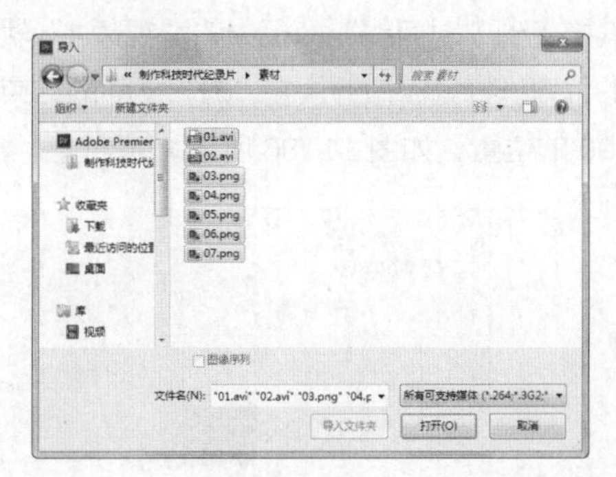

图 11-77

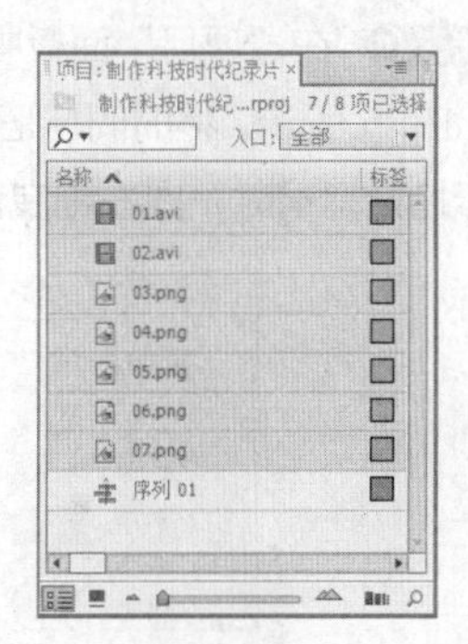

图 11-78

步骤③ 选择“文件 > 新建 > 字幕”菜单命令，弹出“新建字幕”对话框，如图 11-79 所示。单击“确定”按钮，弹出“字幕”编辑面板，选择“输入”工具 T ，在字幕工作区中输入“科技时代”，在“字幕属性”设置子面板中展开“填充”选项，将“填充类型”设置为“线性渐变”，“颜色”选项设置为从白色到蓝色（其 R、G、B 的值分别为 0、77、255）过渡，其他设置如图 11-80 所示，字幕工作区中的效果如图 11-81 所示。用相同的方法输入下方的文字，如图 11-82 所示。

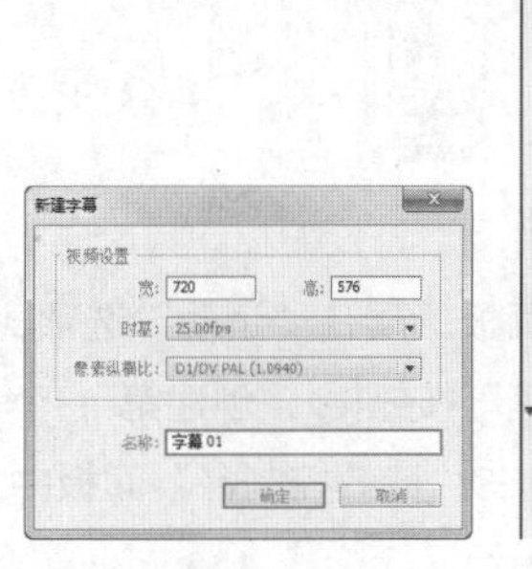

图 11-79

图 11-80

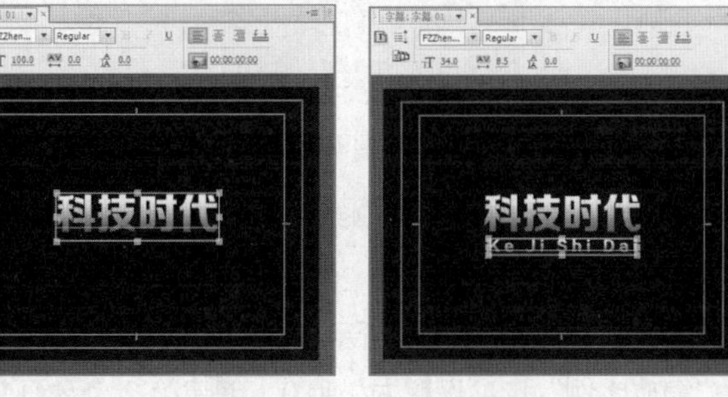

图 11-81　　图 11-82

步骤④ 选择“文件 > 新建 > 字幕”菜单命令，弹出“新建字幕”对话框，如图 11-83 所示。单击“确定”按钮，弹出“字幕”编辑面板，选择“输入”工具T，在字幕工作区中输入“科技的本质是：发现或发明事物之间的联系。”，其他设置如图 11-84 所示。关闭“字幕”编辑面板，新建的字幕文件自动保存到“项目”面板中。

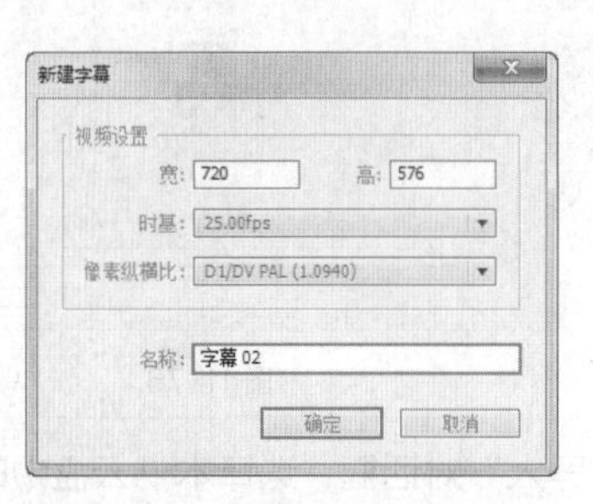

图 11-83

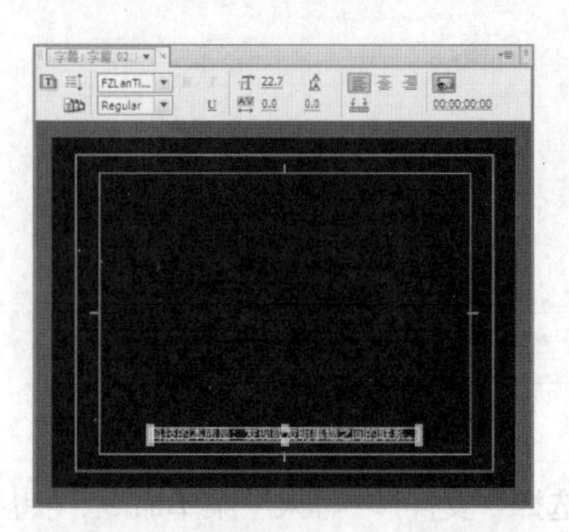

图 11-84

2. 制作场景动画

步骤① 在“项目”面板中选中“01”文件并将其拖曳到“时间线”面板中的“视频 1”轨道上，如图 11-85 所示。将时间标记移动到 00:00:03:00 的位置。将鼠标指针放在“01”文件的结束位置，当鼠标指针呈⇤时，向左拖曳鼠标指针到 00:00:03:00 的位置，如图 11-86 所示。

图 11-85

图 11-86

步骤② 将时间标记移动到 00:00:01:00 的位置。在“项目”面板中选中“字幕 01”文件并将其拖曳到“时间线”面板中的“视频 2”轨道上，如图 11-87 所示。将鼠标指针放在“字幕 01”文件的结束位置，当鼠标指针呈⇤时，向左拖曳鼠标指针到与“01”文件相同的结束位置，如图 11-88 所示。

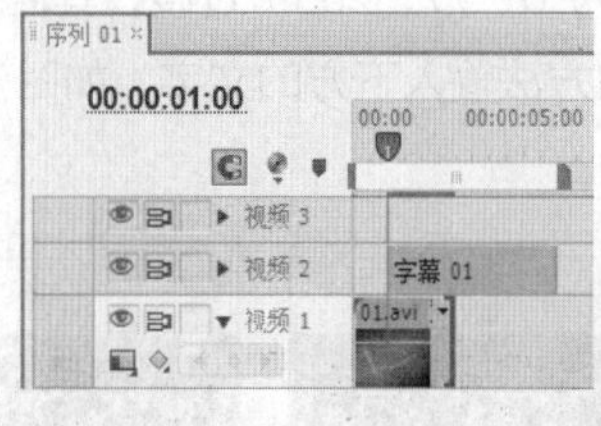

图 11-87

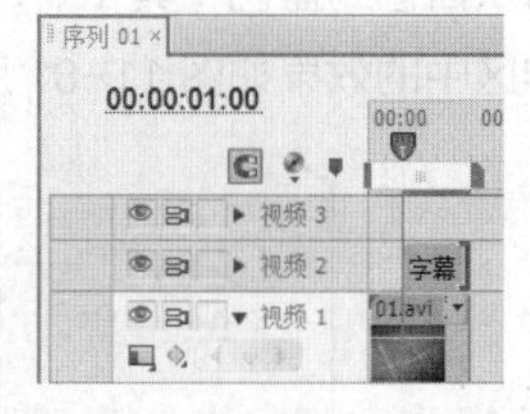

图 11-88

步骤③ 选择“窗口 > 特效控制台”菜单命令，弹出“特效控制台”面板，展开“运动”选项，将“缩放比例”选项设置为 20.0，单击“缩放比例”选项左侧的“切换动画”按钮⏱，创建第 1 个动画关键帧，如图 11-89 所示。将时间标记移动到 00:00:02:12 的位置。在“特效控制台”面板中将“缩放比例”选项设置为 100.0，创建第 2 个动画关键帧，如图 11-90 所示。

图 11-89

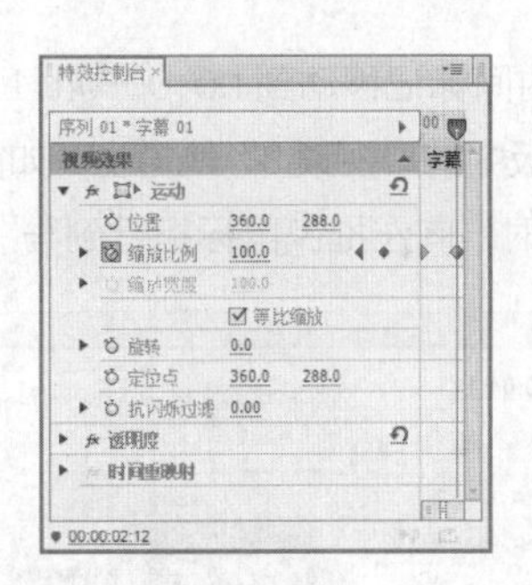

图 11-90

步骤 4 在“项目”面板中选中“02”文件并将其拖曳到“时间线”面板中的“视频 1”轨道上，如图 11-91 所示。在“项目”面板中选中“03”文件并将其拖曳到“时间线”面板中的“视频 2”轨道上，如图 11-92 所示。

图 11-91

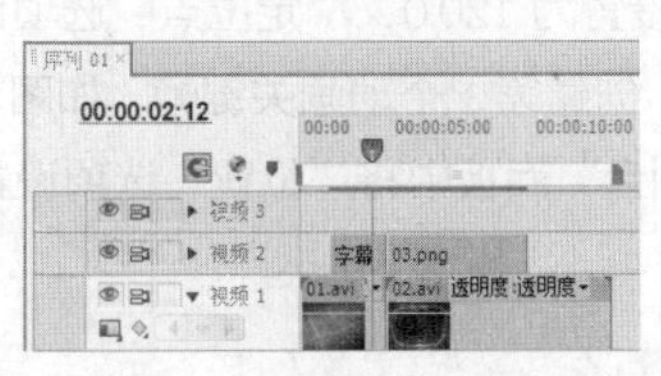

图 11-92

步骤 5 将时间标记移动到 00:00:07:15 的位置，将鼠标指针放在“03”文件的结束位置，当鼠标指针呈时，向左拖曳鼠标指针到 00:00:07:15 的位置，如图 11-93 所示。在“时间线”面板中选中“视频 2”轨道中的“03”文件，如图 11-94 所示。

图 11-93

图 11-94

步骤 6 将时间标记移动到 00:00:03:14 的位置。在“特效控制台”面板中展开“运动”选项，将“位置”选项设置为-114.4 和 296.7，“缩放比例”选项设置为 120.0，“定位点”选项设置为 74.2 和 112.6，单击“位置”选项左侧的“切换动画”按钮，创建第 1 个动画关键帧，如图 11-95 所示。将时间标记移动到 00:00:04:10 的位置。在“特效控制台”面板中将“位置”选项设置为 156.7 和 298.6，创建第 2 个动画关键帧，如图 11-96 所示。

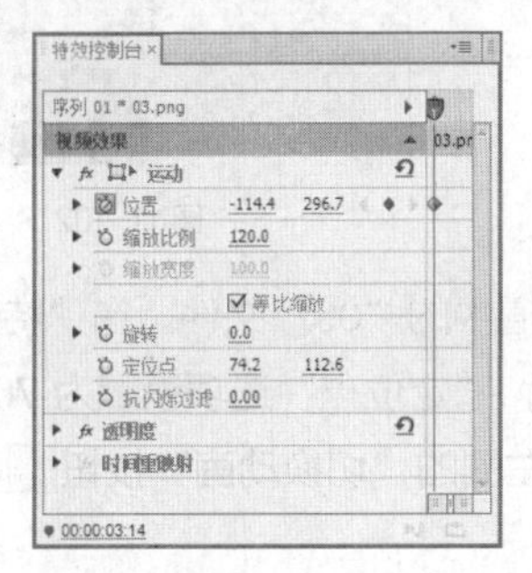

图 11-95

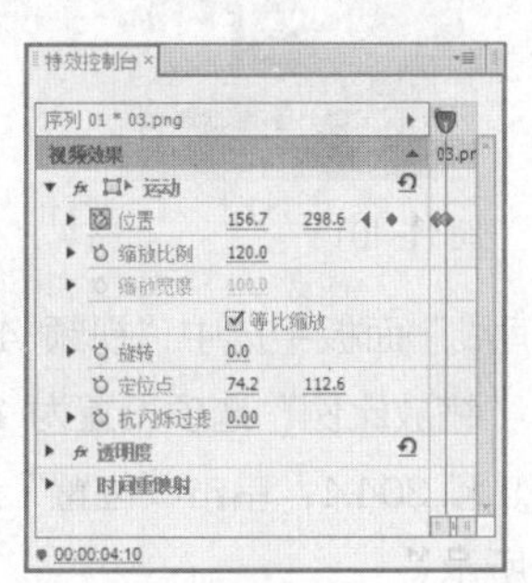

图 11-96

步骤⑦ 将时间标记移动到00:00:04:11的位置。在“项目”面板中选中“04”文件并将其拖曳到“时间线”面板中的“视频3”轨道上，如图11-97所示。将鼠标指针放在“04”文件的结束位置，当鼠标指针呈⇤时，向左拖曳鼠标指针到与“03”文件相同的结束位置，如图11-98所示。

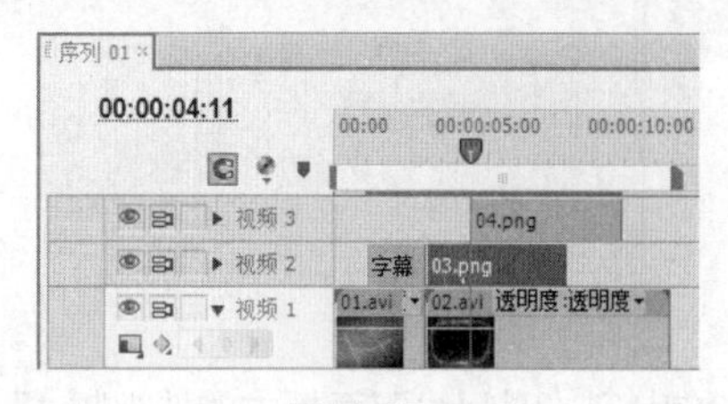

图11-97

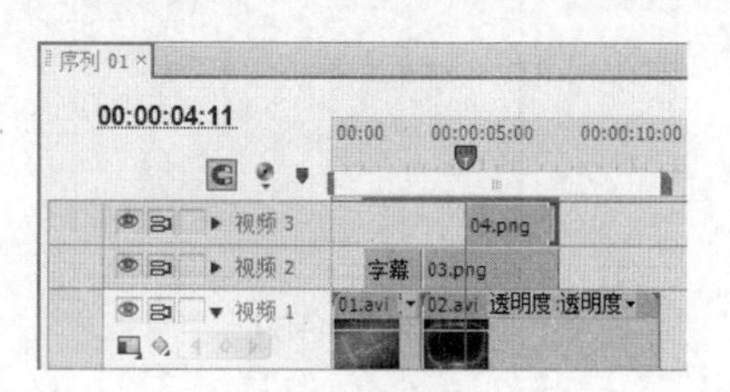

图11-98

步骤⑧ 在“特效控制台”面板中，展开“运动”选项，将“位置”选项设置为86.9和308.2，“缩放比例”选项设置为120.0，“定位点”选项设置为84.0和126.0，单击“位置”选项左侧的“切换动画”按钮⏱，创建第1个动画关键帧，如图11-99所示。将时间标记移动到00:00:05:15的位置。在“特效控制台”面板中将“位置”选项设置为362.6和308.2，如图11-100所示，创建第2个动画关键帧。

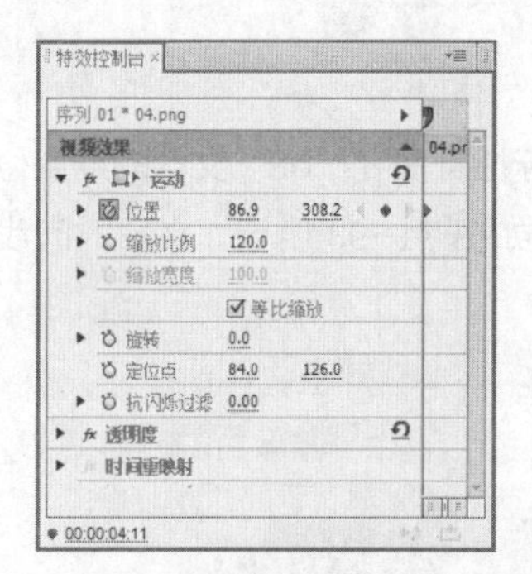

图11-99

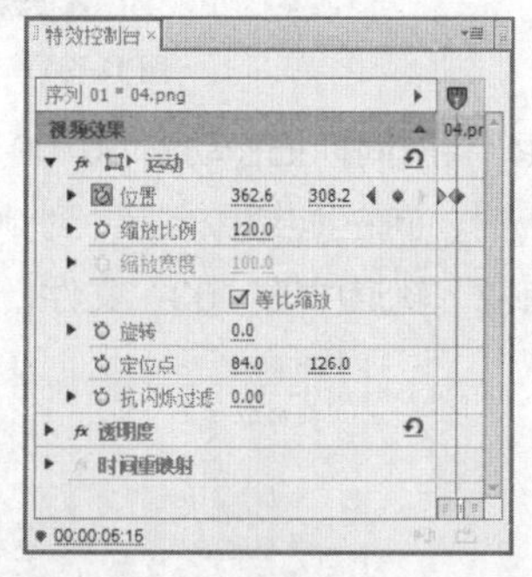

图11-100

步骤⑨ 在“项目”面板中选中“05”文件并将其拖曳到“时间线”面板中的“视频4”轨道上，如图11-101所示。将鼠标指针放在“05”文件的结束位置，当鼠标指针呈⇤时，向左拖曳鼠标指针到与“04”文件相同的结束位置，如图11-102所示。

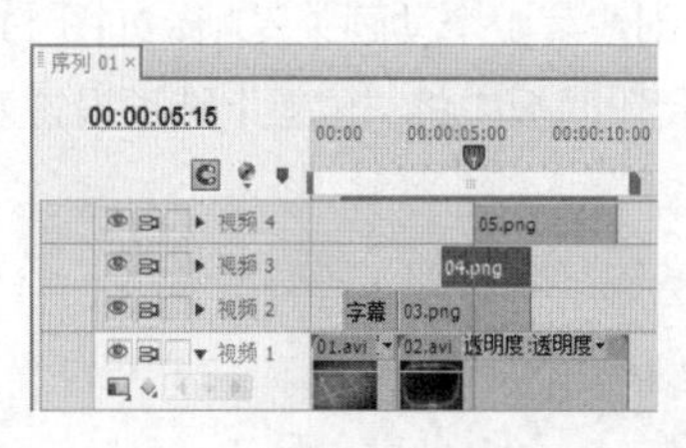

图11-101

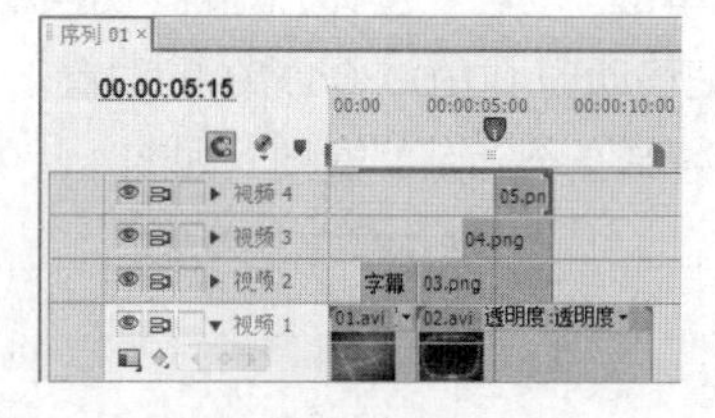

图11-102

步骤⑩ 在“时间线”面板中选中“视频4”轨道中的“05”文件。在“特效控制台”面板中，展开“运动”选项，“缩放比例”选项设置为120.0，“定位点”选项设置为76.8和120.3，将“位置”选项设置为804.5和304.4，单击“位置”选项左侧的“切换动画”按钮⏱，创建第1个动画关键帧，如图11-103所示。

步骤⑪ 将时间标记移动到 00:00:07:09 的位置。在“特效控制台”面板中将“位置”选项设置为 540.4 和 304.4，创建第 2 个动画关键帧，如图 11-104 所示。

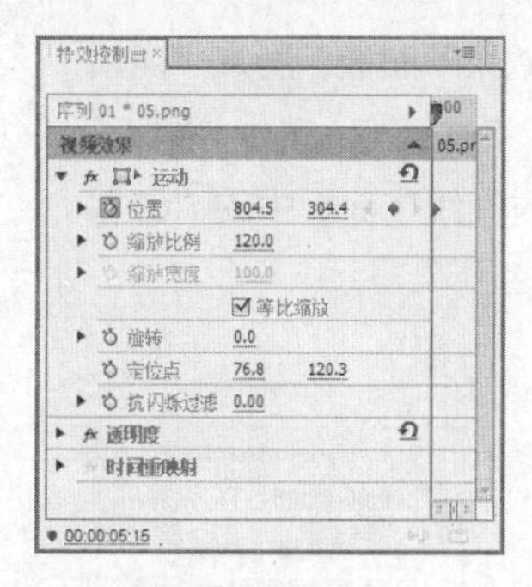

图 11-103

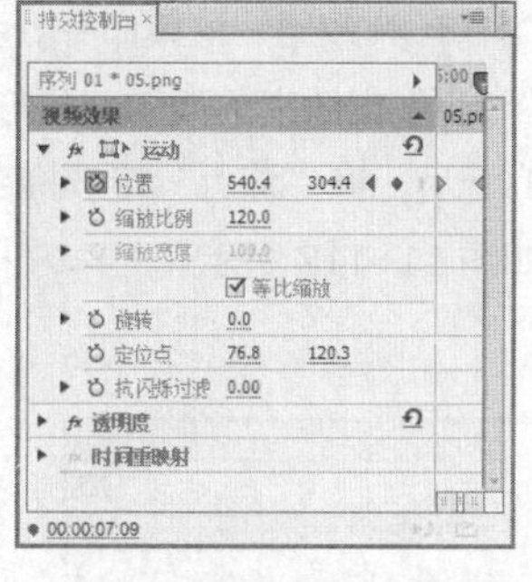

图 11-104

步骤⑫ 在“项目”面板中选中“06”文件并将其拖曳到“时间线”面板中的“视频 2”轨道上，如图 11-105 所示。将鼠标指针放在“06”文件的结束位置，当鼠标指针呈◀▌时，向左拖曳鼠标指针到与“02”文件相同的结束位置，如图 11-106 所示。将时间标记移动到 00:00:07:20 的位置，在“时间线”面板中选中“视频 2”轨道中的“06”文件。在“特效控制台”面板中将“位置”选项设置为 231.5 和 288.0，“缩放比例”选项设置为 120.0，如图 11-107 所示。

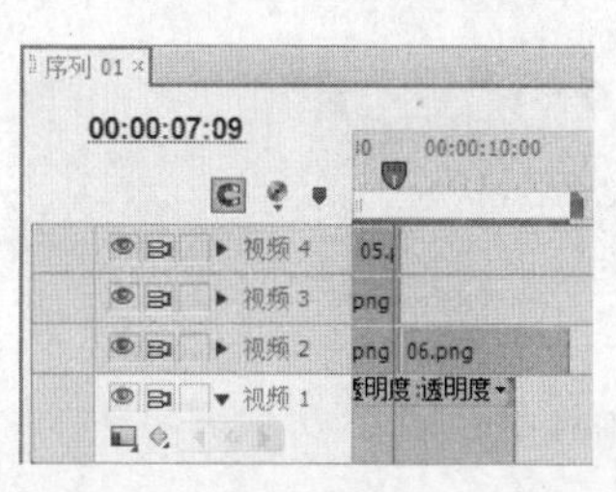

图 11-105

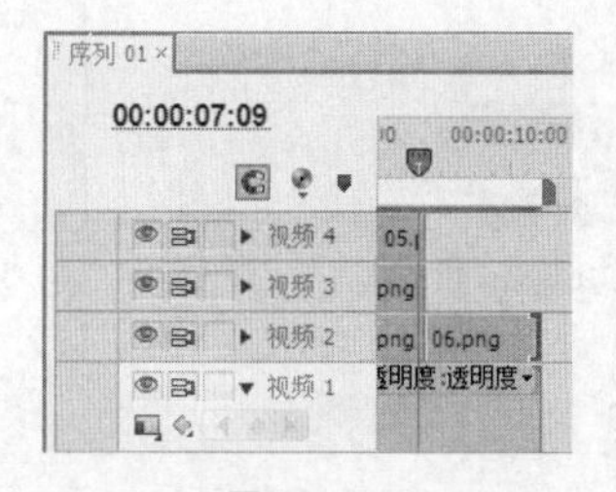

图 11-106

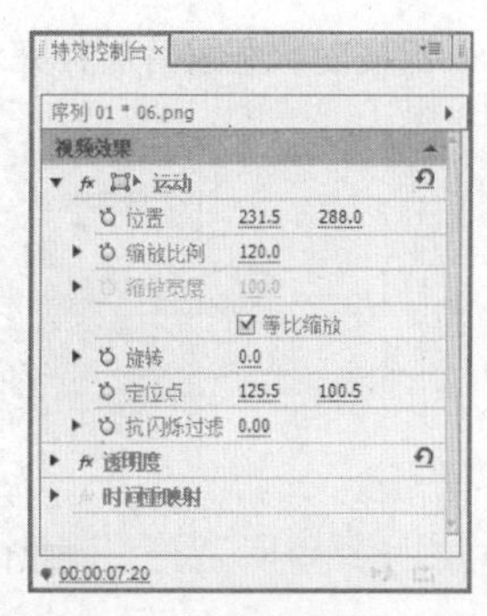

图 11-107

步骤⑬ 将时间标记移动到 00:00:08:18 的位置。在“项目”面板中选中“07”文件并将其拖曳到“时间线”面板中的“视频 3”轨道上，如图 11-108 所示。将鼠标指针放在“07”文件的结束位置，当鼠标指针呈◀▌时，向左拖曳鼠标指针到与“06”文件相同的结束位置，如图 11-109 所示。

图 11-108

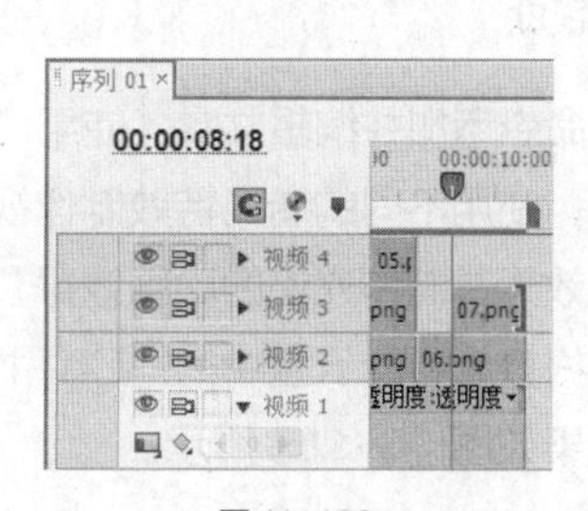

图 11-109

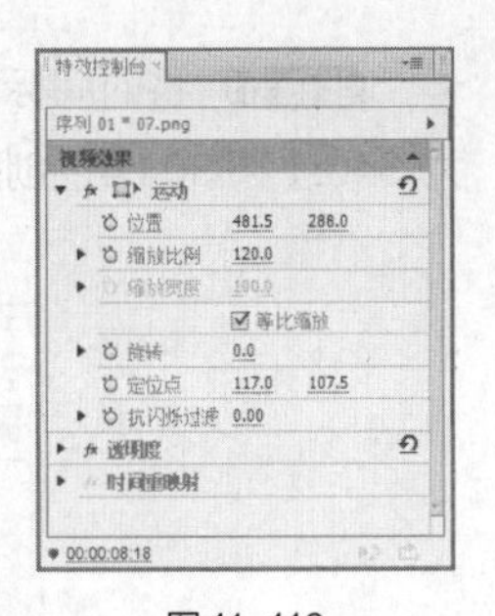
图 11-110

步骤⑭ 在“时间线”面板中选中“视频 3”轨道中的“07”文件。在“特效控制台”面板中展开“运动”选项，将“位置”选项设置为 481.5 和 288.0，“缩放比例”选项设置为 120.0，如图 11-110 所示。

步骤⑮ 选择“窗口 > 效果”菜单命令，弹出“效果”面板，展开“视频切换”选项，单击“卷页”文件夹前面的三角形按钮▶将其展开，选中“翻页”特效，如图 11-111 所示。将“翻页”特效拖曳到“时间线”面板中的“07”文件的开始位置，如图 11-112 所示。

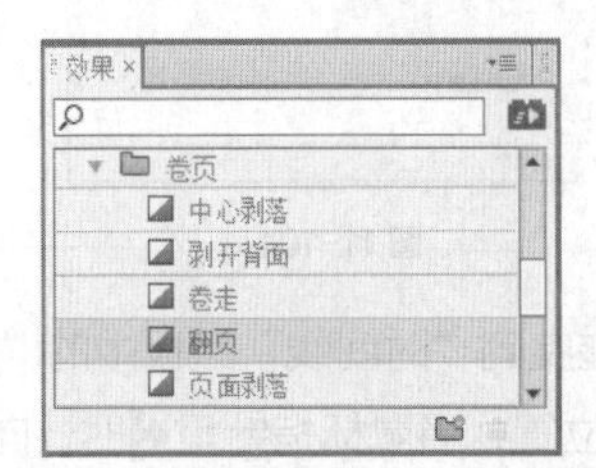

图 11-111

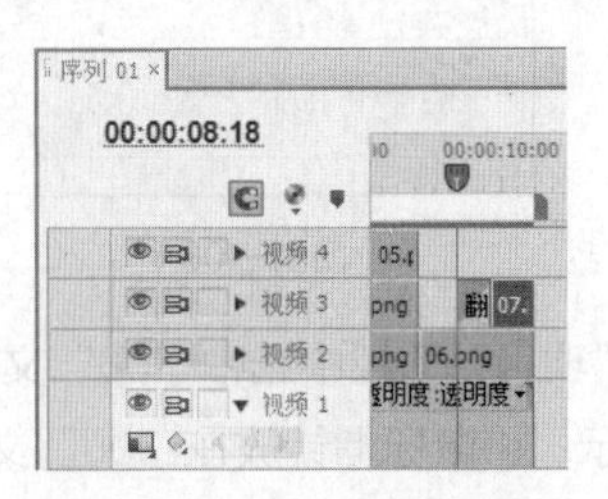

图 11-112

步骤⑯ 将时间标记移动到 00:00:06:09 的位置。选择“项目”面板，选中“字幕 02”文件并将其拖曳到“时间线”面板中的“视频 5”轨道上，如图 11-113 所示。将鼠标指针放在“字幕 02”文件的结束位置，当鼠标指针呈◀时，向左拖曳鼠标指针到与“07”文件相同的结束位置，如图 11-114 所示。科技时代纪录片制作完成。

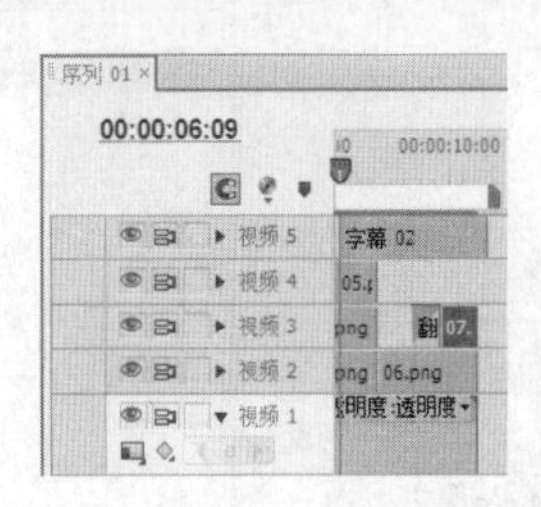

图 11-113

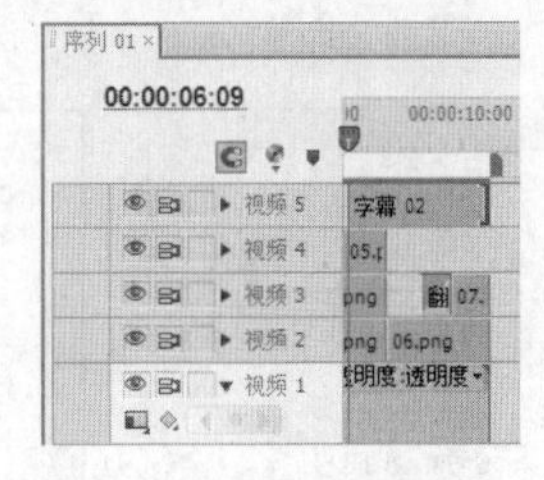

图 11-114

11.4 课堂练习——制作自行车手纪录片

练习知识要点

使用“字幕”命令添加并编辑文字，使用“特效控制台”面板编辑视频的位置、缩放比例和透明度并制作动画效果，使用不同的转场特效制作视频之间的转场效果，使用“镜头光晕”特效为“01”文件添加镜头光晕效果并制作光晕的动画效果，使用“高斯模糊”特效为文字添加模糊效果并制作模糊的动画效果。最终效果参看云盘中的“Ch11\制作自行车手纪录片\制作自行车手纪录片.prproj”。自行车手纪录片效果如图 11-115 所示。

图11-115

效果所在位置

云盘\Ch11\制作自行车手纪录片\制作自行车手纪录片. prproj。

11.5 课后习题——制作车展纪录片

习题知识要点

使用“字幕”命令添加并编辑文字，使用“特效控制台”面板编辑视频的位置、缩放比例和透明度并制作动画效果，使用“色阶”特效调整视频颜色与亮度，使用不同的转场特效制作视频之间的转场效果，使用“照明效果”特效为影片添加照明效果，使用“轨道遮罩键”特效制作文字蒙版。最终效果参看云盘中的“Ch11\制作车展纪录片\制作车展纪录片.prproj”。制作车展纪录片效果如图 11-116 所示。

图11-116

效果所在位置

云盘\Ch11\制作车展纪录片\制作车展纪录片. prproj。

12

第 12 章 制作电视广告

本章介绍

电视广告是一种经由电视传播的广告形式，通常用来宣传商品、服务、组织、概念等。它具有覆盖面了、普及率高、综合表现能力强等特点。本章以多类主题的电视广告为例，讲解电视广告的构思方法和制作技巧，读者通过学习可以掌握电视广告的制作要点，从而设计、制作出形象生动、冲击力强的电视广告。

课堂学习目标

- 了解电视广告的构成要素
- 掌握电视广告的制作技巧
- 掌握电视广告的设计思路

12.1 制作牛奶广告

12.1.1 案例分析

使用“位置”选项改变图像的位置，使用“缩放比例”选项改变图像的大小，使用“透明度”选项编辑图像不透明度与动画，使用“添加轨道”命令添加视频轨道，等等。

12.1.2 案例设计

本案例设计效果如图 12-1 所示。

图 12-1

12.1.3 案例制作

步骤① 启动 Premiere Pro CS6 软件，弹出“欢迎使用 Adobe Premiere Pro”界面，单击“新建项目”按钮，弹出“新建项目”对话框，设置“位置”选项，选择保存文件路径，在“名称”文本框中输入文件名“制作牛奶广告”，如图 12-2 所示。单击“确定”按钮，弹出“新建序列”对话框，设置如图 12-3 所示，单击“确定”按钮完成序列的创建。

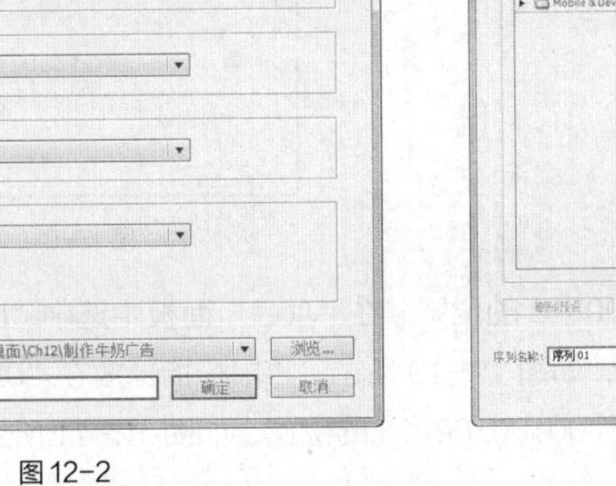

图 12-2

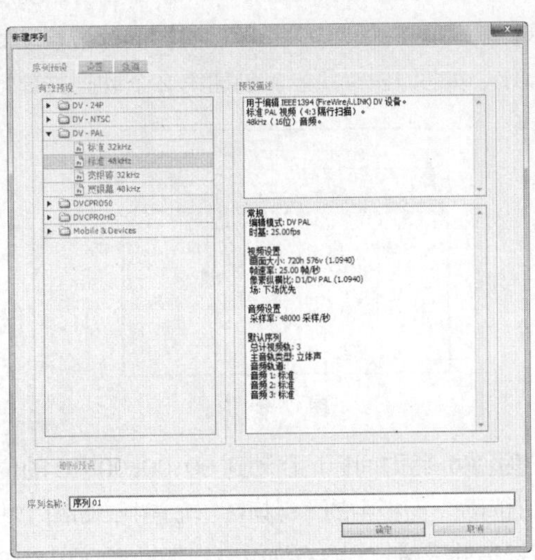

图 12-3

步骤② 选择“文件 > 导入”菜单命令，弹出“导入”对话框，选择云盘中的“Ch12\制作牛奶广告\素材\01”文件至“Ch12\制作牛奶广告\素材\06”文件，单击“打开”按钮，导入文件，如图12-4所示。导入后的文件排列在“项目”面板中，如图12-5所示。

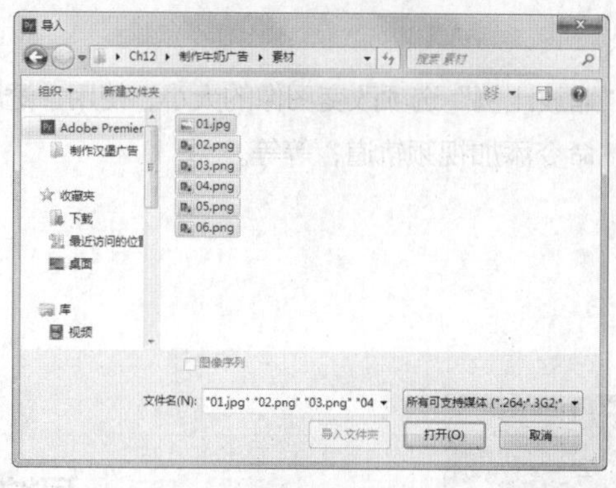

图 12-4

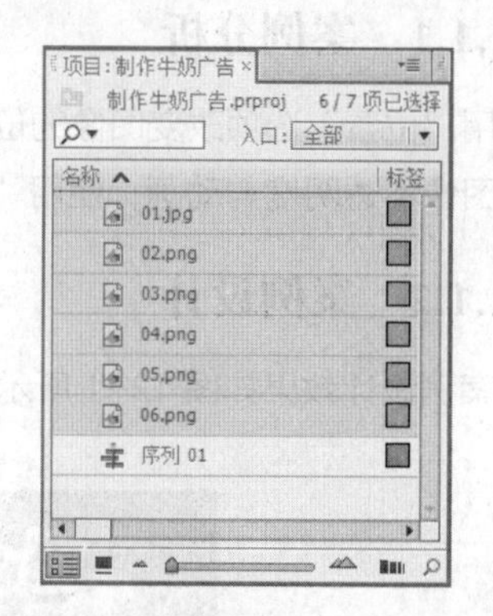

图 12-5

步骤③ 在“项目”面板中选中“01”文件并将其拖曳到“时间线”面板中的“视频1”轨道中，如图12-6所示。将时间标记移动到00:00:04:00的位置，将鼠标指针放在“01”文件的结束位置，当鼠标指针呈时，向右拖曳鼠标指针到00:00:04:00的位置，如图12-7所示。

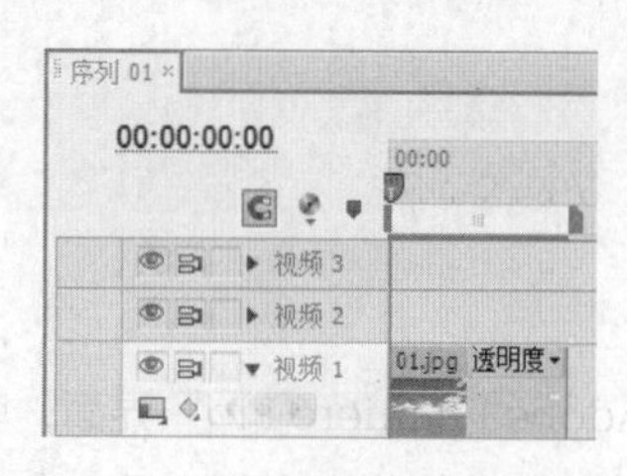

图 12-6

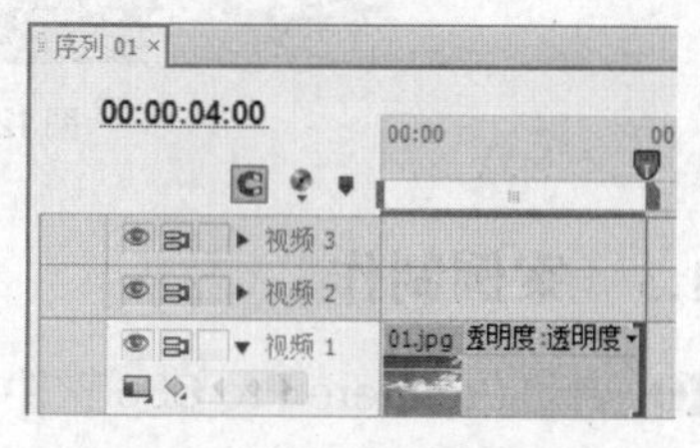

图 12-7

步骤④ 将时间标记移动到00:00:00:00的位置。选择“特效控制台”面板，展开“透明度”选项，将“透明度”选项设置为0.0%，单击“透明度”选项右侧的“添加/移除关键”按钮，如图12-8所示，创建第1个动画关键帧。将时间标记移动到00:00:00:08的位置。将“透明度”选项设置为100.0%，如图12-9所示，创建第2个动画关键帧。

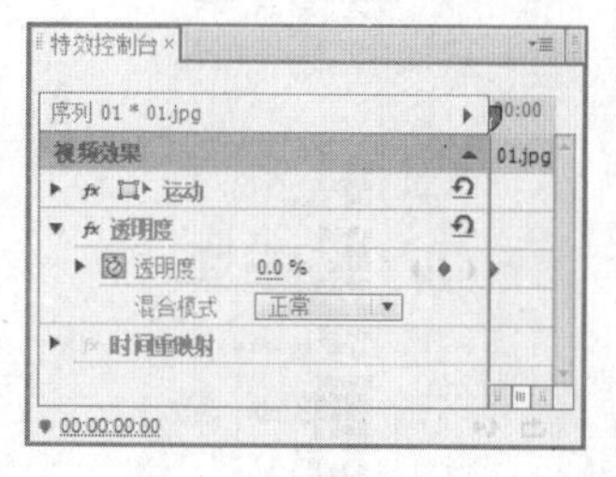

图 12-8

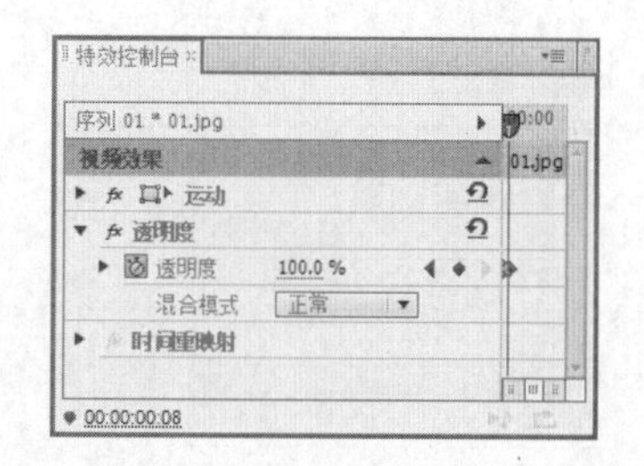

图 12-9

步骤⑤ 将时间标记移动到00:00:00:13的位置。在“项目”面板中选中“02”文件并将其拖曳到“时间线”面板中的“视频2”轨道中，如图12-10所示。将鼠标指针放在“02”文件的结束位置，当鼠标指针呈时，向右拖曳鼠标指针到00:00:00:13的位置，如图12-11所示。

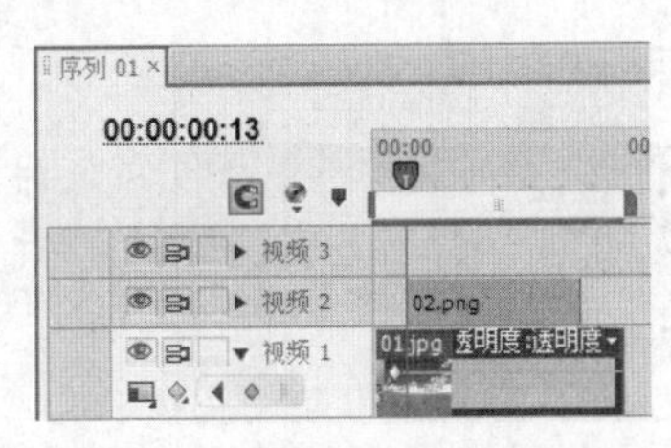

图12-10

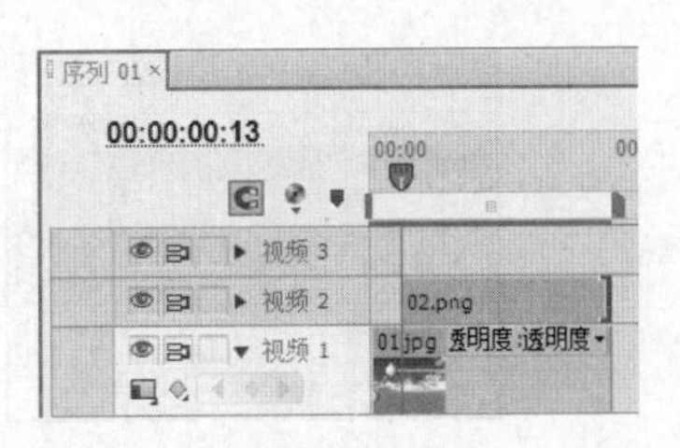

图12-11

步骤⑥ 在“特效控制台”面板中展开“运动”选项，将“位置”选项设置为358.8和459.7，“缩放比例”选项设置为110.0，如图12-12所示。

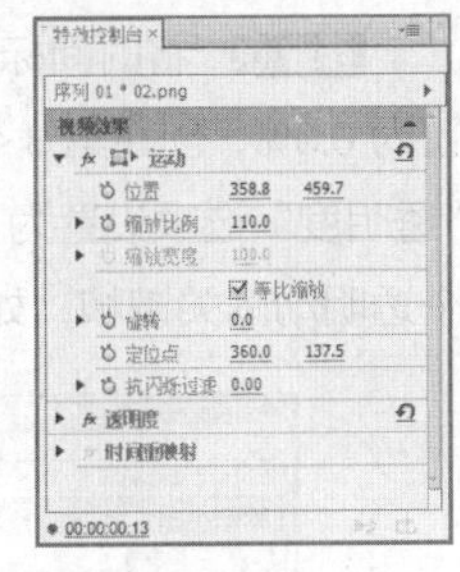

图12-12

步骤⑦ 在“特效控制台”面板中展开“透明度”选项，将“透明度”选项设置为0.0%，单击“透明度”选项右侧的“添加/移除关键帧”按钮，创建第1个动画关键帧，如图12-13所示。将时间标记移动到00:00:00:19的位置，将“透明度”选项设置为100.0%，创建第2个动画关键帧，如图12-14所示。

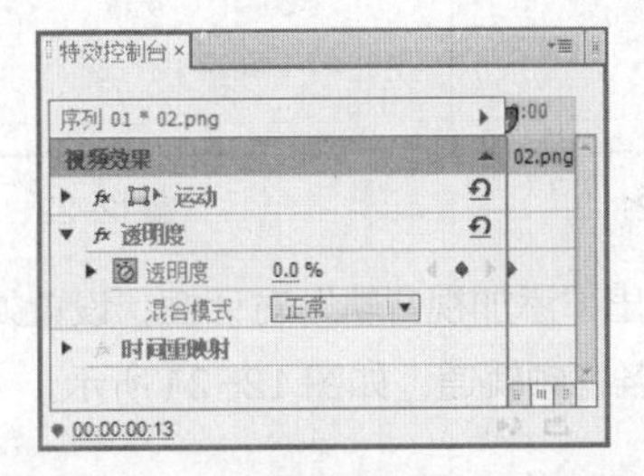

图12-13

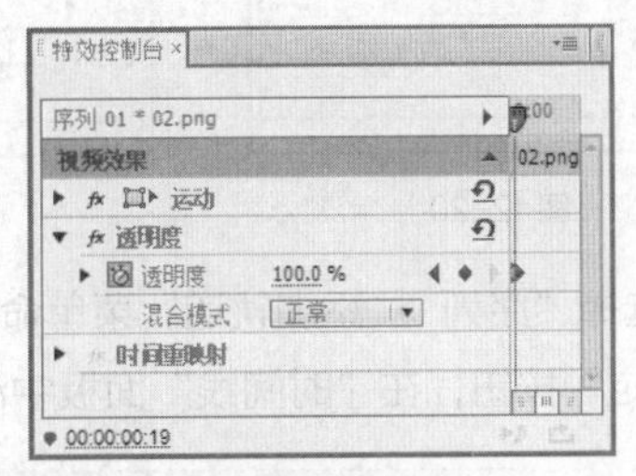

图12-14

步骤⑧ 将时间标记移动到00:00:01:00的位置。在“项目”面板中选中“03”文件并将其拖曳到“时间线”面板中的“视频3”轨道中，如图12-15所示。将鼠标指针放在“03”文件的结束位置，当鼠标指针呈时，向右拖曳鼠标指针到00:00:01:00的位置，如图12-16所示。在“特效控制台”面板中展开“运动”选项，将“位置”选项设置为278.6和366.7，如图12-17所示。

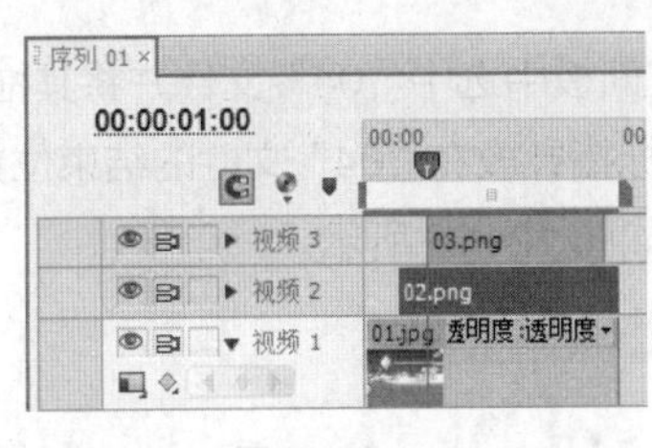

图12-15

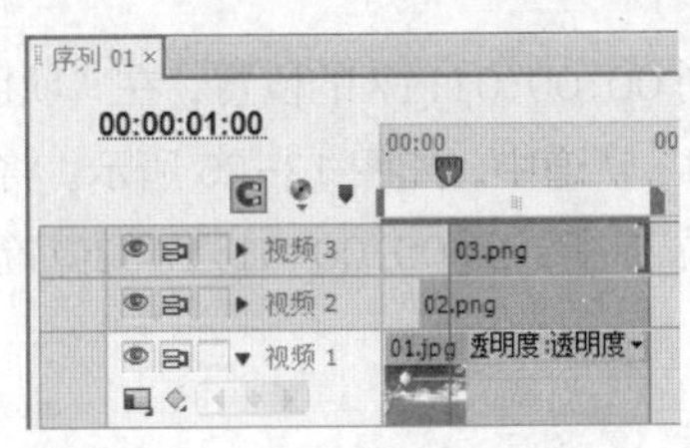

图12-16

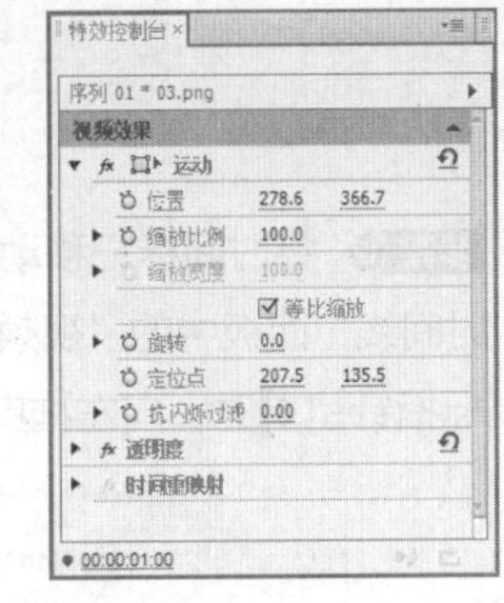

图12-17

步骤⑨ 在“特效控制台”面板中展开“透明度”选项，将“透明度”选项设置为0.0%，单击“透明度”选项右侧的“添加/移除关键帧”按钮，创建第1个动画关键帧，如图12-18所示。将时间标记移动到00:00:01:08的位置，将“透明度”选项设置为100.0%，创建第2个动画关键帧，如图12-19所示。

图 12-18

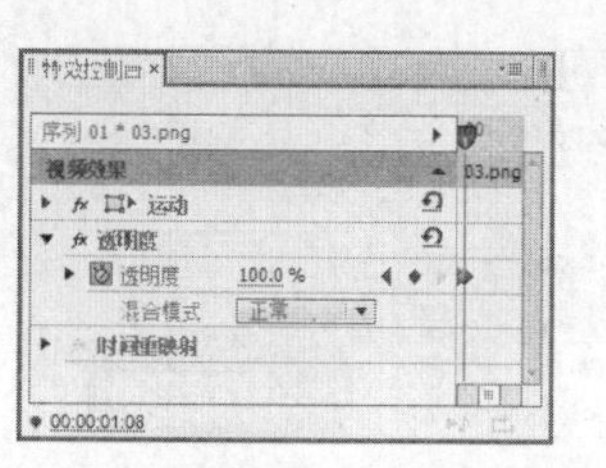

图 12-19

步骤⑩ 将时间标记移动到 00:00:01:09 的位置。在“特效控制台”面板中将“透明度”选项设置为 0.0%，创建第 3 个动画关键帧，如图 12-20 所示。将时间标记移动到 00:00:01:10 的位置，将“透明度”选项设置为 100.0%，创建第 4 个动画关键帧，如图 12-21 所示。用相同的方法再添加 6 个透明动画关键帧，如图 12-22 所示。

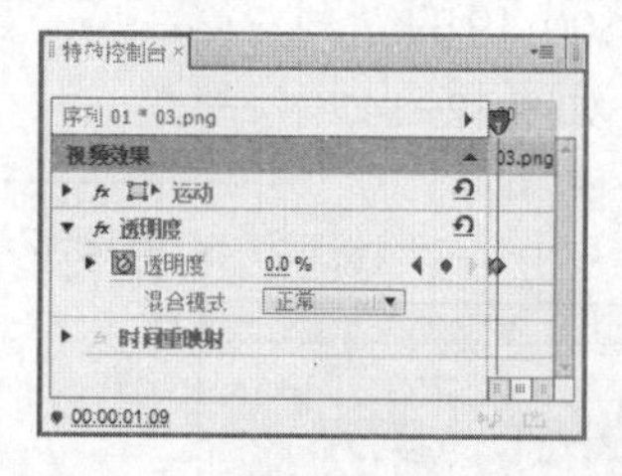

图 12-20

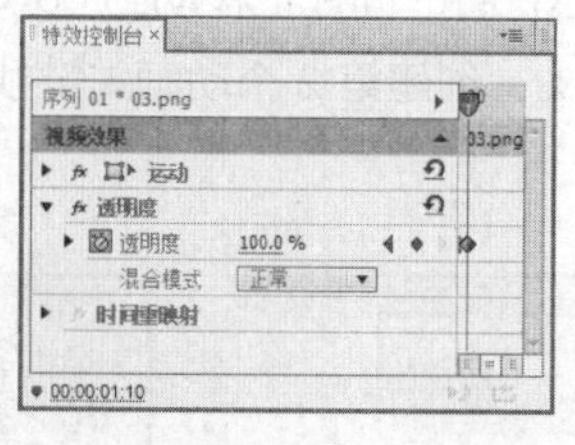

图 12-21

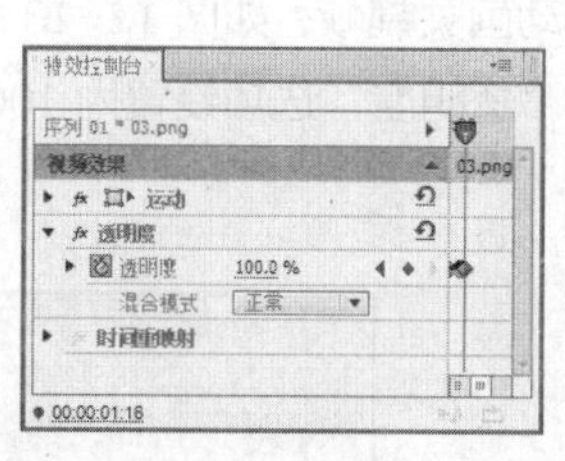

图 12-22

步骤⑪ 选择“序列 > 添加轨道”菜单命令，弹出“添加视音轨”对话框，设置如图 12-23 所示，单击“确定”按钮，在“时间线”面板中添加 3 条视频轨道，如图 12-24 所示。

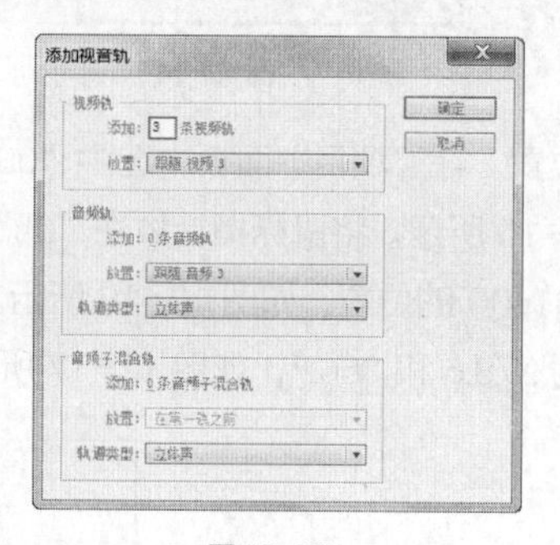

图 12-23

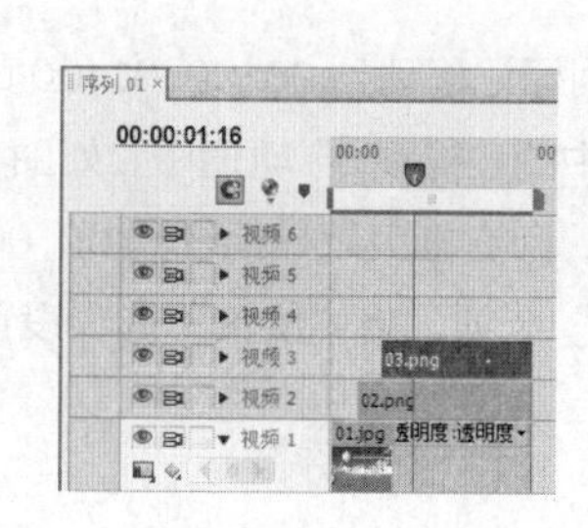

图 12-24

步骤⑫ 将时间标记移动到 00:00:01:17 的位置，在“项目”面板中选中“04”文件并将其拖曳到“时间线”面板中的“视频 4”轨道中，如图 12-25 所示。将鼠标指针放在“04”文件的结束位置，当鼠标指针呈◀时，向左拖曳鼠标指针到 00:00:01:17 的位置，如图 12-26 所示。

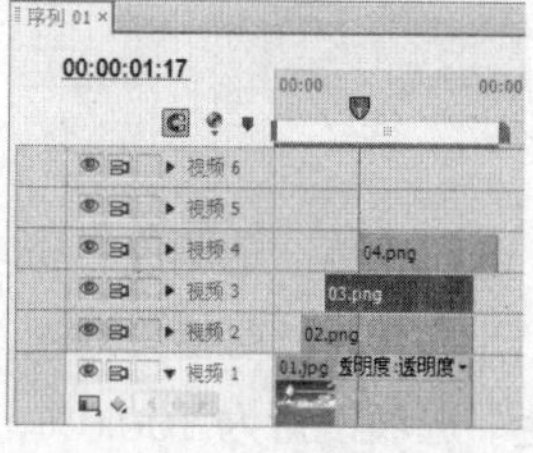

图 12-25

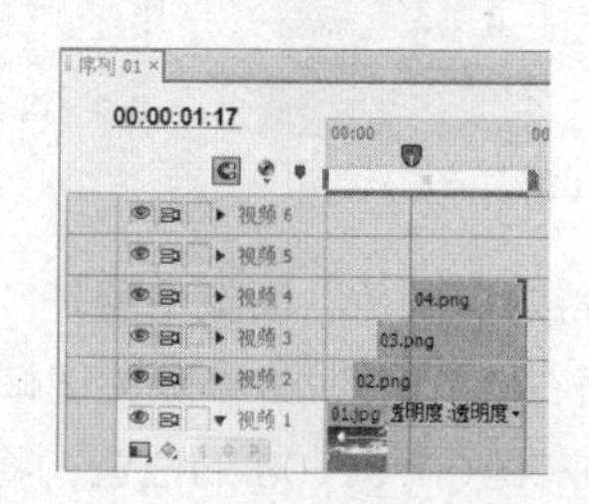

图 12-26

步骤⑬ 在“特效控制台”面板中展开“运动”选项，将“位置”选项设置为-209.4和442.4，并单击“位置”选项左侧的“切换动画”按钮，创建第1个动画关键帧，如图12-27所示。将时间标记移动到00:00:02:02的位置，将“位置”选项设置为156.6和442.4，创建第2个动画关键帧，如图12-28所示。

图12-27

图12-28

步骤⑭ 用相同的方法在“视频5”和“视频6”轨道中分别添加“05”和“06”文件，并分别制作文件的位置、缩放比例动画，如图12-29所示。牛奶广告制作完成，效果如图12-30所示。

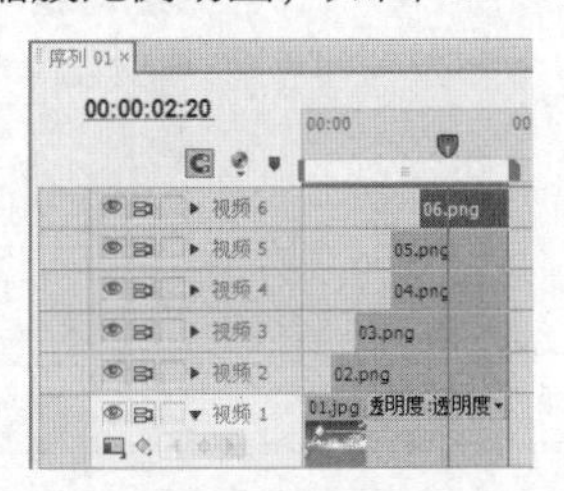

图12-29

图12-30

12.2 制作汉堡广告

12.2.1 案例分析

使用“字幕”命令添加并编辑文字，使用“特效控制台”面板编辑图像的位置、比例和透明度并制作动画效果，使用“序列”和“添加轨道”命令添加新的序列和轨道，等等。

12.2.2 案例设计

本案例设计效果如图12-31所示。

图12-31

12.2.3 案例制作

1. 添加项目文件

步骤① 启动Premiere Pro CS6软件，弹出“欢迎使用 Adobe Premiere Pro”界面，单击“新建项目”按钮，弹出“新建项目”对话框，设置“位置”选项，选择保存文件路径，在“名称”文本框中输入文件名“制作汉堡广告”，如图12-32所示。单击“确定”按钮，弹出“新建序列”对话框，设置如图12-33所示，单击“确定”按钮完成序列的创建。

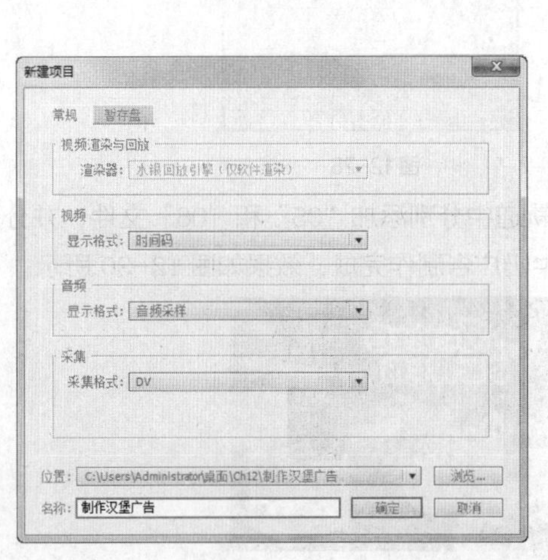

图12-32

图12-33

步骤② 选择“文件 > 导入”菜单命令，弹出“导入”对话框，选择云盘中的“Ch12\制作汉堡广告\素材\01”文件至“Ch12\制作汉堡广告\素材\08”文件，单击“打开”按钮，导入文件，如图12-34所示。导入后的文件排列在“项目”面板中，如图12-35所示。

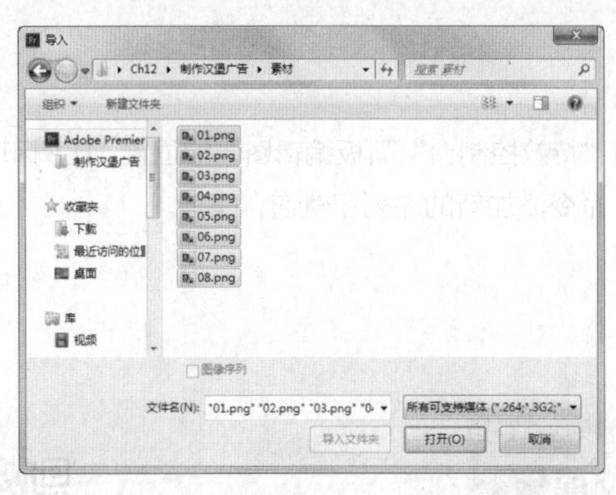

图12-34

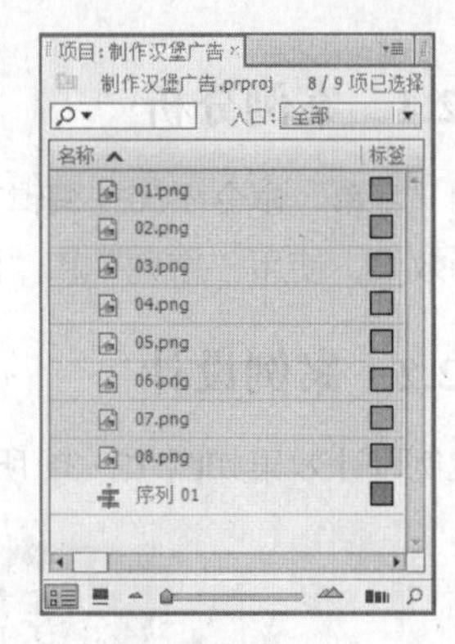

图12-35

步骤③ 选择“文件 > 新建 > 字幕”菜单命令，弹出“新建字幕”对话框，如图12-36所示，单击“确定”按钮，弹出“字幕”编辑面板。选择“输入”工具T，在字幕工作区中输入需要的文字。在“字幕属性”设置子面板中展开“属性”选项，设置如图12-37所示。展开“填充”选项，将“颜色”选项设置为白色。勾选“阴影”复选框，其他选项的设置如图12-38所示。字幕工作区中的效果如图 12-39 所示。关闭“字幕”编辑面板，新建的字幕文件自动保存到“项目”面板中。

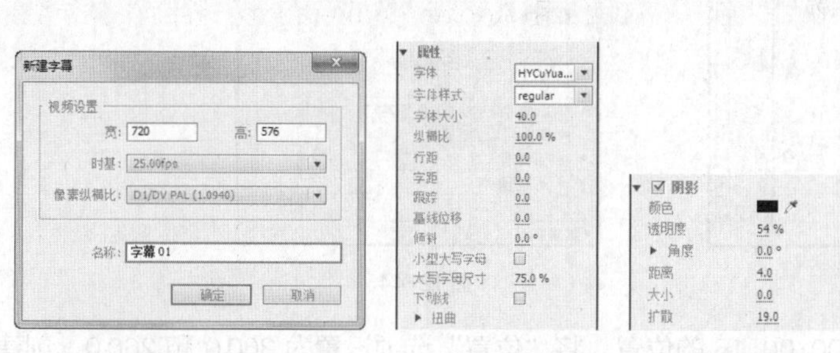

图 12-36　图 12-37　图 12-38

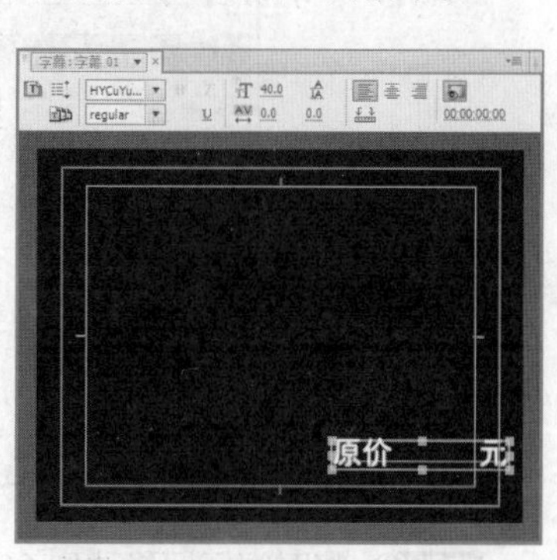

图 12-39

步骤④ 在“项目”面板中选中“字幕 01”文件，按<Ctrl+C>组合键复制文件，按<Ctrl+V>组合键粘贴文件。将其重新命名为“字幕 02”并双击文件，打开“字幕”编辑面板，选取并修改需要的文字，效果如图 12-40 所示。关闭“字幕”编辑面板。

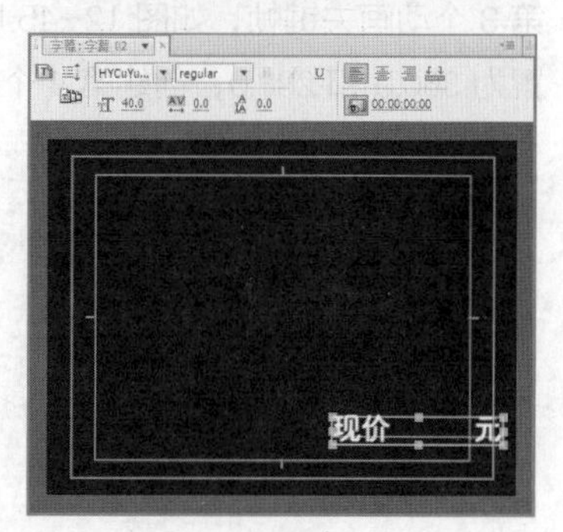

图 12-40

2. **制作图像动画**

步骤① 选择“文件 > 新建 > 序列”菜单命令，弹出“新建序列”对话框，设置如图 12-41 所示，单击“确定”按钮，新建“序列 02”。在“项目”面板中选中“07”文件并将其拖曳到“时间线”面板中的“视频 1”轨道中，如图 12-42 所示。

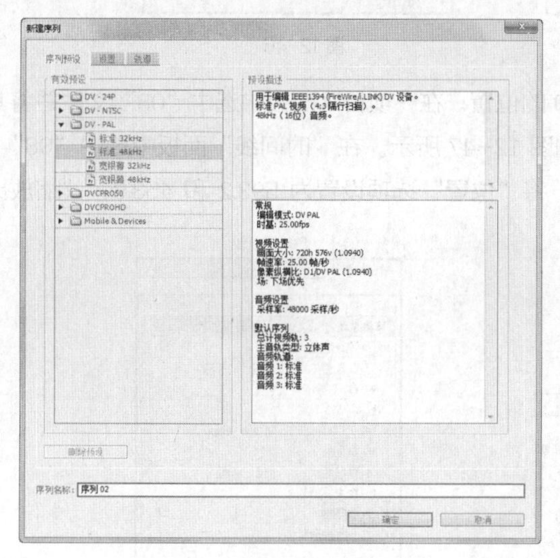

图 12-41

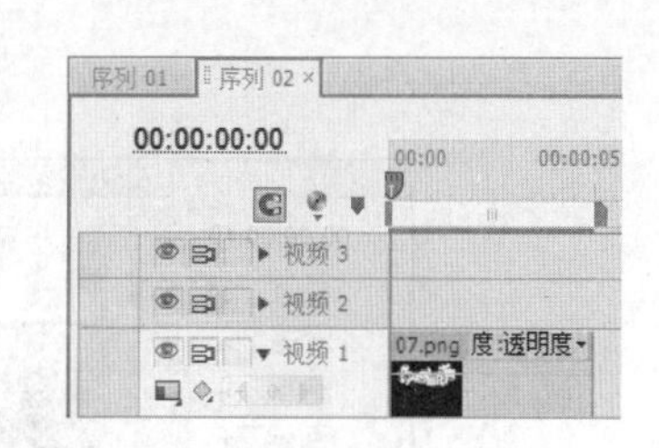

图 12-42

步骤② 在“时间线”面板中选中“07”文件。在“特效控制台”面板中展开“运动”选项，将“位置”选项设置为 360.0 和 30.0，单击“位置”选项左侧的“切换动画”按钮，创建第 1 个动画关键帧，如图 12-43 所示。将时间标记移动到 00:00:00:11 的位置。将“位置”选项设置为 360.0 和 309.2，创建第 2 个动画关键帧，如图 12-44 所示。

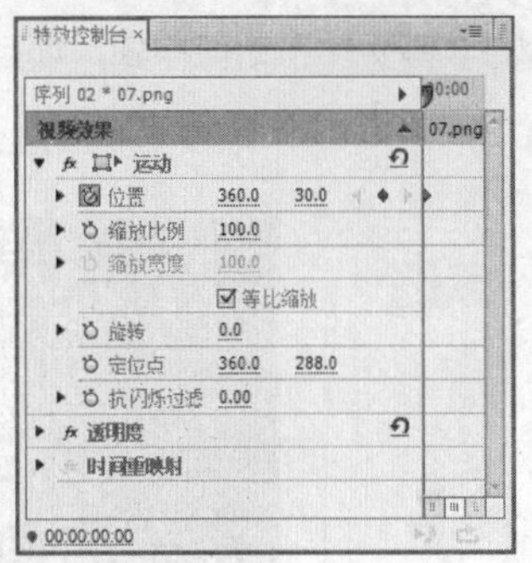

图 12-43

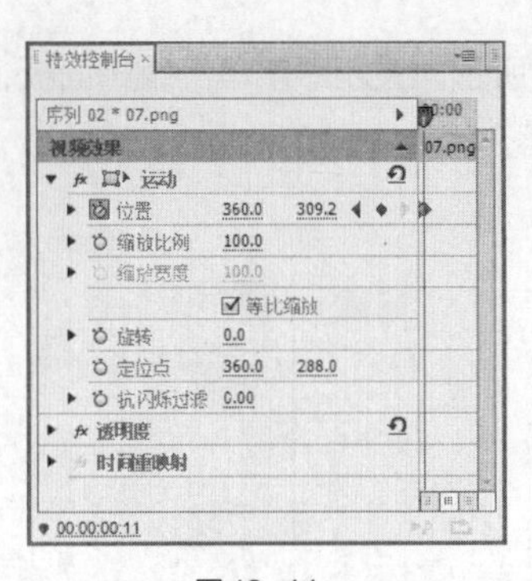

图 12-44

步骤 3 将时间标记移动到 00:00:00:15 的位置。将“位置”选项设置为 360.0 和 260.0，创建第 3 个动画关键帧，如图 12-45 所示。将时间标记移动到 00:00:00:20 的位置。将“位置”选项设置为 360.0 和 288.0，创建第 4 个动画关键帧，如图 12-46 所示。

图 12-45

图 12-46

步骤 4 将时间标记移动到 00:00:00:10 的位置。在“项目”面板中选中“08”文件并将其拖曳到“时间线”面板中的“视频 2”轨道上，如图 12-47 所示。在“时间线”面板中选中“08”文件。在“特效控制台”面板中展开“运动”选项，将“位置”选项设置为 593.2 和 453.3，“缩放比例”选项设置为 87.0，如图 12-48 所示。

图 12-47

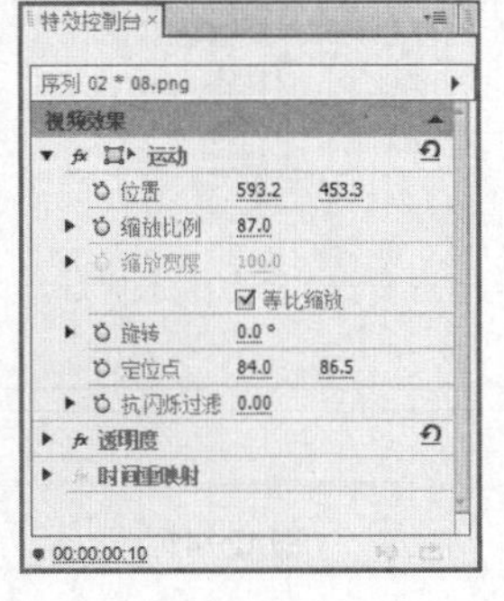

图 12-48

步骤 5 将时间标记移动到 00:00:01:00 的位置。将“旋转”选项设置为 180.0°，单击“旋转”选项左侧的“切换动画”按钮，创建第 1 个动画关键帧，如图 12-49 所示。将时间标记移动到 00:00:01:20 的位置，将“旋转”选项设置为 0.0°，创建第 2 个动画关键帧，如图 12-50 所示。

图 12-49

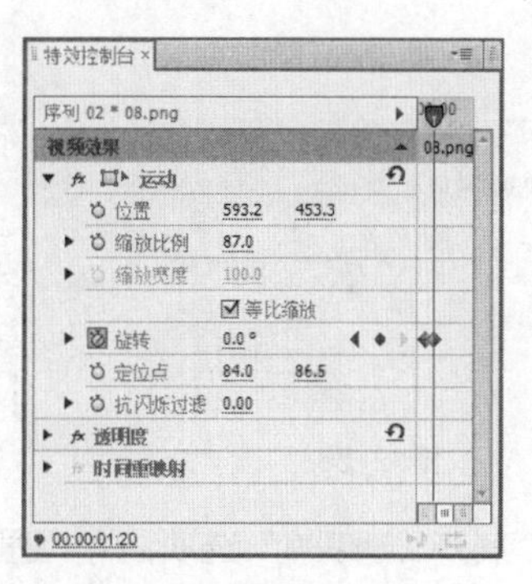

图 12-50

步骤 6 将时间标记移动到 00:00:00:10 的位置。在“项目”面板中选中“字幕 01”文件并将其拖曳到“时间线”面板中的“视频 3”轨道上，如图 12-51 所示。将时间标记移动到 00:00:01:00 的位置。将鼠标指针放在“字幕 01”文件的结束位置，当鼠标指针呈◀|时，向左拖曳鼠标指针到 00:00:01:00 的位置，如图 12-52 所示。在“项目”面板中选中“字幕 02”文件并将其拖曳到“时间线”面板中的“视频 3”轨道上，如图 12-53 所示。

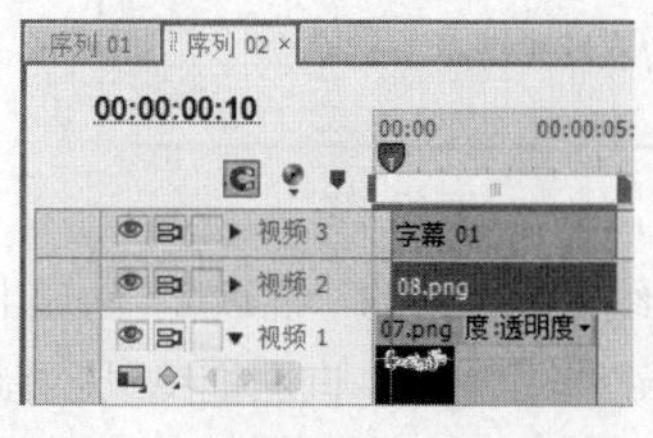

图 12-51

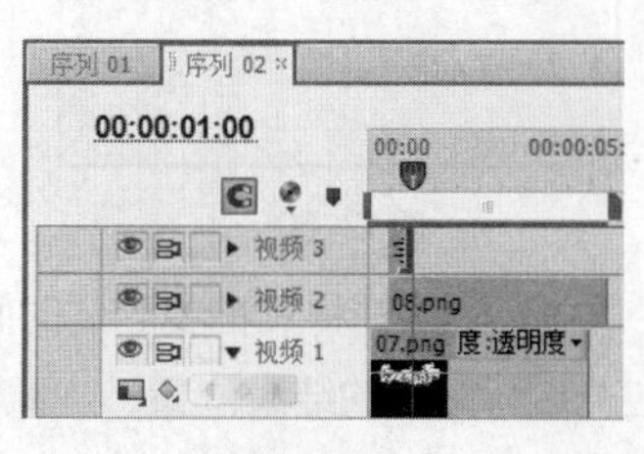

图 12-52

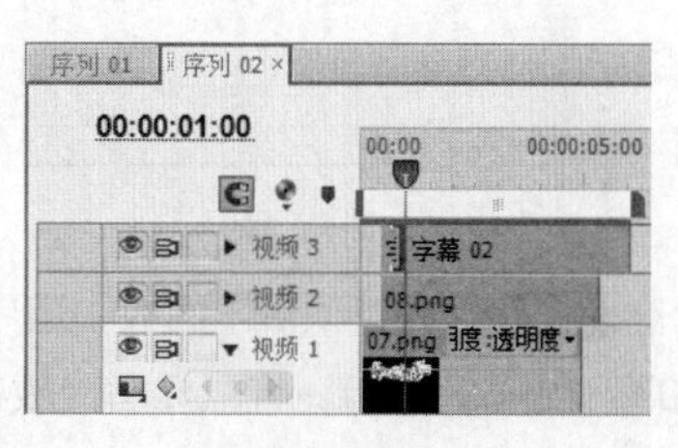

图 12-53

步骤 7 在“时间线”面板中切换到“序列 01”。在“项目”面板中选中“01”文件并将其拖曳到“时间线”面板中的“视频 1”轨道上，如图 12-54 所示。将时间标记移动到 00:00:04:05 的位置，将鼠标指针放在“01”文件的结束位置，当鼠标指针呈◀|时，向左拖曳鼠标指针到 00:00:04:05 的位置，如图 12-55 所示。

图 12-54

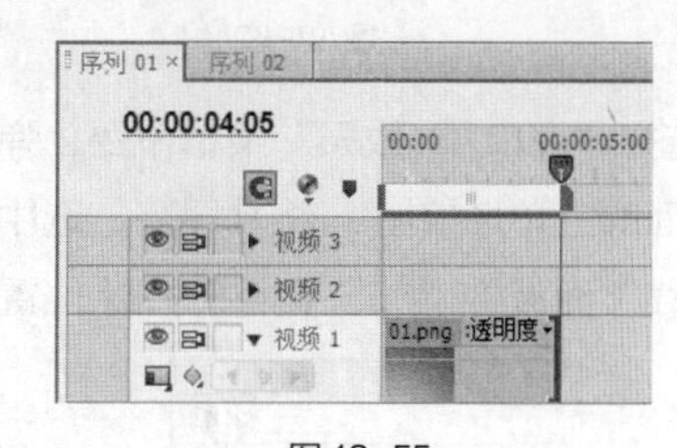

图 12-55

步骤 8 在“项目”面板中选中“02”文件并将其拖曳到“时间线”面板中的“视频 2”轨道上，如图 12-56 所示。将时间标记移动到 00:00:02:00 的位置。将鼠标指针放在“02”文件的结束位置，当鼠标指针呈◀|时，向左拖曳鼠标指针到 00:00:02:00 的位置，如图 12-57 所示。将时间标记移动到 00:00:00:00 的位置。在“特效控制台”面板中展开“运动”选项，将“位置”选项设置为 238.0 和 183.0，“缩放比例”选项设置为 66.0，如图 12-58 所示。

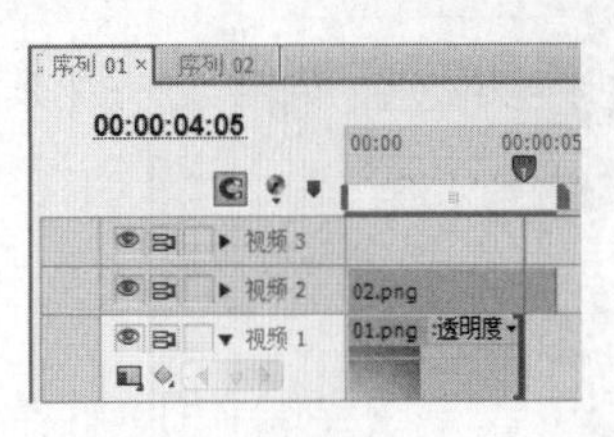

图 12-56

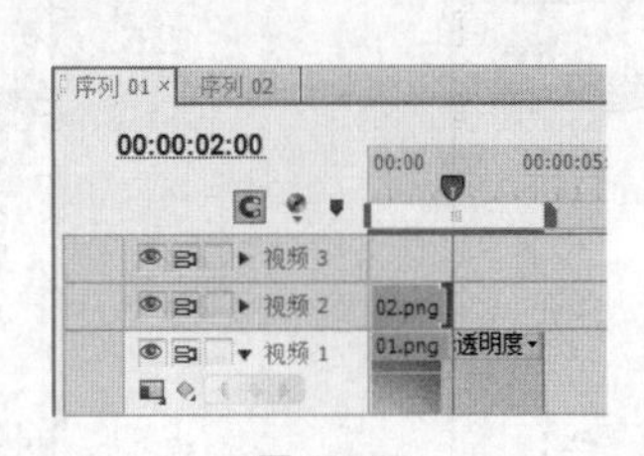

图 12-57

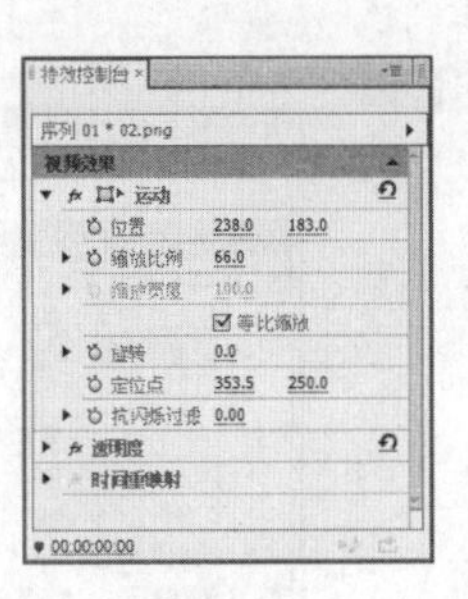

图 12-58

步骤 9 展开“透明度”选项，将“透明度”选项设置为 0.0%，单击“透明度”选项右侧的“添加/移除关键帧”按钮，创建第 1 个动画关键帧，如图 12-59 所示。将时间标记移动到 00:00:00:10 的位置。将“透明度”选项设置为 100.0%，创建第 2 个动画关键帧，如图 12-60 所示。将时间标记移动到 00:00:00:20 的位置。将“透明度”选项设置为 0.0%，创建第 3 个动画关键帧，如图 12-61 所示。

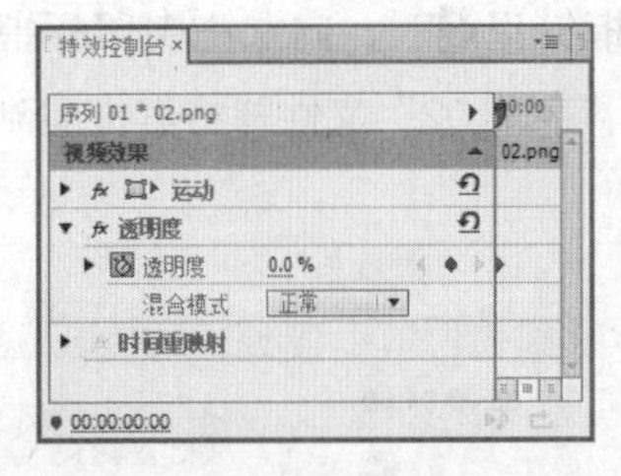

图 12-59

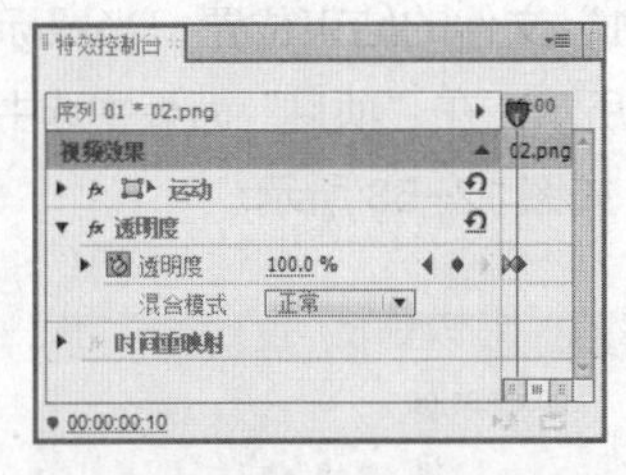

图 12-60

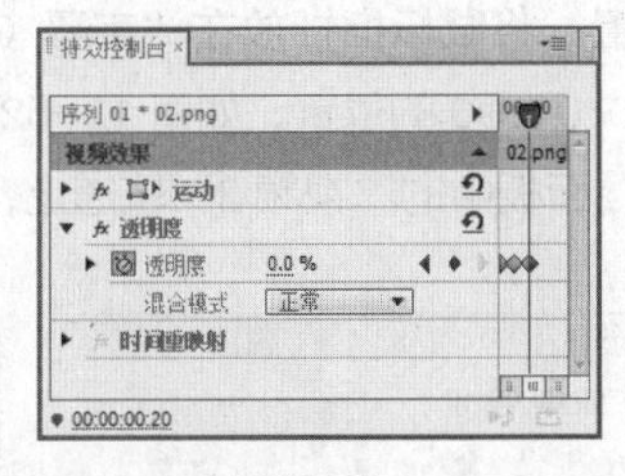

图 12-61

步骤 10 在“项目”面板中选中“06”文件并将其拖曳到“时间线”面板中的“视频 2”轨道上，如图 12-62 所示。将鼠标指针放在“06”文件的结束位置，当鼠标指针呈⇤时，向左拖曳鼠标指针到与“01”文件相同的结束位置，如图 12-63 所示。

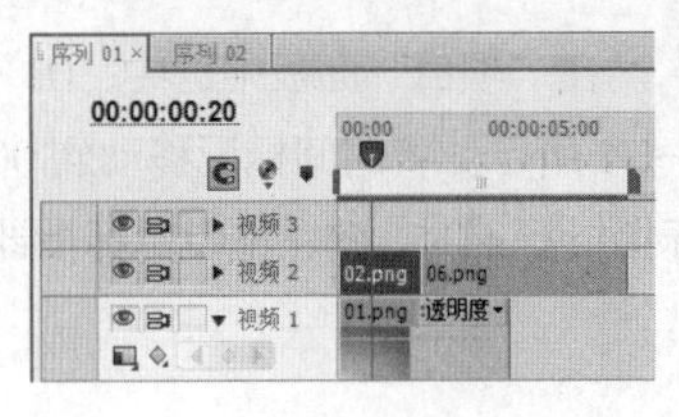

图 12-62

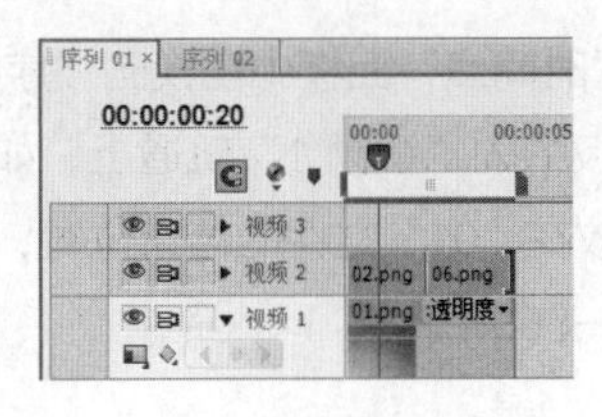

图 12-63

步骤 11 选择“窗口 > 效果”菜单命令，弹出“效果”面板，展开“视频切换”选项，单击“擦除”文件夹前面的三角形按钮▶将其展开，选中“擦除”特效，如图 12-64 所示。将“擦除”特效拖曳到“时间线”面板中“06”文件的开始位置，如图 12-65 所示。

图 12-64

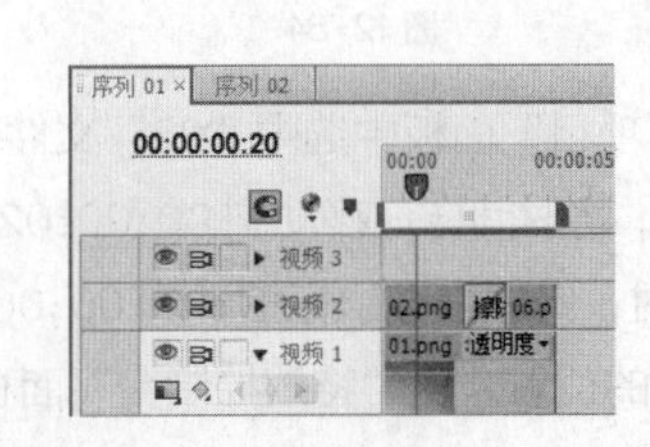

图 12-65

步骤⑫ 将时间标记移动到 00:00:00:10 的位置。选择“项目”面板，选中“03”文件并将其拖曳到“时间线”面板中的“视频 3”轨道上，如图 12-66 所示。将鼠标指针放在“03”文件的结束位置，当鼠标指针呈⇤时，向左拖曳鼠标指针到与“02”文件相同的结束位置，如图 12-67 所示。在“特效控制台”面板中展开“运动”选项，将“位置”选项设置为 484.0 和 220.0，“缩放比例”选项设置为 98.0，如图 12-68 所示。

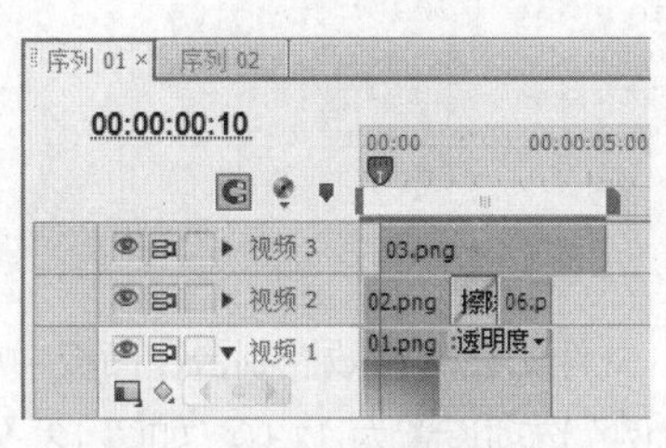

图 12-66

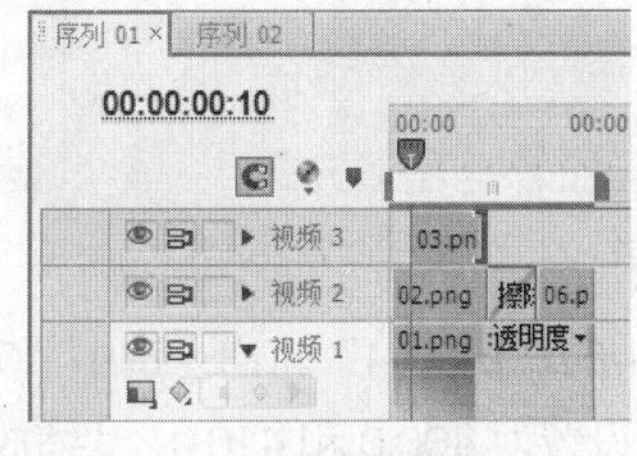

图 12-67

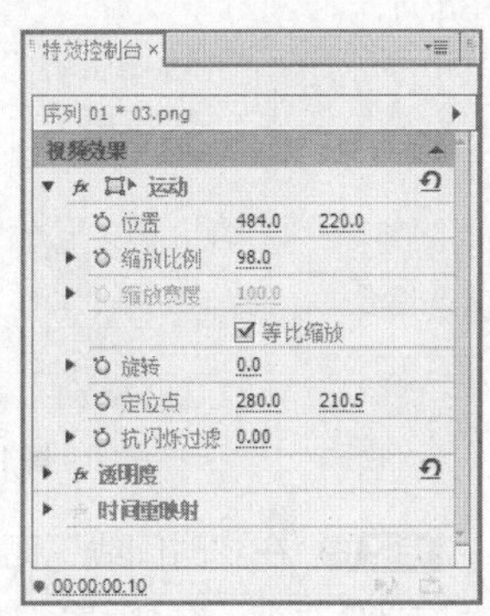

图 12-68

步骤⑬ 展开“透明度”选项，将“透明度”选项设置为 0.0%，单击“透明度”选项右侧的“添加/移除关键帧”按钮，创建第 1 个动画关键帧，如图 12-69 所示。将时间标记移动到 00:00:00:20 的位置。将“透明度”选项设置为 100.0%，创建第 2 个动画关键帧，如图 12-70 所示。将时间标记移动到 00:00:01:05 的位置。将“透明度”选项设置为 0.0%，创建第 3 个动画关键帧，如图 12-71 所示。

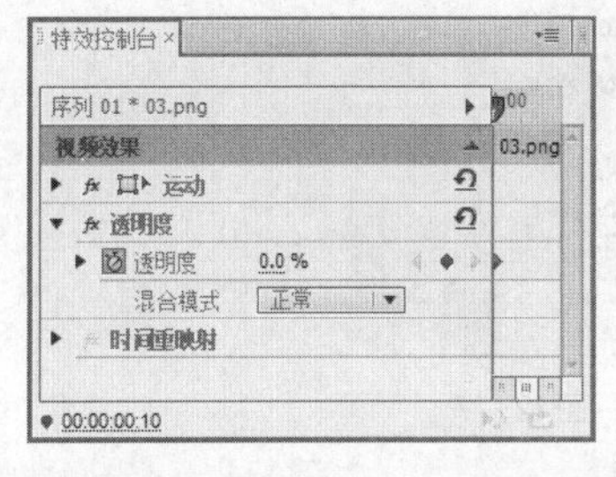

图 12-69

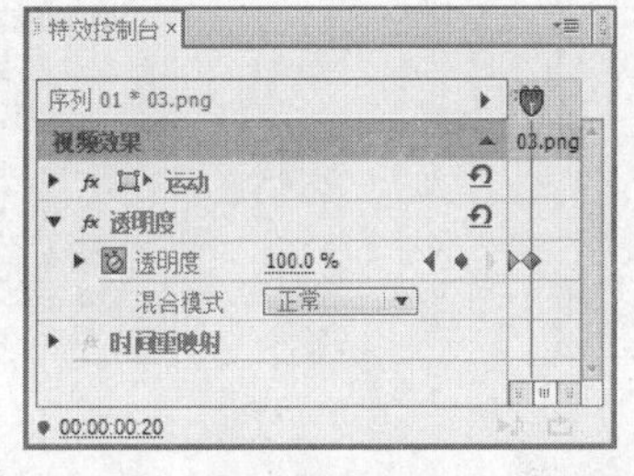

图 12-70

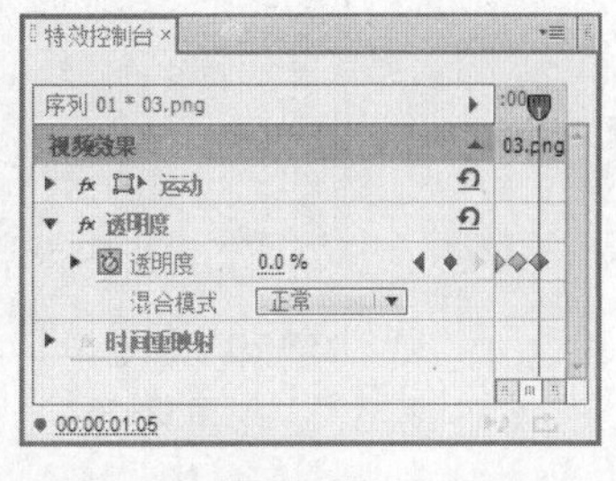

图 12-71

步骤⑭ 在“项目”面板中选中“05”文件并将其拖曳到“时间线”面板中的“视频 3”轨道上，如图 12-72 所示。将鼠标指针放在“05”文件的结束位置，当鼠标指针呈⇤时，向左拖曳鼠标指针到与“06”文件相同的结束位置，如图 12-73 所示。

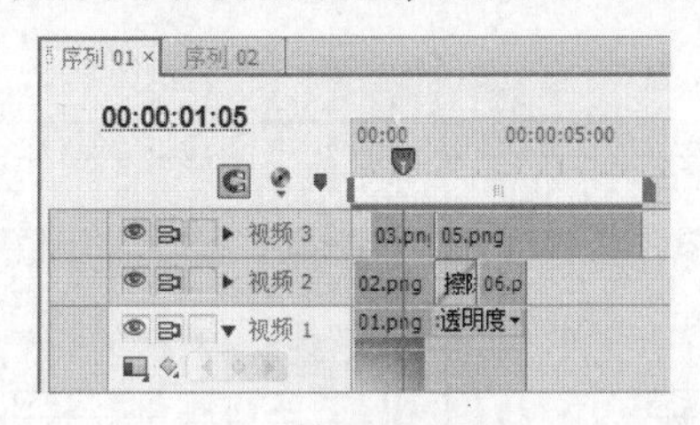

图 12-72

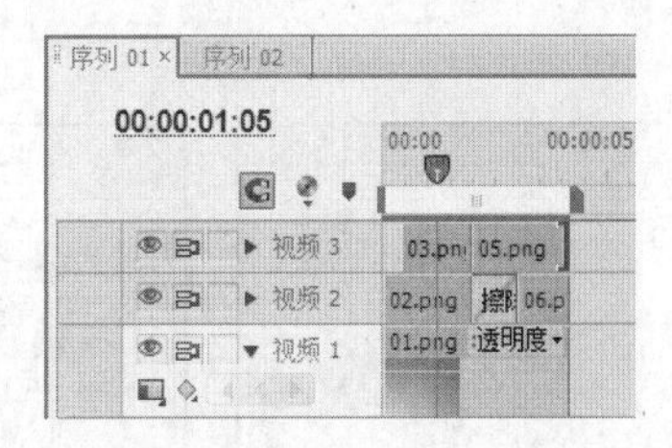

图 12-73

步骤⑮ 选择“序列 > 添加轨道”菜单命令，弹出“添加视音轨”对话框，设置如图 12-74 所示，单击“确定”按钮，在“时间线”面板中添加两条视频轨道。将时间标记移动到 00:00:00:20

的位置。在“项目”面板中选中“04”文件并将其拖曳到“时间线”面板中的“视频4”轨道上，如图12-75所示。

图12-74

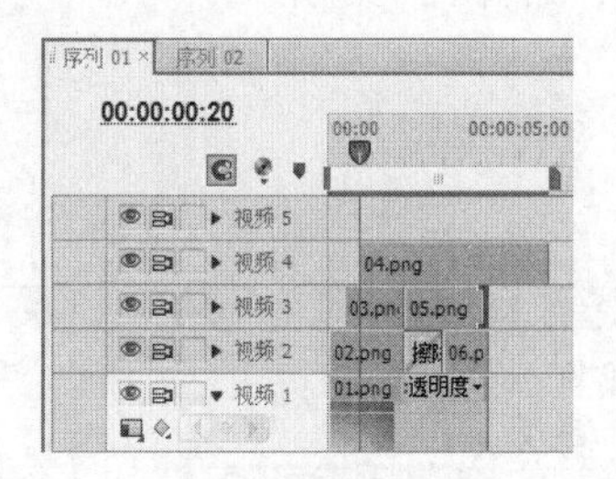

图12-75

步骤⑯ 在“时间线”面板中的“视频 4”轨道上选中“04”文件，在“特效控制台”面板中展开“运动”选项，将“位置”选项设置为400.0和416.0，“缩放比例”选项设置为113.0，如图12-76所示。将鼠标指针放在“04”文件的结束位置，当鼠标指针呈时，向左拖曳鼠标指针到与“03”文件相同的结束位置，如图12-77所示。

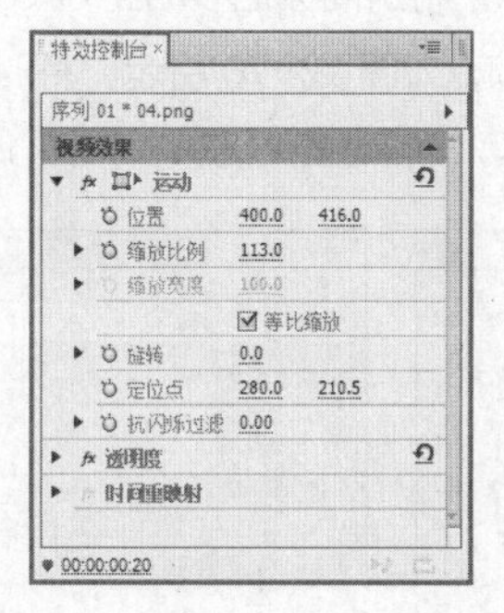

图12-76

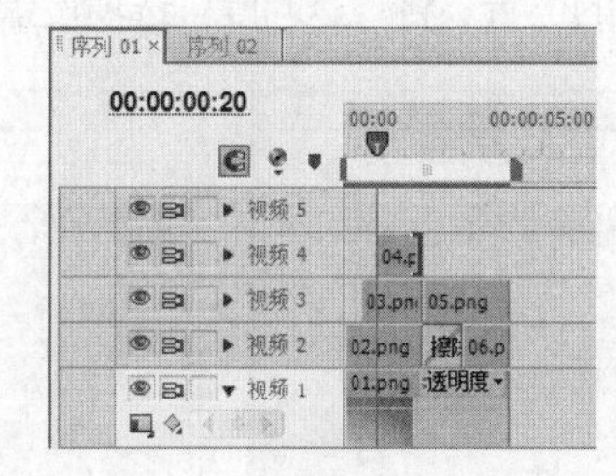

图12-77

步骤⑰ 展开“透明度”选项，将“透明度”选项设置为0.0%，单击“透明度”选项右侧的“添加/移除关键帧”按钮，创建第1个动画关键帧，如图12-78所示。将时间标记移动到00:00:01:05的位置。将“透明度”选项设置为100.0%，创建第2个动画关键帧，如图12-79所示。将时间标记移动到00:00:01:15的位置。将“透明度”选项设置为0.0%，创建第3个动画关键帧，如图12-80所示。

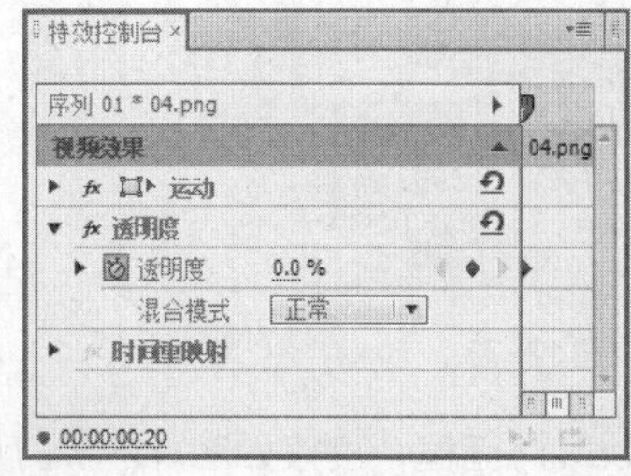

图12-78

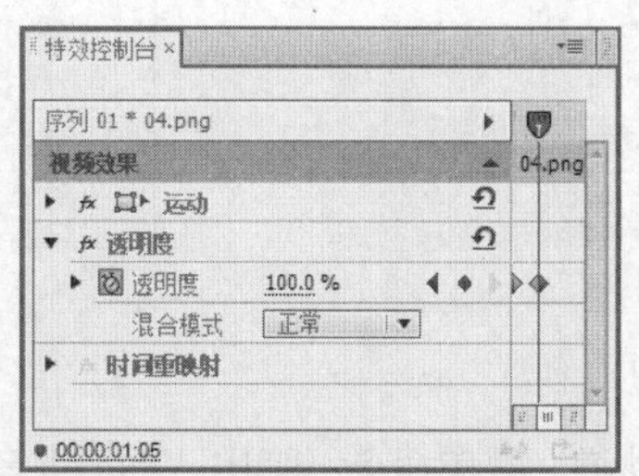

图12-79

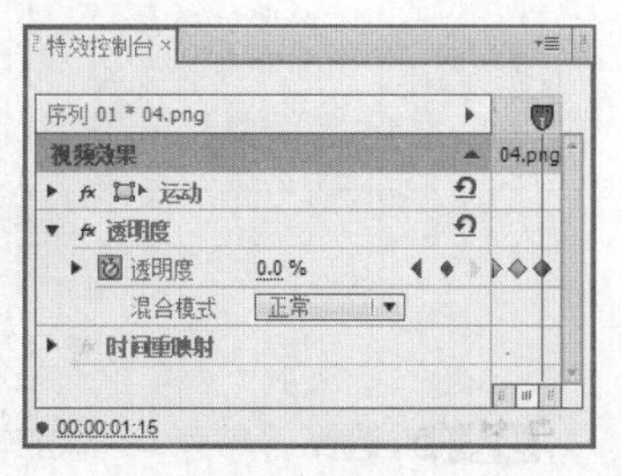

图12-80

步骤⑱ 在“项目”面板中选中“序列02”文件并将其拖曳到“时间线”面板中的“视频4”轨道上，如图12-81所示。将鼠标指针放在“序列02”文件的结束位置，当鼠标指针呈时，向左拖曳鼠标指针到与“05”文件相同的结束位置，如图12-82所示。

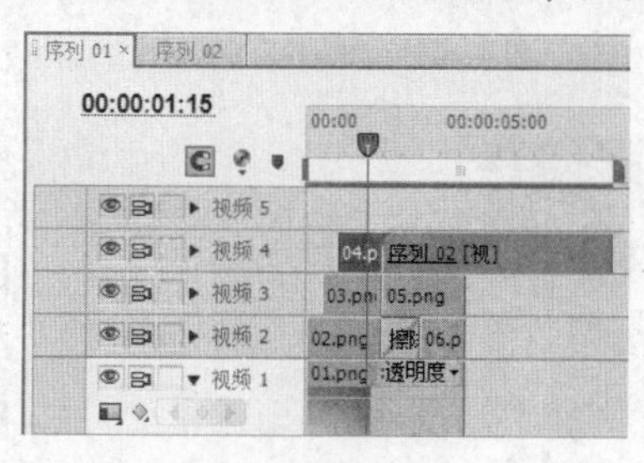

图12-81

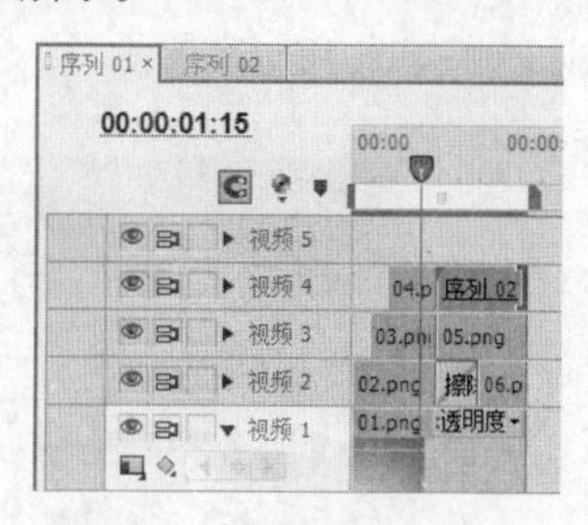

图12-82

步骤⑲ 将时间标记移动到00:00:01:05的位置。在“项目”面板中选中“05”文件并将其拖曳到“时间线”面板中的“视频5”轨道上，如图12-83所示。将鼠标指针放在“05”文件的结束位置，当鼠标指针呈时，向左拖曳鼠标指针到与“04”文件相同的结束位置，如图12-84所示。

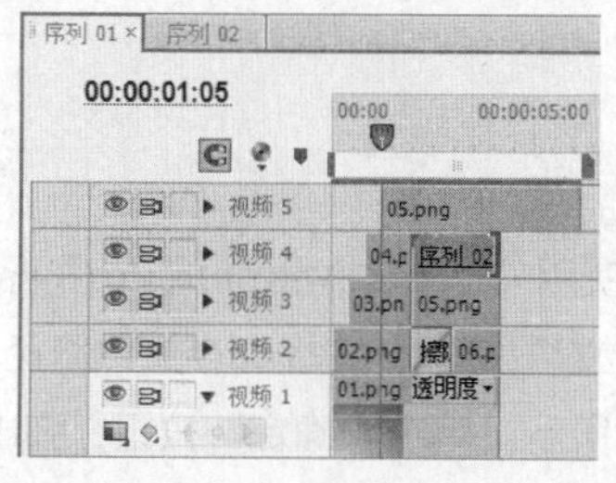

图12-83

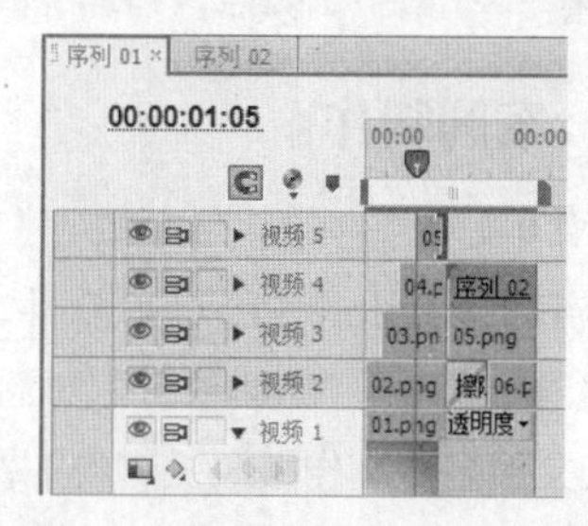

图12-84

步骤⑳ 在“特效控制台”面板中展开“透明度”选项，将“透明度”选项设置为0.0%，单击“透明度”选项右侧的“添加/移除关键帧”按钮，创建第1个动画关键帧，如图12-85所示。将时间标记移动到00:00:01:15的位置。将“透明度”选项设置为100.0%，创建第2个动画关键帧，如图12-86所示。汉堡广告制作完成。

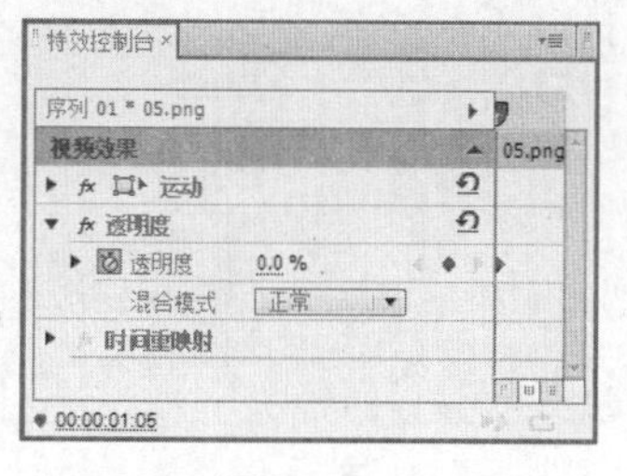

图12-85

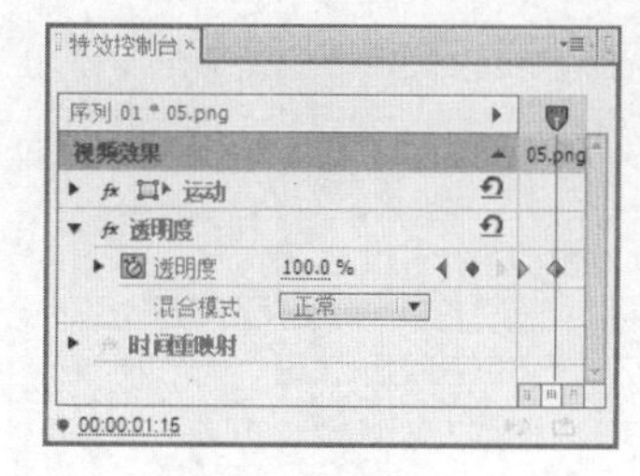

图12-86

12.3 制作摄像机广告

12.3.1 案例分析

使用“字幕”命令添加并编辑文字，使用“特效控制台”面板编辑图像的位置、比例和透明度并制作动画效果，使用“新建序列”和“添加轨道”命令添加新的序列和轨道，等等。

12.3.2 案例设计

本案例设计效果如图 12-87 所示。

图 12-87

12.3.3 案例制作

1. 添加项目文件

步骤① 启动 Premiere Pro CS6 软件，弹出“欢迎使用 Adobe Premiere Pro”界面，单击“新建项目”按钮，弹出“新建项目”对话框，设置“位置”选项，选择保存文件路径，在“名称”文本框中输入文件名“制作摄像机广告”，如图 12-88 所示。单击“确定”按钮，弹出“新建序列”对话框，设置如图 12-89 所示，单击“确定”按钮完成序列的创建。

图 12-88

图 12-89

步骤② 选择“文件 > 导入”菜单命令，弹出“导入”对话框，选择云盘中的“Ch12\制作摄像机广告\素材\01”文件至“Ch12\制作摄像机广告\素材\12”文件，单击“打开”按钮，导入文件，如图 12-90 所示。导入后的文件排列在“项目”面板中，如图 12-91 所示。

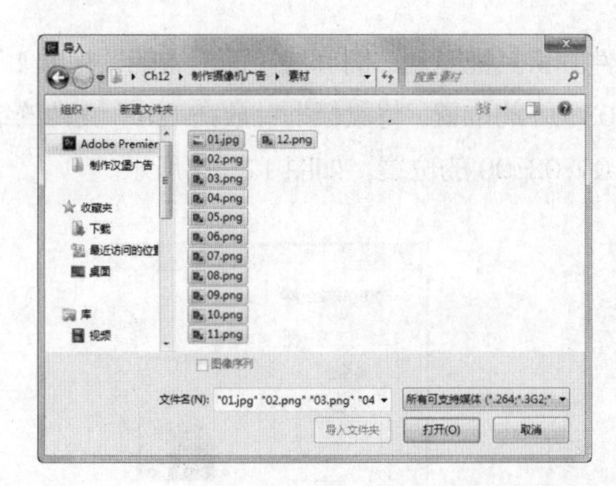

图12-90

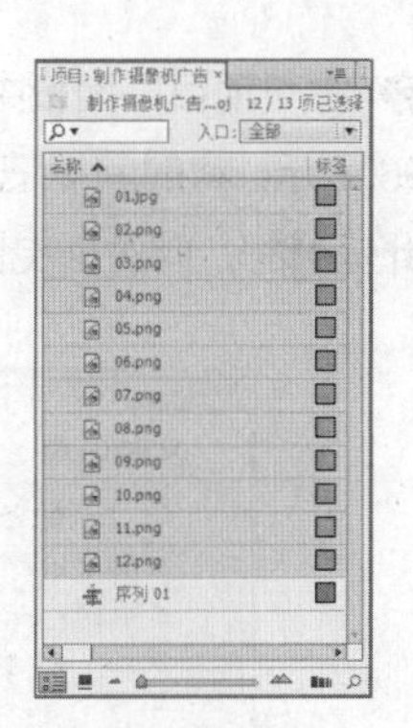

图12-91

步骤③ 选择"文件 > 新建 > 彩色蒙板"命令，弹出"新建彩色蒙板"对话框，如图 12-92 所示。单击"确定"按钮，弹出"颜色拾取"对话框，设置蒙版颜色为白色，如图 12-93 所示。单击"确定"按钮，弹出"选择名称"对话框，在文本框中输入"白色"。单击"确定"按钮，在"项目"面板中添加一个"白色"文件。

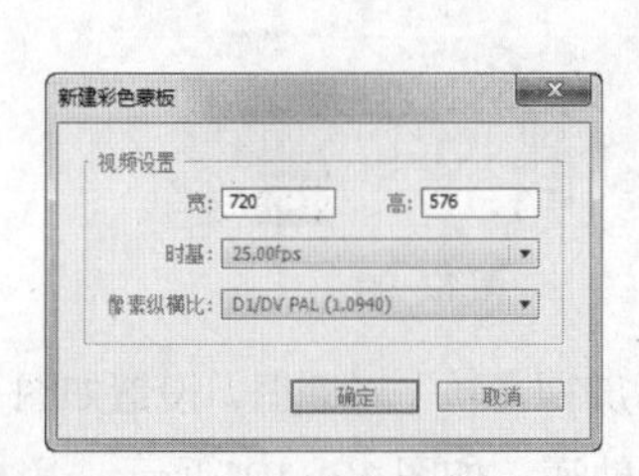

图12-92

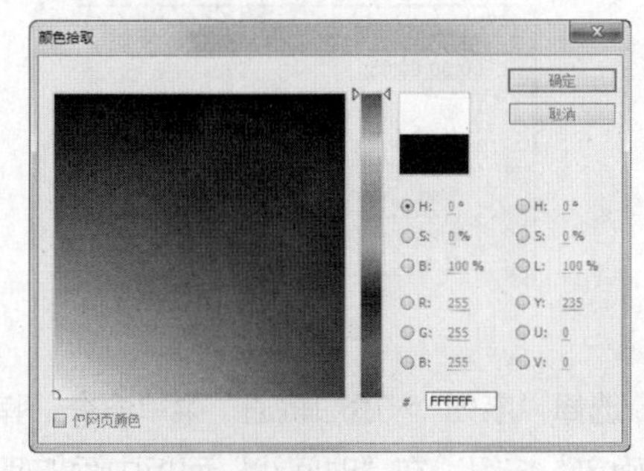

图12-93

2. 制作文件的透明叠加

步骤① 选择"文件 > 新建 > 序列"菜单命令，弹出"新建序列"对话框，设置如图 12-94 所示，单击"确定"按钮，新建序列 02，"时间线"面板如图 12-95 所示。

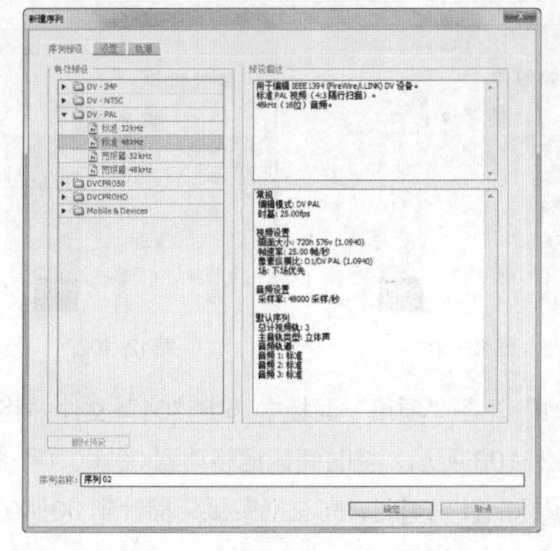

图12-94

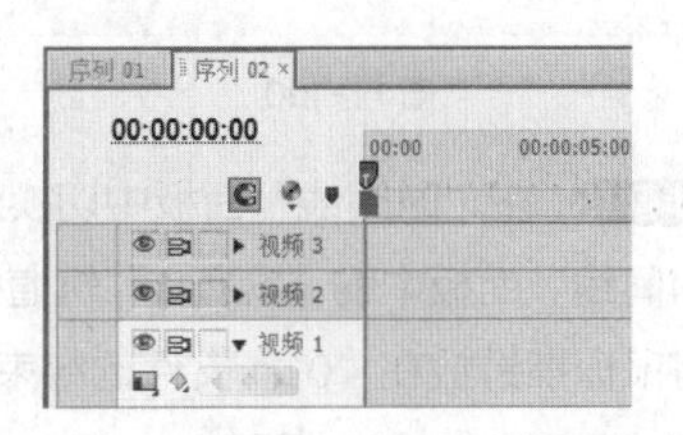

图12-95

步骤2 在“项目”面板中选中“07”文件并将其拖曳到“时间线”面板中的“视频1”轨道中，如图12-96所示。将时间标记移动到00:00:03:00的位置，将鼠标指针放在“07”文件的结束位置，当鼠标指针呈时，向左拖曳鼠标指针到00:00:03:00的位置，如图12-97所示。

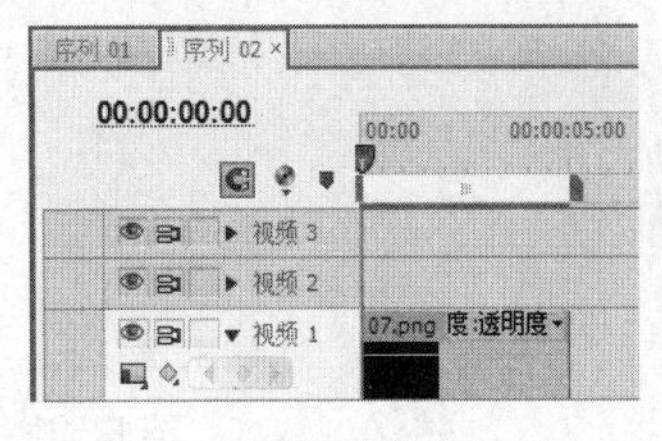

图12-96

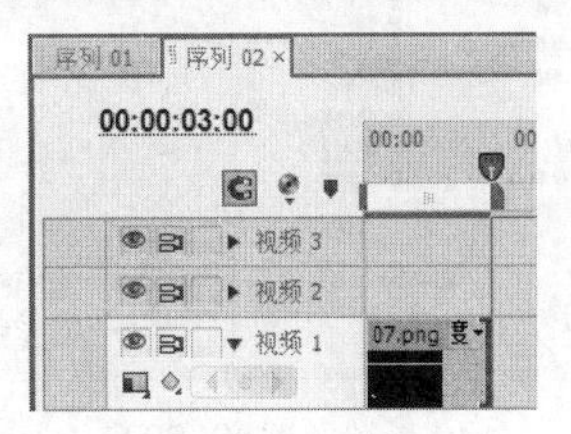

图12-97

步骤3 将时间标记移动到00:00:00:05的位置。在“项目”面板中选中“08”文件并将其拖曳到“时间线”面板中的“视频2”轨道中，如图12-98所示。将鼠标指针放在“08”文件的结束位置，当鼠标指针呈时，向左拖曳鼠标指针到与“07”文件相同的结束位置，如图12-99所示。

图12-98

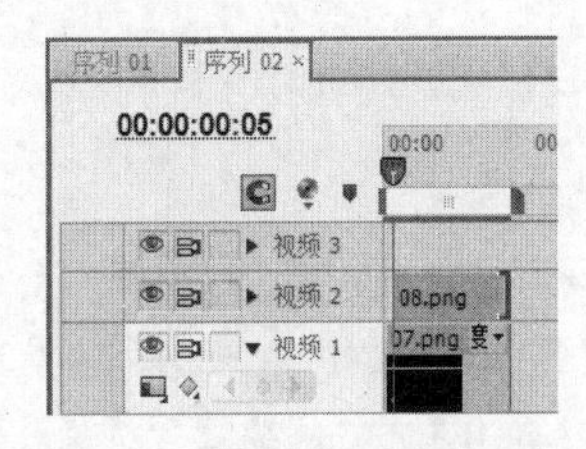

图12-99

步骤4 选择“序列 > 添加轨道”菜单命令，弹出“添加视音轨”对话框，设置如图12-100所示，单击“确定”按钮，在“时间线”面板中添加两条视频轨道，如图12-101所示。用相同的方法添加并编辑其他素材文件，如图12-102所示。

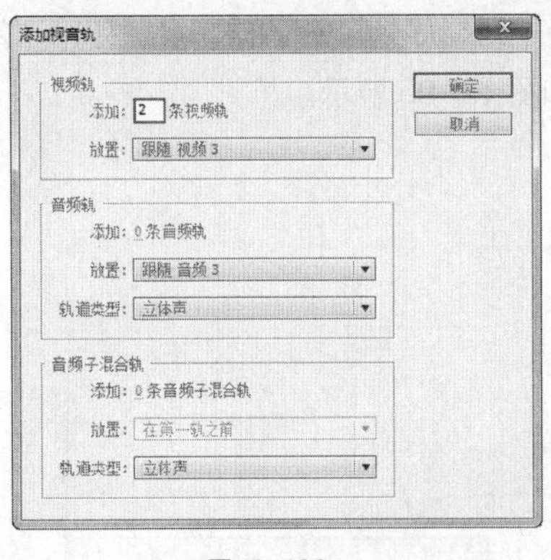

图12-100

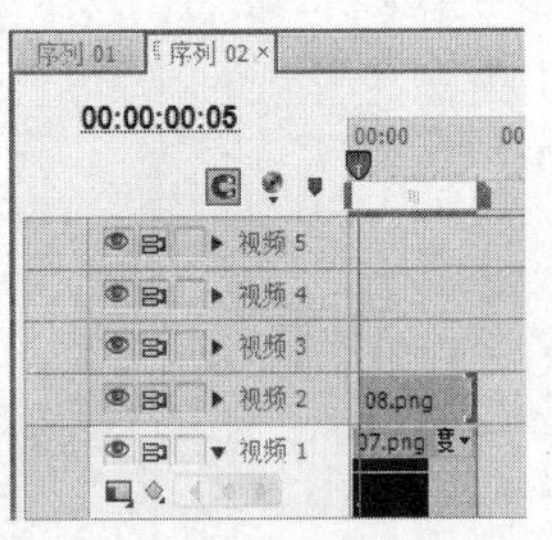

图12-101

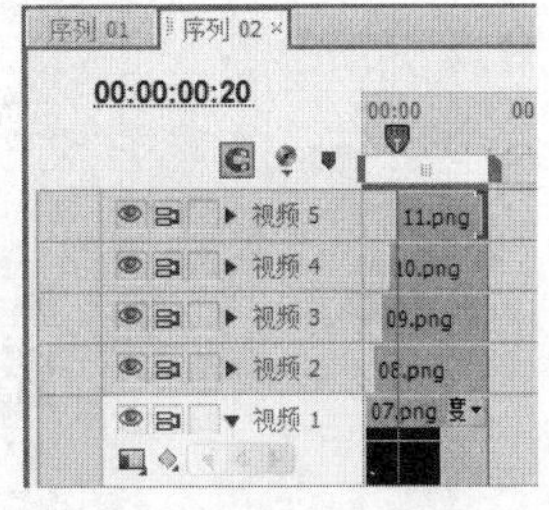

图12-102

步骤5 在“时间线”面板中切换到“序列01”。在“项目”面板中选中“01”文件并将其拖曳到“时间线”面板中的“视频1”轨道中，如图12-103所示。将时间标记移动到00:00:04:14的位置。将鼠标指针放在“01”文件的结束位置，当鼠标指针呈时，向左拖曳鼠标指针到00:00:04:14的位置，如图12-104所示。

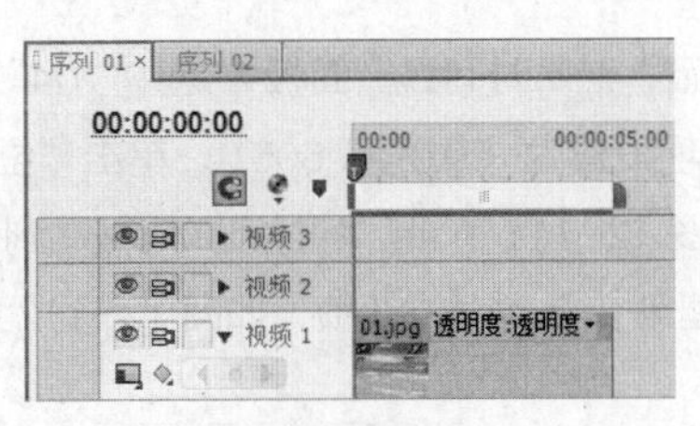

图 12-103

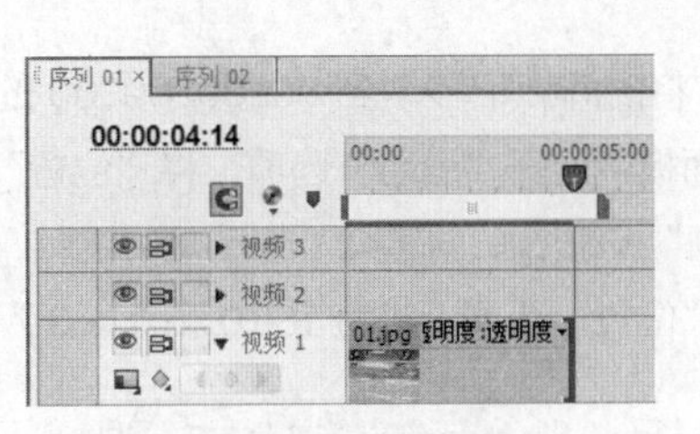

图 12-104

步骤⑥ 在“项目”面板中选中“03”文件并将其拖曳到“时间线”面板中的“视频 2”轨道中，如图 12-105 所示。将鼠标指针放在“03”文件的结束位置，当鼠标指针呈时，向左拖曳鼠标指针到与“01”文件相同的结束位置，如图 12-106 所示。

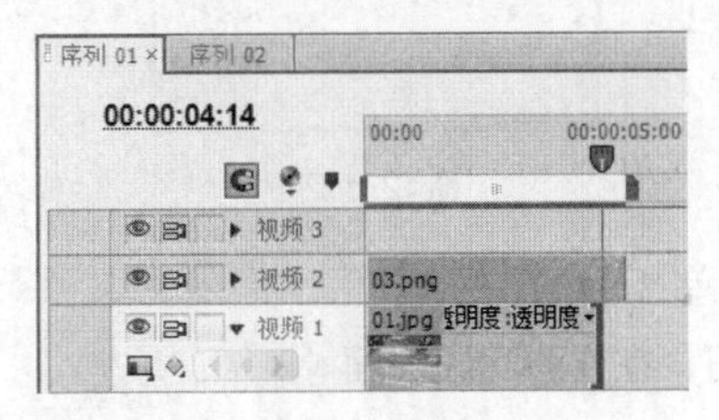

图 12-105

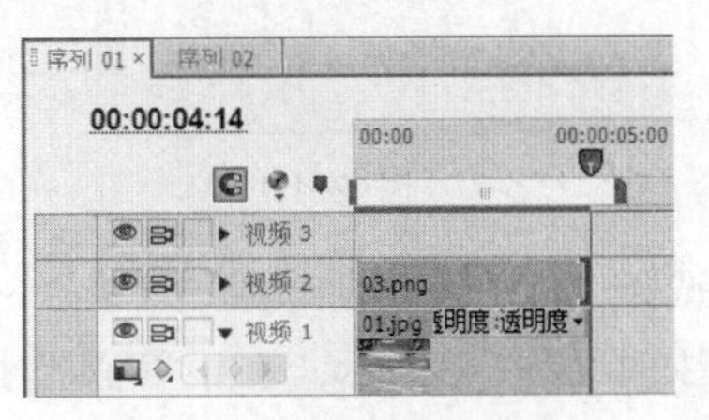

图 12-106

步骤⑦ 将时间标记移动到 00:00:00:00 的位置。在“时间线”面板中选中“03”文件。选择“特效控制台”面板，展开“运动”选项，将“位置”选项设置为 60.0 和 818.0，“旋转”选项设置为 17.0°，单击“位置”选项左侧的“切换动画”按钮，创建第 1 个动画关键帧，如图 12-107 所示。将时间标记移动到 00:00:01:05 的位置。将“位置”选项设置为 250.0 和 496.0，创建第 2 个动画关键帧，如图 12-108 所示。

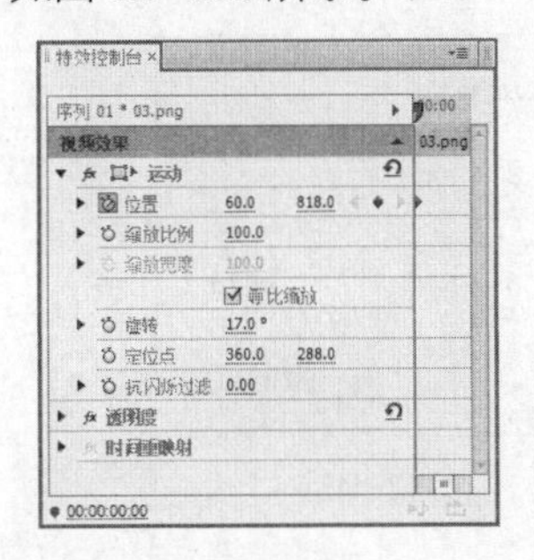

图 12-107

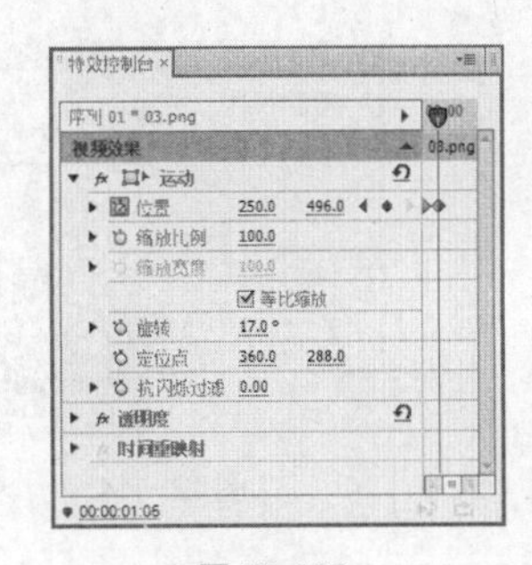

图 12-108

步骤⑧ 在“项目”面板中选中“04”文件并将其拖曳到“时间线”面板中的“视频 3”轨道中，如图 12-109 所示。将鼠标指针放在“04”文件的结束位置，当鼠标指针呈时，向左拖曳鼠标指针到与“03”文件相同的结束位置，如图 12-110 所示。

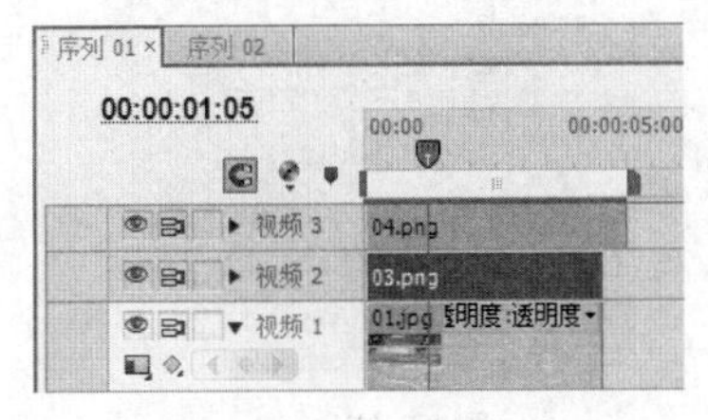

图 12-109

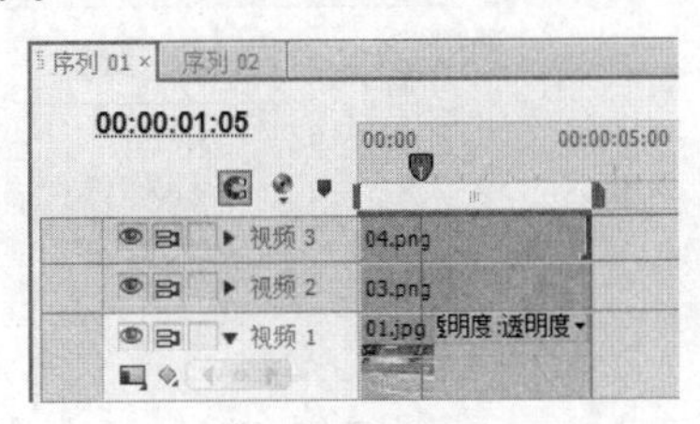

图 12-110

步骤⑨ 将时间标记移动到 00:00:00:00 的位置。在“时间线”面板中选中“04”文件。在“特效控制台”面板中展开“运动”选项，将“位置”选项设置为-50.0 和 605.0，单击“位置”选项左侧的“切换动画”按钮，创建第 1 个动画关键帧，如图 12-111 所示。将时间标记移动到 00:00:01:06 的位置。将“位置”选项设置为 186.0 和 418.0，创建第 2 个动画关键帧，如图 12-112 所示。

图 12-111

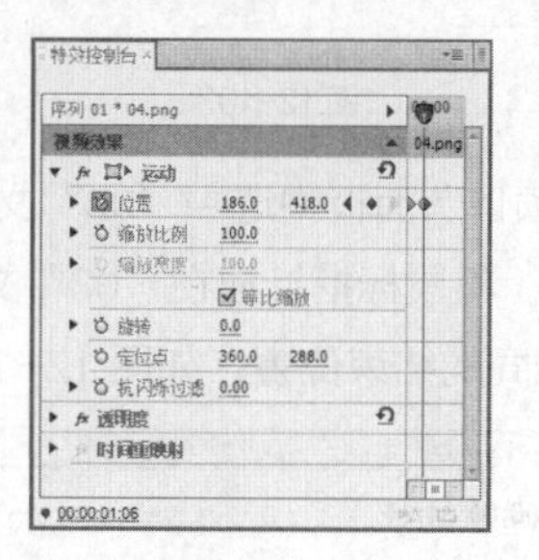

图 12-112

步骤⑩ 选择“序列 > 添加轨道”菜单命令，弹出“添加视音轨”对话框，设置如图 12-113 所示，单击“确定”按钮，在“时间线”面板中添加 4 条视频轨道。

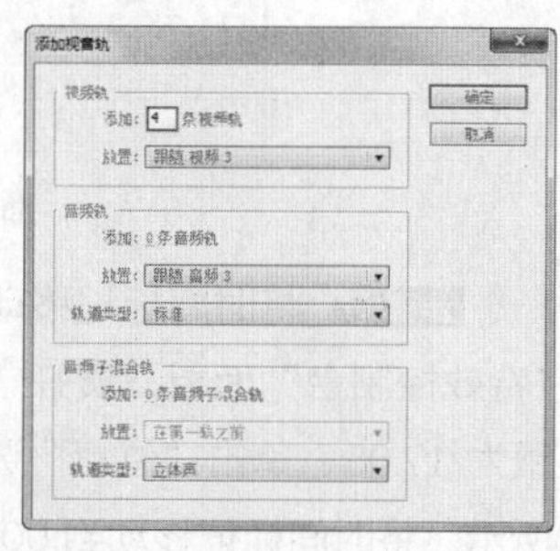

图 12-113

步骤⑪ 将时间标记移动到 00:00:02:19 的位置。在“项目”面板中选中“序列 02”文件并将其拖曳到“时间线”面板中的“视频 4”轨道中，如图 12-114 所示。将鼠标指针放在“序列 02”文件的结束位置，当鼠标指针呈时，向左拖曳鼠标指针到与“04”文件相同的结束位置，如图 12-115 所示。

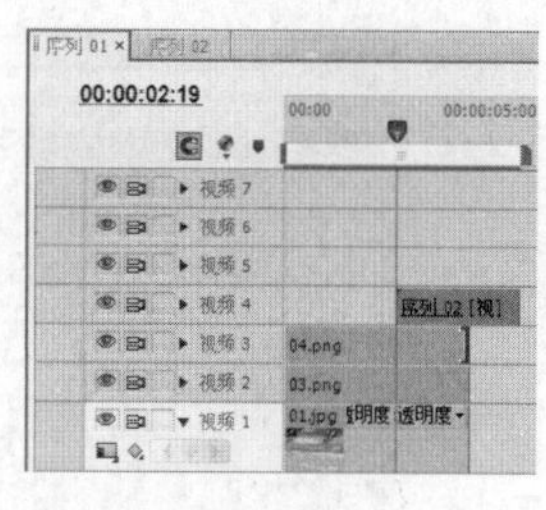

图 12-114

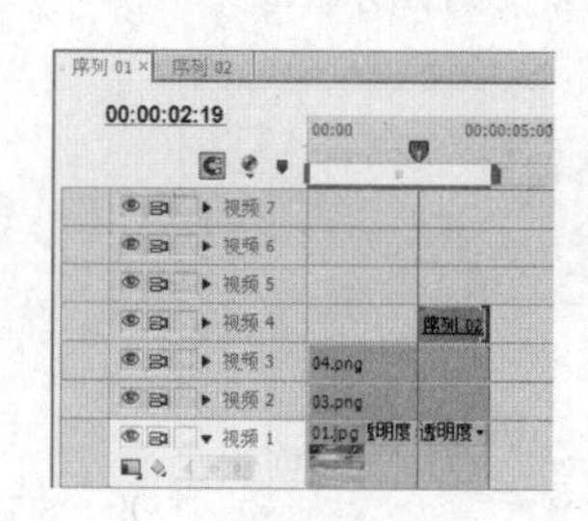

图 12-115

步骤⑫ 在“项目”面板中选中“06”文件并将其拖曳到“时间线”面板中的“视频 5”轨道中，如图 12-116 所示。将鼠标指针放在“06”文件的结束位置，当鼠标指针呈时，向左拖曳鼠标指针到与“序列 02”文件相同的结束位置，如图 12-117 所示。

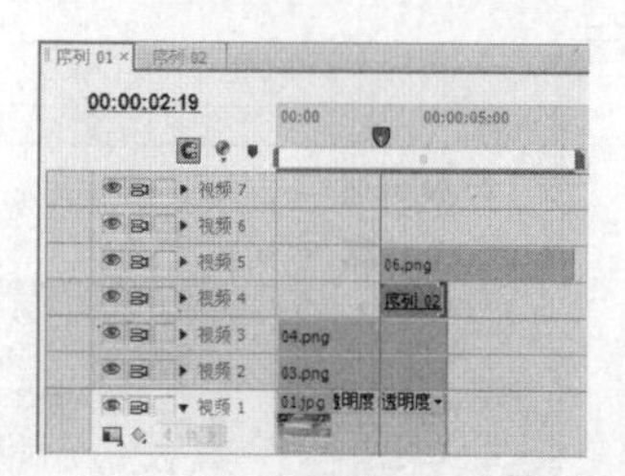

图 12-116

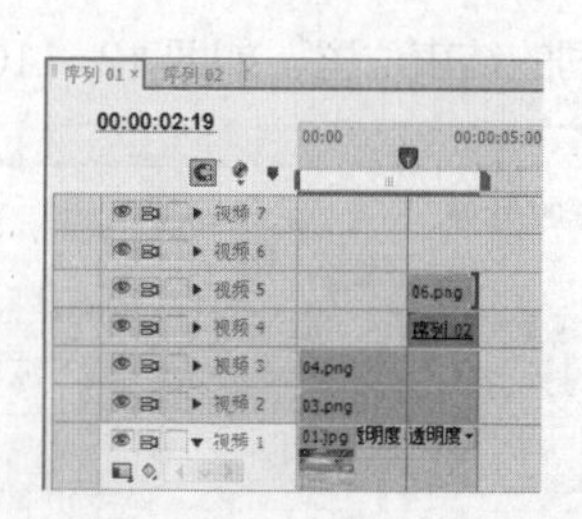

图 12-117

步骤⑬ 在“时间线”面板中选中“06”文件。在“特效控制台”面板中展开“运动”选项，将“位置”选项设置为 410.0 和 162.0，“缩放比例”选项设置为 80.0，如图 12-118 所示。

步骤⑭ 选择“效果”面板，展开“视频切换”选项，单击“擦除”文件夹前面的三角形按钮 ▶ 将其展开，选中“擦除”特效，如图 12-119 所示。将“擦除”特效拖曳到“时间线”面板中的“06”文件的开始位置，如图 12-120 所示。

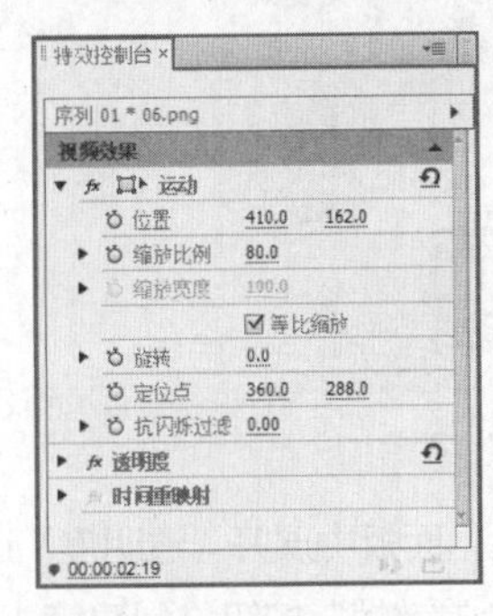

图 12-118

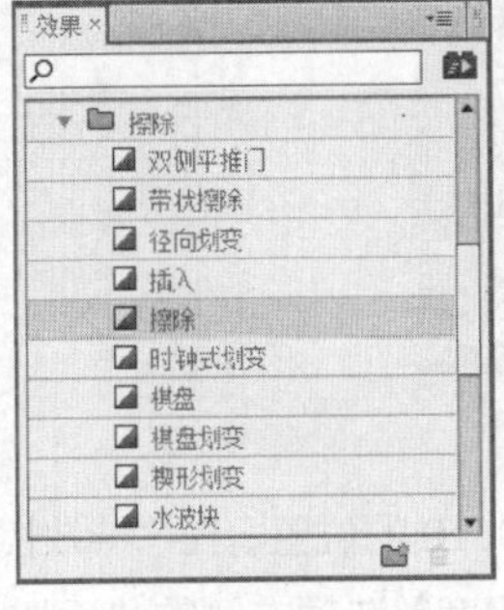

图 12-119

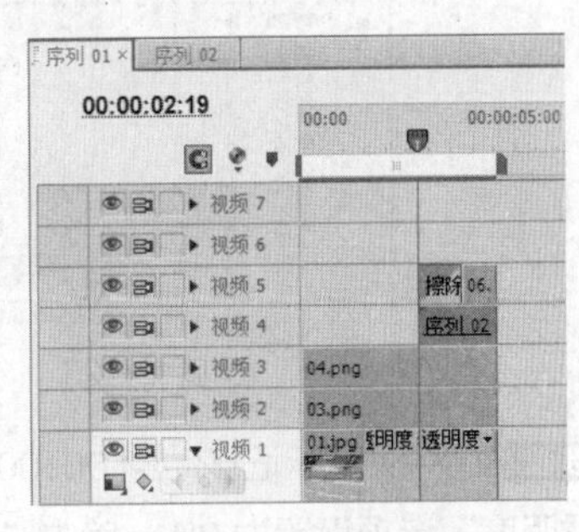

图 12-120

步骤⑮ 将时间标记移动到 00:00:02:04 的位置。选择“项目”面板，选中“05”文件并将其拖曳到“时间线”面板中的“视频 6”轨道中，如图 12-121 所示。将鼠标指针放在“05”文件的结束位置，当鼠标指针呈 时，向左拖曳鼠标指针到与“06”文件相同的结束位置，如图 12-122 所示。

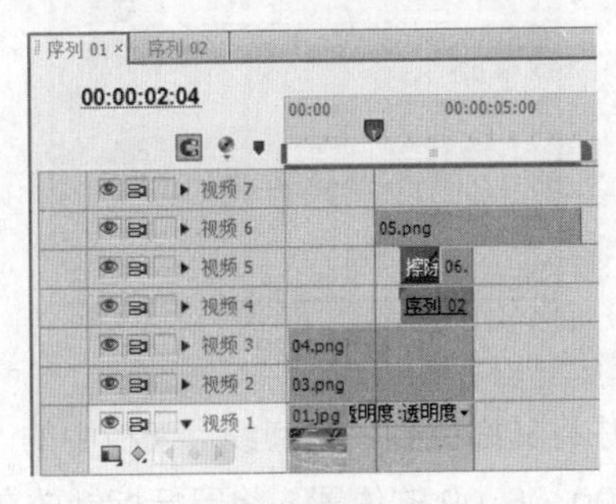

图 12-121

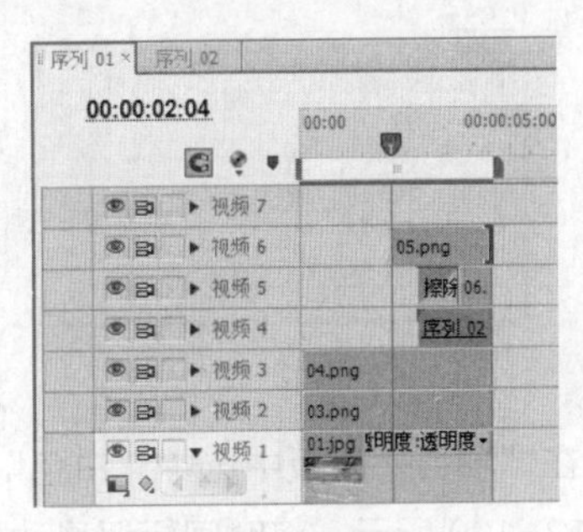

图 12-122

步骤⑯ 在“时间线”面板中选中“05”文件。在“特效控制台”面板中展开“运动”选项，将“位置”选项设置为 435.0 和 140.0，“缩放比例”选项设置为 90.0，如图 12-123 所示。用相同的方法添加“擦除”特效，如图 12-124 所示。

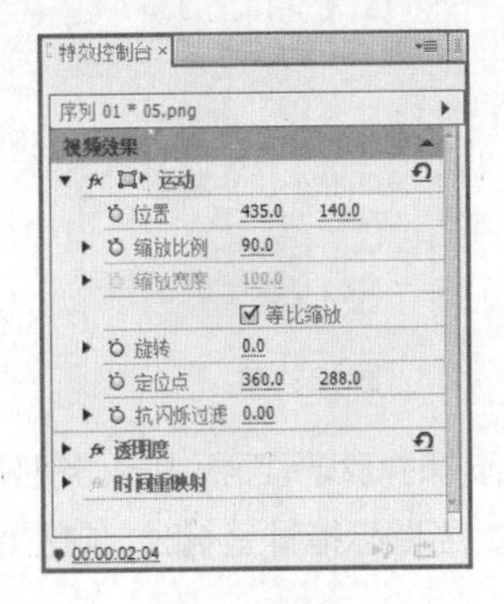

图 12-123

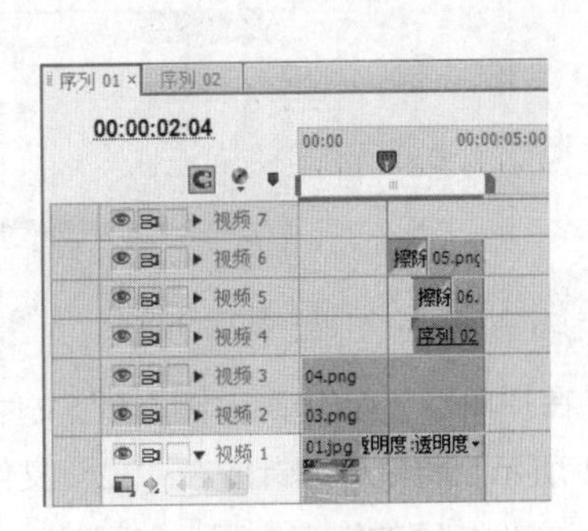

图 12-124

步骤⑰ 将时间标记移动到00:00:00:10的位置。在“项目”面板中选中“02”文件并将其拖曳到“时间线”面板中的“视频7”轨道上，如图12-125所示。将鼠标指针放在“02”文件的结束位置，当鼠标指针呈◀时，向左拖曳鼠标指针到与“05”文件相同的结束位置，如图12-126所示。

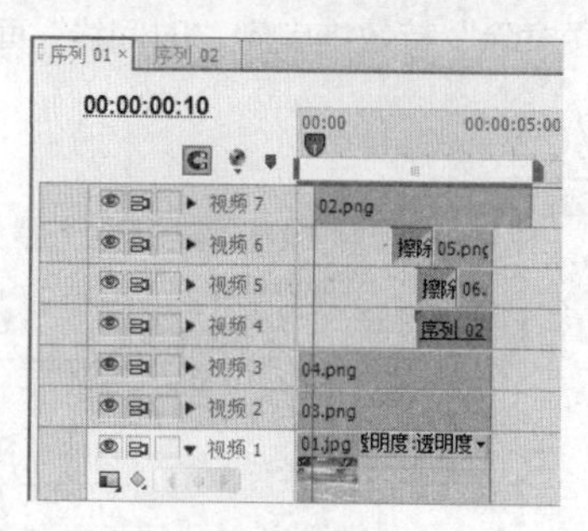
图12-125

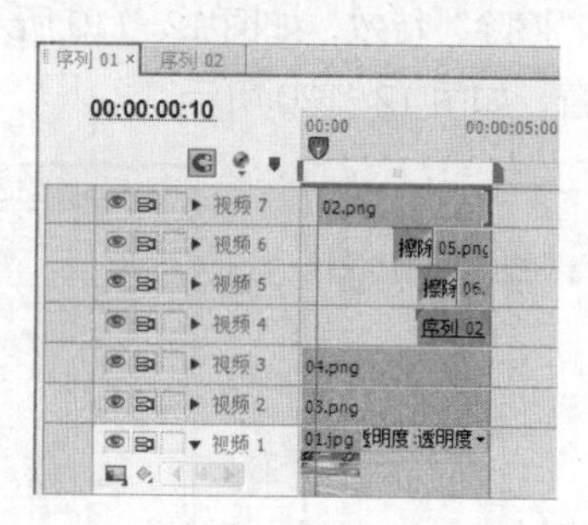
图12-126

步骤⑱ 将时间标记移动到00:00:00:10的位置。在“特效控制台”面板中展开“透明度”选项，将“透明度”选项设置为0%，单击“透明度”选项右侧的“添加/移除关键帧”按钮，创建第1个动画关键帧，如图12-127所示。将时间标记移动到00:00:01:10的位置。将“透明度”选项设置为100.0%，创建第2个动画关键帧，如图12-128所示。

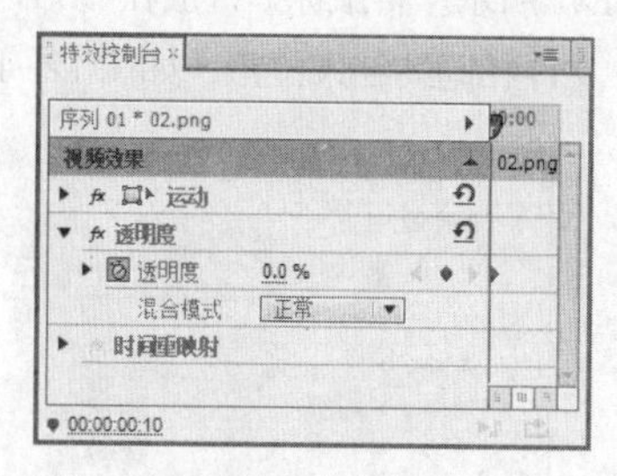
图12-127

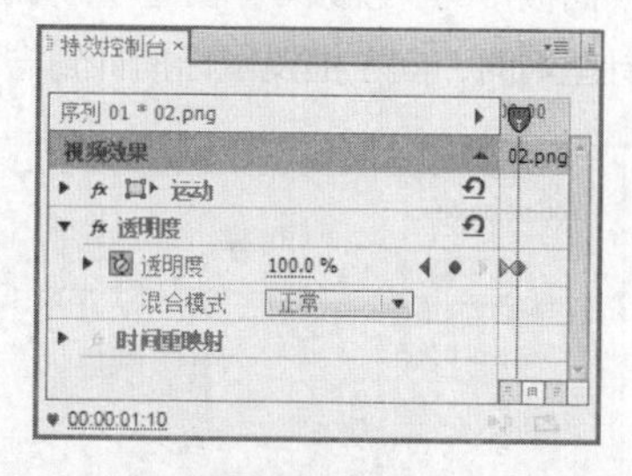
图12-128

步骤⑲ 在“项目”面板中选中“白色”文件并将其拖曳到“时间线”面板中的“视频1”轨道中，如图12-129所示。将时间标记移动到00:00:06:09的位置。将鼠标指针放在“白色”文件的结束位置，当鼠标指针呈◀时，向左拖曳鼠标指针到00:00:06:09的位置上，如图12-130所示。

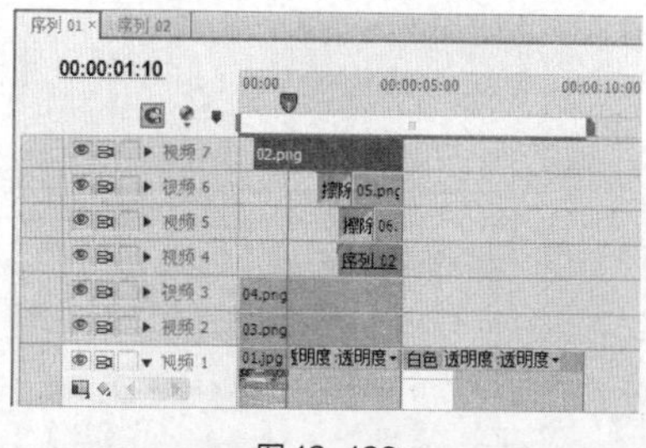
图12-129

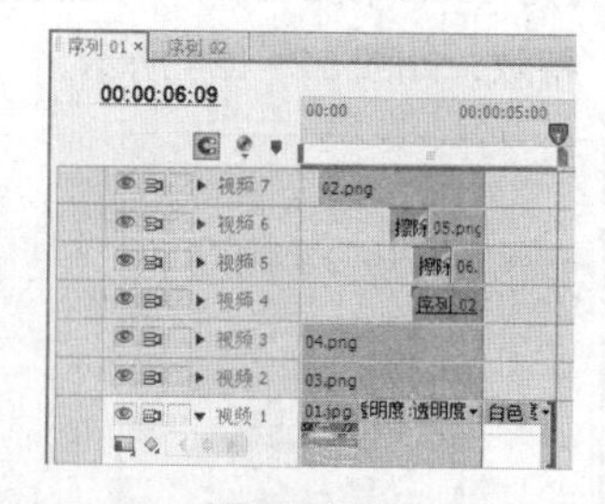
图12-130

步骤⑳ 在“项目”面板中选中“12”文件并将其拖曳到“时间线”面板中的“视频2”轨道中，如图12-131所示。将鼠标指针放在“12”文件的结束位置，当鼠标指针呈◀时，向左拖曳鼠标指针到与“白色”文件相同的结束位置，如图12-132所示。

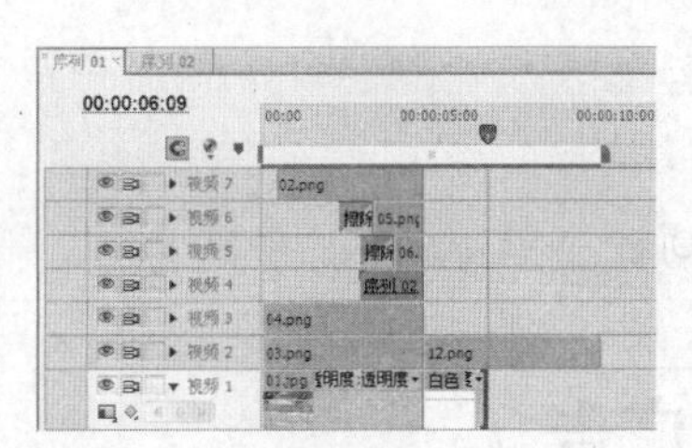

图 12-131

图 12-132

步骤 ㉑ 在“时间线”面板中选中“12”文件。在“特效控制台”面板中展开“运动”选项，将“缩放比例”选项设置为 60.0，如图 12-133 所示。选择“效果”面板，展开“视频切换”选项，单击“擦除”文件夹前面的三角形按钮 ▶ 将其展开，选中“时钟式划变”特效，如图 12-134 所示。将“时钟式划变”特效拖曳到“时间线”面板中的“12”文件的开始位置，如图 12-135 所示。摄像机广告制作完成。

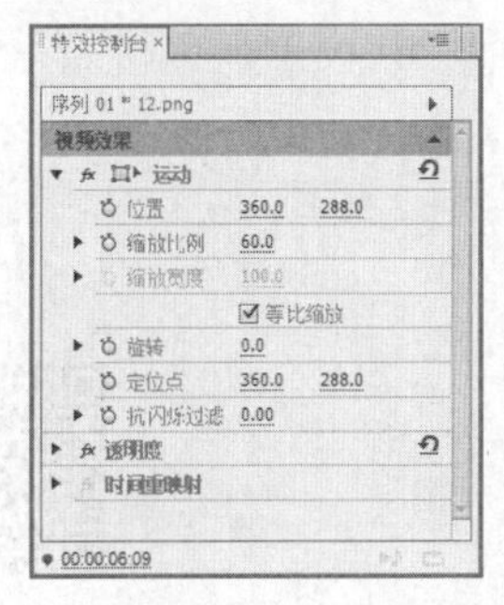

图 12-133

图 12-134

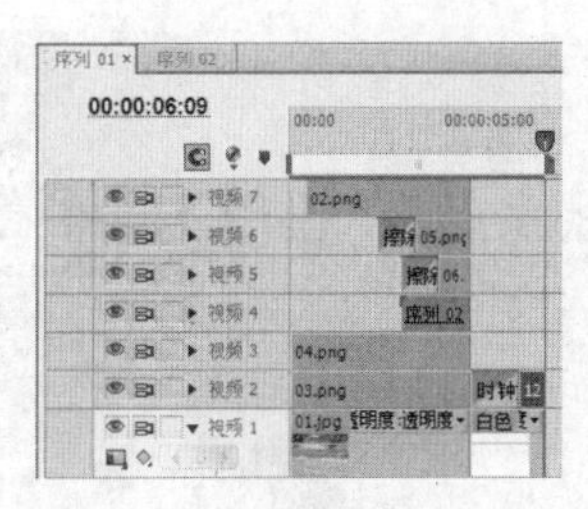

图 12-135

12.4 课堂练习——制作汽车广告

练习知识要点

使用“导入”命令导入素材文件，使用“时间线”面板控制图像的出场顺序，使用“特效控制台”面板编辑图像的位置、缩放比例和透明度选项并制作动画效果，使用不同的转场特效制作图像之间的转场效果，使用“添加轨道”命令添加新轨道。最终效果参看云盘中的“Ch12\制作汽车广告\制作汽车广告.prproj”。汽车广告效果如图 12-136 所示。

微课：制作
汽车广告

图 12-136

效果所在位置

云盘\Ch12\制作汽车广告\制作汽车广告. prproj。

12.5 课后习题——制作环保广告

习题知识要点

使用“字幕”命令添加并编辑文字，使用“特效控制台”面板编辑图像的位置和透明度并制作动画效果，使用不同的转场特效制作视频之间的转场效果。最终效果参看云盘中的“Ch12\制作环保广告\制作环保广告.prproj”。环保广告效果如图 12-137 所示。

图 12-137

效果所在位置

云盘\Ch12\制作环保广告\制作环保广告. prproj。

13 第13章 制作电视节目

本章介绍

电视节目是有固定名称、固定播出时间、固定的节目宗旨且每期播出不同内容的节目。它能给人们带来信息、知识、欢乐和享受等。本章以多类主题的电视节目为例，讲解电视节目的构思方法和制作技巧，读者通过学习可以设计、制作出拥有自己独特风格的电视节目。

课堂学习目标

- 了解电视节目的构成元素
- 掌握电视节目的制作技巧
- 掌握电视节目的设计思路

13.1 制作花卉赏析节目

13.1.1 案例分析

使用“导入”命令将影片导入“项目”面板中，使用“字幕”命令添加并编辑文字，使用“特效控制台”面板编辑视频的位置、缩放比例和透明度并制作动画效果，使用不同的转场特效制作视频之间的转场效果，使用“高斯模糊”特效为“06”文件添加高斯模糊效果并制作高斯模糊动画，使用“RGB 曲线”特效调整“03”文件的色彩，等等。

13.1.2 案例设计

本案例设计效果如图 13-1 所示。

图 13-1

13.1.3 案例制作

1. 添加项目文件

步骤 1 启动 Premiere Pro CS6 软件，弹出“欢迎使用 Adobe Premiere Pro”界面，单击“新建项目”按钮，弹出“新建项目”对话框，设置“位置”选项，选择保存文件路径，在“名称”文本框中输入文件名“制作花卉赏析节目”，如图 13-2 所示。单击“确定”按钮，弹出“新建序列”对话框，设置如图 13-3 所示，单击“确定”按钮完成序列的创建。

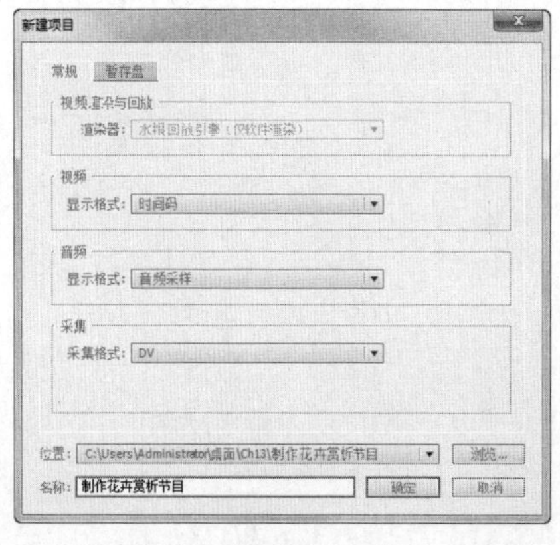

图 13-2

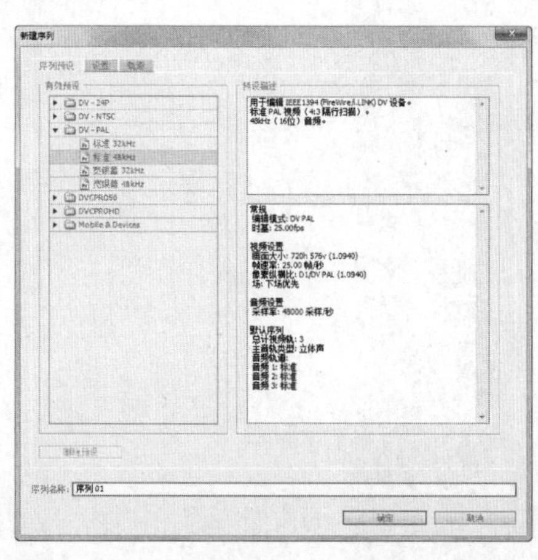

图 13-3

步骤② 选择“文件 > 导入”菜单命令，弹出“导入”对话框，选择云盘中的“Ch13\制作花卉赏析节目\素材\01”文件至“Ch13\制作花卉赏析节目\素材\10”文件，单击“打开”按钮，导入文件，如图 13-4 所示。导入后的文件排列在“项目”面板中，如图 13-5 所示。

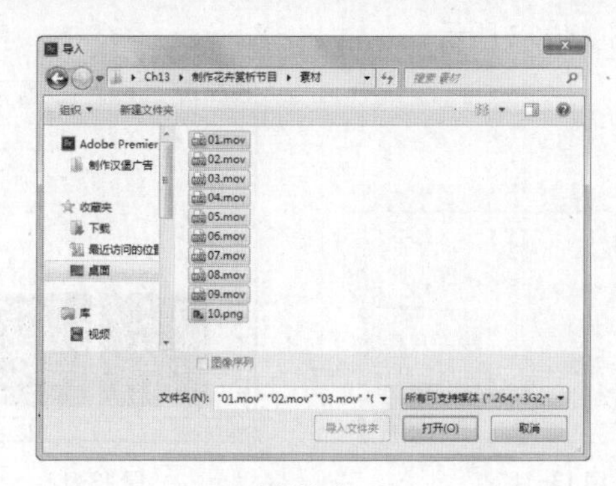

图 13-4

图 13-5

步骤③ 选择“文件 > 新建 > 字幕”菜单命令，弹出“新建字幕”对话框，在“名称”文本框中输入“百花斗艳”，如图 13-6 所示，单击“确定”按钮，弹出“字幕”编辑面板。选择“输入”工具 T ，在字幕工作区中输入文字“百花斗艳”，在“字幕样式”子面板中单击需要的样式，并在字幕属性栏中设置字体和字距，字幕工作区中的效果如图 13-7 所示。关闭“字幕”编辑面板，新建的字幕文件自动保存到“项目”面板中。

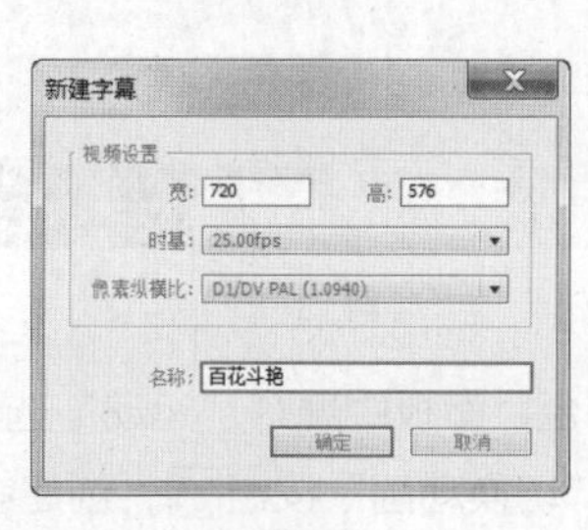

图 13-6

图 13-7

2. 制作图像动画

步骤① 在“项目”面板中选中“01”文件并将其拖曳到“时间线”面板中的“视频 1”轨道中，如图 13-8 所示。将时间标记移动到 00:00:05:24 的位置，在“项目”面板中选中“03”文件并将其拖曳到“时间线”面板中的“视频 1”轨道中，如图 13-9 所示。

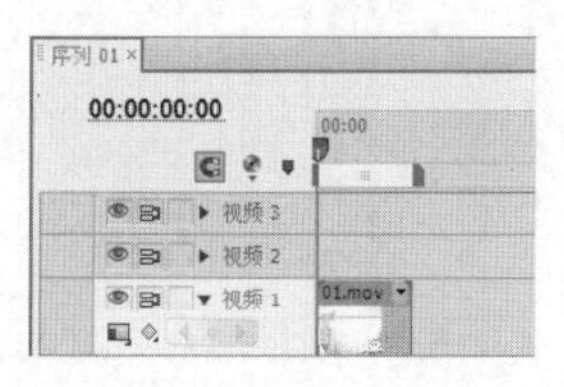

图 13-8

图 13-9

步骤② 选择“窗口 > 效果”菜单命令，弹出“效果”面板，展开“视频特效”选项，单击“色彩校正”文件夹前面的三角形按钮▶并将其展开，选中“RGB 曲线”特效，如图 13-10 所示。将“RGB 曲线”特效拖曳到“时间线”面板中的“03”文件上，如图 13-11 所示。选择“特效控制台”面板，展开“RGB 曲线”特效并进行参数设置，如图 13-12 所示。

图 13-10

图 13-11

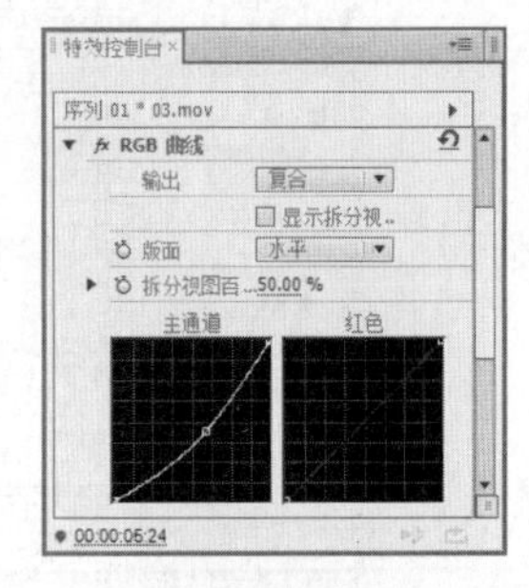

图 13-12

步骤③ 在“效果”面板中展开“视频切换”选项，单击“叠化”文件夹前面的三角形按钮▶将其展开，选中“白场过渡”特效，如图 13-13 所示。将“白场过渡”特效拖曳到“时间线”面板中的“03”文件的开始位置，如图 13-14 所示。将时间标记移动到 00:00:11:08 的位置。选择“项目”面板中选，“05”文件并将其拖曳到“时间线”面板中的“视频 1”轨道中，如图 13-15 所示。

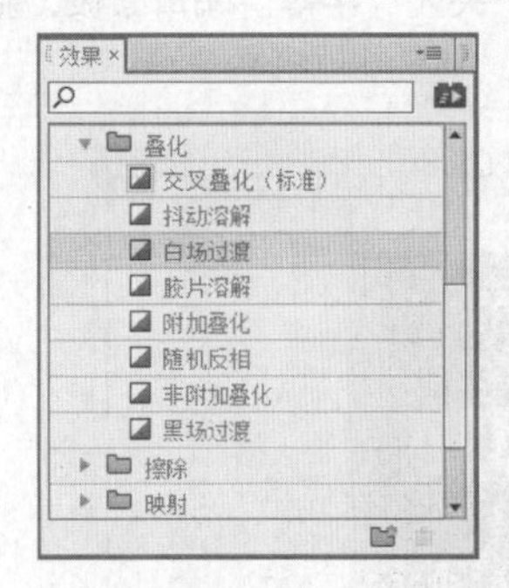

图 13-13

图 13-14

图 13-15

步骤④ 在“时间线”面板中选中“05”文件，在“特效控制台”面板中展开“运动”选项，将“缩放比例”选项设置为 160.0，并单击“缩放比例”选项左侧的“切换动画”按钮，创建第 1 个动画关键帧，如图 13-16 所示。将时间标记移动到 00:00:13:06 的位置，将“缩放比例”选项设置为 100.0，创建第 2 个动画关键帧，如图 13-17 所示。

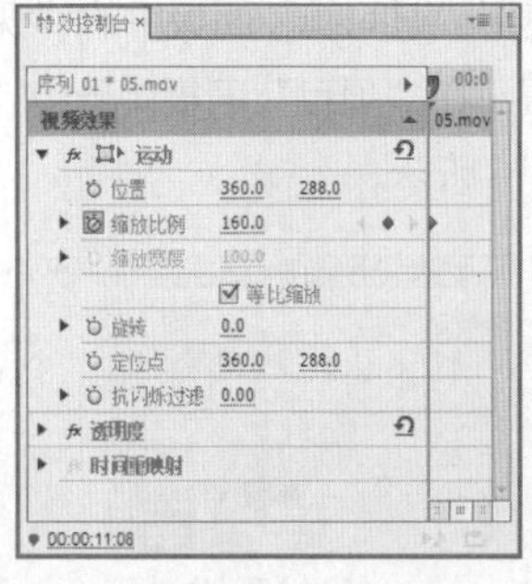

图 13-16

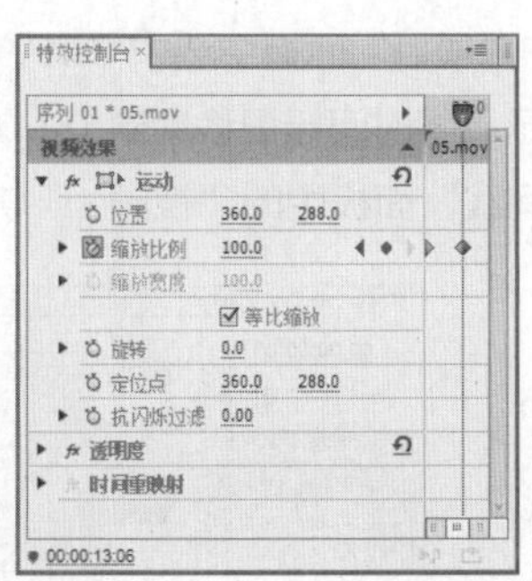

图 13-17

步骤⑤ 选择“项目”面板，分别选中“07”和“09”文件并将其拖曳到“时间线”面板中的“视频 1”轨道中，如图 13-18 所示。将时间标记移动到 00:00:24:02 的位置，在“视频 1”轨道上选中“09”文件，将鼠标指针放在“09”文件的结束位置，当鼠标指针呈![]时，向左拖曳鼠标指针到 00:00:24:02 的位置，如图 13-19 所示。

图 13-18

图 13-19

步骤⑥ 将时间标记移动到 00:00:00:16 的位置。在“项目”面板中选中“百花斗艳”文件并将其拖曳到“时间线”面板中的“视频 2”轨道中，如图 13-20 所示。

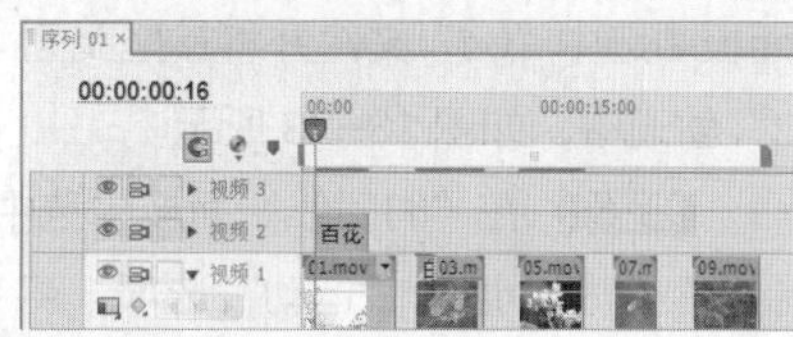
图 13-20

步骤⑦ 在“时间线”面板中选中“百花斗艳”文件。在“特效控制台”面板中展开“运动”选项，将“位置”选项设置为 497.0 和 196.0，将“缩放比例”选项设置为 0，并单击“位置”和“缩放比例”选项左侧的“切换动画”按钮![]，创建第 1 个动画关键帧，如图 13-21 所示。将时间标记移动到 00:00:01:13 的位置。将“位置”选项设置为 361.2 和 287.2，将“缩放比例”选项设置为 99.1，创建第 2 个动画关键帧，如图 13-22 所示。

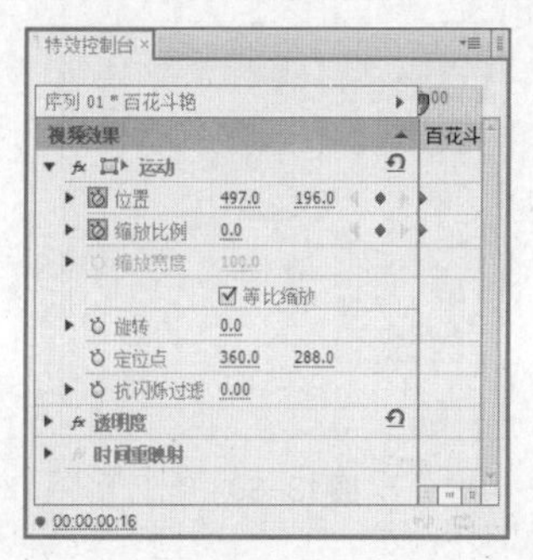
图 13-21

图 13-22

步骤⑧ 在“项目”面板中选中“02”文件并将其拖曳到“时间线”面板中的“视频 2”轨道中，如图 13-23 所示。选中“02”文件，按<Ctrl+R>组合键，弹出“素材速度/持续时间”对话框，将“速度”选项设置为 150%，如图 13-24 所示，单击“确定”按钮，“时间线”面板中的显示如图 13-25 所示。

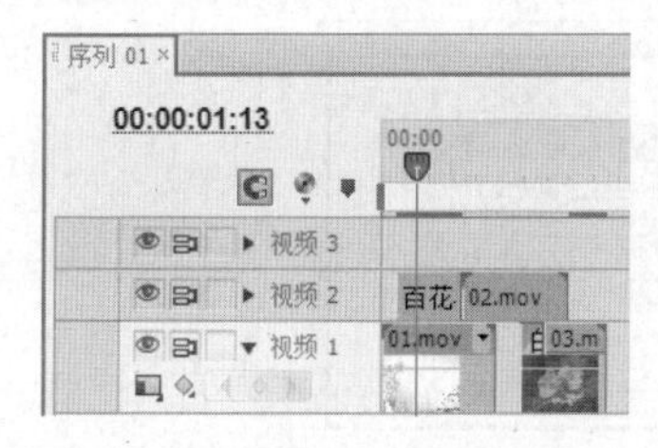
图 13-23

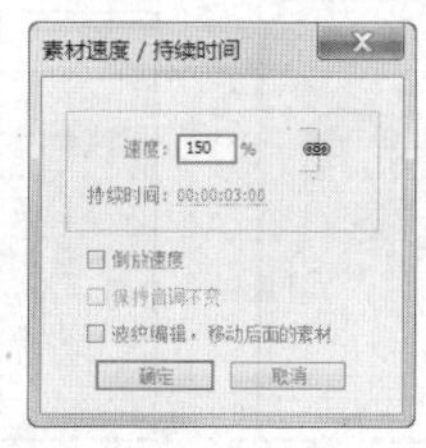
图 13-24

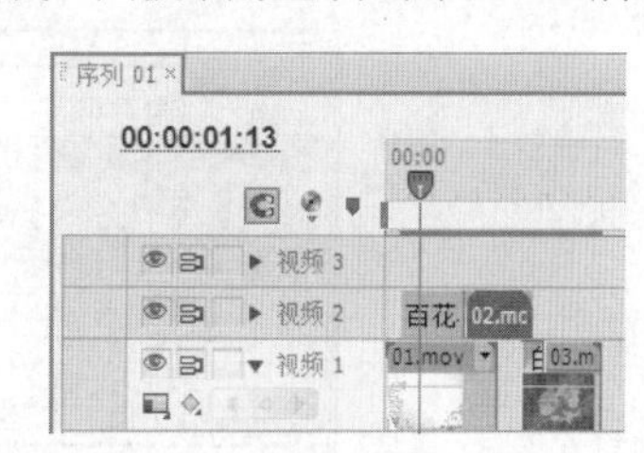
图 13-25

步骤⑨ 选择“效果”面板，展开“视频切换”选项，单击“叠化”文件夹前面的三角形按钮▶将其展开，选中“交叉叠化（标准）”特效，如图13-26所示。将“交叉叠化（标准）”特效拖曳到“时间线”面板中的“02”文件的开始位置，如图13-27所示。

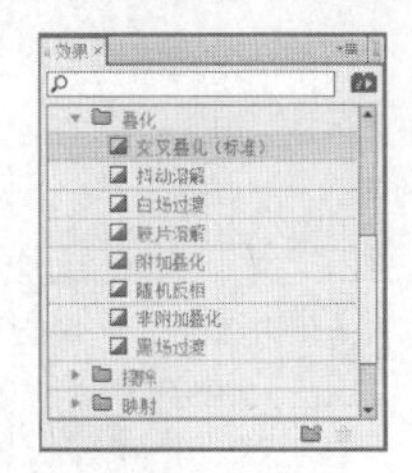

图13-26

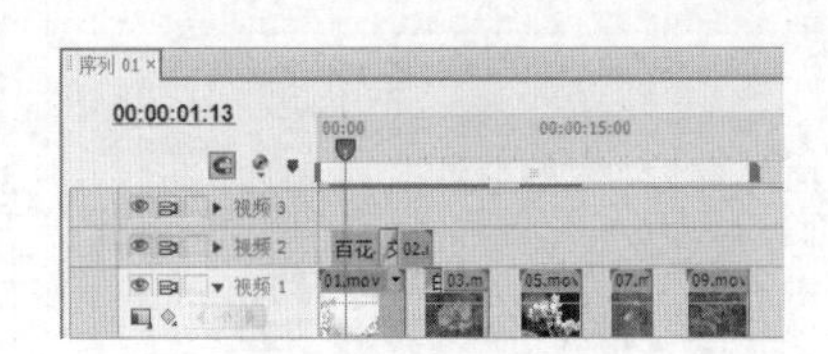

图13-27

步骤⑩ 将时间标记移动到00:00:08:19的位置，在“项目”面板中选中“04”文件并将其拖曳到“时间线”面板中的“视频2”轨道中，如图13-28所示。

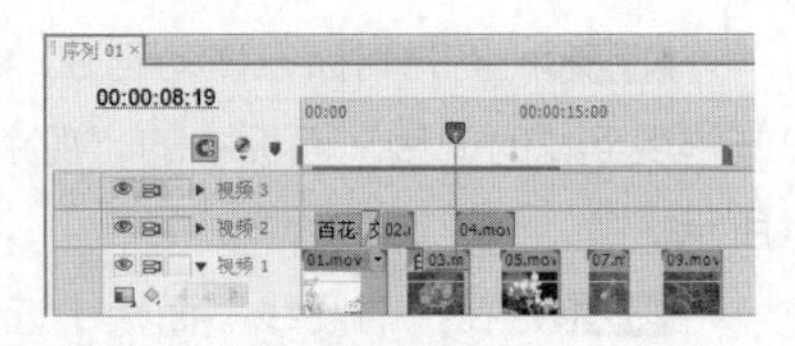

图13-28

步骤⑪ 在“时间线”面板中选中“04”文件。在“特效控制台”面板中展开“运动”选项，将“位置”选项设置为291.0和288.0，将“缩放比例”选项设置为120.0，并单击“位置”选项左侧的“切换动画”按钮，创建第1个动画关键帧，如图13-29所示。将时间标记移动到00:00:10:21的位置，将“位置”选项设置为430.0和288.0，创建第2个动画关键帧，如图13-30所示。

图13-29

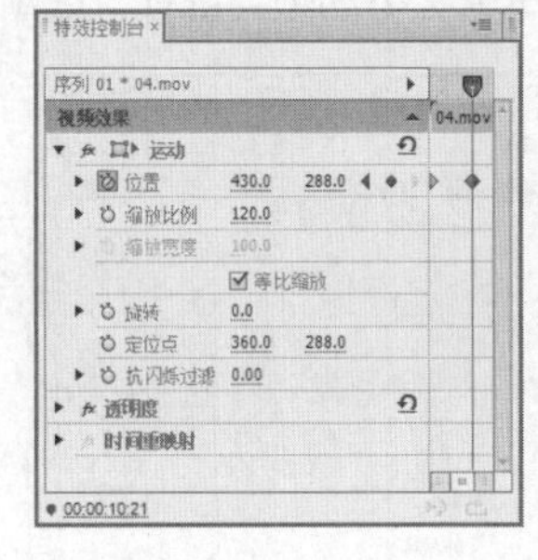

图13-30

步骤⑫ 将时间标记移动到00:00:11:08的位置。在“特效控制台”面板中，展开“透明度”选项，单击“透明度”选项右侧的“添加/移除关键帧”按钮，创建第1个关键帧，如图13-31所示。将时间标记移动到00:00:12:02的位置，将“透明度”选项设置为0.0%，创建第2个动画关键帧，如图13-32所示。

图13-31

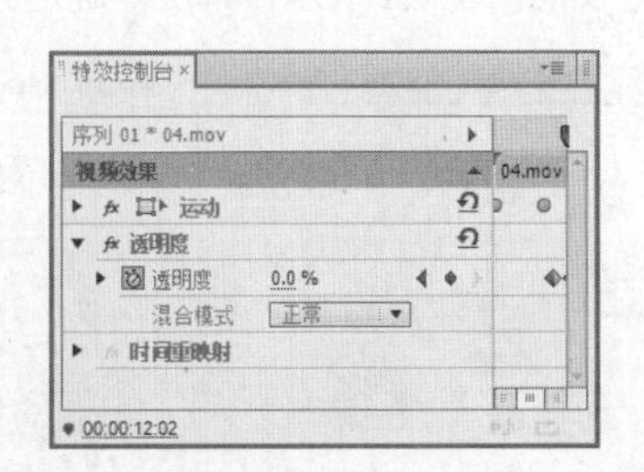

图13-32

步骤⑬ 将时间标记移动到 00:00:14:03 的位置。选择“项目”面板，选中“06”文件并将其拖曳到“时间线”面板中的“视频 2”轨道中，如图 13-33 所示。

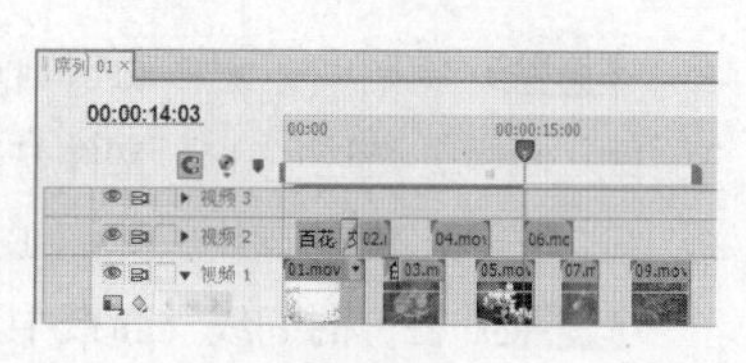

图 13-33

步骤⑭ 选择“效果”面板，展开“视频特效”选项，单击“模糊与锐化”文件夹前面的三角形按钮▶并将其展开，选中“高斯模糊”特效，如图 13-34 所示。将“高斯模糊”特效拖曳到“时间线”面板中的“06”文件上，如图 13-35 所示。

图 13-34

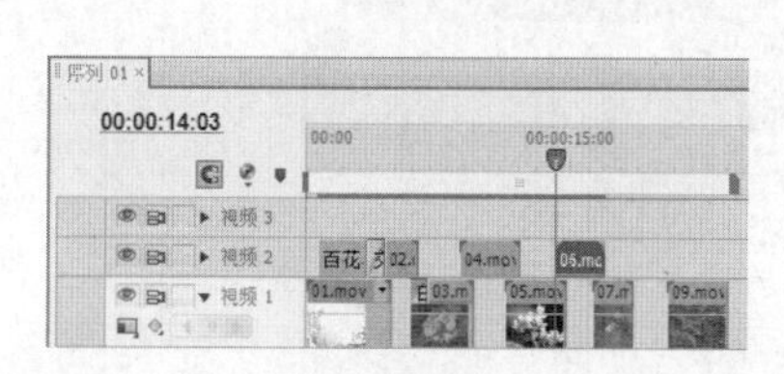

图 13-35

步骤⑮ 在“特效控制台”面板中展开“高斯模糊”特效，将“模糊度”选项设置为 60.0，并单击“模糊度”选项左侧的“切换动画”按钮，创建第 1 个动画关键帧，如图 13-36 所示。将时间标记移动到 00:00:15:02 的位置。在“特效控制台”面板中，将“模糊度”选项设置为“0.0”，其他选项的设置如图 13-37 所示，创建第 2 个动画关键帧。

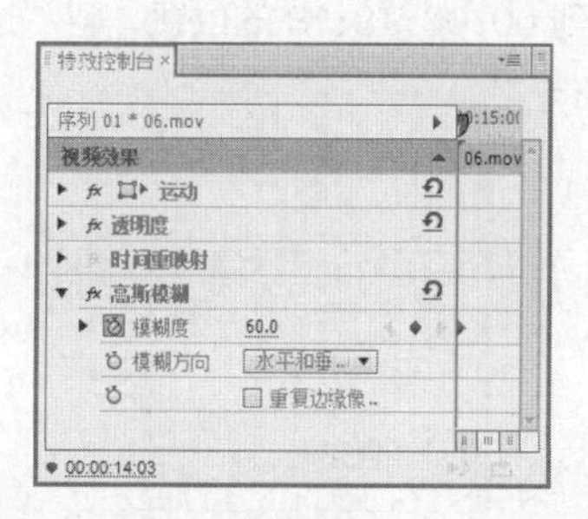

图 13-36

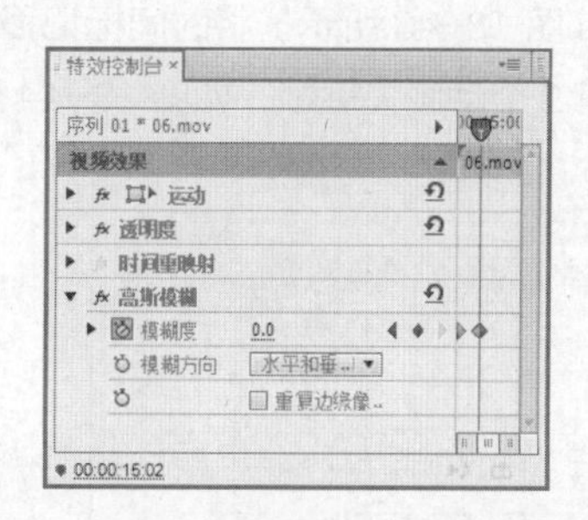

图 13-37

步骤⑯ 在“效果”面板中展开“视频切换”选项，单击“叠化”文件夹前面的三角形按钮▶将其展开，选中“交叉叠化（标准）”特效，如图 13-38 所示。将“交叉叠化（标准）”特效拖曳到“时间线”面板中的“06”文件的结束位置，如图 13-39 所示。

图 13-38

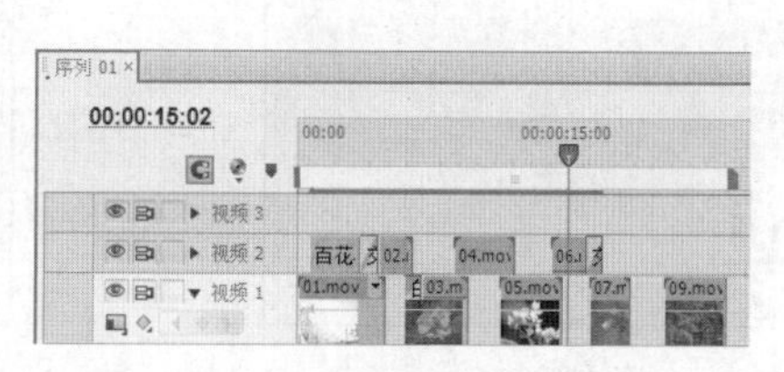

图 13-39

步骤⑰ 将时间标记移动到 00:00:18:07 的位置，选择“项目”面板，选中“08”文件并将其拖曳到“时间线”面板中的“视频 2”轨道中，如图 13-40 所示。

图 13-40

步骤⑱ 在“时间线”面板中选中“08”文件。在“特效控制台”面板中展开“运动”选项，单击“缩放比例”选项左侧的“切换动画”按钮，创建第 1 个动画关键帧，如图 13-41 所示。将时间标记移动到 00:00:19:21 的位置。将“缩放比例”选项设置为 150.0，创建第 2 个动画关键帧，如图 13-42 所示。

图 13-41

图 13-42

步骤⑲ 将时间标记移动到 00:00:18:07 的位置。在“特效控制台”面板中，展开“透明度”选项，将“透明度”选项设置为 0%，单击“透明度”选项右侧的“添加/移除关键帧”按钮，创建第 1 个动画关键帧，如图 13-43 所示。将时间标记移动到 00:00:18:18 的位置，将“透明度”选项设置为 100%，创建第 2 个动画关键帧，如图 13-44 所示。

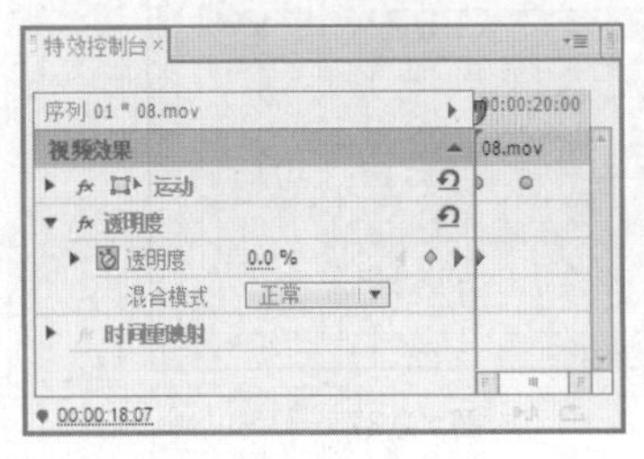

图 13-43

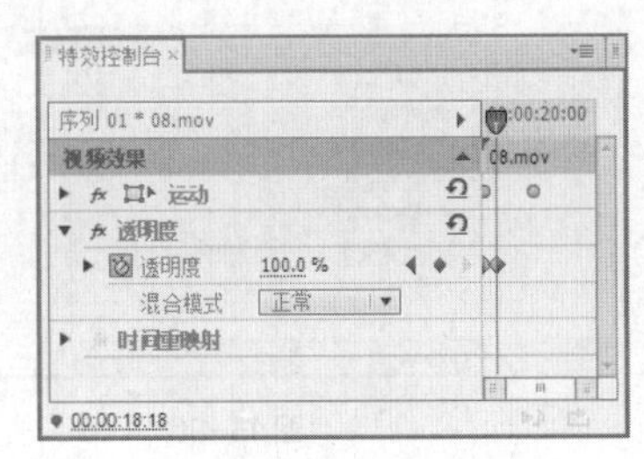

图 13-44

步骤⑳ 将时间标记移动到 00:00:20:18 的位置。单击“透明度”选项右侧的“添加/移除关键帧”按钮，创建第 3 个动画关键帧，如图 13-45 所示。将时间标记移动到 00:00:21:20 的位置。将“透明度”选项设置为 0.0%，创建第 4 个动画关键帧，如图 13-46 所示。

图 13-45

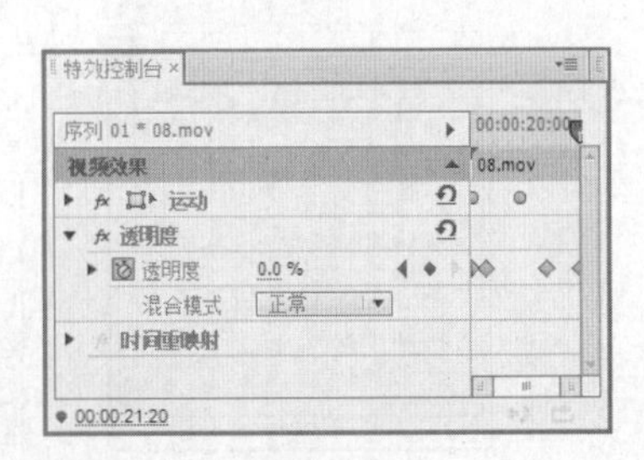

图 13-46

步骤㉑ 将时间标记移动到 00:00:05:24 的位置。在“项目”面板中选中“10”文件并将其拖曳到“时间线”面板中的“视频 3”轨道中，如图 13-47 所示。将时间标记移动到 00:00:24:02 的位置。在“视频 3”轨道上选中“10”文件，将鼠标指针放在“10”文件的结束位置，当鼠标指针呈 时，向右拖曳鼠标指针到 00:00:24:02 的位置，如图 13-48 所示。

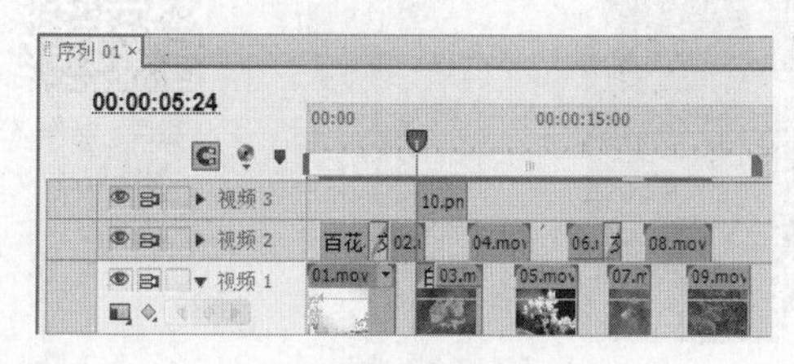

图 13-47

图 13-48

步骤㉒ 将时间标记移动到 00:00:06:03 的位置。在“特效控制台”面板中展开“运动”选项，将“缩放比例”选项设置为 120.0，其他选项的设置如图 13-49 所示。

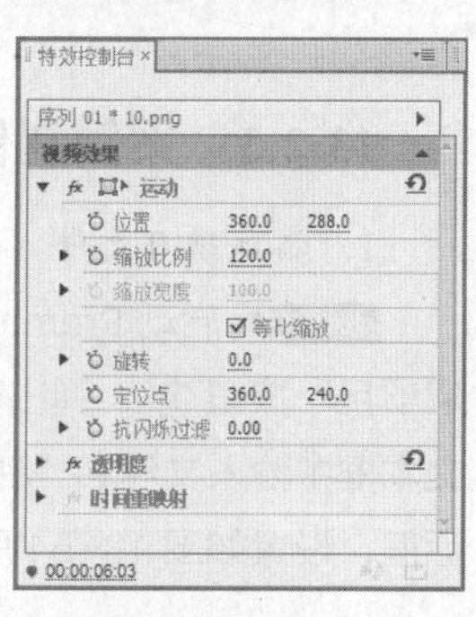

图 13-49

步骤㉓ 在“特效控制台”面板中展开“透明度”选项，将“透明度”选项设置为 0.0%，单击“透明度”选项右侧的“添加/移除关键帧”按钮，创建第 1 个动画关键帧，如图 13-50 所示。将时间标记移动到 00:00:07:01 的位置。将“透明度”选项设置为 100.0%，创建第 2 个动画关键帧，如图 13-51 所示。花卉赏析节目制作完成。

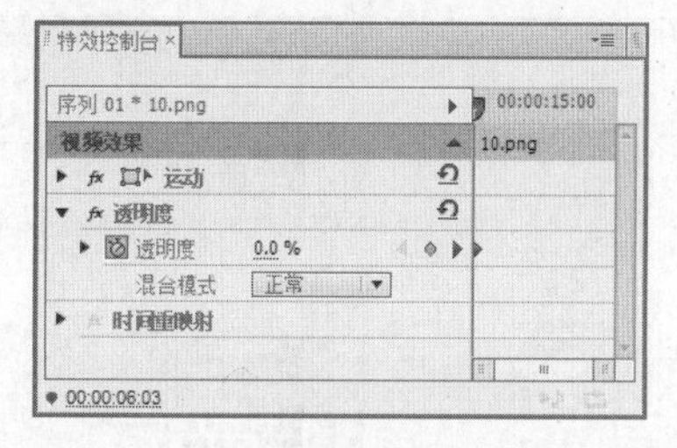

图 13-50

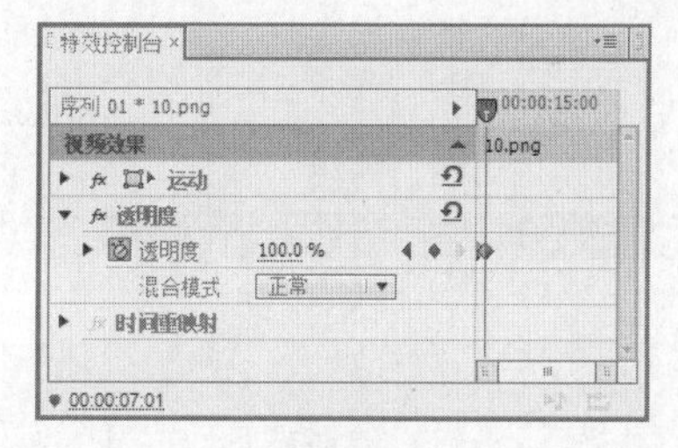

图 13-51

13.2 制作烹饪节目

13.2.1 案例分析

使用“字幕”命令添加标题及介绍文字，使用“特效控制台”面板编辑图像的位置、比例和透明度并制作动画效果，使用“添加轨道”命令添加新轨道，等等。

13.2.2 案例设计

本案例设计效果如图 13-52 所示。

微课：制作烹饪节目

图 13-52

13.2.3 案例制作

1. 添加项目文件

步骤① 启动 Premiere Pro CS6 软件，弹出“欢迎使用 Adobe Premiere Pro”界面，单击“新建项目”按钮，弹出“新建项目”对话框，设置“位置”选项，选择保存文件路径，在“名称”文本框中输入文件名“制作烹饪节目”，如图 13-53 所示。单击“确定”按钮，弹出“新建序列”对话框，设置如图 13-54 所示，单击“确定”按钮完成序列的创建。

图 13-53

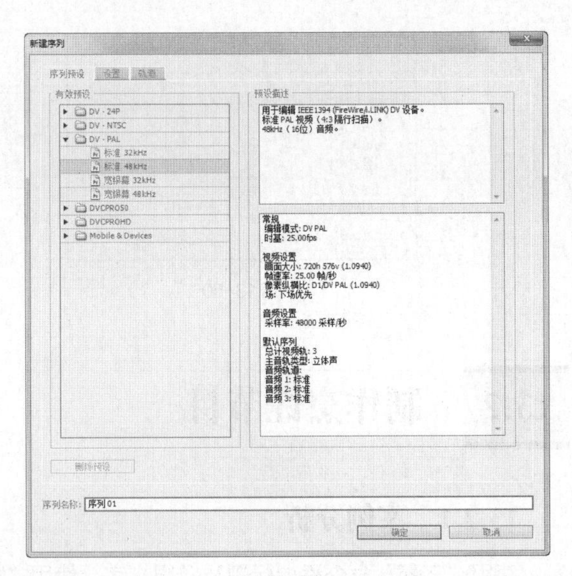

图 13-54

步骤② 选择“文件 > 导入”菜单命令，弹出“导入”对话框，选择云盘中的“Ch13\制作烹饪节目\素材\01”文件至“Ch13\制作烹饪节目\素材\06”文件，单击“打开”按钮，导入文件，如图 13-55 所示。导入后的文件排列在“项目”面板中，如图 13-56 所示。

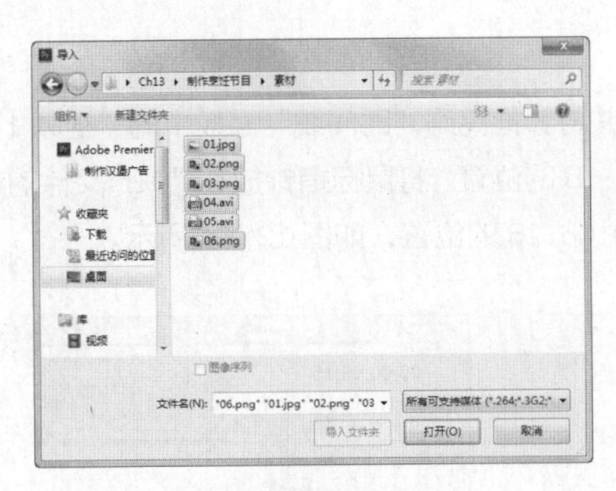

图 13-55

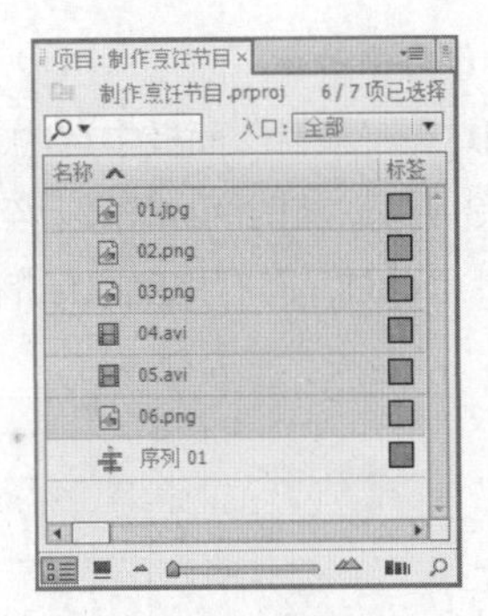

图 13-56

步骤③ 选择“文件 > 新建 > 字幕”菜单命令，弹出“新建字幕”对话框，设置如图 13-57 所示，单击“确定”按钮，弹出“字幕”编辑面板。选择“垂直文字”工具，在字幕工作区中拖曳文本框并输入需要的文字。选取文字“爆炒大虾”，在“字幕属性”设置子面板中展开“属性”选项，设置如图 13-58 所示。展开“填充”选项，将“颜色”选项设置为橙色（其 R、G、B 的值分别为 225、107、61）。选取文字“广式”，在“字幕属性”设置子面板中展开“属性”选项，设置如图 13-59 所示。展开“填充”选项，将“颜色”选项设置为蓝色（其 R、G、B 的值分别为 109、85、233）。

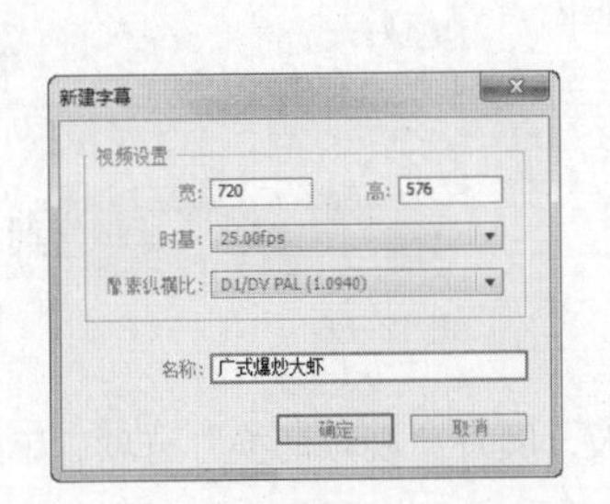

图 13-57

图 13-58

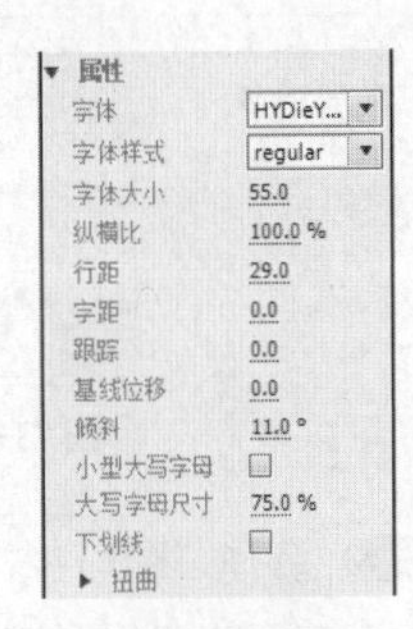

图 13-59

步骤④ 选择“选择”工具，分别选中“爆炒大虾”和“广式”，展开“阴影”选项，将“颜色”选项设置为白色，其他选项的设置如图 13-60 所示。字幕工作区中的效果如图 13-61 所示。关闭“字幕”编辑面板，新建的字幕文件自动保存到“项目”面板中。用相同的方法输入其他文字并进行设置，如图 13-62 所示。

图 13-60

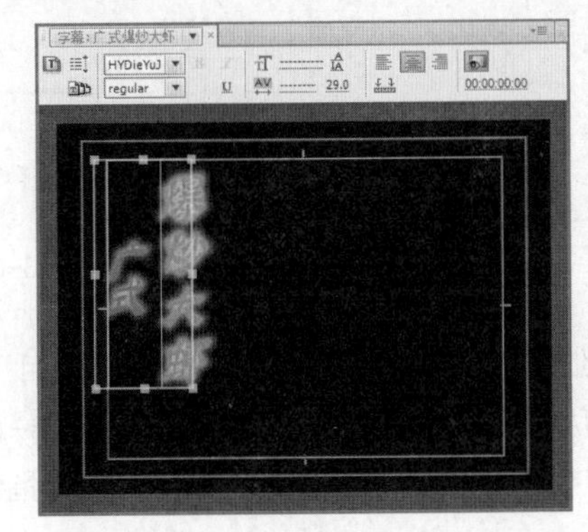

图 13-61

图 13-62

2. 制作图像动画

步骤① 在“项目”面板中选中“01”文件并将其拖曳到“时间线”面板中的“视频1”轨道中，如图13-63所示。将时间标记移动到00:00:06:15的位置。将鼠标指针放在“01”文件的结束位置，当鼠标指针呈⯇时，向右拖曳鼠标指针到00:00:06:15的位置，如图13-64所示。

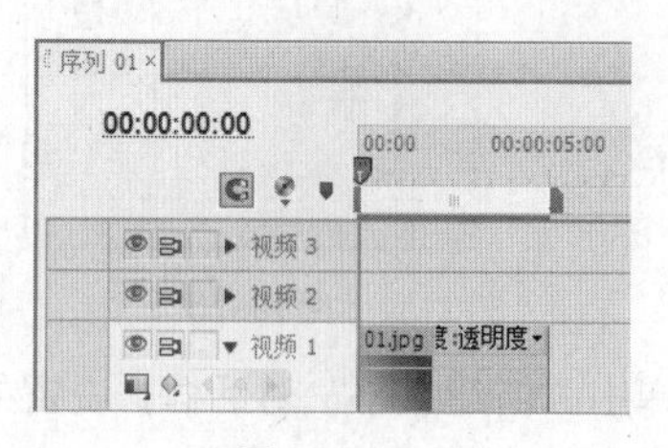
图13-63

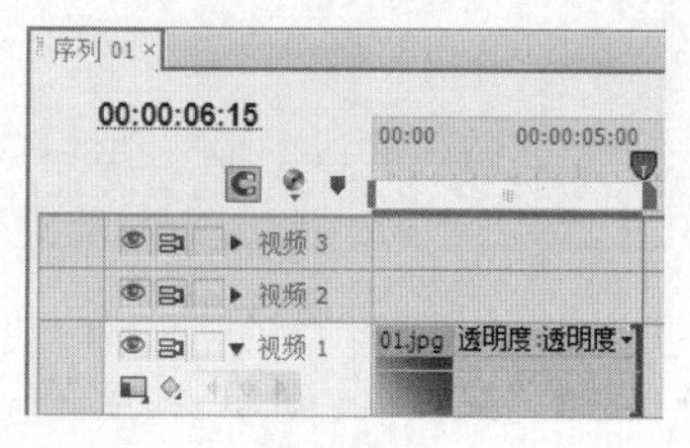
图13-64

步骤② 在“项目”面板中选中“04”“05”“01”文件并分别将其拖曳到“时间线”面板中的“视频1”轨道中，如图13-65所示。将时间标记移动到00:00:19:10的位置。将鼠标指针放在“01”文件的结束位置，当鼠标指针呈⯇时，向前拖曳鼠标指针到00:00:19:10的位置，如图13-66所示。

图13-65

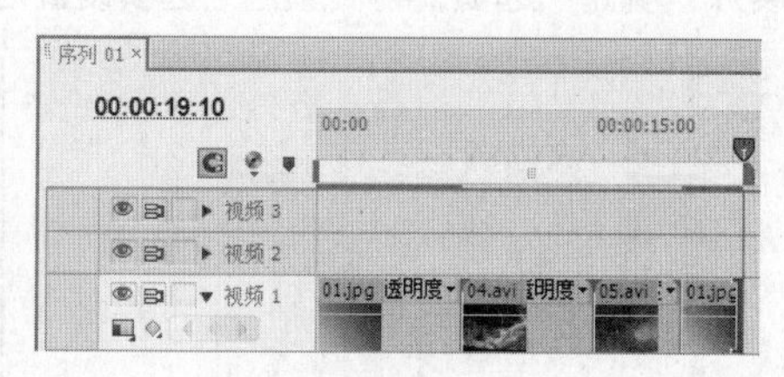
图13-66

步骤③ 选择“窗口 > 效果”菜单命令，弹出“效果”面板，展开“视频切换”选项，单击“滑动”文件夹前面的三角形按钮▶将其展开，选中“推”特效，如图13-67所示。将“推”特效拖曳到“时间线”面板中“04”文件的结束位置和“05”文件的开始位置之间，如图13-68所示。

图13-67

图13-68

步骤④ 将时间标记移动到00:00:03:15的位置。选择“项目”面板，选中“1.准备食材”文件并将其拖曳到“时间线”面板中的“视频2”轨道中，如图13-69所示。将鼠标指针放在“1.准备食材”文件的结束位置，当鼠标指针呈⯇时，向左拖曳鼠标指针到与“01”文件相同的结束位置，如图13-70所示。

图 13-69

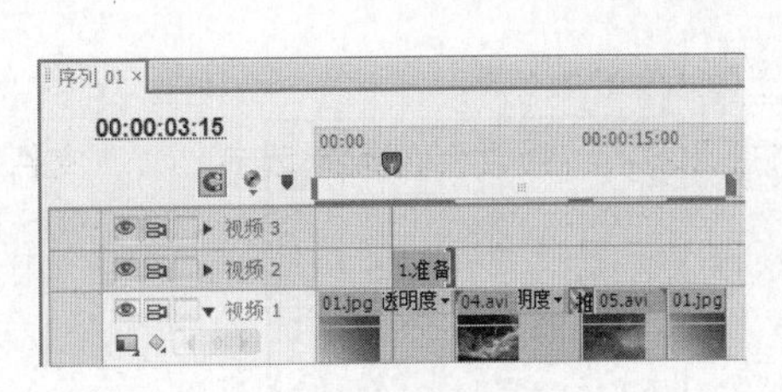

图 13-70

步骤⑤ 在“项目”面板中选中“2.爆炒 5 分钟”文件并将其拖曳到“时间线”面板中的“视频 2”轨道中，如图 13-71 所示。将鼠标指针放在“2.爆炒 5 分钟”文件的结束位置，当鼠标指针呈时，向右拖曳鼠标指针到与“04”文件相同的结束位置，如图 13-72 所示。

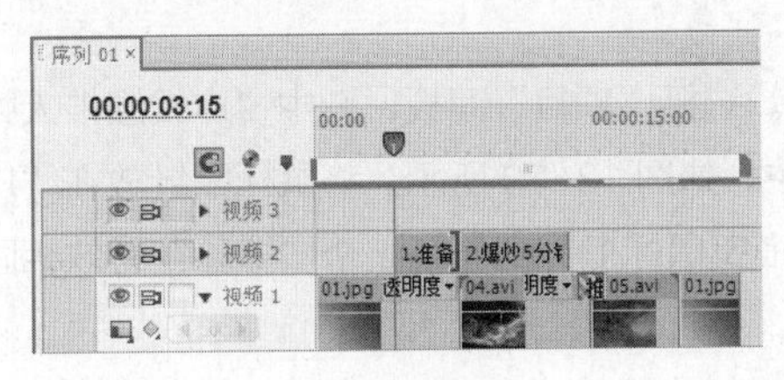

图 13-71

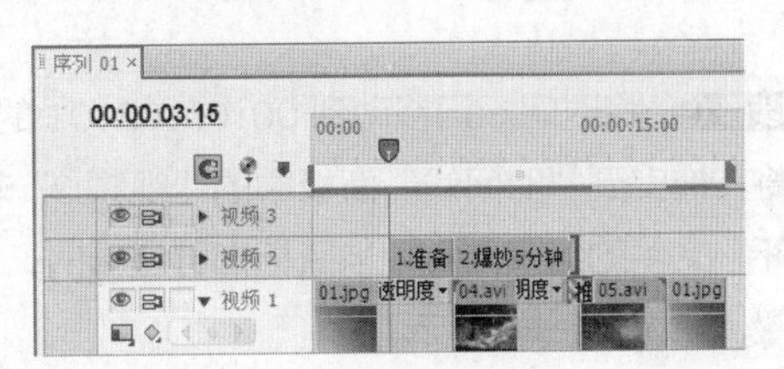

图 13-72

步骤⑥ 在“项目”面板中选中“3.装盘”文件并将其拖曳到“时间线”面板中的“视频 2”轨道中，如图 13-73 所示。将鼠标指针放在“3.装盘”文件的结束位置，当鼠标指针呈时，向左拖曳鼠标指针到与“05”文件相同的结束位置，如图 13-74 所示。

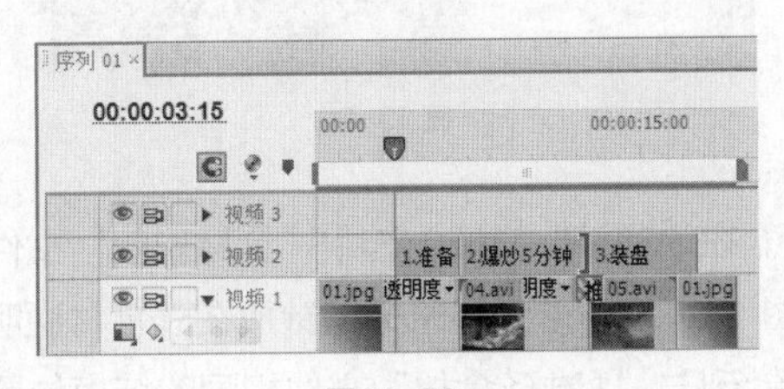

图 13-73

图 13-74

步骤⑦ 在“项目”面板中选中“制作完成”文件并将其拖曳到“时间线”面板中的“视频 2”轨道中，如图 13-75 所示。将鼠标指针放在“制作完成”文件的结束位置，当鼠标指针呈时，向左拖曳鼠标指针到与“01”文件相同的结束位置，如图 13-76 所示。

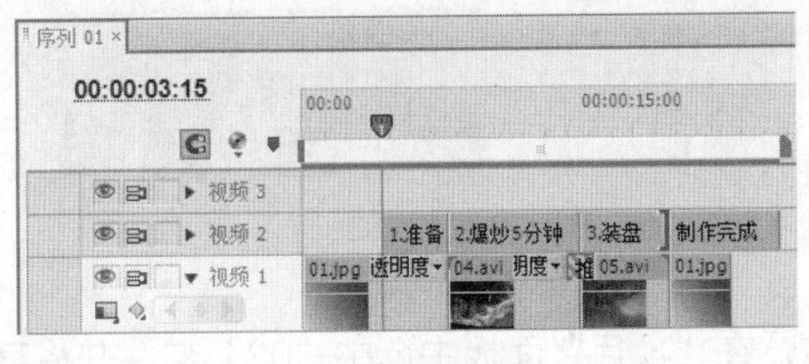

图 13-75

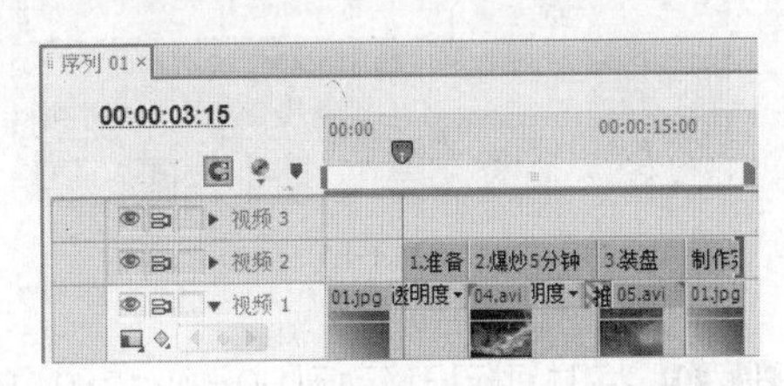

图 13-76

步骤⑧ 选择“效果”面板，展开“视频切换”选项，单击“擦除”文件夹前面的三角形按钮将其展开，选中“擦除”特效，如图 13-77 所示。将“擦除”特效分别拖曳到“时间线”面板中的“1.准备食材”文件的开始位置、“2.爆炒 5 分钟”文件的开始位置、“3.装盘”文件的开始位置和“3.装盘”文件的结束位置与“制作完成”文件的开始位置之间，如图 13-78 所示。

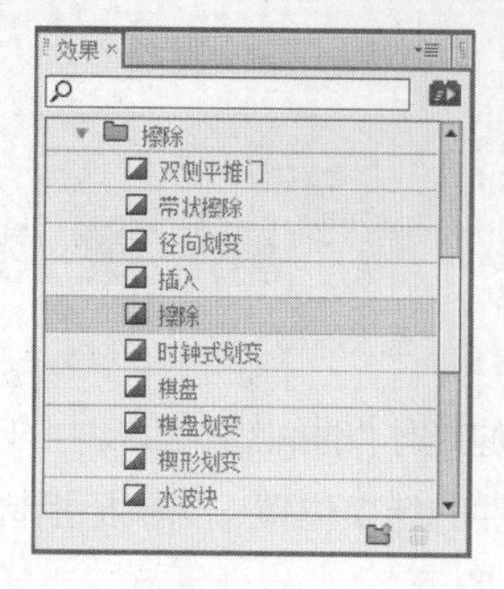

图 13-77

图 13-78

步骤⑨ 将时间标记移动到 00:00:02:01 的位置。选择“项目”面板，选中“广式爆炒大虾”文件并将其拖曳到“时间线”面板中的“视频 3”轨道中，如图 13-79 所示。将鼠标指针放在“广式爆炒大虾”文件的结束位置，当鼠标指针呈时，向左拖曳鼠标指针到与第 1 个“擦除”特效相同的开始位置，如图 13-80 所示。

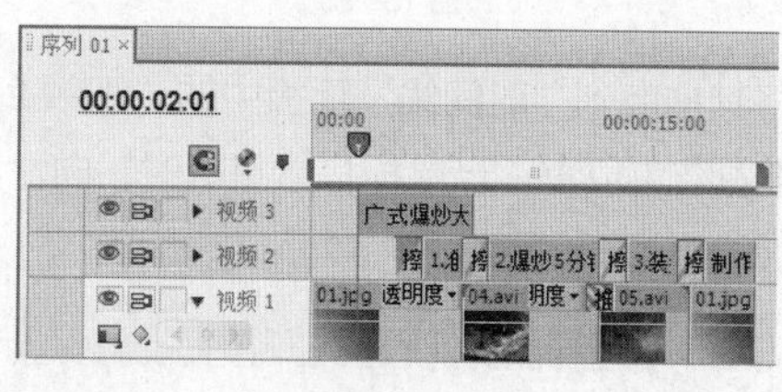

图 13-79

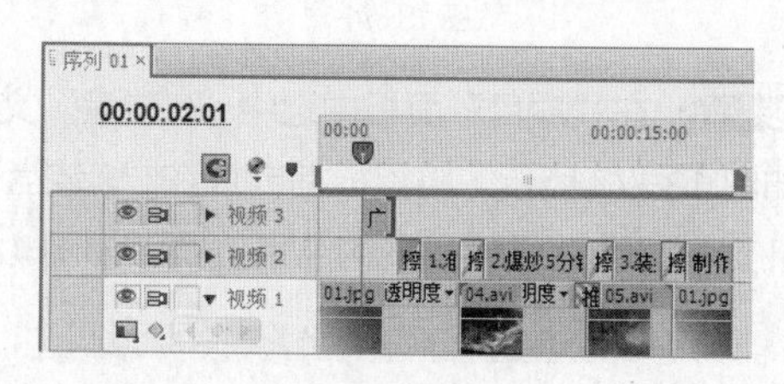

图 13-80

步骤⑩ 将时间标记移动到 00:00:04:14 的位置。在“项目”面板中选中“食材说明”文件并将其拖曳到“时间线”面板中的“视频 3”轨道中，如图 13-81 所示。将鼠标指针放在“食材说明”文件的结束位置，当鼠标指针呈时，向左拖曳鼠标指针到与“1.准备食材”文件相同的结束位置，如图 13-82 所示。

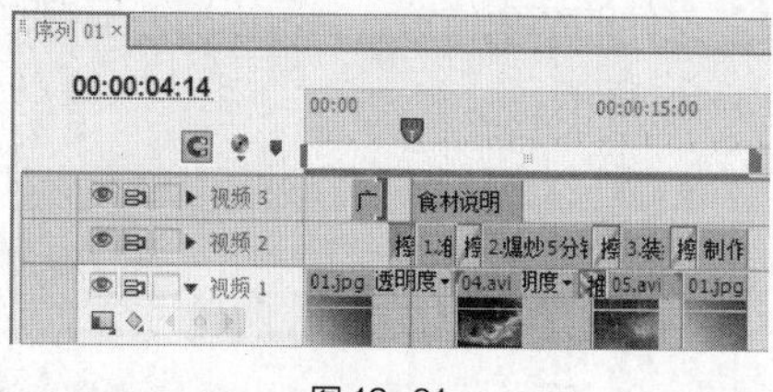

图 13-81

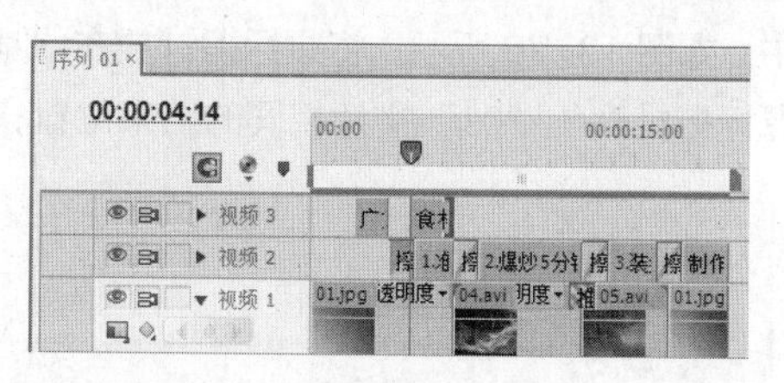

图 13-82

步骤⑪ 将时间标记移动到 00:00:17:01 的位置。在“项目”面板中选中“02”文件并将其拖曳到“时间线”面板中的“视频 3”轨道中，如图 13-83 所示。在“时间线”面板中选中“02”文件。在“特效控制台”面板中展开“运动”选项，将“位置”选项设置为 421.0 和 256.0，如图 13-84 所示。将鼠标指针放在“02”文件的结束位置，当鼠标指针呈时，向左拖曳鼠标指针到与“制作完成”文件相同的结束位置，如图 13-85 所示。

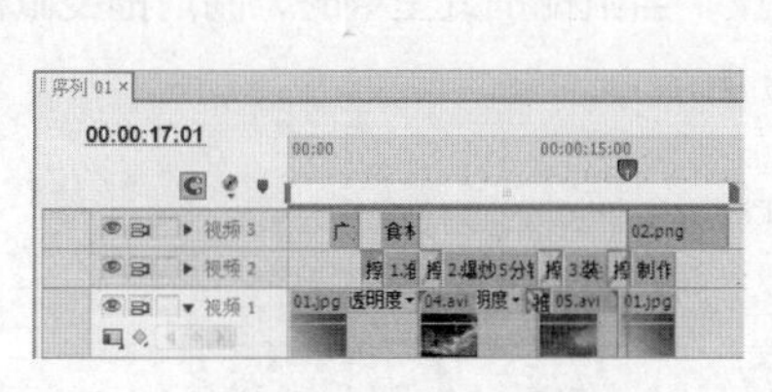
图13-83

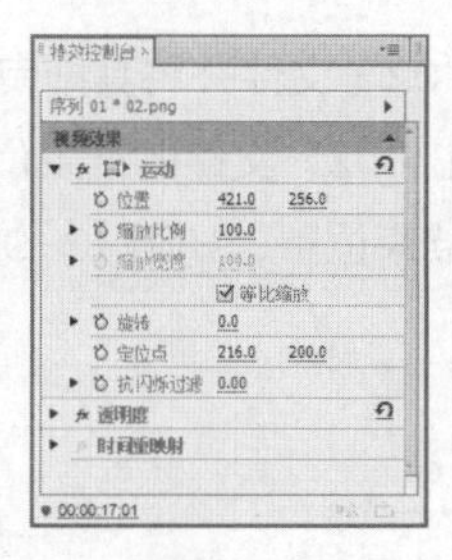
图13-84

图13-85

步骤⑫ 选择“效果”面板，展开“视频切换”选项，单击“擦除”文件夹前面的三角形按钮▶将其展开，选中“插入”特效，如图13-86所示。将“插入”特效拖曳到“时间线”面板中“广式爆炒大虾”文件的开始位置，如图13-87所示。

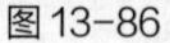
图13-86

图13-87

步骤⑬ 在“效果”面板中展开“视频切换”选项，单击“缩放”文件夹前面的三角形按钮▶将其展开，选中“缩放”特效，如图13-88所示。将“缩放”特效拖曳到“时间线”面板中“02”文件的开始位置，如图13-89所示。

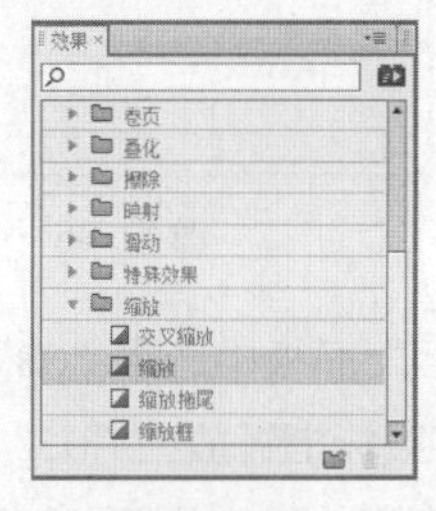
图13-88

图13-89

步骤⑭ 选择“序列 > 添加轨道”菜单命令，弹出“添加视音轨”对话框，设置如图13-90所示，单击“确定”按钮，在“时间线”面板中添加两条视频轨道，如图13-91所示。

图13-90

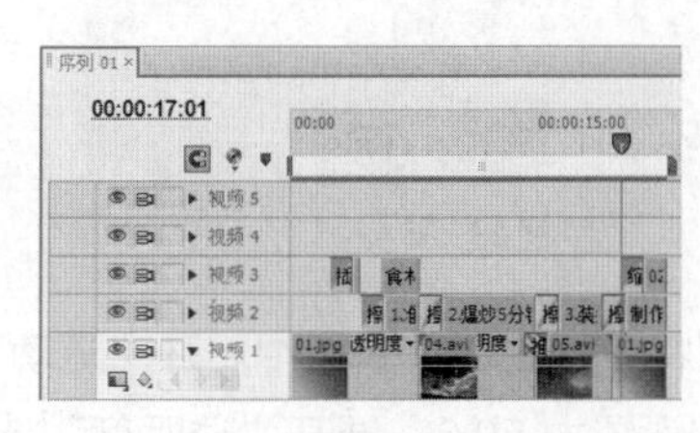
图13-91

步骤⑮ 选择“项目”面板，选中“02”文件并将其拖曳到“时间线”面板中的“视频 4”轨道中，如图 13-92 所示。将鼠标指针放在“02”文件的结束位置，当鼠标指针呈◀时，向前拖曳鼠标指针到与“广式爆炒大虾”文件相同的结束位置，如图 13-93 所示。

图 13-92

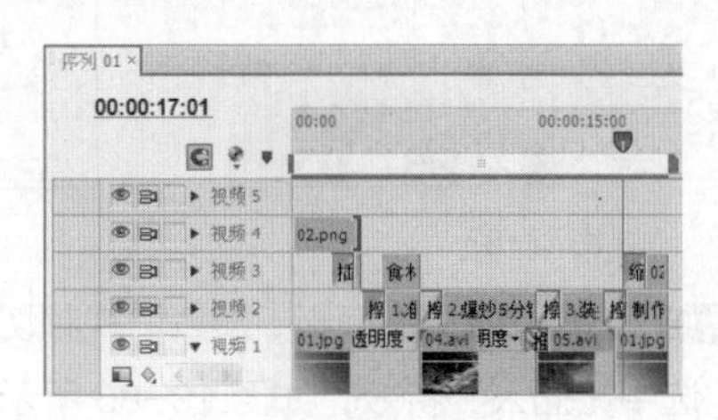

图 13-93

步骤⑯ 将时间标记移动到 00:00:00:00 的位置。在“特效控制台”面板中展开“运动”选项，将“位置”选项设置为-165.2 和 286.8，“缩放比例”选项设置为 90.0，单击“位置”选项左侧的“切换动画”按钮⏱，创建第 1 个动画关键帧，如图 13-94 所示。将时间标记移动到 00:00:02:00 的位置。将“位置”选项设置为 410.0 和 250.8，创建第 2 个动画关键帧，如图 13-95 所示。

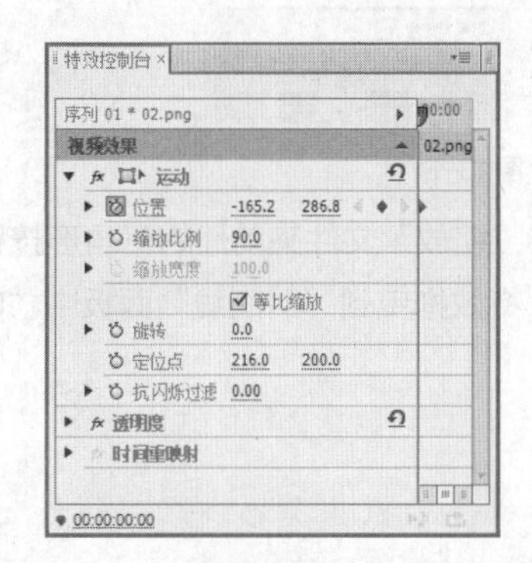

图 13-94

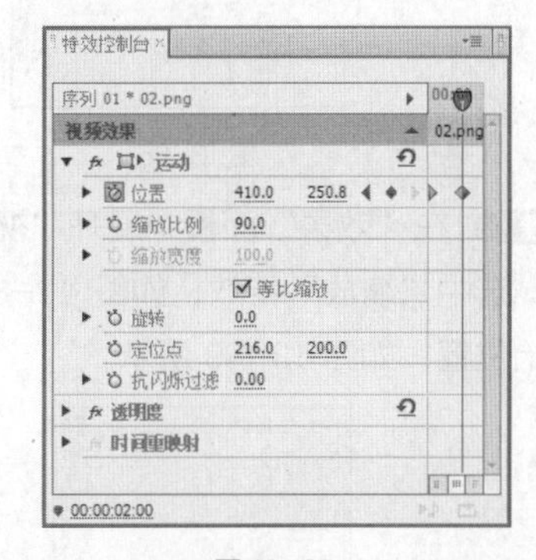

图 13-95

步骤⑰ 将时间标记移动到 00:00:04:14 的位置。在“项目”面板中选中“03”文件并将其拖曳到“时间线”面板中的“视频 4”轨道中，如图 13-96 所示。将鼠标指针放在“03”文件的结束位置，当鼠标指针呈◀时，向左拖曳鼠标指针到与“食材说明”文件相同的结束位置，如图 13-97 所示。

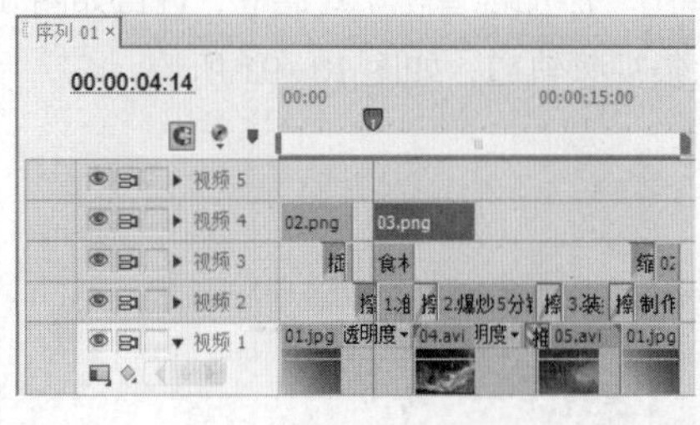

图 13-96

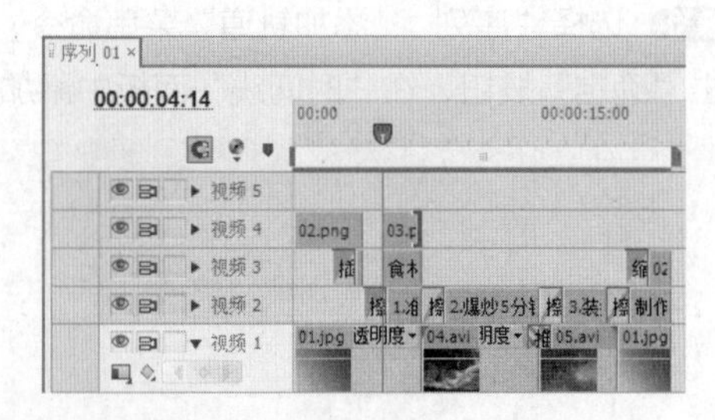

图 13-97

步骤⑱ 在“特效控制台”面板中展开“运动”选项，将“位置”选项设置为 481.0 和 245.0，“缩放比例”选项设置为 50.0，展开“透明度”选项，将“透明度”选项设置为 0.0%，单击“透明度”选项右侧的“添加/移除关键帧”按钮，创建第 1 个动画关键帧，如图 13-98 所示。将时间标记移动到 00:00:05:15 的位置。将“透明度”选项设置为 100.0%，创建第 2 个动画关键帧，如图 13-99 所示。

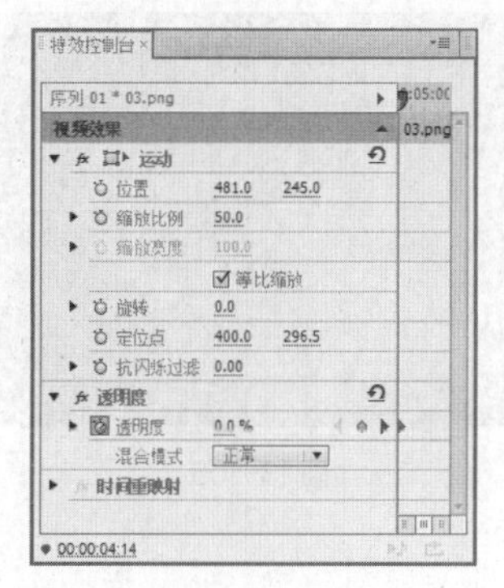

图 13-98

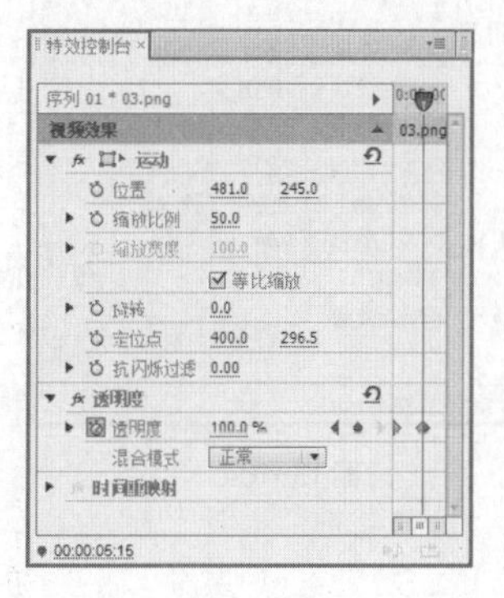

图 13-99

步骤⑲ 将时间标记移动到 00:00: 18:05 的位置。在“项目”面板中选中“制作完成”文件并将其拖曳到“时间线”面板中的“视频 4”轨道中，如图 13-100 所示。将鼠标指针放在“制作完成”文件的结束位置，当鼠标指针呈◀时，向左拖曳鼠标指针到与“02”文件相同的结束位置，如图 13-101 所示。

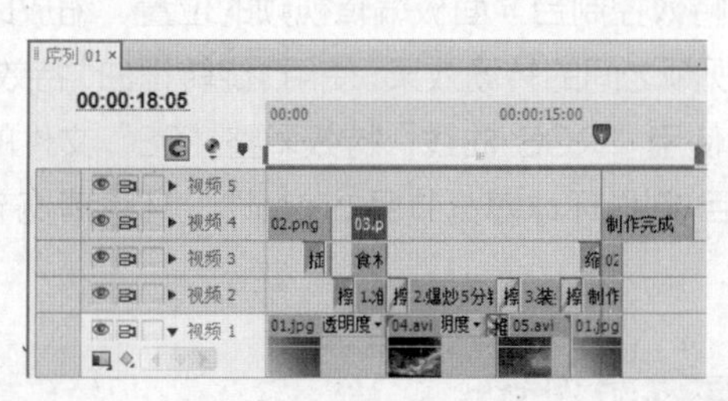

图 13-100

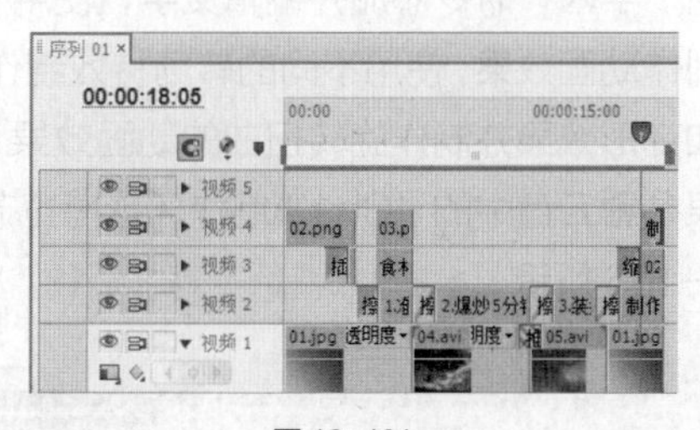

图 13-101

步骤⑳ 在“项目”面板中选中“06”文件并将其拖曳到“时间线”面板中的“视频 5”轨道中，如图 13-102 所示。将鼠标指针放在“06”文件的结束位置，当鼠标指针呈◀时，向右拖曳鼠标指针到与“制作完成”文件相同的结束位置，如图 13-103 所示。

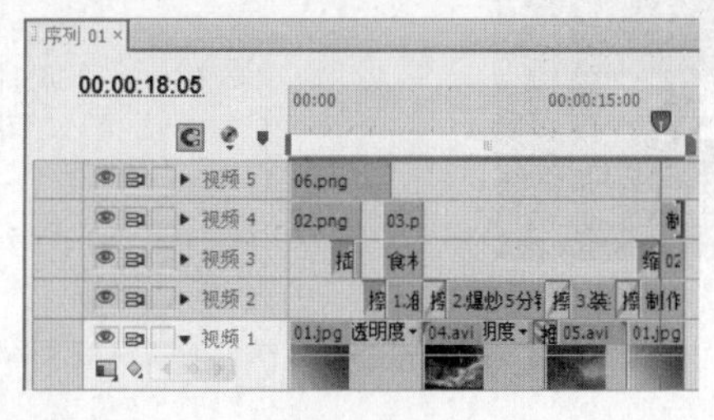

图 13-102

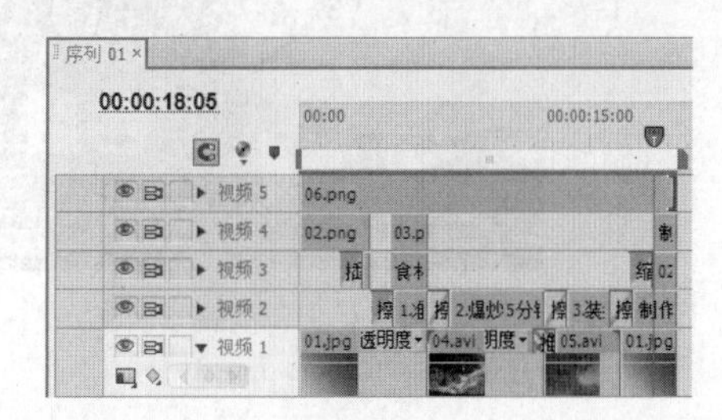

图 13-103

步骤㉑ 在“时间线”面板中选中“06”文件。在“特效控制台”面板中展开“运动”选项，取消勾选“等比缩放”复选框，将“缩放宽度”选项设置为 109.4，如图 13-104 所示。烹饪节目制作完成，效果如图 13-105 所示。

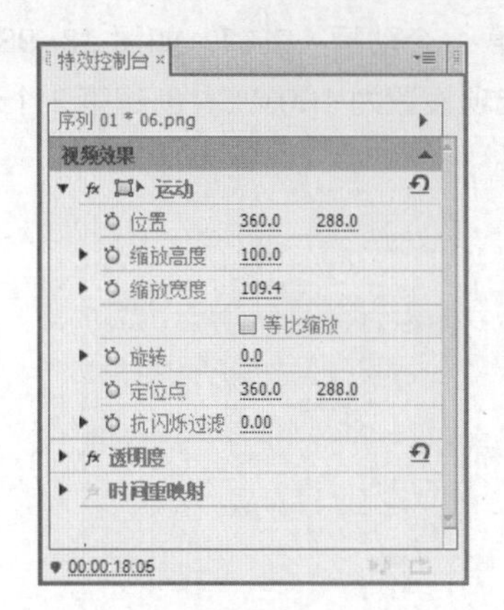

图 13-104

图 13-105

13.3 课堂练习——制作环球博览节目

练习知识要点

使用“字幕”命令添加并编辑文字，使用“特效控制台”面板编辑视频的位置、缩放比例和透明度并制作动画效果，使用不同的转场特效制作视频之间的转场效果，使用“旋转扭曲”特效为“03”文件添加变形效果并制作旋转扭曲的动画效果，使用“RGB 曲线”特效调整“08”文件的色彩。最终效果参看云盘中的“Ch13\制作环球博览节目\制作环球博览节目.prproj”。环球博览节目效果如图 13-106 所示。

图 13-106

效果所在位置

云盘\Ch13\制作环球博览节目\制作环球博览节目. prproj。

13.4 课后习题——制作节目片尾

习题知识要点

使用“导入”命令导入素材文件，使用“字幕”命令创建字幕，使用“滚动/游动选项”按钮制作滚动文字效果。最终效果参看云盘中的“Ch13\制作节目片尾\制作节目片尾.prproj”。节目片尾效果如图 13-107 所示。

图 13-107

效果所在位置

云盘\Ch13\制作节目片尾\制作节目片尾. prproj。

14 第14章 制作音乐短片

本章介绍

音乐短片（Music Video，MV），是把对音乐的读解用画面呈现的一种艺术类型。它并非只局限在电视上，还可以通过单独发行影碟、手机、网络的方式发布。本章以多类主题的MV为例，讲解MV的构思方法和制作技巧，读者通过学习可以设计、制作出精彩独特的MV。

课堂学习目标

- 了解MV的构成元素
- 掌握MV的制作技巧
- 掌握MV的设计思路

14.1 制作儿歌 MV

14.1.1 案例分析

使用“字幕”命令添加并编辑文字，使用“特效控制台”面板编辑视频的位置、缩放比例、旋转和透明度并制作视频的动画效果，使用“效果”面板制作视频之间的转场和特效，等等。

14.1.2 案例设计

本案例设计效果如图 14-1 所示。

图 14-1

14.1.3 案例制作

步骤❶ 启动 Premiere Pro CS6 软件，弹出“欢迎使用 Adobe Premiere Pro”界面，单击“新建项目”按钮 ，弹出“新建项目”对话框，设置“位置”选项，选择保存文件路径，在“名称”文本框中输入文件名“制作儿歌 MV”，如图 14-2 所示。单击“确定”按钮，弹出“新建序列”对话框，设置如图 14-3 所示，单击“确定”按钮完成序列的创建。

图 14-2

图 14-3

步骤❷ 选择“文件 > 导入”菜单命令，弹出“导入”对话框，选择云盘中的“Ch14\制作儿歌MV\素材\ 01”“Ch14\制作儿歌 MV\素材\02”文件，单击“打开”按钮，弹出“导入分层文件：01”对话框，在“导入为：”下拉列表框中选择“序列”，如图 14-4 所示。单击“确定”按钮，将素材文件导入“项目”面板中，如图 14-5 所示。

图 14-4

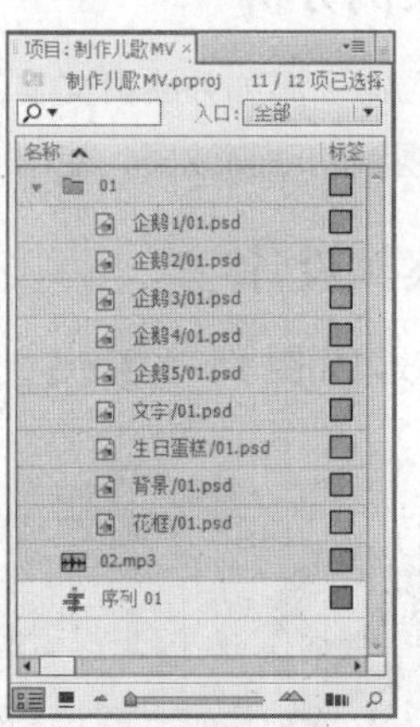
图 14-5

步骤❸ 在“项目”面板中，选中“背景/01”文件并将其拖曳到“时间线”面板中的“视频 1”轨道中，如图 14-6 所示。将时间标记移动到 00:00:24:21 的位置，将鼠标指针放在“背景/01”文件的结束位置，当鼠标指针呈⇥时，向右拖曳鼠标指针到 00:00:24:21 的位置，如图 14-7 所示。

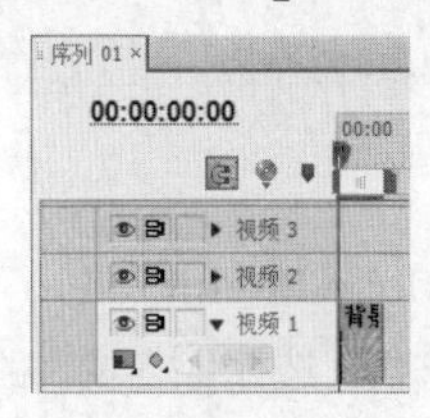
图 14-6

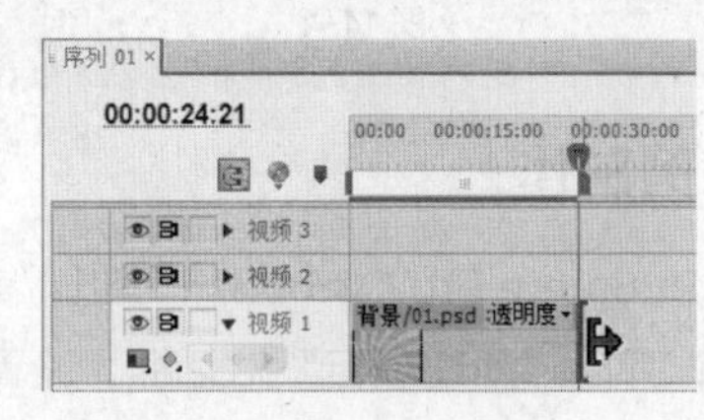
图 14-7

步骤❹ 将时间标记移动到 00:00:00:00 的位置。在“时间线”面板中选中“背景/01”文件。选择“特效控制台”面板，展开“运动”选项，将“缩放比例”选项设置为 110.0。展开“透明度”选项，将“透明度”选项设置为 0.0%，单击“透明度”选项右侧的“添加/移除关键帧”按钮，创建第 1 个动画关键帧，如图 14-8 所示。将时间标记移动到 00:00:02:06 的位置。在“特效控制台”面板中将“透明度”选项设置为 100%，创建第 2 个动画关键帧，如图 14-9 所示。

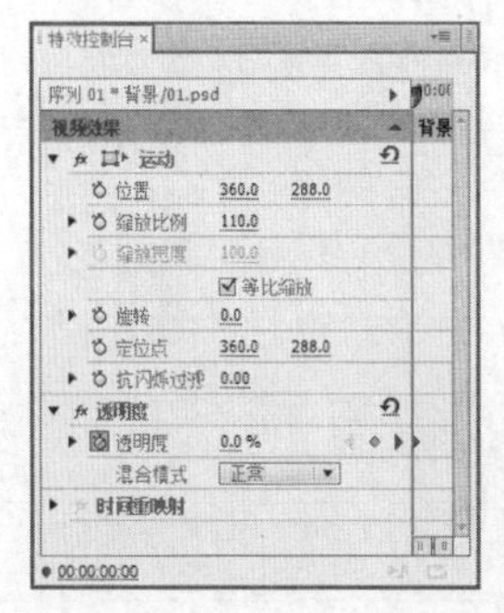
图 14-8

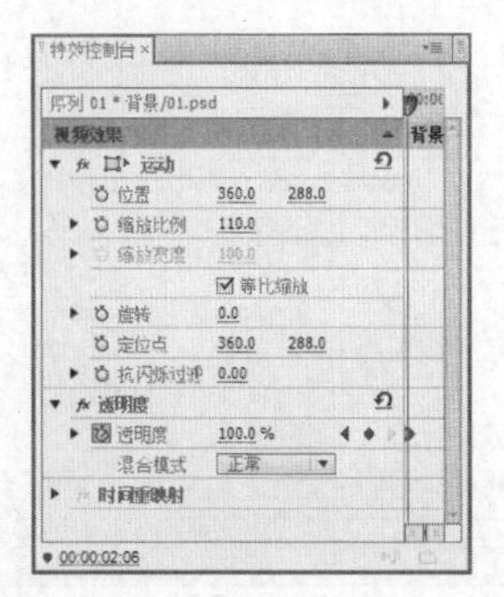
图 14-9

步骤⑤ 将时间标记移动到 00:00:10:05 的位置。在“项目”面板中选中“企鹅 1/01”文件并将其拖曳到“时间线”面板中的“视频 2”轨道中，如图 14-10 所示。将鼠标指针放在“企鹅 1/01”文件的结束位置，当鼠标指针呈⇤时，向右拖曳鼠标指针到与“背景/01”文件相同的结束位置，如图 14-11 所示。

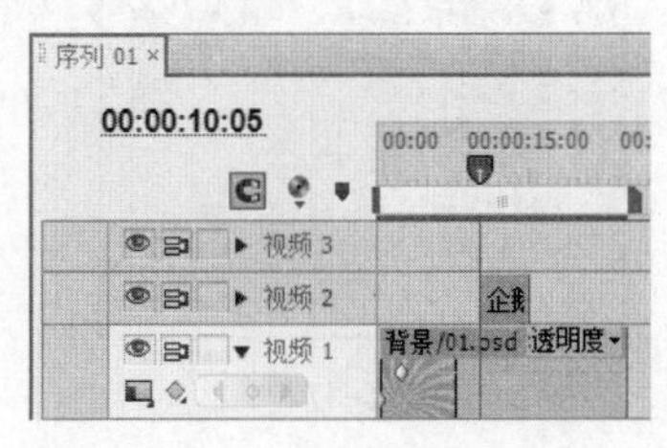

图 14-10

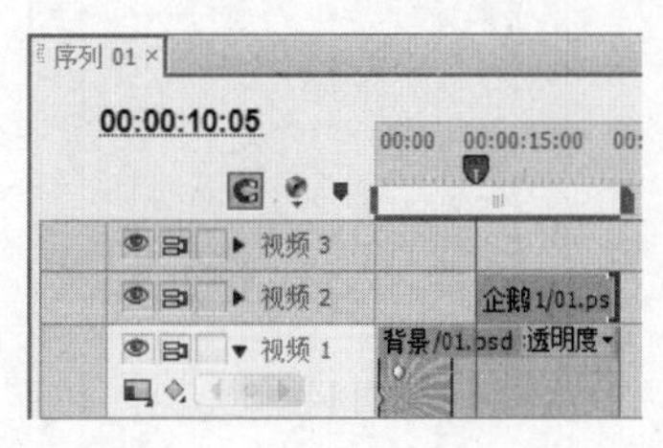

图 14-11

步骤⑥ 选择“窗口 > 效果”菜单命令，弹出“效果”面板，展开“视频特效”选项，单击“风格化”文件夹前面的三角形按钮▶将其展开，选中“闪光灯”特效，如图 14-12 所示。将“闪光灯”特效拖曳到“时间线”面板“视频 2”轨道中的“企鹅 1/01”文件上，如图 14-13 所示。

图 14-12

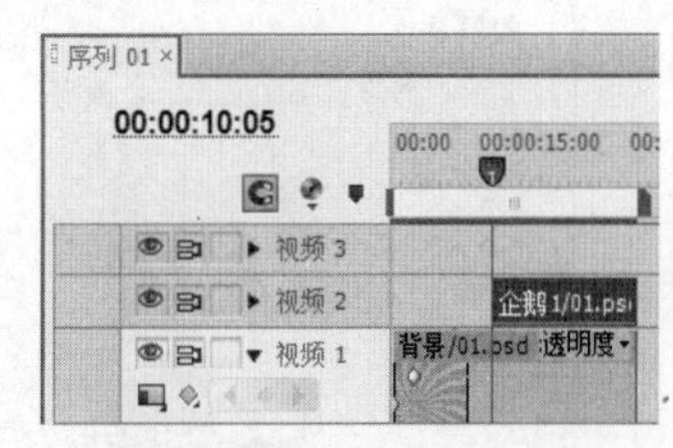

图 14-13

步骤⑦ 将时间标记移动到 00:00:17:04 的位置。在“特效控制台”面板中展开“闪光灯”特效，将“明暗闪动颜色”选项设置为橙色（其 R、G、B 的值分别为 255、222、0），其他参数设置如图 14-14 所示。单击“与原始图像混合”选项左侧的“切换动画”按钮⏱，创建第 1 个动画关键帧，如图 14-15 所示。

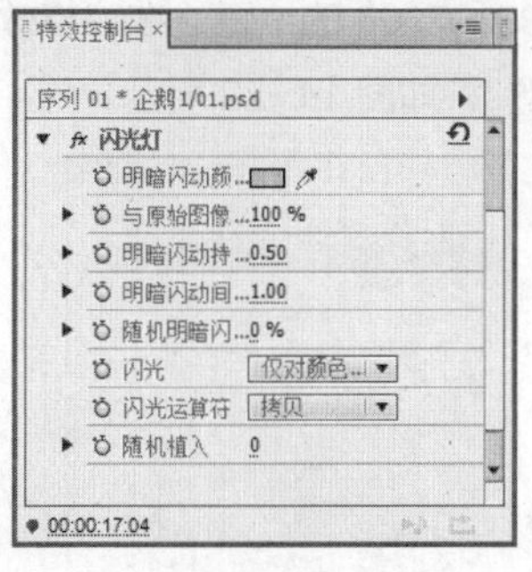

图 14-14

图 14-15

步骤⑧ 将时间标记移动到 00:00:17:05 的位置，在“特效控制台”面板中将“与原始图像混合”选项设置为 0%，创建第 2 个动画关键帧，如图 14-16 所示。将时间标记移动到 00:00:22:16 的位置，在“特效控制台”面板中将“与原始图像混合”选项设置为100%，创建第3个动画关键帧，如图14-17所示。

图14-16

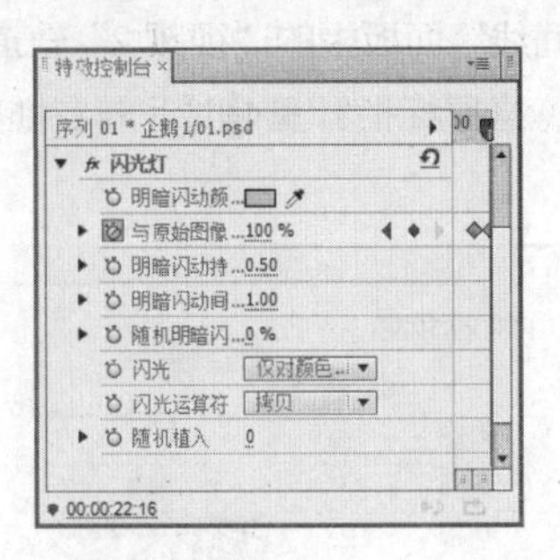

图14-17

步骤⑨ 用相同的方法将“项目”面板中的文件添加到“时间线”面板中，设置相应的出场时间、视频特效并添加动画关键帧，如图14-18所示。

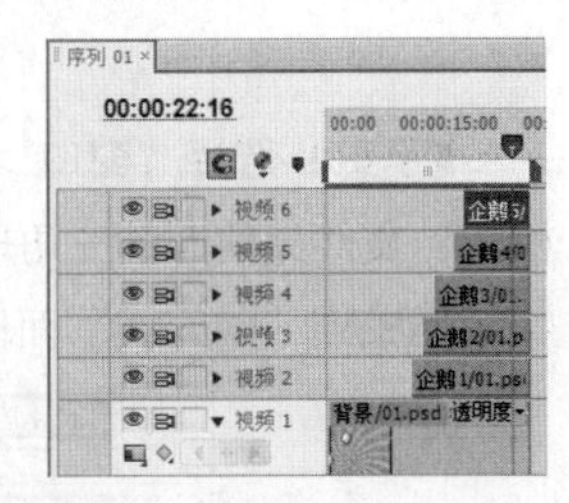

图14-18

步骤⑩ 在“项目”面板中选中“花框/01”文件并将其拖曳到“时间线”面板中的“视频7”轨道中，如图14-19所示。将鼠标指针放在“花框/01”文件的结束位置，当鼠标指针呈时，向右拖曳鼠标指针到与“企鹅5/01”文件相同的结束位置，如图14-20所示。

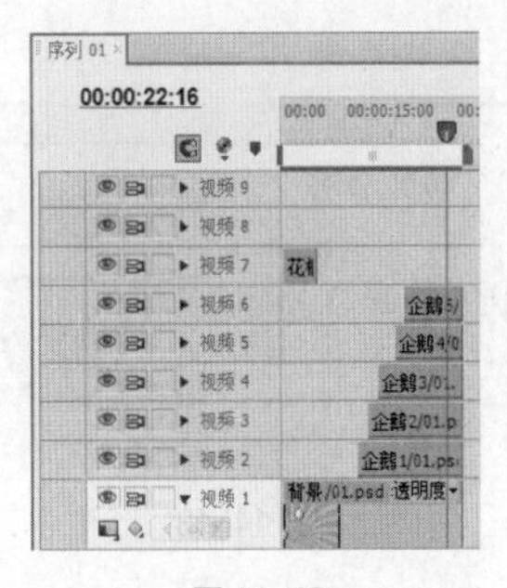

图14-19

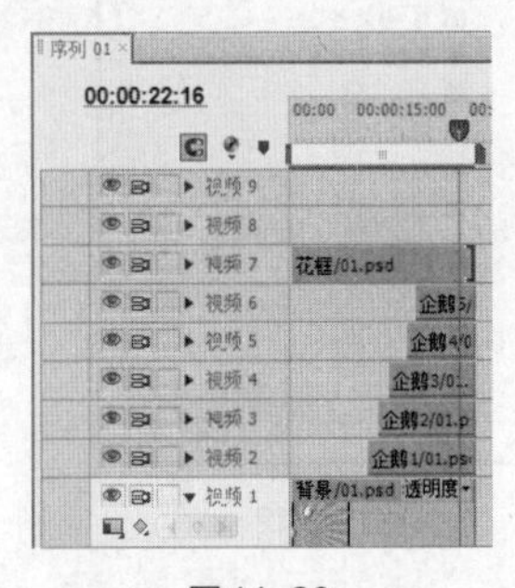

图14-20

步骤⑪ 将时间标记移动到00:00:00:00的位置。选中“时间线”面板中的“花框/01”文件。在“特效控制台”面板中展开“运动”选项，将“缩放比例”选项设置为110.0。展开“透明度”选项，将“透明度”选项设置为0.0%，单击“透明度右侧的“添加/移除关键帧”按钮”，创建第1个动画关键帧，如图14-21所示。将时间标记移动到00:00:02:06的位置。在“特效控制台”面板中将“透明度”选项设置为100.0%，创建第2个动画关键帧，如图14-22所示。

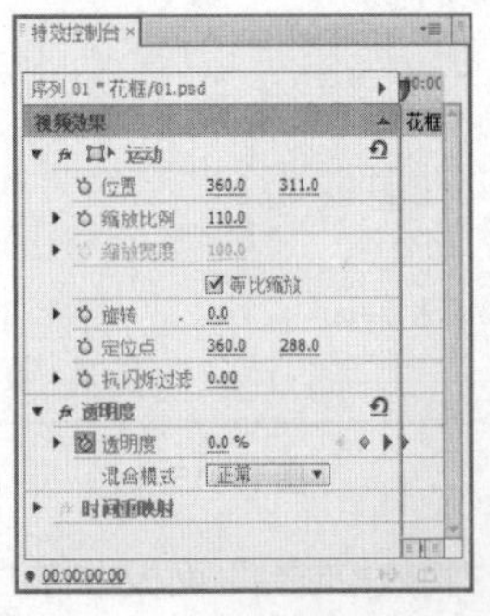

图14-21

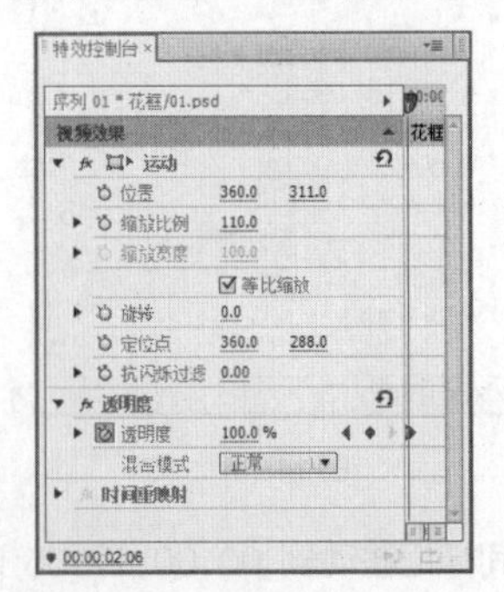

图14-22

步骤⑫ 将时间标记移动到 00:00:03:02 的位置。在“项目”面板中选中“生日蛋糕/01”文件并将其拖曳到“时间线”面板中的“视频 8”轨道中，如图 14-23 所示。将鼠标指针放在“生日蛋糕/01”文件的结束位置，当鼠标指针呈◀时，向右拖曳鼠标指针到与“花框/01”文件相同的结束位置，如图 14-24 所示。

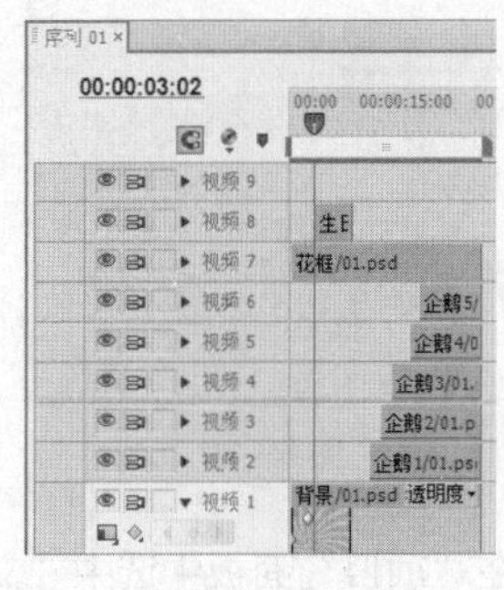

图 14-23

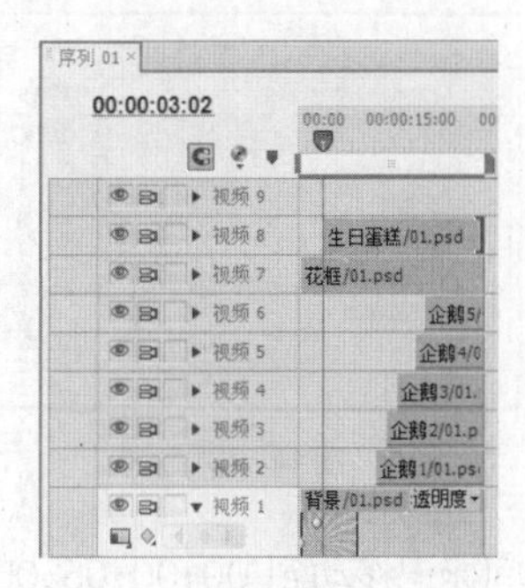

图 14-24

步骤⑬ 选中“时间线”面板中的“生日蛋糕/01”文件。在“特效控制台”面板中展开“运动”选项，将“位置”选项设置为 360.0 和 602.0，并单击“位置”选项左侧的“切换动画”按钮，创建第 1 个动画关键帧，如图 14-25 所示。将时间标记移动到 00:00:05:06 的位置。在“特效控制台”面板中将“位置”选项设置为 360.0 和 288.0，创建第 2 个动画关键帧，如图 14-26 所示。

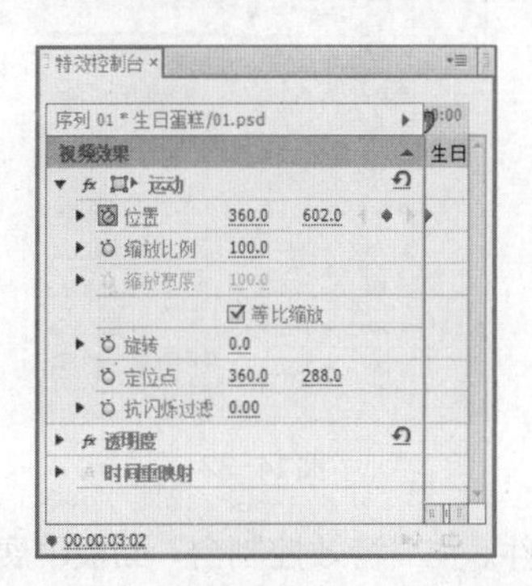

图 14-25

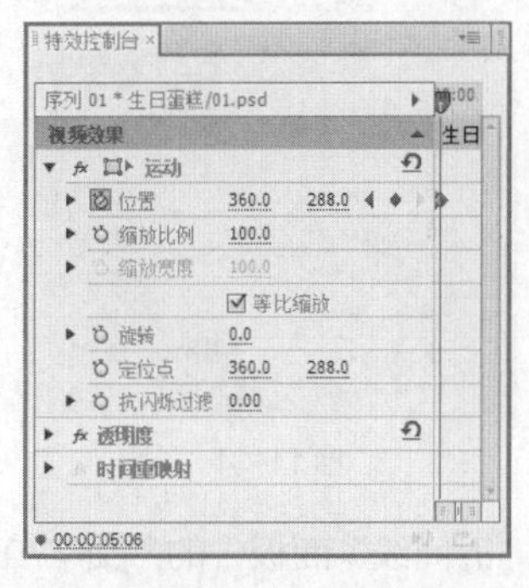

图 14-26

步骤⑭ 在“特效控制台”面板中展开“透明度”选项，单击“透明度”选项右侧的“添加/移除关键帧”按钮，创建第 1 个动画关键帧，如图 14-27 所示。将时间标记移动到 00:00:09:06 的位置。在“特效控制台”面板中将“透明度”选项设置为 0.0%，创建第 2 个动画关键帧，如图 14-28 所示。

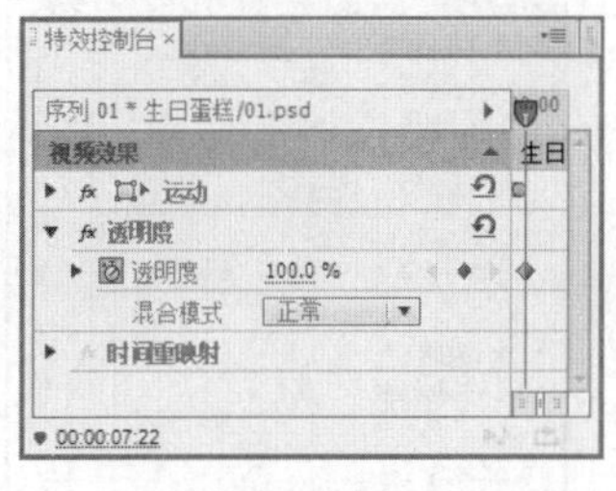

图 14-27

图 14-28

步骤⑮ 将时间标记移动到 00:00:21:13 的位置。在“特效控制台”面板中单击“透明度”选项右侧的“添加/移除关键帧”按钮，创建第 3 个动画关键帧，如图 14-29 所示。将时间标记移动到 00:00:24:18 的位置。在“特效控制台”面板中，将“透明度”选项设置为 100.0%，创建第 4 个动画关键帧，如图 14-30 所示。

图 14-29

图 14-30

步骤⑯ 将时间标记移动到 00:00:05:05 的位置。在“项目”面板中选中“文字/01”文件并将其拖曳到“时间线”面板中的“视频 9”轨道中，如图 14-31 所示。将鼠标指针放在“文字/01”文件的结束位置，当鼠标指针呈时，向右拖曳鼠标指针到与“生日蛋糕/01”文件相同的结束位置，如图 14-32 所示。

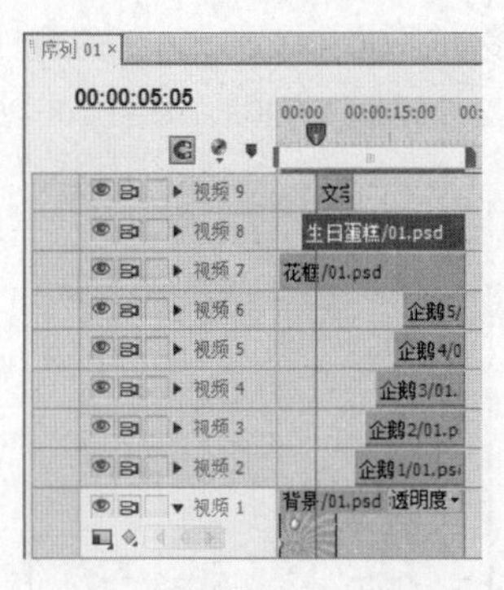

图 14-31

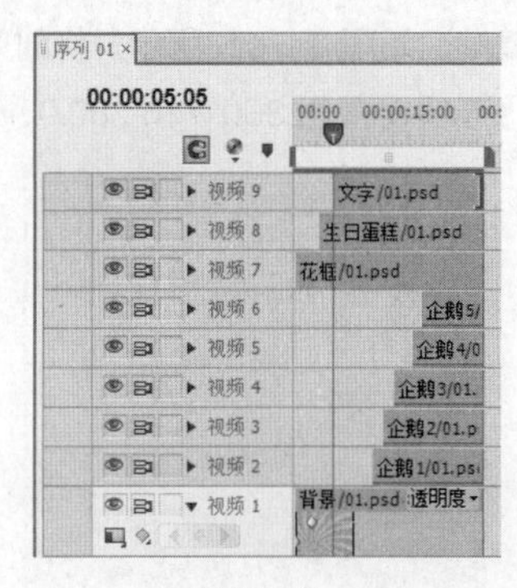

图 14-32

步骤⑰ 选中“时间线”面板中的“文字/01”文件。在“特效控制台”面板中展开“运动”选项，将“缩放比例”选项设置为 0.0，并单击“缩放比例”选项左侧的“切换动画”按钮，创建第 1 个动画关键帧，如图 14-33 所示。将时间标记移动到 00:00:06:05 的位置。将“缩放比例”选项设置为 100.0，创建第 2 个动画关键帧，如图 14-34 所示。

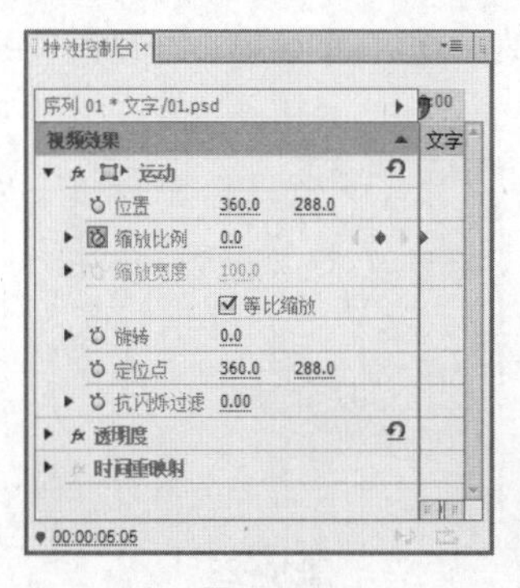

图 14-33

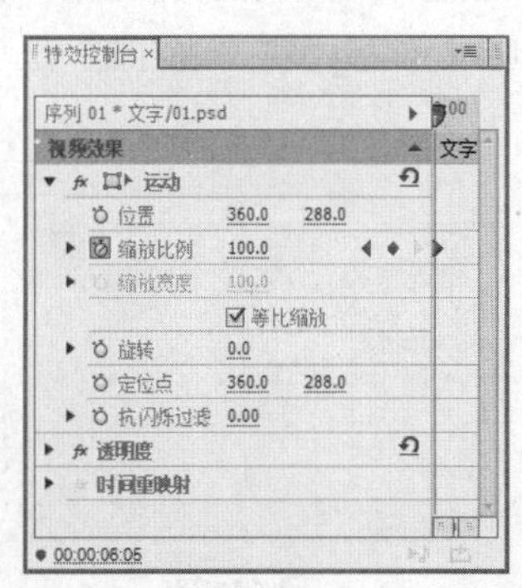

图 14-34

步骤 18 将时间标记移动到 00:00:07:22 的位置。在“特效控制台”面板中单击“透明度”选项右侧的“添加/移除关键帧”按钮◈，创建第 1 个动画关键帧，如图 14-35 所示。将时间标记移动到 00:00:09:05 的位置。在“特效控制台”面板中将“透明度”选项设置为 0.0%，创建第 2 个动画关键帧，如图 14-36 所示。

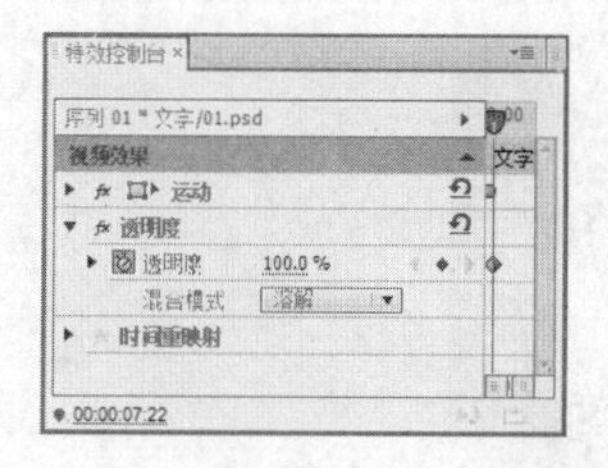

图 14-35

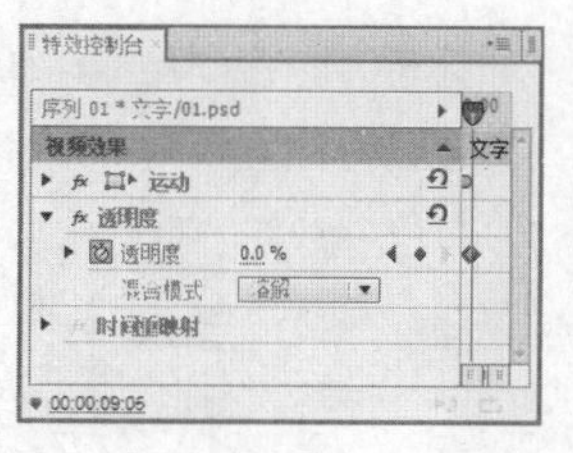

图 14-36

步骤 19 将时间标记移动到 00:00:21:13 的位置。在“特效控制台”面板中单击“透明度”选项右侧的“添加/移除关键帧”按钮◈，创建第 3 个动画关键帧，如图 14-37 所示。将时间标记移动到 00:00:24:18 的位置。在“特效控制台”面板中将“透明度”选项设置为 100%，创建第 4 个动画关键帧，如图 14-38 所示。

图 14-37

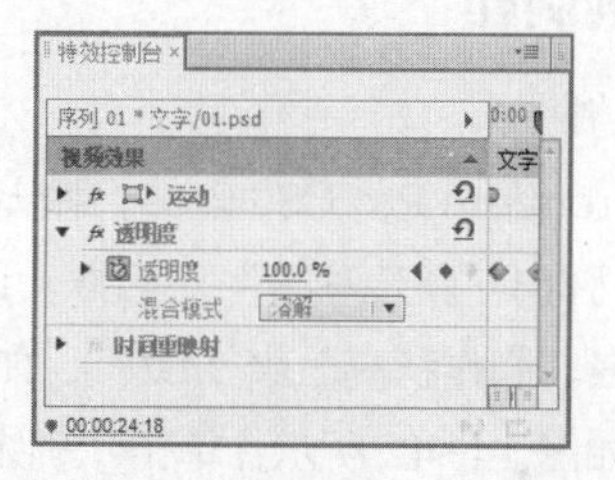

图 14-38

步骤 20 在“项目”面板中选中“02”文件并将其拖曳到“时间线”面板中的“音频 1”轨道中，如图 14-39 所示。儿歌 MV 制作完成。

图 14-39

14.2 制作秋高气爽 MV

14.2.1 案例分析

使用“字幕”命令添加标题及介绍文字，使用“特效控制台”面板编辑图像的位置、比例和透明度并制作动画效果，使用“添加轨道”命令添加新轨道，等等。

14.2.2 案例设计

本案例设计效果如图 14-40 所示。

图 14-40

14.2.3 案例制作

1. 添加项目文件

步骤① 启动 Premiere Pro CS6 软件，弹出“欢迎使用 Adobe Premiere Pro”界面，单击“新建项目”按钮，弹出“新建项目”对话框，设置“位置”选项，选择保存文件路径，在“名称”文本框中输入文件名“制作秋高气爽 MV”，如图 14-41 所示。单击“确定”按钮，弹出“新建序列”对话框，设置如图 14-42 所示，单击“确定”按钮完成序列的创建。

图 14-41

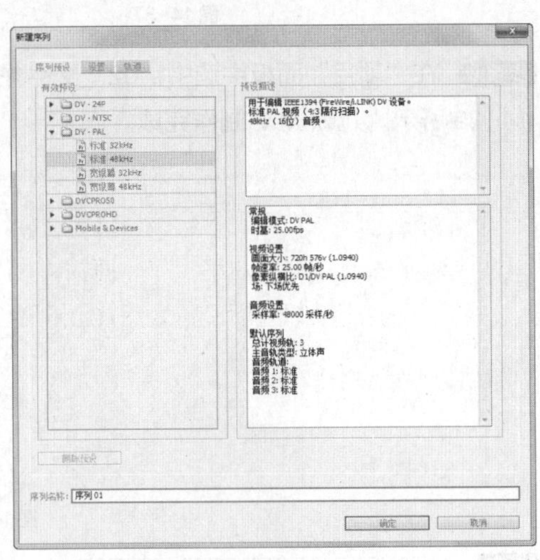

图 14-42

步骤② 选择“文件 > 导入”菜单命令，弹出“导入”对话框，选择云盘中的“Ch14\制作秋高气爽\素材\01”文件至“Ch14\制作秋高气爽 MV\素材\09”文件，单击“打开”按钮，导入文件，如图 14-43 所示。导入后的文件排列在“项目”面板中，如图 14-44 所示。在“项目”面板中选中“01”文件并将其拖曳到“时间线”面板中的“视频 1”轨道中，如图 14-45 所示。

图14-43

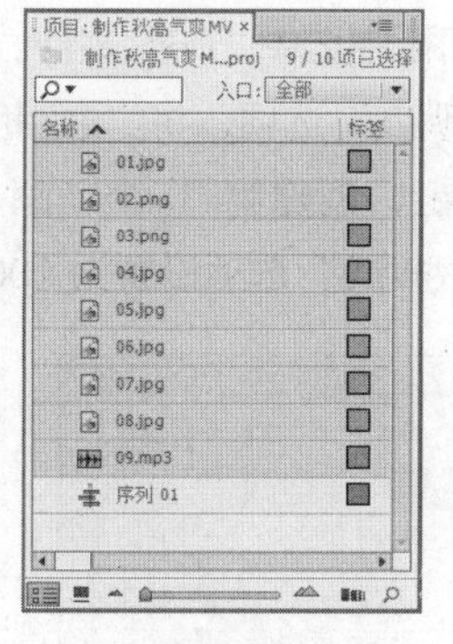

图14-44

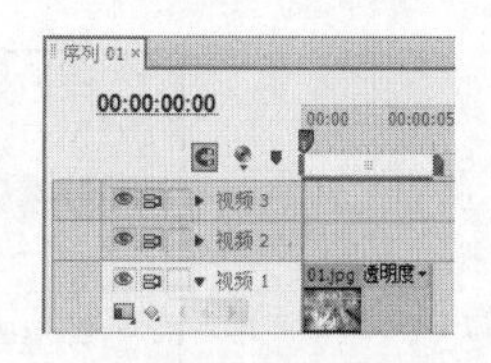

图14-45

步骤③ 在“时间线”面板中选中“01”文件。选择“特效控制台”面板，展开“运动”选项，将“缩放比例”选项设置为36.0，如图14-46所示。

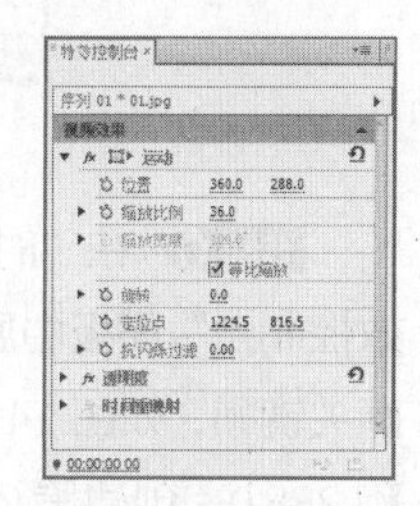

图14-46

步骤④ 选择“素材 > 速度/持续时间”菜单命令，弹出对话框，设置如图14-47所示，单击“确定”按钮，效果如图14-48所示。用相同的方法添加素材文件并设置其速度/持续时间，如图14-49所示。

图14-47

图14-48

图14-49

步骤⑤ 在“时间线”面板中选中“05”文件。将时间标记移动到00:00:10:15的位置。在“特效控制台”面板中展开“运动”选项，将“缩放比例”选项设置为30.0，并单击“缩放比例”选项左侧的“切换动画”按钮，创建第1个动画关键帧，如图14-50所示。将时间标记移动到00:00:14:00的位置。将“缩放比例”选项设置为25.0，创建第2个动画关键帧，如图14-51所示。

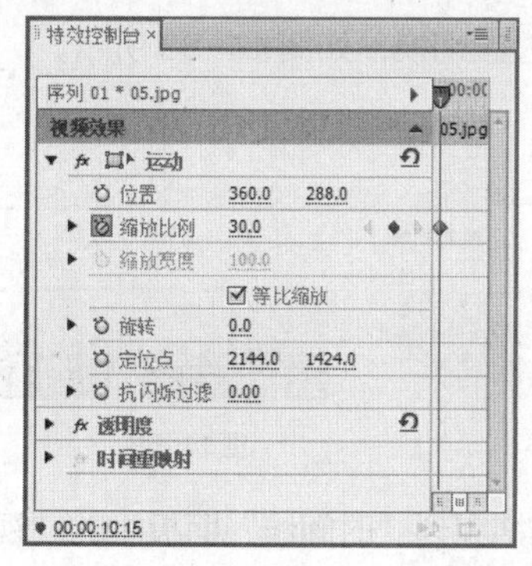

图14-50

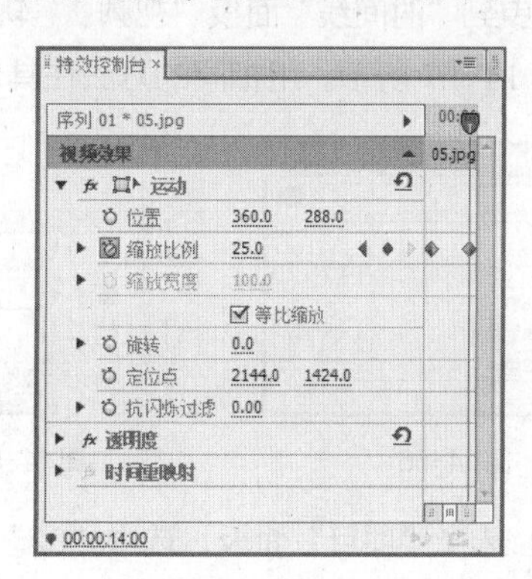

图14-51

步骤 6 在“时间线”面板中选中“06”文件。将时间标记移动到 00:00:15:19 的位置。在“特效控制台”面板中展开“透明度”选项，将“透明度”选项设置为 60.0%，单击“透明度”选项右侧的“添加/移除关键帧”按钮，创建第 1 个动画关键帧，如图 14-52 所示。将时间标记移动到 00:00:19:06 的位置。将“透明度”选项设置为 100.0%，创建第 2 个动画关键帧，如图 14-53 所示。

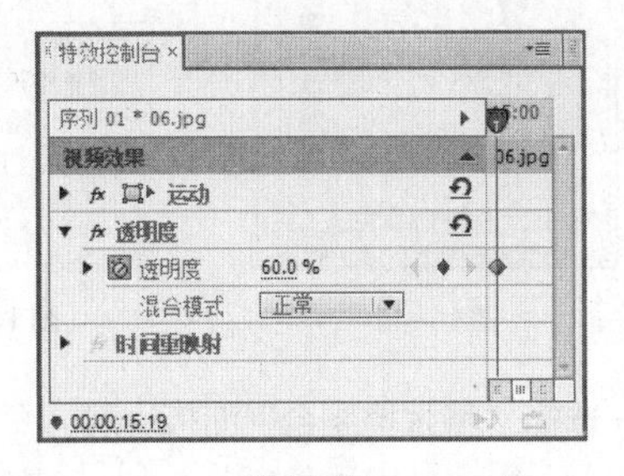

图 14-52

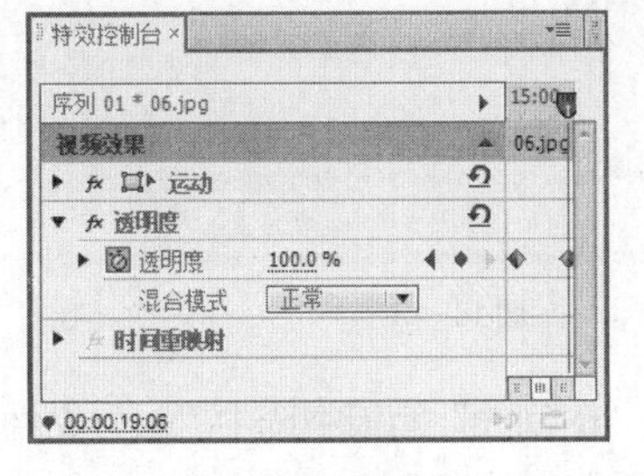

图 14-53

步骤 7 在“时间线”面板中选中“08”文件。将时间标记移动到 00:00:25:18 的位置。在“特效控制台”面板中展开“运动”选项，单击“位置”选项左侧的“切换动画”按钮，创建第 1 个动画关键帧，如图 14-54 所示。将时间标记移动到 00:00:28:19 的位置。将“位置”选项设置为 231.1 和 288.0，创建第 2 个动画关键帧，如图 14-55 所示。

图 14-54

图 14-55

步骤 8 选择“窗口 > 效果”菜单命令，弹出“效果”面板，展开“视频切换”选项，单击“伸展”文件夹前面的三角形按钮将其展开，选中“交叉伸展”特效，如图 14-56 所示。将“交叉伸展”特效拖曳到“时间线”面板“视频 1”轨道中的“04”文件的结束位置和“05”文件的开始位置之间，如图 14-57 所示。用相同的方法在其他位置添加过渡切换，如图 14-58 所示。

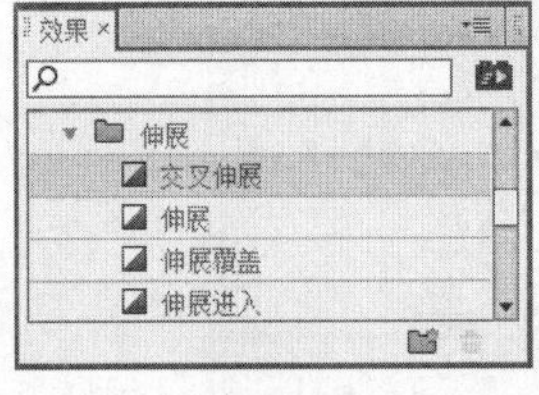

图 14-56

图 14-57

图 14-58

步骤 9 选择“项目”面板，选中“02”文件并将其拖曳到“时间线”面板中的“视频 2”轨道中，如图 14-59 所示。将时间标记移动到 00:00:00:00 的位置。将鼠标指针放在“02”文件的结束位置，当鼠标指针呈◀时，向右拖曳鼠标指针到与“01”文件相同的结束位置，如图 14-60 所示。

图 14-59

图 14-60

步骤⑩ 在“时间线”面板中选中“02”文件。在“特效控制台”面板中展开“运动”选项，将“缩放比例”选项设置为 200.0，单击“位置”选项左侧的“切换动画”按钮，创建第 1 个动画关键帧，如图 14-61 所示。将时间标记移动到 00:00:02:12 的位置。将“缩放比例”选项设置为 135.0，创建第 2 个动画关键帧，如图 14-62 所示。

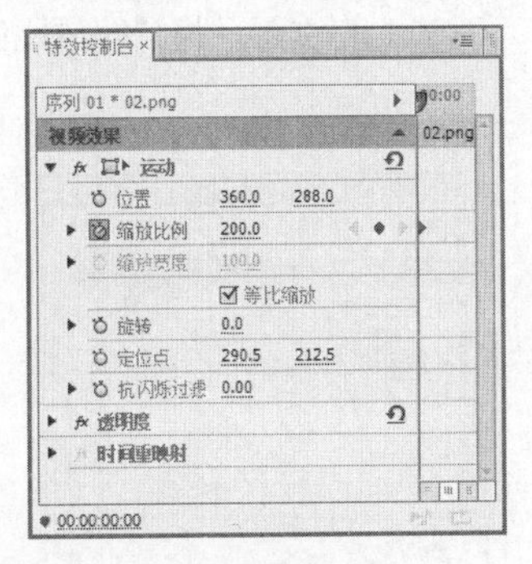
图 14-61

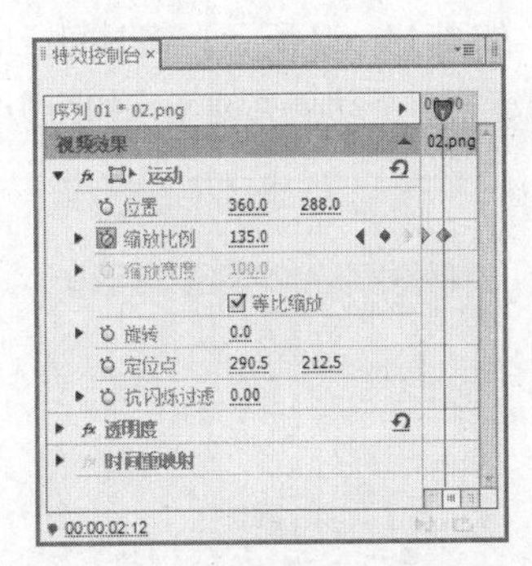
图 14-62

2. 制作字幕文件

步骤① 选择“文件 > 新建 > 字幕”菜单命令，弹出“新建字幕”对话框，如图 14-63 所示。单击“确定”按钮，弹出“字幕”编辑面板。选择“输入”工具T，在字幕工作区中分别输入需要的文字，并设置适当的字体和文字大小。在“字幕属性”设置子面板中展开“填充”选项，将“颜色”选项设置为棕红色（其 R、G、B 的值分别为 113、40、11）。字幕工作区中的效果如图 14-64 所示。关闭“字幕”编辑面板，新建的字幕文件自动保存到“项目”面板中。

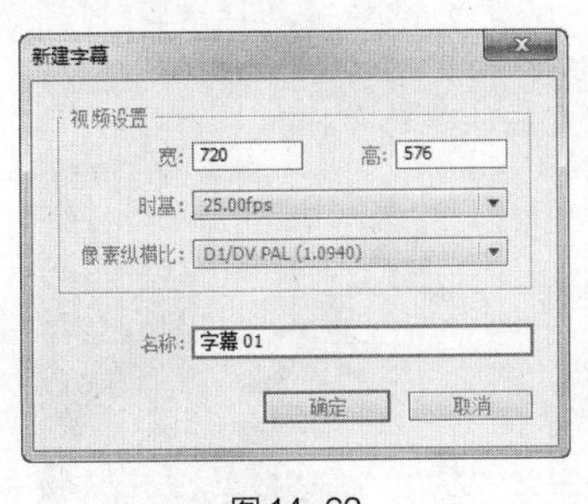

图 14-63

图 14-64

步骤② 将时间标记移动到 00:00:02:12 的位置。在“项目”面板中选中“字幕 01”文件并将其拖曳到“时间线”面板中的“视频 3”轨道中，如图 14-65 所示。将鼠标指针放在“字幕 01”文件的结束位置，当鼠标指针呈◀时，向右拖曳鼠标指针到与“02”文件相同的结束位置，如图 14-66 所示。

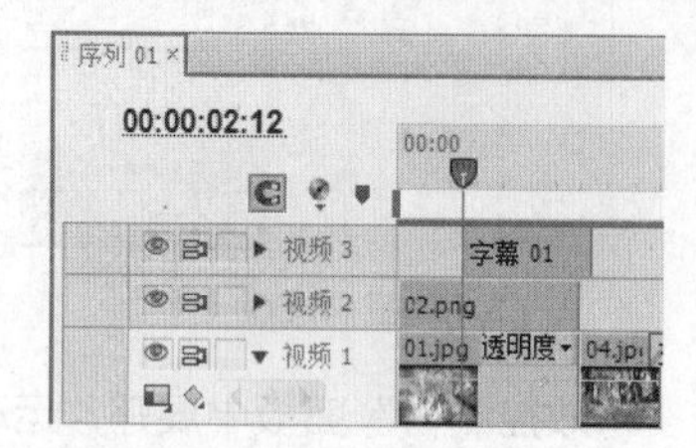
图 14-65

图 14-66

步骤③ 在“时间线”面板中选中“字幕 01”文件。在“特效控制台”面板中展开“运动”选项，将“缩放比例”选项设置为 20.0，单击“缩放比例”选项左侧的“切换动画”按钮，创建第 1 个动画关键帧，如图 14-67 所示。将时间标记移动到 00:00:03:11 的位置。将“缩放比例”选项设置为 100.0，创建第 2 个动画关键帧，如图 14-68 所示。

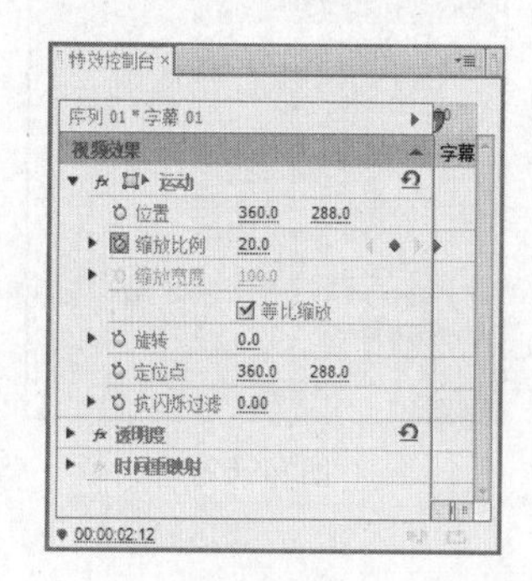
图 14-67

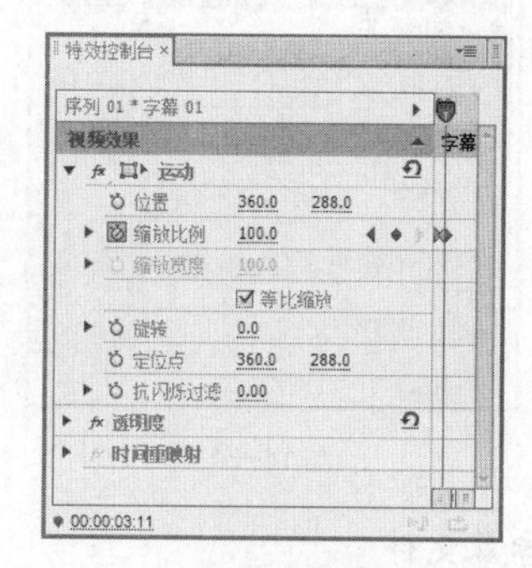
图 14-68

步骤④ 选择“文件 > 新建 > 字幕”菜单命令，弹出“新建字幕”对话框，如图 14-69 所示。单击“确定”按钮，弹出“字幕”编辑面板。选择“垂直文字”工具，在字幕工作区中分别输入需要的文字，并分别设置适当的字体和文字大小。在“字幕属性”设置子面板中展开“填充”选项，将“颜色”选项设置为棕红色（其 R、G、B 的值分别为 113、40、11）。字幕工作区中的效果如图 14-70 所示。

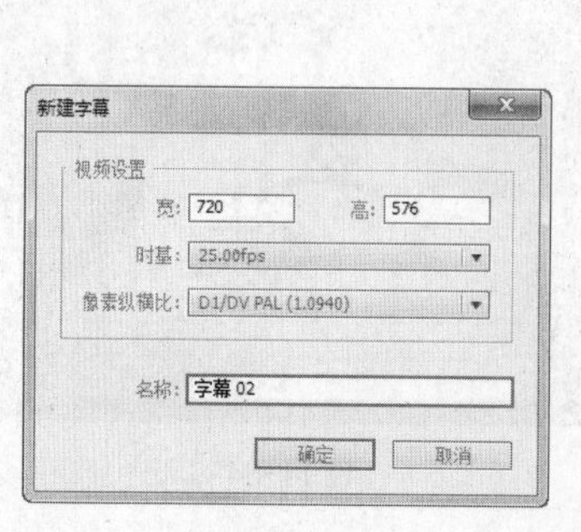

图 14-69

图 14-70

步骤⑤ 选择“直线”工具，按住<Shift>键的同时，在字幕工作区中绘制直线。在“字幕属性”设置子面板中展开“填充”选项，将“颜色”选项设置为棕红色（其 R、G、B 的值分别为 113、40、11），其他选项的设置如图 14-71 所示。关闭“字幕”编辑面板，新建的字幕文件自动保存到“项目”面板中。用相同的方法制作其他字幕，如图 14-72 所示。

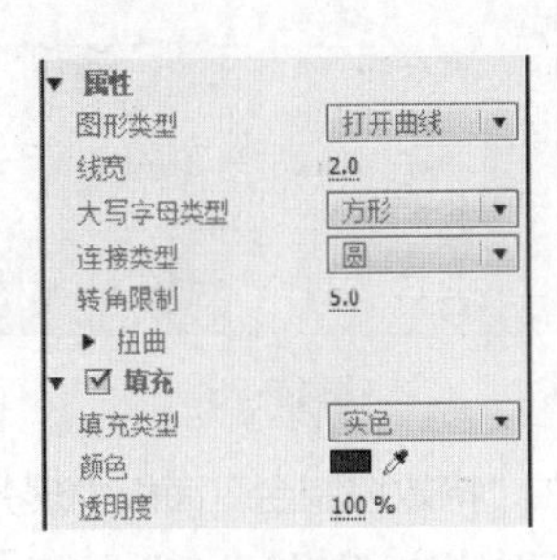

图 14-71

图 14-72

步骤⑥ 将时间标记移动到 00:00:03:11 的位置。在“项目”面板中选中“字幕 02”文件并将其拖曳到“时间线”面板视频轨道上方的空白区域，生成“视频 4”轨道，如图 14-73 所示。将鼠标指针放在“字幕 02”文件的结束位置，当鼠标指针呈时，向右拖曳鼠标指针到与“字幕 01”文件相同的结束位置，如图 14-74 所示。

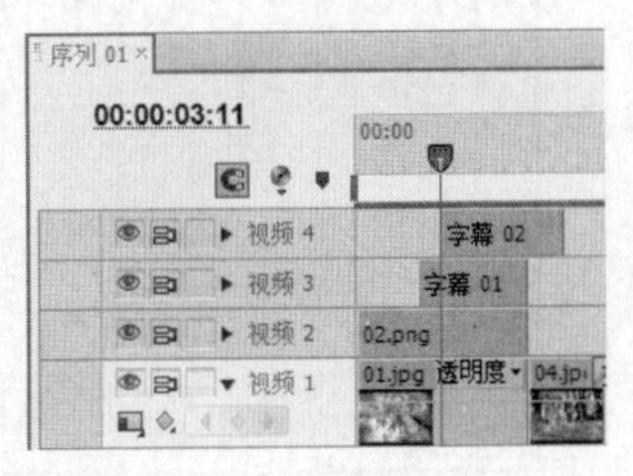

图 14-73

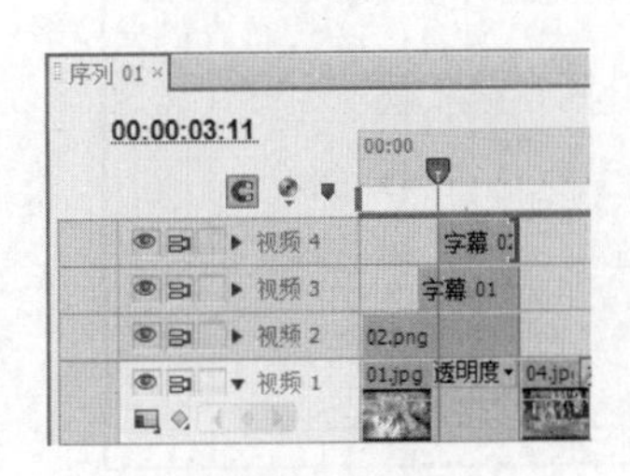

图 14-74

步骤⑦ 在“时间线”面板中选中“字幕 02”文件。在“特效控制台”面板中展开“运动”选项，将“位置”选项设置为 736.7 和 288.0，单击“位置”选项左侧的“切换动画”按钮，创建第 1 个动画关键帧，如图 14-75 所示。将时间标记移动到 00:00:04:05 的位置。将“位置”选项设置为 360.0 和 288.0，创建第 2 个动画关键帧，如图 14-76 所示。

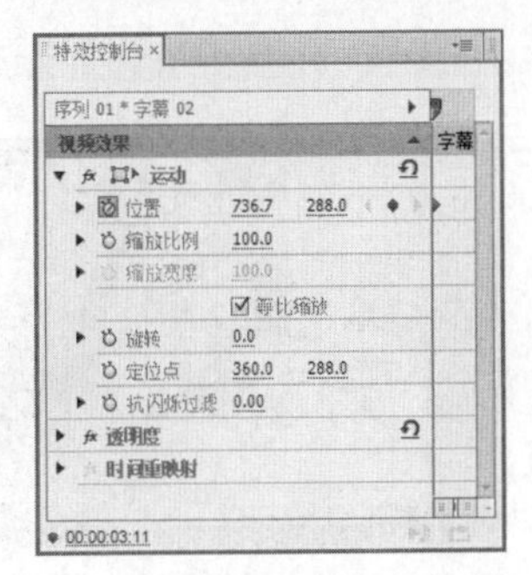

图 14-75

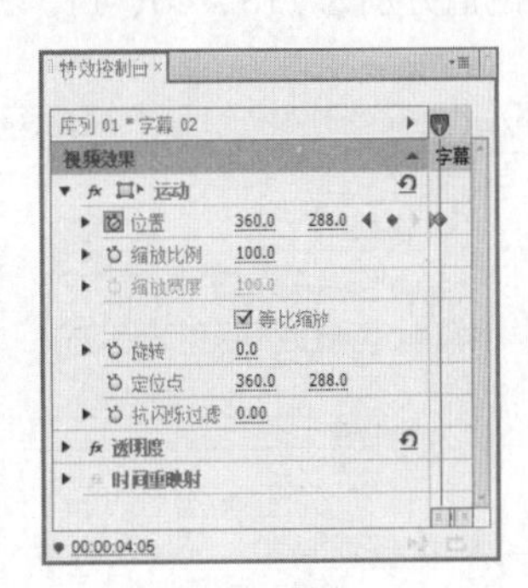

图 14-76

步骤⑧ 将时间标记移动到 00:00:04:05 的位置。在“项目”面板中选中“字幕 03”文件并将其拖曳到“时间线”面板视频轨道上方的空白区域，生成“视频 5”轨道，如图 14-77 所示。将鼠标指针放在“字幕 03”文件的结束位置，当鼠标指针呈时，向右拖曳鼠标指针到与“字幕 02”文件相同的结束位置，如图 14-78 所示。

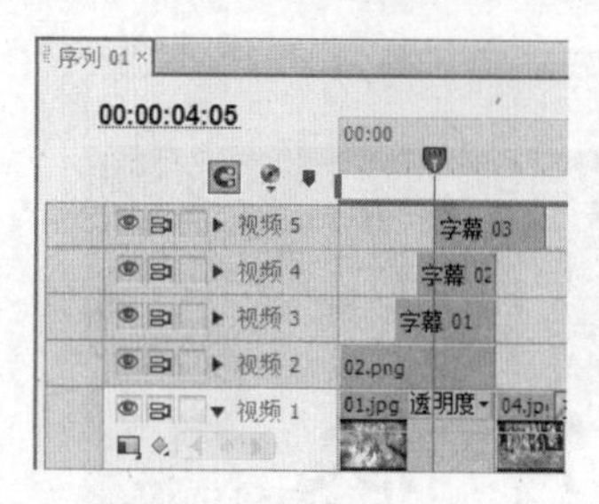

图 14-77

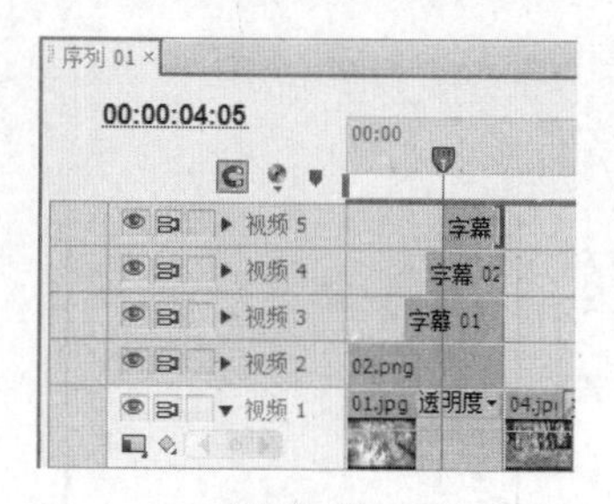

图 14-78

步骤⑨ 在“时间线”面板中选中“字幕 03”文件。在“特效控制台”面板中展开“运动”选项，将“位置”选项设置为-57.6 和 288.0，单击“位置”选项左侧的“切换动画”按钮，创建第 1 个动画关键帧，如图 14-79 所示。将时间标记移动到 00:00:04:24 的位置。将“位置”选项设置为 360.0 和 288.0，创建第 2 个动画关键帧，如图 14-80 所示。

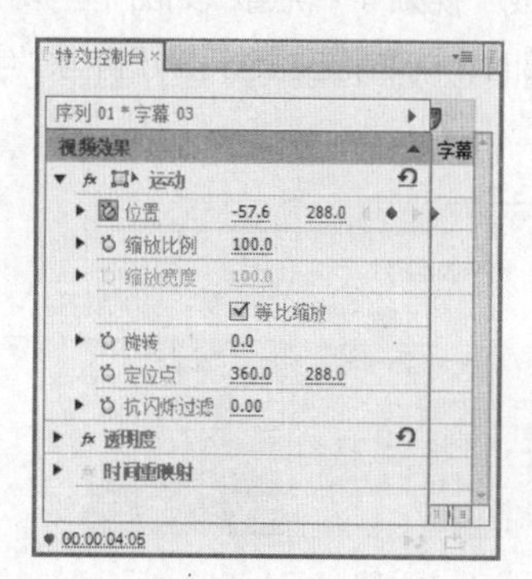

图 14-79

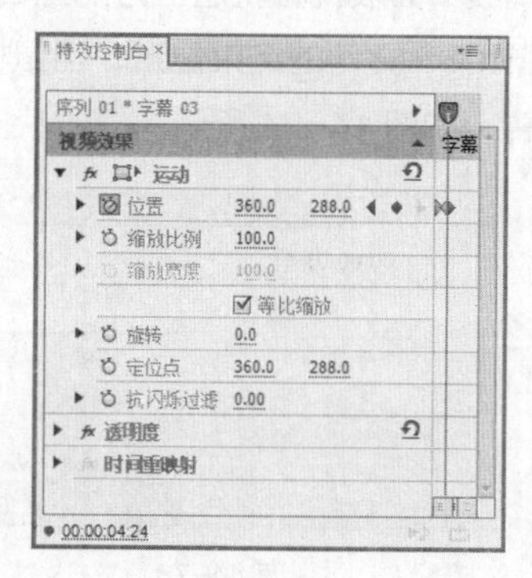

图 14-80

步骤⑩ 选择“文件 > 新建 > 字幕”菜单命令，弹出“新建字幕”对话框，如图 14-81 所示。单击“确定”按钮，弹出“字幕”编辑面板。选择“椭圆形”工具，按住<Shift>键的同时，在字幕工作区中绘制圆形。在“字幕属性”设置子面板中展开“填充”选项，将“颜色”选项设置为棕红色（其 R、G、B 的值分别为 113、40、11），如图 14-82 所示。

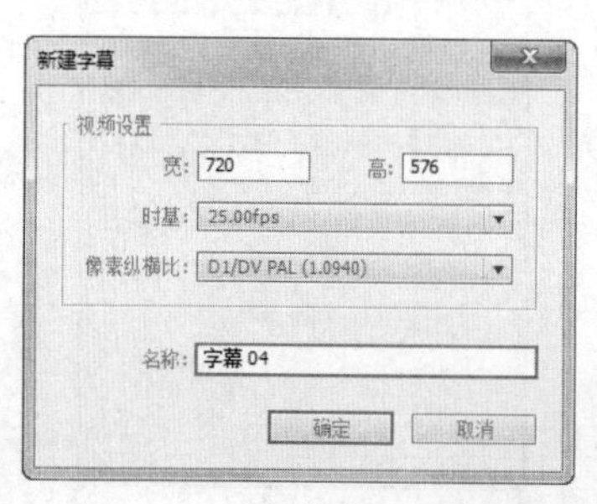

图 14-81

图 14-82

步骤⑪ 选择“选择”工具，按住<Alt+Shift>组合键的同时，在字幕工作区中将圆形拖曳到适当的位置，复制圆形，如图 14-83 所示。用相同的方法复制两个圆形，效果如图 14-84 所示。

图 14-83

图 14-84

步骤⑫ 选择“垂直文字”工具，在字幕工作区中输入需要的文字，并分别设置适当的字体和文字大小。在“字幕属性”设置子面板中展开“填充”选项，将“颜色”选项设置为白色。字幕工作区中的效果如图 14-85 所示。关闭“字幕”编辑面板，新建的字幕文件自动保存到“项目”面板中。在“项目”面板中选中“字幕 04”文件并将其拖曳到“时间线”面板视频轨道上方的空白区域，生成“视频 6”轨道，如图 14-86 所示。

图 14-85

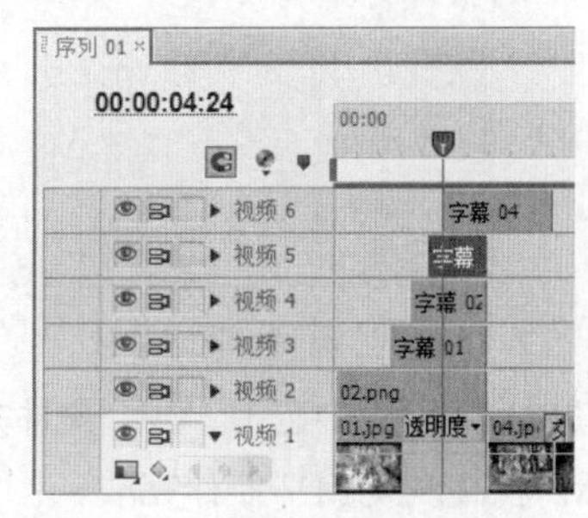

图 14-86

步骤⑬ 将鼠标指针放在“字幕 04”文件的结束位置，当鼠标指针呈时，向左拖曳鼠标指针到与“字幕 03”文件相同的结束位置，如图 14-87 所示。在“时间线”面板中选中“字幕 04”文件。在“特效控制台”面板中展开“透明度”选项，将“透明度”选项设置为 0.0%，单击“透明度”选项右侧的“添加/移除关键帧”按钮，创建第 1 个动画关键帧，如图 14-88 所示。将时间标记移动到 00:00:05:20 的位置。将“透明度”选项设置为 100.0%，创建第 2 个动画关键帧，如图 14-89 所示。

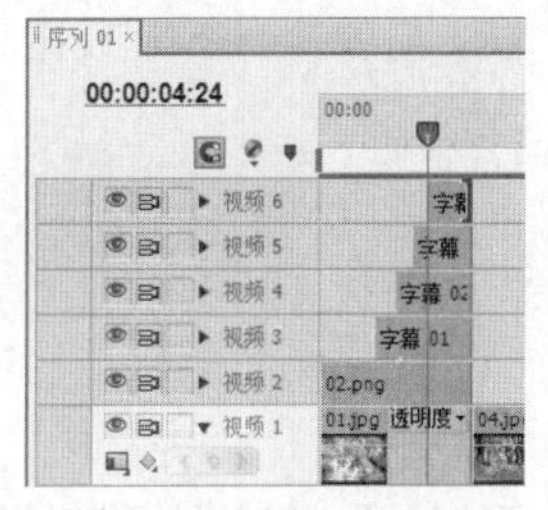

图 14-87

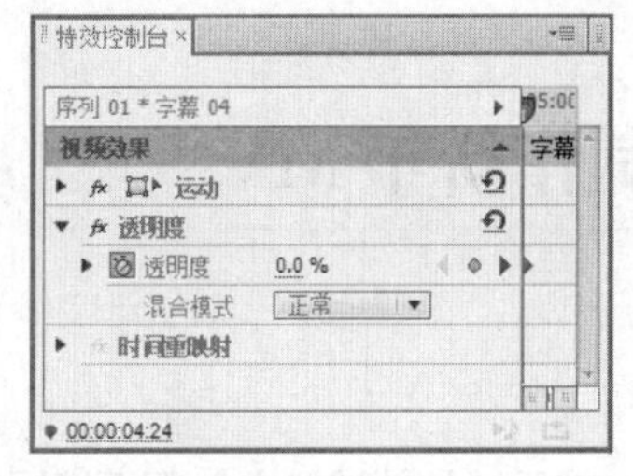

图 14-88

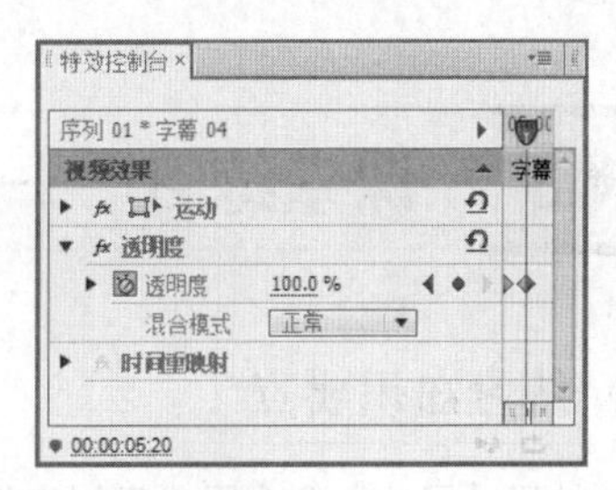

图 14-89

步骤⑭ 在“项目”面板中选中“03”文件并将其拖曳到“时间线”面板视频轨道止方的空白区域，生成“视频 7”轨道，如图 14-90 所示。将鼠标指针放在“03”文件的结束位置，当鼠标指针呈◀|时，向左拖曳鼠标指针到与“字幕 04”文件相同的结束位置，如图 14-91 所示。

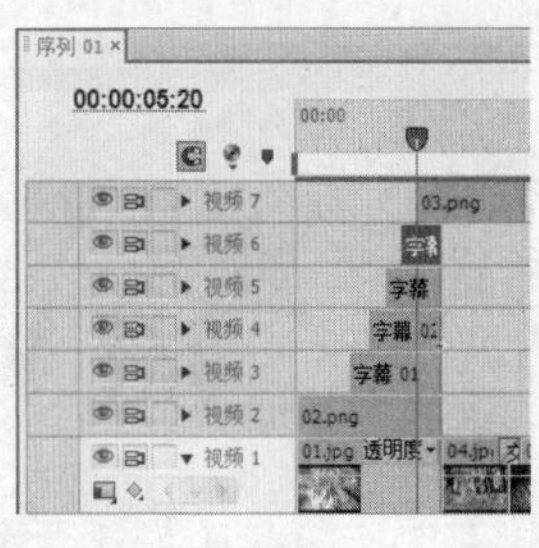

图 14-90

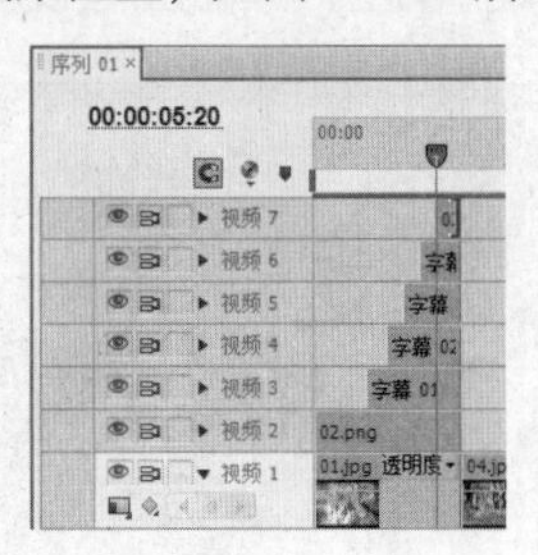

图 14-91

步骤⑮ 在“时间线”面板中选中“03”文件。在“特效控制台”面板中展开“运动”选项，将“缩放比例”选项设置为 10.0，单击“缩放比例”选项左侧的“切换动画”按钮，创建第 1 个动画关键帧，如图 14-92 所示。将时间标记移动到 00:00:06:17 的位置。将“缩放比例”选项设置为 5.5，创建第 2 个动画关键帧，如图 14-93 所示。

图 14-92

图 14-93

步骤⑯ 在“项目”面板中选中“09”文件并将其拖曳到“时间线”面板中的“音频 1”轨道中，如图 14-94 所示。秋高气爽 MV 制作完成。

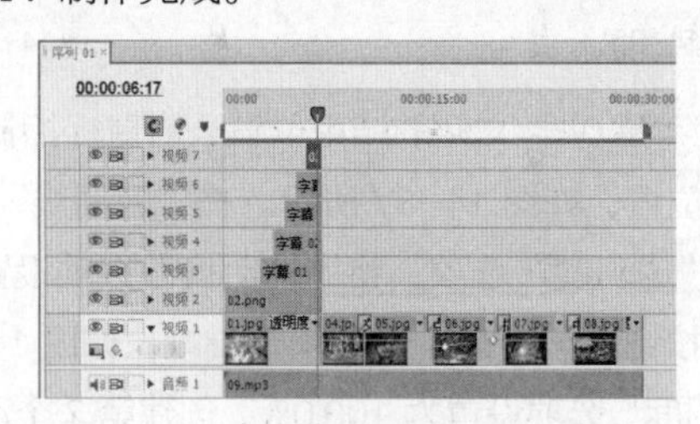

图 14-94

14.3 课堂练习——制作新年 MV

练习知识要点

使用“导入”命令导入素材文件，使用“特效控制台”面板编辑视频的位置、缩放比例和透明度并制作动画，使用“效果”面板添加视频特效。最终效果参看云盘中的“Ch14\制作新年 MV\制作新年 MV.prproj”。新年 MV 效果如图 14-95 所示。

图 14-95

效果所在位置

云盘\Ch14\制作新年 MV\制作新年 MV. prproj。

14.4 课后习题——制作卡拉 OK

习题知识要点

使用“字幕”命令添加字幕和图形，使用“特效控制台”面板编辑视频的位置和制作音频特效，使用“效果”面板制作视频之间的转场和特效。最终效果参看云盘中的“Ch14\制作卡拉 OK\制作卡拉 OK.prproj”。卡拉 OK 效果如图 14-96 所示。

图 14-96

效果所在位置

云盘\Ch14\制作卡拉 OK\制作卡拉 OK.prproj。

扩展知识扫码阅读

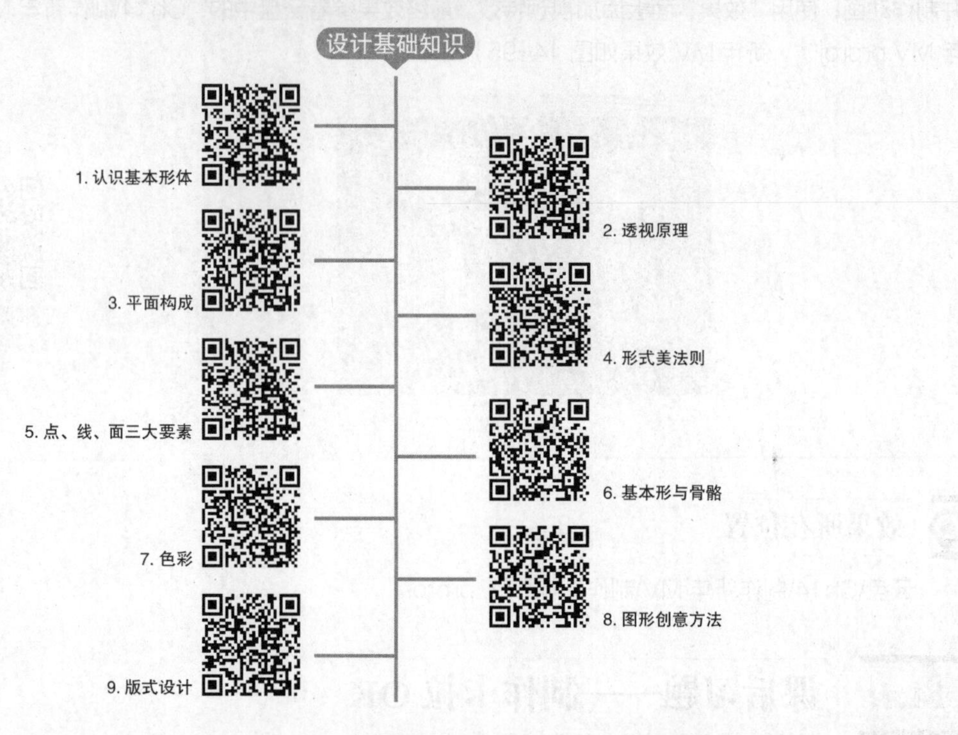

设计基础知识
1. 认识基本形体
2. 透视原理
3. 平面构成
4. 形式美法则
5. 点、线、面三大要素
6. 基本形与骨骼
7. 色彩
8. 图形创意方法
9. 版式设计

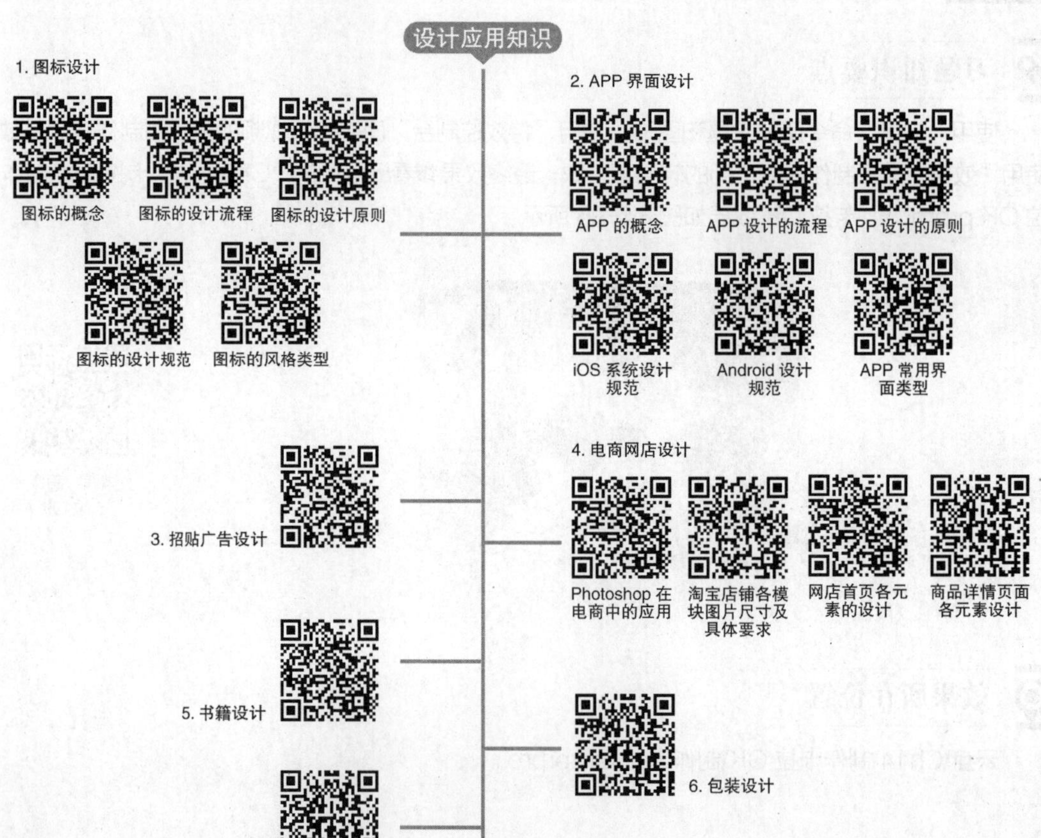

设计应用知识
1. 图标设计
图标的概念
图标的设计流程
图标的设计原则
图标的设计规范
图标的风格类型
2. APP 界面设计
APP 的概念
APP 设计的流程
APP 设计的原则
iOS 系统设计规范
Android 设计规范
APP 常用界面类型
3. 招贴广告设计
4. 电商网店设计
Photoshop 在电商中的应用
淘宝店铺各模块图片尺寸及具体要求
网店首页各元素的设计
商品详情页面各元素设计
5. 书籍设计
6. 包装设计
7. 网页设计